计算机科学与技术专业核心教材体系建设——建议使用时间

课程系列	一年级上	一年级下	二年级上	二年级下	三年级上	三年级下	四年级上	四年级下
基础系列	大学计算机基础 信息安全导论 离散数学（上）	离散数学（下）						
电类系列		电子技术基础	数字逻辑设计 数字逻辑设计实验					
程序系列		计算机程序设计	面向对象程序设计 程序设计实践	数据结构	算法设计与分析	软件工程综合实践		
系统系列		计算机原理	操作系统	计算机系统综合实践	计算机网络		计算机体系结构	
应用系列						人工智能导论 数据库原理与技术 嵌入式系统	计算机图形学	
选修								机器学习 物联网导论 大数据分析技术 数字图像技术

面向新工科专业建设计算机系列教材

概率统计
与 Python 解法

徐子珊◎编著

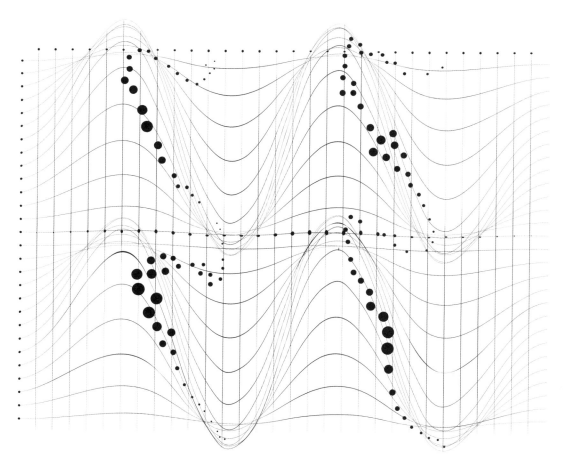

清华大学出版社
北京

内 容 简 介

本书的内容按当前理工院校同名课程体系展开，涵盖概率论和数理统计的主要课题。全书共分为 8 章：前 4 章系统介绍概率论的课题，内容包括随机事件及其概率、随机变量及其分布、随机向量、随机变量的数字特征，为后 4 章讨论进行统计推断的数理统计方法构建一个明晰且严格的语境。后 4 章的数理统计内容包括数理统计的基本概念、参数估计、假设检验、方差分析和线性回归，形成统计推断的基本结构。

本书选择 Python 的科学计算应用包，包括用于快速数组处理的 numpy、用于统计计算的 scipy.stats、用于积分计算的 scipy.integrate 和用于绘制 2D 图形的 matplotlib 等作为计算工具，对书中每一节讨论的概率统计的计算问题，都给出详尽的 Python 解法。

图书在版编目（CIP）数据

概率统计与 Python 解法 / 徐子珊编著. —北京：清华大学出版社，2023.1
面向新工科专业建设计算机系列教材
ISBN 978-7-302-61859-1

I. ①概… II. ①徐… III. ①概率统计-高等学校-教材 ②软件工具-程序设计-高等学校-教材
IV. ①O211

中国版本图书馆 CIP 数据核字（2022）第 175180 号

责任编辑：白立军　薛　阳
封面设计：刘　乾
责任校对：李建庄
责任印制：朱雨萌

出版发行：清华大学出版社
　　　　网　　　　址：http://www.tup.com.cn, http://www.wqbook.com
　　　　地　　　　址：北京清华大学学研大厦 A 座　　　　邮　　编：100084
　　　　社　总　机：010-83470000　　　　邮　　购：010-62786544
　　　　投稿与读者服务：010-62776969，c-service@tup.tsinghua.edu.cn
　　　　质　量　反　馈：010-62772015，zhiliang@tup.tsinghua.edu.cn
　　　　课　件　下　载：http://www.tup.com.cn,010-83470236
印　装　者：三河市龙大印装有限公司
经　　销：全国新华书店
开　　本：185mm×260mm　印　张：21.75　插　页：1　字　数：503 千字
版　　次：2023 年 2 月第 1 版　　　　印　次：2023 年 2 月第 1 次印刷
定　　价：69.00 元

产品编号：095298-01

出版说明

一、系列教材背景

人类已经进入智能时代，云计算、大数据、物联网、人工智能、机器人、量子计算等是这个时代最重要的技术热点。为了适应和满足时代发展对人才培养的需要，2017 年 2 月以来，教育部积极推进新工科建设，先后形成了"复旦共识""天大行动""北京指南"，并发布了《教育部高等教育司关于开展新工科研究与实践的通知》《教育部办公厅关于推荐新工科研究与实践项目的通知》，全力探索形成领跑全球工程教育的中国模式、中国经验，助力高等教育强国建设。新工科有两个内涵：一是新的工科专业；二是传统工科专业的新需求。新工科建设将促进一批新专业的发展，这批新专业有的是依托于现有计算机类专业派生、扩展而成的，有的是多个专业有机整合而成的。由计算机类专业派生、扩展形成的新工科专业有计算机科学与技术、软件工程、网络工程、物联网工程、信息管理与信息系统、数据科学与大数据技术等。由计算机类学科交叉融合形成的新工科专业有网络空间安全、人工智能、机器人工程、数字媒体技术、智能科学与技术等。

在新工科建设的"九个一批"中，明确提出"建设一批体现产业和技术最新发展的新课程""建设一批产业急需的新兴工科专业"。新课程和新专业的持续建设，都需要以适应新工科教育的教材作为支撑。由于各个专业之间的课程相互交叉，但是又不能相互包含，所以在选题方向上，既考虑由计算机类专业派生、扩展形成的新工科专业的选题，又考虑由计算机类专业交叉融合形成的新工科专业的选题，特别是网络空间安全专业、智能科学与技术专业的选题。基于此，清华大学出版社计划出版"面向新工科专业建设计算机系列教材"。

二、教材定位

教材使用对象为"211 工程"高校或同等水平及以上高校计算机类

专业及相关专业学生。

三、教材编写原则

(1) 借鉴 *Computer Science Curricula* 2013 (以下简称 CS2013)。CS2013 的核心知识领域包括算法与复杂度、体系结构与组织、计算科学、离散结构、图形学与可视化、人机交互、信息保障与安全、信息管理、智能系统、网络与通信、操作系统、基于平台的开发、并行与分布式计算、程序设计语言、软件开发基础、软件工程、系统基础、社会问题与专业实践等内容。

(2) 处理好理论与技能培养的关系，注重理论与实践相结合，加强对学生思维方式的训练和计算思维的培养。计算机专业学生能力的培养特别强调理论学习、计算思维培养和实践训练。本系列教材以"重视理论，加强计算思维培养，突出案例和实践应用"为主要目标。

(3) 为便于教学，在纸质教材的基础上，融合多种形式的教学辅助材料。每本教材可以有主教材、教师用书、习题解答、实验指导等。特别是在数字资源建设方面，可以结合当前出版融合的趋势，做好立体化教材建设，可考虑加上微课、微视频、二维码、MOOC 等扩展资源。

四、教材特点

1. 满足新工科专业建设的需要

系列教材涵盖计算机科学与技术、软件工程、物联网工程、数据科学与大数据技术、网络空间安全、人工智能等专业的课程。

2. 案例体现传统工科专业的新需求

编写时，以案例驱动，任务引导，特别是有一些新应用场景的案例。

3. 循序渐进，内容全面

讲解基础知识和实用案例时，由简单到复杂，循序渐进，系统讲解。

4. 资源丰富，立体化建设

除了教学课件外，还可以提供教学大纲、教学计划、微视频等扩展资源，以方便教学。

五、优先出版

1. 精品课程配套教材

主要包括国家级或省级的精品课程和精品资源共享课的配套教材。

2. 传统优秀改版教材

对于已经出版的、得到市场认可的优秀教材，由于新技术的发展，计划给图书配上新的教学形式、教学资源的改版教材。

3. 前沿技术与热点教材

反映计算机前沿和当前热点的相关教材，例如云计算、大数据、人工智能、物联网、网络空间安全等方面的教材。

六、联系方式

联系人：白立军

联系电话：010-83470179

联系和投稿邮箱：bailj@tup.tsinghua.edu.cn

"面向新工科专业建设计算机系列教材"编委会

2019 年 6 月

面向新工科专业建设计算机系列教材编委会

FOREWORD
前言

随着 1997 年 5 月 11 日"深蓝"首次击败了等级分排名世界第一的人类棋手加里·卡斯帕罗夫,人工智能(AI)技术在人们面前渐渐揭开神秘的面纱。一时间,街头巷尾、职场课堂,人们言必称 AI。多少青年学子、技术少年从此埋头于研读数据分析和深度学习。

所谓"智能",笔者认为除了记忆力外,最主要的特征就是逻辑推理能力。人工智能技术就是要让机器具有记忆力和逻辑推理能力。数字存储技术已经解决了机器的记忆力问题,因此,当今的人工智能技术要解决的主要问题就是让机器具有逻辑推理能力。事实上,人们在日常生活中时时刻刻都在运用逻辑推理能力做出各种判断。与以"'蕴含关系':由 A 得 B 为永真式"为基础的"普通逻辑"不同,真实生活中绝大多数的推理过程是以"概率"为基础的:由 A 可能得 B。这就决定了在当今的人工智能技术中,概率论和数理统计将扮演核心角色之一。这也是每当看到一段机器学习的论文或算法,眼中就会充斥"贝叶斯原理""回归""检验""预测""控制"等术语的原因。这意味着作为王者的数学将回归信息技术:要弄懂机器学习的算法机理,概率论与数理统计是必需的基础。另一方面,Python 语言以其简单易学、表达形式几乎与数学相同且带有丰富的科学计算及机器学习开发软件包成为数据分析计算及人工智能开发业界新宠。无论是概率统计爱上朴实灵巧的 Python,还是 Python 仰慕敦厚可靠的数学,两者一定会碰撞出绚丽的火花。本书是这绚丽的火花中的一点火星:近 40 年高校教龄的数学老师(徐子珊)教学经验及年轻的高级研发工程师(曼彻斯特大学硕士、勃兰登堡理工大学博士徐若愚)研发技术的结合。

数理和信息类书籍,例题是读者与作者沟通的基本路径。本书围绕每个概率统计的主题(概念、定理、方法,通常为书中一节),均安排多个例题强化读者对该主题的理解、掌握,共有 244 个例题。笔者认为,无论是学习数学理论还是提高解决问题的能力,动手做足够量的练习是必不可少的。全书配置了 205 个练习题,所有的练习题除了提供参考答案方便检验外,每个练习题均有例可循:读者可在本习题前的例题中找到解题的方法和步骤。建议读者认真对待每一个练习题——无论是书面计算型题目还是编程型题目。因为"纸上得来终觉浅，绝知此事要躬行"。本书以概率统计计算为主题。然而，概念的明晰和逻辑的严密是数学学科的本色。本书将概率统计中的重要概念、术语以定义的形式展现，将重要的结论按逻辑层次展示为引理和定理。笔者特别赞赏那些在探究知识的过程中喜欢刨根问底的朋友，因为我们在学习或开发过程中首先必须相信自己做的是对的。数学定理的证明就能让我们建立起这样的自信，本书尽可能对书中论及的各条引理、定理做出证明。然而，有些引理、定理的证明比较冗长，为不影响那些想快速了解本书内容并用于开发实践的读者的阅读效率，笔者将书中部分定理证明放在所在章的附录中，方便有需要的读者翻阅。

10 年前，作为一款工业软件，MATLAB 是计算机上进行科学计算的主角。全世界各大学、研究所中的科研人员大都使用 MATLAB 模拟现实系统，建立数学模型，用试验数据进行计算验证。然而，随着机器学习技术迅速普及和深入，Python 作为一门程序设计语言，以其开放性及丰富的科学计算工具包几乎能做 MATLAB 所做的一切工作且可直接用于人工智能系统的开发。本书选择 Python 及其科学计算应用包，包括用于快速数组处理的 numpy、用于统计计算的 scipy.stats、用于积分计算的 scipy.integrate 和用于绘制 2D 图形的 matplotlib 作为计算工具，对书中每一节讨论的概率统计的计算问题，给出 Python 解法。按书中内容的展开顺序，凡第一次出现 Python 语法、函数、数据表示对象都详细地介绍其书写规范、运用接口，包括参数和返回值的意义。书中的每段程序，均给出了详尽的解释，即使是编程零基础的读者，相信也不会遇到困难。本书作者的联系方式、代码可以通过如下二维码获得。

作者联系方式

代码

本书中的代码虽未必是最优的，但都是经过笔者深思熟虑的结果。笔者的思考出发点是让 Python 编程 0 基础的读者快速上手，故坚持两点：首先，优先使用 Python 及工具包提供的编程元素（数据结构、功能函数及类对象）；其次，代码编写并未运用诸如 OOP 之类的高级编程技术，而仅仅严格运用模块化思想将一些通用的计算功能编写成更易理解的函数形式。具有较高水平的读者必要时完全可以运用已有的技术优化代码，譬如将与古典概型相关的各数据表达形式和功能函数封装成通用的古典概型类。

"百密一疏"是笔者数十年教学、写作的深刻体会之一。无论是一堂课、一门课、一篇论文还是一本书，下课后或学期末、交稿或付印后总会因发现或多或少的疏漏而感到无尽的遗憾。对于本书，笔者同样怀着诚惶诚恐的心情，期待读者指出书中的瑕疵乃至疏漏，在有机会修改的时候以臻完善。

特别说明：书中与程序中对应的变量和参数用正体。

徐子珊

2022 年 11 月

CONTENTS
目录

随机事件及其概率

第 1 章

　　无论是在科学技术领域还是在社会生活中，我们的周围充斥着各种各样的偶然性现象：工件规格的测量，天气变化的观察，股市一日涨跌，天上云朵的形状……概率统计是研究现实世界中一类特殊的偶然性现象——**随机现象**及其规律性的应用数学学科。

　　抛掷一颗均匀的 6 面体骰子 200 次，记录下每次出现的点数，汇成 200 份数据。将其绘成图形如图 1-1 所示。该图形给人的第一印象是"杂乱无章"。概率统计就是要从这"杂乱无章"的现象中探求事物的内在规律性。对上述的同一组数据进行如下归置：将数据按升序排序后，统计其中 1 出现的次数 n_1，2 出现的次数 n_2，……，6 出现的次数 n_6。将 $n_1, n_2, \cdots, n_6$ 对应点数 $1, 2, \cdots, 6$ 绘制成如图 1-2 所示的"直方图"。面对直方图，读者可能会想到："200 次抛掷，出现各个点数的次数好像相差不多"。

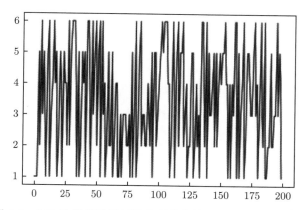

图 1-1　200 次抛掷骰子记录出现的点数的数据集合的可视化

　　读者的直觉是对的。概率统计就是要从理论上帮助人们坚定自己的信念，实践中提供诸如"直方图"这样的工具和方法，让人们在种种"杂乱"的随机现象中发现更多更深入的"……好像……"的规律。

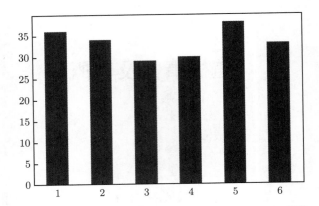

图 1-2　对抛掷 200 次骰子的同一数据集合构造直方图

1.1　随机试验与随机事件

1.1.1　随机试验

定义 1-1　随机试验是一类特殊的偶然性现象，具有如下 3 个特征。

（1）实现这一现象有确定的条件。条件具备时发生的可能结果不是唯一的，所有可能的结果是可界定的。现象的每次实现，有且仅有一个结果发生。

（2）该现象的每次实现前，不能确定哪一个结果发生。

（3）实现该现象的条件可重复。

常用符号 E 表示随机试验。

例 1-1　E_1：在一足够大的平台上抛掷一枚硬币是一个随机试验。所有可能的结果为 2 个：正面朝上（记为 H 或 1）及正面朝下（记为 T 或 0）。

E_2：在一足够大的平台上抛掷一颗标有数字 1~6 的六面体骰子，观察出现的点数也是一个随机试验。其所有可能结果为 6 个：出现 1 点，出现 2 点，……，出现 6 点。

E_3：某航班降落机场的预定时刻为 2∶30，但可能提前 5min 降落，也可能延后 10min 降落。迎接者于 2∶25 到达机场，则等待飞机降落的时间是一个随机试验。

但是，观察天上云朵的形状不是随机试验。因为即使在相同的天气条件下，云朵的可能形状也是无法事先界定的。

练习 1-1　考察下列各现象，判断是否为随机试验。

（1）从一批灯泡中任取一只，检测其使用寿命。

（2）某年某日某地的天气。

（3）抛掷 3 次硬币，观察每次的正面朝向。

参考答案：（1）是；（2）不是；（3）是。提示：（2）条件不可重复。

对给定的随机试验，每个可能的结果称为一个**样本点**。所有的样本点构成的集合称为该试验的**样本空间**。样本空间常用符号 S 表示。确定随机试验的样本空间，是研究随机试验，解决该试验中的各种概率问题的起点。

例 1-2 例 1-1 中的试验 E_1，样本空间 $S_1 = \{H, T\}$ 或 $S_1 = \{0, 1\}$；试验 E_2 的样本空间 $S_2 = \{1, 2, 3, 4, 5, 6\}$；若以分为单位计时，$E_3$ 的样本空间为 $S_3 = \{t | 0 \leqslant t \leqslant 15\}$。

练习 1-2 写出下列随机试验的样本空间。

(1) 抛掷 3 次硬币，观察每次的正面朝向。

(2) 抛掷 3 次硬币，观察正面朝上的次数。

(3) 袋中有 5 只球，其中 3 只白球、2 只黑球，若从袋中无放回地取球 3 次，观察取到的黑球数。

参考答案：$(1) S = \{(0, 0, 0) (0, 0, 1), (0, 1, 0), (0, 1, 1), (1, 0, 0), (1, 0, 1), (1, 1, 0), (1, 1, 1)\}$；$(2) S = \{0, 1, 2, 3\}$；$(3) S = \{0, 1, 2\}$。

1.1.2 随机事件

定义 1-2 随机试验 E 的样本空间 S 的一个子集合 $A \subseteq S$，称为一个**随机事件**。

随机事件常用大写字母表示。例如，例 1-1 试验 E_1 中 $A = \{1\} \subseteq S_1$ 表示随机事件：抛出的硬币正面朝上；试验 E_2 中 $B = \{2, 4, 6\} \subseteq S_2$ 表示随机事件：抛出的骰子标记为偶数的面朝上；试验 E_3 中 $C = \{t | 0 \leqslant t \leqslant 5\} = [0, 5] \subseteq S_3$ 表示随机事件：接机者等待时间不超过 5min。

设试验的样本空间为 S，$A \subseteq S$ 为一随机事件。一次试验得到的结果（一个样本点）e 若为事件 A 的元素，即 $e \in A$，则称 A 在该次试验中发生，否则称 A 不发生。例如，上述的抛掷一枚硬币的试验中，若结果为 0（正面朝下），则事件 $A = \{1\}$（正面朝上）没发生；而抛掷骰子的试验中，若结果为标记为 2 的面朝上，则事件抛出的骰子标记为偶数的面朝上 B 发生了；在接机试验中，若接机者等待时间为 3min，$3 \in C = [0, 5]$，即事件 C 发生了。但若接机者等待了 8min，则 C 没有发生。

由一个样本点构成单元素集合称为**基本事件**。样本空间 S 是特殊的随机事件（$S \subseteq S$），因为任何一次试验的结果（样本点）当然属于 S，即 S 发生，故称 S 为**必然事件**。空集 $\varnothing$（$\subseteq S$）也是一个特殊事件，因为任何一次试验的结果必不属于 $\varnothing$，即 $\varnothing$ 不发生，故称 $\varnothing$ 为**不可能事件**。

例 1-3 抛掷一枚硬币 3 次，观察每次正面朝向的试验。将事件 A = "3 次抛掷中至少有 2 次正面朝上"表示为样本空间的子集合。

解：由练习 1-2(1) 知，该试验的样本空间为 $S = \{(0, 0, 0) (0, 0, 1), (0, 1, 0), (0, 1, 1), (1, 0, 0), (1, 0, 1), (1, 1, 0), (1, 1, 1)\}$。其中，表示成三元组的样本点中，0 表示对应顺序抛掷结果为正面朝下，1 表示正面朝上。按题意，3 次抛掷中至少有 2 次正面朝上的事件 $A = \{(0, 1, 1), (1, 0, 1), (1, 1, 0), (1, 1, 1)\}$。

练习 1-3 抛掷两次骰子，观察每次出现的点数。将事件 B = "两次出现的点数之和为 4" 表示成样本空间的子集合。

参考答案：$B = \{(2,2),(1,3),(3,1)\}$。

通常，用平面上的一个矩形表示样本空间 S，将随机事件 A 表示成矩形 S 中的一个封闭区域（如图 1-3 所示）。这样的图形称为韦恩（Venn）图。韦恩图使人们能形象、直观地表示和思考随机事件之间的各种关系和运算（见表 1-1）。

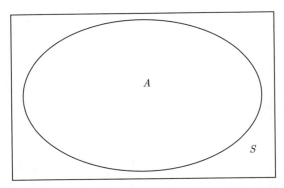

图 1-3　表示随机事件 A 是样本空间 S 的子集合的韦恩图

表 1-1　随机事件的关系与运算

集合的关系与运算	随机事件的关系与运算	示　意　图
子集关系：$A \subseteq B$	**事件包含关系**：$A \subseteq B$，A 发生 B 必发生	
集合的并：$A \cup B$	**事件的和**：$A \cup B$，A 和 B 至少有一个发生	
集合的交：$A \cap B$	**事件的积**：$A \cap B$，A 和 B 同时发生	
集合的差：$A - B$	**事件的差**：$A - B = A - A \cap B$，A 发生但 B 不发生	

续表

集合的关系与运算	随机事件的关系与运算	示　意　图
集合的补：$\bar{A} = S - A$	**对立事件**：$\bar{A} = S - A$，A 不发生	
集合不相交：$A \cap B = \varnothing$	**互斥事件**：$A \cap B = \varnothing$，A 和 B 不会同时发生	

例 1-4　抛掷两次硬币的试验，其样本空间为 $S = \{(0,0),(0,1),(1,0),(1,1)\}$。设事件"第一次抛掷正面朝上"$A_1 = \{(1,1),(1,0)\}$，事件"两次抛掷中至少有一次出现正面朝上"$A_2 = \{(0,1),(1,0),(1,1)\}$，则 $A_1 \subseteq A_2$。设事件"第二次抛掷正面朝上"$A_3 = \{(0,1),(1,1)\}$，则 $A_1 \cup A_3 = \{(1,1),(0,1),(1,0)\} = A_2$。设事件 A_4 "两次抛掷都是正面朝上"，则 $A_1 \cap A_3 = \{(1,1)\} = A_4$。而 A_2 的对立事件 $\overline{A_2} = \{(0,0)\}$ 表示两次抛掷正面朝上一次都没有发生。

练习 1-4　抛掷硬币三次观察各次正面朝向的试验中，令 $A_1 =$ "第一次出现的是正面"$= \{(1,1,1),(1,1,0),(1,0,1),(1,0,0)\}$，$A_2 =$ "三次出现同一面"$= \{(1,1,1),(0,0,0)\}$。计算：

（1）$A_1 \cup A_2$；（2）$A_1 \cap A_2$；（3）$A_2 - A_1$；（4）$\overline{A_1 \cup A_2}$。

参考答案：（1）$\{(1,1,1),(1,1,0),(1,0,1),(1,0,0),(0,0,0)\}$，第一次出现正面或三次出现同一面；（2）$\{(1,1,1)\}$，第一次出现正面且三次出现同一面；（3）$\{(0,0,0)\}$，三次出现同一面且第一次出现反面；（4）$\{(0,1,0),(0,0,1),(0,1,1)\}$，第一次出现反面且三次不是同一面。

需要说明的是，运算 $\cap$ 优先于运算 $\cup$。此外，事件的运算有如下几个重要的定律。

（1）**交换律**：$A \cup B = B \cup A$，$A \cap B = B \cap A$。

（2）**结合律**：$A \cup (B \cup C) = (A \cup B) \cup C$，$A \cap (B \cap C) = (A \cap B) \cap C$。

（3）**分配律**：$A \cap (B \cup C) = (A \cap B) \cup (A \cap C)$，$A \cup (B \cap C) = (A \cup B) \cap (A \cup C)$。

（4）**德·摩根律**：$\overline{(A \cup B)} = \bar{A} \cap \bar{B}$，$\overline{(A \cap B)} = \bar{A} \cup \bar{B}$。

这些定律通过韦恩图很容易验证和理解。如图 1-4（a）表示 $\overline{(A \cap B)}$（灰色区域），图 1-4（b）和图 1-4（c）分别表示 $\bar{A}$ 和 $\bar{B}$，图 1-4（d）是将图 1-4（b）和图 1-4（c）中的灰色区域叠加起来得到 $\bar{A} \cup \bar{B}$。比较图 1-4（a）和图 1-4（d）就验证了 $\overline{(A \cap B)} = \bar{A} \cup \bar{B}$。

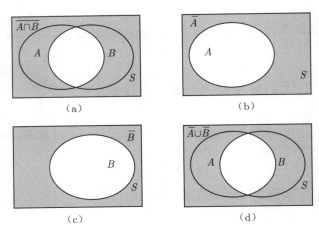

图 1-4   用韦恩图验证德·摩根律之一 $\overline{(A \cap B)} = \overline{A} \cup \overline{B}$

例 1-5   向指定目标连续射击三枪，设 $A_i =$ "第 i 枪击中目标"（$i = 1, 2, 3$），则：

(1) "至少有一枪击中目标"：$A_1 \cup A_2 \cup A_3$。

(2) "三枪都击中目标"：$A_1 \cap A_2 \cap A_3$。

(3) "只有第一枪击中目标"：$A_1 \cap \overline{A_2} \cap \overline{A_3}$。

(4) "恰有一枪击中目标"：$A_1 \cap \overline{A_2} \cap \overline{A_3} \cup \overline{A_1} \cap A_2 \cap \overline{A_3} \cup \overline{A_1} \cap \overline{A_2} \cap A_3$。

(5) "三枪都没有击中目标"：$\overline{(A_1 \cup A_2 \cup A_3)} = \overline{A_1} \cap \overline{A_2} \cap \overline{A_3}$。

(6) "至少有一枪没有击中目标"：$\overline{(A_1 \cap A_2 \cap A_3)} = \overline{A_1} \cup \overline{A_2} \cup \overline{A_3}$。

注意例 1-5 中最后两个事件："三枪都没有击中目标"和"至少有一枪没有击中目标"各自都有两个等价的表示：

$$\overline{(A_1 \cup A_2 \cup A_3)} = \overline{A_1} \cap \overline{A_2} \cap \overline{A_3}$$

$$\overline{(A_1 \cap A_2 \cap A_3)} = \overline{A_1} \cup \overline{A_2} \cup \overline{A_3}$$

不难看出，这是德·摩根律推广到 3 个事件上的情形。事实上，德·摩根律可推广到 n 个事件的一般情形。

练习 1-5   设有事件 A，B，C。用 A，B，C 的运算关系表示下列各事件。

(1) A 发生，B 与 C 不发生。

(2) A 与 B 都发生，而 C 不发生。

(3) A，B，C 中至少有一个发生。

(4) A，B，C 都发生。

(5) A，B，C 都不发生。

(6) A，B，C 中不多于一个发生。

(7) A，B，C 中不多于两个发生。

(8) A，B，C 中至少有两个发生。

参考答案：(1) $A\cap\overline{B}\cap\overline{C}$；(2) $A\cap B\cap\overline{C}$；(3) $A\cup B\cup C$；(4) $A\cap B\cap C$；(5) $\overline{A}\cap\overline{B}\cap\overline{C}$；(6) $\overline{A}\cap\overline{B}\cup\overline{A}\cap\overline{C}\cup\overline{B}\cap\overline{C}$；(7) $\overline{A}\cup\overline{B}\cup\overline{C}$；(8) $A\cap B\cup A\cap C\cup B\cap C$。

1.1.3　随机事件的概率

随机事件 A 在一次试验中发生与否呈现出偶然性。但是，多次重复该试验，人们发现事件 A 发生的**频率**（A 发生次数 n_A 与试验次数 n 的商）$f_n(A)$ 会随着试验次数的增加而稳定在一个介于 0 和 1 的实数 p 的附近。历史上有人做过抛掷硬币的试验，见表 1-2。

表 1-2　抛掷硬币试验

试 验 者	n	n_A	$f_n(A) = n_A/n$
德·摩根	2048	1061	0.5181
蒲丰	4040	2048	0.5069
皮尔逊	12000	6019	0.5016
皮尔逊	24000	12012	0.5005

在成千上万次抛掷后得到的结论是事件 $A=$“正面朝上”发生的频率稳定在 0.5 附近。因此，乒乓球赛开始前，常用抛掷硬币决定一方的发球权。

定义 1-3　把随机事件 A 在重复试验中发生的频率稳定值，称为该事件发生的**概率**，记为 $P(A)$。

随机事件的概率，表示随机事件发生的可能性大小，揭示了随机事件的统计规律。对必然事件 S，有 $P(S)=1$。而对不可能事件 $\varnothing$，显然有 $P(\varnothing)=0$。

通常用平面上的封闭矩形表示试验的样本空间 S，并想象其面积为 1，代表概率 $P(S)$。该矩形内部任一封闭区域视为事件 A，其面积代表概率 $P(A)$，则不难理解事件概率的如下性质。

（1）$0 \leqslant P(A) \leqslant 1$（如图 1-5（a）所示）。

（2）$A \subseteq B \Rightarrow P(A) \leqslant P(B)$ 且 $P(B-A)=P(B)-P(A)$（如图 1-5（b）所示）。

（3）$P(A-B)=P(A)-P(AB)$（如图 1-5（c）所示）。

（4）$P(\overline{A})=1-P(A)$（如图 1-5（d）所示）。

（5）$P(A\cup B)=P(A)+P(B)-P(AB)$（如图 1-5（e）所示）。

（6）$A\cap B=\varnothing \Rightarrow P(A\cup B)=P(A)+P(B)$（如图 1-5（f）所示）。

其中，性质（5）称为概率的**加法公式**，有些文献称其为“**容斥原理**”。利用事件概率的性质，可以计算事件在各种运算下的概率。

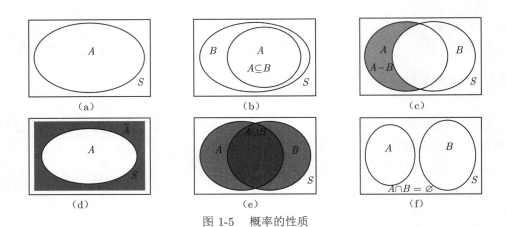

图 1-5　概率的性质

例 1-6　已知 $P(A)=1/2$, $P(B)=1/3$, $P(C)=1/5$, $P(AB)=1/10$, $P(AC)=1/15$, $P(BC)=1/20$, $P(ABC)=1/30$。计算如下概率:

（1）$A \cup B$。

（2）$\overline{A} \cap \overline{B}$。

（3）$A \cup B \cup C$。

（4）$\overline{A} \cap \overline{B} \cap \overline{C}$。

（5）$\overline{A} \cap \overline{B} \cap C$。

（6）$\overline{A} \cap \overline{B} \cup C$。

解:

（1）$P(A \cup B) = P(A) + P(B) - P(AB) = 1/2 + 1/3 - 1/10 = 11/15$。

（2）$P(\overline{A} \cap \overline{B}) = P(\overline{A \cup B}) = 1 - P(A \cup B) = 1 - 11/15 = 4/15$。

（3）$P(A \cup B \cup C) = P(A) + P(B) + P(C) - P(A \cap B) - P(A \cap C) - P(B \cap C) + P(A \cap B \cap C) = 1/2 + 1/3 + 1/5 - 1/10 - 1/15 - 1/20 + 1/30 = 17/20$。

（4）$P(\overline{A} \cap \overline{B} \cap \overline{C}) = P(\overline{A \cup B \cup C}) = 1 - P(A \cup B \cup C) = 1 - 17/20 = 3/20$。

（5）$P(\overline{A} \cap \overline{B} \cap C) = P(\overline{A} \cap \overline{B}) - P(\overline{A} \cap \overline{B} \cap \overline{C}) = 4/15 - 3/20 = 7/60$。

（6）$P(\overline{A} \cap \overline{B} \cup C) = P(\overline{A} \cap \overline{B}) + P(C) - P(\overline{A} \cap \overline{B} \cap C) = 4/15 + 1/5 - 7/60 = 7/20$。

练习 1-6　已知 $P(A)=1/2$, $P(B)=1/3$, $P(C)=1/5$, $P(A \cap B)=1/10$, $P(A \cap C)=1/15$, $P(B \cap C)=1/20$, $P(A \cap B \cap C)=1/30$。计算 $A \cup B$, $\overline{A} \cap \overline{B}$, $A \cup B \cup C$, $\overline{A} \cap \overline{B} \cap \overline{C}$, $\overline{A} \cap \overline{B} \cap C$ 和 $\overline{A} \cap \overline{B} \cup C$ 的概率。

参考答案: 11/15, 4/15, 17/20, 3/20, 7/60, 7/20。

1.1.4　Python 解法

1. 随机事件的 Python 表示

随机试验有确定的样本空间，样本空间是试验的所有样本点的集合，随机事件是样本空间的子集合。所以，要在计算机上表示随机试验和随机事件，应能表示集合。有幸的是，Python 提供了一个表示集合的数据结构 set。这个 set 类的对象和数学中的集合一样，所包含的数据元素不重复。表 1-3 罗列了 set 类的对象常用函数和运算符。

表 1-3　set 类的对象常用函数与运算符

函数名或运算符	功　　能	参　数　意　义	例
set(x)	创建集合对象	参数 x 表示初始化数据,可以是 set 类对象,也可以是 list 类对象。默认创建空集	A=set({2,3}), B=set([2,3,4,5]), C=set() 为空集
add(x)	向集合添加元素	参数 x 是欲添加的元素	A.add(4)
|	并运算		A|B 为 {2,3,4,5}
&	交运算		A&B 为 {2,3,4}
−	差运算		B−A 为 {5}
<=	包含关系		A<=B 为 True
==	相等关系		A==B 为 False

例 1-7　考虑抛掷一枚六面体骰子，观察出现的点数的随机试验。设 A_1 表示事件"出现偶数点"，即 $A_1 = \{2,4,6\}$。A_2 表示事件"出现的点数不超过 3"，即 $A_2 = \{1,2,3\}$。用 Python 中 set 的对象来表示相关的随机事件及其运算 $A_1 \cup A_2$，$A_1 \cap A_2$，$A_1 - A_2$ 和 $\overline{A_1}$，并验证 $\overline{A_1 \cup A_2} = \overline{A_1} \cap \overline{A_2}$ 和 $\overline{A_1 \cap A_2} = \overline{A_1} \cup \overline{A_2}$。

解：下列程序完成本题所有要求。

```
1   S=set({1, 2, 3, 4, 5, 6})                              #全集S(样本空间)
2   A1=set([2, 4, 6])                                      #S的子集A1(随机事件:偶数点)
3   A2=set([1, 2, 3])                                      #A2:点数不超过3
4   print('S=%s:抛掷骰子的样本空间.'%S)
5   print('A1=%s:偶数点.'%A1)
6   print('A2=%s:点数不超过3.'%A2)
7   print('A1+A2=%s:偶数点或点数不超过3.'%(A1|A2))          #A1+A2:偶数点或点数不超过3
8   print('A1*A2=%s:不超过3的偶数点.'%(A1&A2))              #A1*A2:不超过 3 的偶数点
9   print('A1−A2=%s:超过3的偶数点.'%(A1−A2))               #A1−A2:超过 3 的偶数点
10  print('Ā1=%s:奇数点.'%(S−A1))                          #A1 的补集(A1 的对立事件)
11  print('(A1+A2)__=Ā1*Ā2 is %s.'%(S−(A1|A2)==(S−A1)&(S−A2)))
12  print('(A1*A2)__=Ā1+Ā2 is %s.'%(S−(A1&A2)==(S−A1)|(S−A2)))
```

程序 1.1　在 Python 中用 set 类对象表示随机事件

程序 1.1 的第 1~3 行调用函数 set 创建 set 类对象 S、A1 和 A2。注意，传递给 set 函数的只有一个参数：或是 set 类对象，如第 1 行（set 类对象的常量用一对花括号囊括各个元素）；或是 list 类对象，如第 2、3 行（list 类对象的常量用一对方括号囊括各个元素）。

　　第 4~12 行调用函数 print 输出各事件及各种运算结果。注意，print 函数只接受了 1 个参数，但需要在输出计算结果的同时输出一些注释性信息。为此，要用到格式输出串：以第 4 行输出作为样本空间的集合 S 为例，传递给 print 的参数是

'S=%s: 抛掷骰子的样本空间.'%S

这就是一个格式串，单引号内的%s 称为格式占位符，表明以字符串格式（百分号后面的 s 指定）在此位置输出单引号外面的紧随着的以百分号开头的表达式，此例中就是%S，即按字符串格式输出集合 S。

　　Python 用 # 作为行内注释的标志，读者可根据程序中的注释信息了解该程序的代码意义。

　　需要说明的是，由于程序代码中不能直接输入、输出 ∪ 和 ∩，本书约定用"＋"和"＊"分别替代。第 11、12 行是在验证德·摩根律：$\overline{(A_1 \cup A_2)} = \overline{A_1} \cap \overline{A_2}$ 和 $\overline{(A_1 \cap A_2)} = \overline{A_1} \cup \overline{A_2}$。由于在程序中字符串无法表示表达式 $\overline{(A_1 \cup A_2)}$，用"(A1+A2)_"代之。类似地，用"(A1*A2)_"来代表表达式 $\overline{(A_1 \cap A_2)}$。

　　运行程序 1.1，输出如下。

```
S={1, 2, 3, 4, 5, 6}:抛掷骰子的样本空间
A1={2, 4, 6}:偶数点
A2={1, 2, 3}:点数不超过3
A1+A2={1, 2, 3, 4, 6}:偶数点或点数不超过3
A1*A2={2}:不超过3的偶数点
A1−A2={4, 6}:超过3的偶数点
Ā1={1, 3, 5}:奇数点
(A1+A2)_=Ā1*Ā2 is True
(A1*A2)_=Ā1+Ā2 is True
```

2. 构造有限集合的排列组合

　　当试验的样本空间中样本点结构比较复杂时，需要仔细构造样本空间。例如，例 1-5 中向目标射击 3 枪，观察每一枪是否击中目标的试验。如果将射中目标记为 1，未击中目标记为 0，则一个样本点可表示为一个 3 元组 (i,j,k)。其中的每个分量取值为 0 或 1。这样样本空间可以视为对有限集合 $\{0,1\}$，做具有 3 个元素的可重排列构成的集合。再比如从 3 黑 2 白的 5 球中任取 3 球观察其颜色的试验，若用 1~3 表示黑色球，4~5 表示白色球。样本点可表示为 3 元组 (i,j,k)，其中，$1 \leqslant i < j < k \leqslant 5$。这样，样本空间可视为对有限集合 $\{1,2,3,4,5\}$ 做具有 3 个元素的所有组合构成的集合。Python 的 sympy.utilities.iterables 包中的函数 variations 和 subsets 可以用来构造有限集合的排列与组合。表 1-4 罗列了这两个函数的调用接口。

表 1-4 构造有限集合排列与组合的函数

函 数 名	功 能	参 数 意 义
variations(seq,n,repetition)	构造排列	seq 表示参加排列有限集合的序列，n 表示排列中的元素个数，repetition 表示是否是可重排列，默认值为 False
subsets(seq,n,repetition)	构造组合	各参数与 variations 的同名参数意义相同

例如，可用下列语句构造上述两个例子中随机试验的样本空间。

```
1  from sympy.utilities.iterables import variations, subsets
2  S1=set(variations([0, 1], 3, True))
3  S2=set(subsets([1,2,3,4,5],3))
4  S1,S2
```

程序 **1.2** Python 中构造有限集合排列组合的函数

运行程序，输出如下。

```
({(0, 0, 0),
  (0, 0, 1),
  (0, 1, 0),
  (0, 1, 1),
  (1, 0, 0),
  (1, 0, 1),
  (1, 1, 0),
  (1, 1, 1)},
 {(1, 2, 3),
  (1, 2, 4),
  (1, 2, 5),
  (1, 3, 4),
  (1, 3, 5),
  (1, 4, 5),
  (2, 3, 4),
  (2, 3, 5),
  (2, 4, 5),
  (3, 4, 5)})
```

为方便调用，将下列两条语句加入文件 utility.py。

```
from sympy.utilities.iterables import variations as permutations
from sympy.utilities.iterables import subsets as combinations
```

今后只需从文件 utility.py 中导入 permutations 即可构造有限集合的排列, 导入 combinations 就可构造有限集合的组合。

3. 按条件设置事件

作为样本空间子集的随机事件可以由样本空间中的样本点满足一定的条件来确定。为方便应用, 设计如下的函数为指定样本空间设置指定条件的随机事件。

```
1  def subSet(A, condition):        #设置符合条件condition的事件
2      B = set()                    #B初始化为空集
3      for x in A:                  #A中找符合条件的样本点
4          if condition(x):         #样本点x满足条件condition
5              B.add(x)             #加入B
6      return B
```

程序 1.3　设置包含于样本空间 S 的符合条件 condition 的事件的函数

Python 中自定义的函数, 其首部由关键字 **def** 开头, 函数名（subSet）后跟用圆括号括起来的形式参数（A 和 condition）。程序 1.3 中定义了事件的设置函数 subSet。该函数的功能是用传递给它的表示集合的参数 A 和表示子集需满足的条件的参数 condition, 从 A 中筛选满足 condition 的元素构成一个 A 的子集 B 并返回。其中, 第 2~6 行为函数体。函数体内的代码相对于函数首部而言, 需向右缩进若干字符位置。利用行内注释不难理解: 第 2 行将集合 B 初始化为空集。第 3~5 行的 **for** 语句完成对集合 A 的扫描, 对其中的每个元素（样本点）x, 作为循环体的第 4~5 行的 **if** 语句检测其是否满足条件 condition（condition 本身也是一个函数, 它对传递给它的参数 x 做指定检测, 符合检测条件则返回布尔值 True, 否则返回 False）。若符合 condition, 则在第 5 行将 x 加入 B（调用 set 类对象 B 的方法 add）。扫描结束时, B 中包含所有满足 condition 的元素。第 6 行的 **return** 语句把设置好的事件 B 作为返回值返回。将程序 1.3 的代码写入文件 utility.py, 便于调用。

下面来看一个运用 subSet 函数设置随机事件的例子。

例 1-8　用随机事件的 Python 表示验证例 1-5。

解: 例 1-5 中的试验是向目标射击三次, 每次射击的结果是击中或未击中。假定用 1 表示击中, 用 0 表示未击中。则三次射击的结果, 即一个样本点可表示为三元组 (i, j, k)。其中的每个分量取值均为 0 或 1。样本空间 S 就是由所有这样的三元组构成的集合。

事件 A_1 表示第 1 枪击中, 也就是样本空间 S 中满足第 1 个分量 i 为 1 的样本点构成的集合。类似地, 事件 A_2 是由 S 中满足第 2 个分量 j 为 1 的样本点构成的集合, A_3 是由 S 中第 3 个分量 k 为 1 的样本点构成的集合。

将样本点表达形式的约定和对样本空间 S 及事件 A_1, A_2, A_3 的思考表示成 Python 程序如下。

```
1   from utility import permutations, subSet          #导入subSet
2   S=set(permutations([0,1],3,True))                 #设置样本空间
3   A1=subSet(S, lambda a: a[0]==1)                    #设置事件A1
4   A2=subSet(S, lambda a: a[1]==1)                    #设置事件A2
5   A3=subSet(S, lambda a: a[2]==1)                    #设置事件A3
6   A_1=S−A1                                           #计算A1的对立事件
7   A_2=S−A2                                           #计算A2的对立事件
8   A_3=S−A3                                           #计算A3的对立事件
9   print('(1)至少击中1枪=%s'%(A1|A2|A3))              #至少击中1枪
10  print('(2)3枪都击中=%s'%(A1&A2&A3))                #3枪都击中
11  print('(3)只有第1枪击中目标=%s'%(A1&A_2&A_3))      #只有第1枪击中目标
12  print('(4)恰击中1枪=%s'%(A1&A_2&A_3|A_1&A2&A_3|A_1&A_2&A3))  #恰击中1枪
13  print('(5)3枪都未击中=%s'%(S−(A1|A2|A3)))          #3枪均未击中
14  print('(6)至少有1枪未击中=%s'%(S−(A1&A2&A3)))      #至少有1枪未击中
```

程序 1.4　验证例 1-5 中各事件的运算

程序 1.4 的第 2 行调用 permutations（第 1 行导入）构造表示样本空间的 S。第 3、4、5 行调用在程序 1.3 中定义的 subSet 函数（第 1 行导入），创建事件 A1、A2 和 A3。回顾 subSet 函数用参数 condition，在样本空间 S 中筛选符合 condition 条件的样本点来设置事件。其中，condition(a) 是一个返回值为布尔值的函数，其功能就是检测样本点是否符合特定的条件，符合则返回 True，否则返回 False。例如，例 1-5 中的事件 A_1："第 1 枪击中目标"，其中的样本点 $a = (i, j, k)$ 需满足其第一个分量 $i = 1$。在 Python 中，元组中的分量可以用下标访问（注意，Python 中元组的下标和数组下标一样，都是按从 0 开始编排），即 a[0]==1。这样可以定义如下的函数来表示这一条件。

```
def conditionA1(a):
    if a[0]==1:
        return True
    return False
```

然而，Python 为程序员提供了一个与简单函数定义等价的称为 **lambda** 的运算符。

lambda 参数: 返回对参数进行处理的布尔表达式值。

例如，与上述函数 conditionA1 等价的 **lambda** 表达式为:

lambda a: a[0]==1

这就是第 3 行中传递给 subSet 的扮演 condition 角色的参数，以此设置事件 A_1："第

1 枪击中目标"。类似地,第 4 行和第 5 行分别设置事件 A_2 和 A_3。

第 6、7 和 8 行分别创建 A_1、A_2 和 A_3 的对立事件 $\overline{A_1}$、$\overline{A_2}$ 和 $\overline{A_3}$。

第 9~14 行按例 1-5 中得到的结果,用事件的运算输出计算结果。运行程序 1.4 后输出结果如下。

---

(1)至少击中1枪={(1, 1, 0), (0, 1, 1), (0, 1, 0), (1, 0, 0), (0, 0, 1), (1, 0, 1), (1, 1, 1)}

(2)3枪都击中={(1, 1, 1)}

(3)只有第1枪击中目标={(1, 0, 0)}

(4)恰击中1枪={(1, 0, 0), (0, 1, 0), (0, 0, 1)}

(5)3枪都未击中={(0, 0, 0)}

(6)至少有1枪未击中={(0, 1, 1), (1, 1, 0), (1, 0, 0), (0, 0, 1), (1, 0, 1), (0, 0, 0), (0, 1, 0)}

练习 1-7 一枚硬币抛掷 3 次,观察每次抛掷硬币的朝向(1 表示正面朝上,0 表示正面朝下)。设 A_1 = "第一次出现正面", A_2 = "三次出现同一面"。模仿例 1-8 利用 set 类对象计算事件 $A_1 \cup A_2$, $A_1 \cap A_2$, $A_2 - A_1$, $A_1 \cup \overline{A_2}$, $\overline{A_1} \cup \overline{A_2}$。

参考答案: 见文件 chapter01.ipynb。

4. 用 Python 模拟随机试验

随机试验是可以用计算机来模拟的,请看下面的例子。

例 1-9 用 Python 模拟重复 n 次抛掷骰子的试验,观察事件 A:"出现 4 点"的频数 n_A,以及频率 $f_n(A)$ 的稳定值。

```
1  import numpy as np                               #导入numpy
2  for i in range(3, 7):                            #指数i 从 3 至 6
3      n=10**i                                      #抛掷次数n=10 ^ i
4      x=np.random.randint(low=1, high=7, size=n)   #抛掷n次结果记录在x中
5      hist , _=np.histogram(x, bins=6)             #对x进行归置
6      print('n=%d,nA=%d,fn(A)=%.4f'%(n, hist[3], hist[3]/n))#输出n, nA及fn(A)
```

程序 1.5 模拟抛掷均匀六面体骰子 $n(= 10^3, 10^4, 10^5, 10^6)$ 次,观察事件 A:"出现 4 点"发生的频率的稳定性

程序 1.5 中,第 1 行导入 Python 数据分析的三个最基本的软件工具包 numpy、scipy 和 matplotlib 之一的 numpy,取别名为 np。numpy 包中含有特别便于数据处理的数组类型和函数。如本例中要用到的 random 类。

第 2~6 行的 **for** 语句分别对 $n = 10^i$($i = 3, 4, 5, 6$)依次进行抛掷 n 次骰子的模拟。

其中,第 4 行调用 numpy.random 的函数 randint,产生一个含有 size=n 个介于 low=1(含 1)到 high=7(不含 7)随机整数的数组 x,模拟抛掷 n 次骰子试验。

第 5 行调用 numpy 的函数 histogram 按照 6 个分组（参数 bins=6）归置数组 x 中的数据：统计 x 中对应各分组（1，2，···，6）的数出现的次数，存储于第 1 个返回值 hist（第 2 个返回值是分组的分界点数据，不需要，用 "＿" 隐藏掉）。即，hist[0] 存储的是 1 发生的次数，hist[1] 存储的是 2 发生的次数，······，hist[5] 存储的是 6 发生的次数。这实际上就是作直方图的数据，所以函数名为 histogram。由于我们要求的事件 A "出现 4 点" 的发生次数存储在 hist[3] 中，所以第 6 行用 hist[3] 作为 A 发生的频数 nA，hist[3]/n 作为 A 发生的频率 fn(A) 输出。运行程序 1.5，输出如下。

```
n=1000, nA=177, fn(A)=0.1770
n=10000, nA=1643, fn(A)=0.1643
n=100000, nA=16593, fn(A)=0.1659
n=1000000, nA=167085, fn(A)=0.1671
```

由此可见，随着抛掷次数 n 的增加：10^3，10^4，10^5 和 10^6，事件 A："出现 4 点" 的频率越来越稳定于 1.666=1/6 的附近。于是，抛掷均匀骰子的试验中，事件 A："出现 4 点" 的概率 $P(A) = 1/6$。

练习 1-8　模仿例 $1-9$，探求抛掷一颗骰子的试验中 $A_1 =$ "出现 1 点"，$A_2 =$ "出现 2 点"，······，$A_6 =$ "出现 6 点" 的概率 $P(A_1)$，$P(A_2)$，···，$P(A_6)$。

参考答案：见文件 chapter01.ipynb 中对应代码。

1.2　古典概型与几何概型

1.2.1　古典概型

定义 1-4　如果随机试验 E 的样本空间是一个有限集合，且每一个样本点作为基本事件发生的概率均相等，称 E 是一个**等概模型**或**古典概型**。

如果做了练习 1-8，会发现抛掷一颗骰子，观察出现的点数的随机试验就是一个典型的等概模型：样本空间只含 6 个样本点 $\{1, 2, \cdots, 6\}$，每个基本事件发生的概率均为 $1/6$。

在等概模型中，任一随机事件 A 的概率可以直接得以计算。

定理 1-1　设等概模型 E 的样本空间 $S = \{e_1, e_2, \cdots, e_n\}$，事件 $A = \{e_{i_1}, e_{i_2}, \cdots, e_{i_m}\} \subseteq S$，则

$$P(A) = \frac{m}{n} = \frac{|A|}{|S|}$$

其中，$|A|$ 表示集合 A 所含元素个数。

证明：　由于样本空间 $S = \{e_1, e_2, \cdots, e_n\}$ 的每个样本点对应的基本事件是等概的，即 $P(e_1) = P(e_2) = \cdots = P(e_n) = 1/n$，又事件 $A = \{e_{i_1}, e_{i_2}, \cdots, e_{i_m}\}$，由于任意两个

基本事件是互斥的, 故

$$P(A) = P(\{e_{i_1}, e_{i_2}, \cdots, e_{i_m}\}) = P(\{e_{i_1}\} \cup \{e_{i_2}\} \cup \cdots \cup \{e_{i_m}\})$$

$$= P(e_{i_1}) + P(e_{i_2}) + \cdots + P(e_{i_m}) = 1/n + 1/n + \cdots + 1/n$$

$$= m/n$$

例 1-10 将一枚均匀硬币抛掷三次, 计算事件 A_1: "恰有一次出现正面"和 A_2: "至少有一次出现正面"的概率 $P(A_1)$ 和 $P(A_2)$。

解: 这个随机试验的样本空间 $S = \{(0,0,0), (0,0,1), (0,1,0), (0,1,1), (1,0,0), (1,0,1), (1,1,0), (1,1,1)\}$, 故 $|S| = 8$。由于硬币是均匀的, 所以每个样本点是等概的。事件 "恰有一次出现正面" $A_1 = \{(0,0,1), (0,1,0), (1,0,0)\}$, 故 $|A_1| = 3$。根据定理 1-1,

$$P(A_1) = |A_1|/|S| = 3/8$$

事件 "至少有一次出现正面" A_2 的对立事件为 "一次正面都没有出现", 即 $\overline{A_2} = \{(0,0,0)\}$。故 $|\overline{A_2}| = 1$, 于是 $P(\overline{A_2}) = 1/8$。而

$$P(A_2) = 1 - P(\overline{A_2}) = 1 - 1/8 = 7/8$$

例 1-11 房间里有 10 个人, 编号为 1~10, 任选 3 人记录其编号。计算事件 A_1: 3 人中最小编号为 5, A_2: 3 人中最大编号为 5 的概率 $P(A_1)$ 和 $P(A_2)$。

解: 在 10 个人中选择 3 人, 共有 C_{10}^3 种不同的选法, 即样本空间含有的样本点数 $|S| = C_{10}^3 = 120$。又由于 3 人是任选的, 所以每个选法发生的可能性是相同的。这是一个古典概型。事件 A_1: 所选 3 人中最小编号为 5, 意味着编号为 5 者必在此 3 人中。其余两人的编号应该比 5 大, 共有 $C_5^2 = 10$ 种选择方法, 即 $|A_1| = 10$。于是

$$P(A_1) = |A_1|/|S| = C_5^2/C_{10}^3 = 10/120 = 1/12$$

类似地, 事件 A_2: 3 人中最大编号为 5 所含样本点数 $|A_2| = C_4^2 = 6$。于是

$$P(A_2) = |A_2|/|S| = C_4^2/C_{10}^3 = 6/120 = 1/20$$

练习 1-9 从一批由 5 件正品、5 件次品组成的产品中任意取出 3 件产品。计算事件 A: 所取 3 件产品中恰有 1 件次品的概率。

参考答案: $C_5^2 \times C_5^1/C_{10}^3$。

1.2.2 几何概型

古典概型 (等概模型) 有一个很自然的推广: 随机试验的样本空间 S 是一个封闭的几何区域 (1-维空间的一条线段、2-维空间的一块封闭区域, 3-维空间的一块形体), 即其样本点充满了这个区域。并且, 试验结果, 即任一样本点发生的可能性一致。这样的

随机试验称为一个**几何概型**。在几何概型中，随机事件 $A(\subseteq S)$ 作为 S 中的一个子区域（1-维空间中包含于 S 的一条线段、2-维空间中包含于 S 的一块封闭区域、3-维空间中包含于 S 的一块形体），其概率 $P(A) = \mu(A)/\mu(S)$。其中，μ 是对几何区域的度量（1-维空间中为线段长度、2-维空间中为区域面积，3-维空间中为形体体积）。

例 1-12　假定一个质地均匀的陀螺，其外沿均匀设置有 0~10 的刻度。旋转陀螺，待其静止后观察外沿与地面（足够平整）的接触点的刻度。由于接触点可以是区间 $[0, 10)$ 内的任一点，故样本空间 $S = [0, 10)$。又由于陀螺质地均匀，所以旋转后静止时与地面接触点的刻度为 S 中任一值可能性一致，故这是一个几何概型。记 A：停止旋转后与地面接触点的刻度为 S 中任一点 x，B：接触点的刻度落在区间 $(3, 4)$ 内，C：接触点的刻度落在区间 $[3, 4]$ 内。求 $P(A)$、$P(B)$ 和 $P(C)$。

解：这是一个 1-维空间中的几何概型，且 $\mu(S) = 10 - 0 = 10$。事件 A 仅含一个样本点 x，而在 1-维空间中任何一点的长度均为 0，即 $\mu(A) = \mu(x) = 0$。所以

$$P(A) = \mu(A)/\mu(S) = 0/10 = 0$$

几何概型告诉我们，虽然世上不可能事件的概率为 0，但**概率为 0 的事件未必是不可能事件**。这句话也可以等价地说成：必然事件的概率为 1，但**概率为 1 的事件未必是必然事件**。利用上述结论，很容易得出 $P(B) = P(C) = 1/10$。因为 $\mu(B) = \mu(C) = 4 - 3 = 1$，而无须纠结于端点是否包含在内的情况。

例 1-13　甲、乙两人相约在 8~9 点在某处会面，并约定先到者应等候另一人 20min，过时就离开。如果每个人可在指定的 1h 内任一时刻到达，计算两人能会面的概率。

解：设甲、乙在指定的 1h 内到达约会地点的时刻分别为 x 和 y，则该试验的样本空间可表示为 $S = \{(x, y) | 0 \leqslant x \leqslant 60, 0 \leqslant y \leqslant 60\}$。按题设，$S$ 内任一样本点发生是等可能的，即这是一个 2-维空间的几何概型。S 在坐标平面内表示成第一象限内的一个边长为 60 的正方形区域（见图 1-6）。设 A 表示事件"两人按约定能会面"，则 $A = \{(x, y) | (x, y) \in S, |x - y| \leqslant 20\}$。$A$ 为含于 S 中的一个封闭子区域（见图 1-6）。显然 S 的面积 $\mu(S) = 60^2 = 3600$，而 A 的面积 $\mu(A) = 60^2 - 40^2 = 2000$。于是

$$P(A) = \mu(A)/\mu(S) = 2000/3600 = 5/9$$

练习 1-10　在长度为 a 的线段内任取两点将其分成三段，计算它们可以构成三角形的概率。

参考答案：1/4。提示：将线段表示为数轴上区间 $[0, a]$，线段中两点的坐标分别为 x 和 y。

例 1-14　平面上画有一些平行线，它们之间的距离都等于 a，向此平面任投一长度为 $l(l < a)$ 的针，试求此针与任一平行线相交的概率。

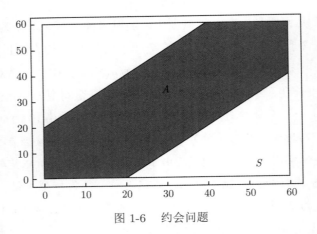

图 1-6　约会问题

解: 投针问题如图 1-7（a）所示。设针的中点和与之较近的平行线之间的距离为 x,针与该条平行线的夹角为 φ。显然 x, φ 满足 $0 \leqslant x \leqslant a/2$, $0 \leqslant \varphi \leqslant \pi$。即该试验的样本空间 $S = \{(x, \varphi) | 0 \leqslant x \leqslant a/2, 0 \leqslant \varphi \leqslant \pi\}$。事件 A: "所投掷的针与平行线之一相交"发生当且仅当 $x \leqslant \dfrac{l}{2} \sin\varphi$ $(0 \leqslant \varphi \leqslant \pi)$。即 $A = \left\{(x, \varphi) | x \leqslant \dfrac{l}{2} \sin\varphi, 0 \leqslant \varphi \leqslant \pi\right\}$ （见图 1-7（b））。由投针的随机性可知这是一个几何概型。样本空间 S 的面积 $\mu(S) = \dfrac{a}{2}\pi$,事件 A 的面积 $\mu(A) = \displaystyle\int_0^\pi \dfrac{l}{2} \sin\varphi \mathrm{d}\varphi = l$。于是

$$P(A) = \frac{\mu(A)}{\mu(S)} = \frac{2l}{a\pi}$$

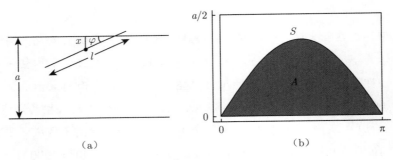

（a）　　　　　　　　　　　（b）

图 1-7　投针问题

1.2.3　Python 解法

1. 解古典概型问题

假定以 S 为样本空间的随机试验是一个等概模型,事件 $A \subseteq S$。若能算得 $|S| = n$,$|A| = m$,我们知道 $P(A) = m/n$。我们把这样的计算方法定义成下列的 Python 函数。

```
1  from sympy import Rational    #导入 Rational
2  def P(A, S):                          #等概模型下事件 A 的概率
```

3	n = **len**(S)	#S所含元素个数
4	m = **len**(A)	#A所含元素个数
5	**return** Rational(m, n)	#返回m/n的分数形式

程序 **1.6**　计算等概模型下事件 A 的概率的 Python 函数定义

结合程序中行内注释信息，不难理解程序 1.6。第 3、4 两行调用 Python 的 len 函数，分别计算由参数传递而来的 S 和 A 所含的元素个数 n 和 m。第 5 行用 m 和 n 创建表示 m/n 的分数形式的 Rational（sympy 包中表示有理数的数据类型，第 1 行导入）对象并返回。将此程序代码写入文件 utility.py 中，便于调用。

例 1-15　用程序 1.6 中定义的 P 函数验算例 1-10 中事件 A_1：恰有一次出现正面和 A_2：至少有一次出现正面的概率。

解：例 1-10 的试验是一枚硬币抛掷三次，事件 A_1 和 A_2 分别表示"恰有一次出现正面"和"至少有一次出现正面"。A_1 中的样本点 $a = (i, j, k)$ 满足条件 $i + j + k = 1$。A_2 中的样本点 $a = (i, j, k)$ 满足条件 i, j, k 中至少有一个为 1，也就是 $1 \in (i, j, k)$。有了这些思考，反映在程序 1.7 所示的代码中对事件 A_1 和 A_2 的设置。

1	**from** utility **import** subSet, permutations, P	#导入 *subSet,permutations* 和 P
2	S=**set**(permutations([0, 1], 3, True))	#构造样本空间 S
3	A1 = subSet(S, **lambda** a: **sum**(a) == 1)	#设置事件 $A1$
4	p1 = P(A1, S)	#计算事件 $A1$ 的概率 $p1$
5	**print**('P(A1)=%s' % p1)	#输出 $p1$
6	A2 = subSet(S, **lambda** a: 1 **in** a)	#设置事件 $A2$
7	p2 = P(A2, S)	#计算事件 $A2$ 的概率 $p2$
8	**print**('P(A2)=%s' % p2)	#输出 $p2$

程序 **1.7**　解决例 1-10 中等概模型问题的 Python 程序

程序中第 2 行调用 permutations 函数（第 1 行导入）设置抛掷三次硬币试验的样本空间 S，其中的样本点为三元组 (i, j, k)，每个分量均取 1（正面朝上）或 0（正面朝下）。第 3 行调用函数 subSet（第 1 行导入），传递参数 **lambda** a: sum(a)==1 设置事件 A1，第 4 行调用程序 1.6 所定义的计算等概模型中事件概率的函数 P（第 1 行导入），用传递给它的参数 A1 和 S 计算 A1 的概率 p1。第 5 行输出 p1 的值。类似地，第 6~8 行分别设置事件 A2，计算 A2 的概率 p2，输出 p2。

运行程序 1.7，输出如下。

```
P(A1)=3/8
P(A2)=7/8
```

即为本例的解。

例 1-16 用 Python 验算例 1-11 中的事件 A_1 和 A_2 的概率。

解：例 1-11 中的试验是从 1~10 的 10 个编号中任选 3 个，计算事件 A_1：3 个中最小编号为 5，A_2：3 个中最大编号为 5 的概率。A_1 中的样本点 $a = (i, j, k)$ 应满足条件 $\min(i, j, k) = 5$，而 A_2 中的样本点 $a = (i, j, k)$ 应满足条件 $\max(i, j, k) = 5$。

```python
1  from utility import subSet, combinations, P     #导入 subSet,combinations 和 P
2  numbers=[1,2,3,4,5,6,7,8,9,10]                   #房内10人的编号
3  S=set(combinations(numbers, 3))                  #构造样本空间S
4  A1=subSet(S, lambda a: min(a)==5)                #3人中最小号码为5
5  p1=P(A1, S)
6  print('P(A1)=%s'%p1)
7  A2=subSet(S, lambda a: max(a)==5)                #3人中最大号码为5
8  p2=P(A2, S)
9  print('P(A2)=%s'%p2)
```

程序 1.8　解决例 1-11 中等概模型问题的 Python 程序

第 2 行将 10 个编号 1,2,⋯,10 设为列表 numbers，第 4 行调用函数 combinations（第 1 行导入），构造从 numbers 中任取 3 个的所有组合作为样本空间 S。第 4 行调用函数 subSet（第 1 行导入）设置事件 A_1，最小号码为 5；类似地，第 7 行调用 subSet 函数设置事件 A_2，最大号码为 5。其他代码的含义参见行内注释，与程序 1.7 中相应的部分类似，不再赘述。

运行程序 1.8，输出如下。

```
P(A1)=1/12
P(A2)=1/20
```

即为本例的解。

练习 1-11 将 1，2，3，4 四个数随意地排成一行，试用 Python 求下列各事件的概率。

（1）自左至右或自右至左恰好排成 1，2，3，4。

（2）数字 1 排在最右边或最左边。

（3）数字 1 与数字 2 相邻。

（4）数字 1 排在数字 2 的右边（不一定相邻）。

参考答案：见文件 chapter01.ipynb 中对应代码。

2. 解 2-维几何概型问题

对于 2-维空间的几何概型，其中事件的概率须通过计算平面区域的面积才能求得。由函数曲线围成的区域 $D = \{(x, y) | a \leqslant x \leqslant b, f_1(x) \leqslant y \leqslant f_2(x)\}$，其面积可以用二重

积分求得：

$$D\text{的面积} = \iint\limits_{D} \mathrm{d}\sigma = \int_a^b \left(\int_{f_1(x)}^{f_2(x)} \mathrm{d}y \right) \mathrm{d}x$$

Python 的 scipy.integrate 包里就包含通用的计算二重积分的函数 dblquad。为使针对性更强，更便于计算几何概型中事件的概率，将 dblquad 包装成如下的计算平面区域面积的函数。

```
1  from scipy.integrate import dblquad
2  def areaBetween(a, b, f1, f2):
3      one = lambda x, y: 1
4      area, _ =dblquad(one, a, b, f1, f2)
5      return area
```

程序 1.9　计算由函数曲线围成的区域 $D = \{(x,y)|a \leqslant x \leqslant b, f_1(x) \leqslant y \leqslant f_2(x)\}$ 的面积的 areaBetween 函数定义

程序 1.9 的第 1 行，从 scipy.integrate 包中导入 dblquad 函数。scipy 是一个用于科学计算的 Python 代码包，包含各种科学与工程技术领域的数值计算工具。本书后面的每一章所讨论的概率统计的各种计算，都需要引用其中的代码模块（包括类、对象和函数）。例如，此例中引入的 integrate.dblquad 就是其中一个关于二重积分计算的函数。

第 2~5 行定义的函数 areaBetween,其功能就是计算并返回平面区域 $D = \{(x,y)|a \leqslant x \leqslant b, f_1(x) \leqslant y \leqslant f_2(x)\}$ 的面积。该函数包含 4 个参数，a, b, f1 和 f2 分别表示区域的边界。显然，a、b 是实数参数，而 f1 和 f2 是函数参数。

用二重积分计算平面区域 D 的面积，D 的边界是作为积分的上下限使用的，此时的被积函数是常数 1。第 3 行用 **lambda** 运算符定义了常函数 1，命名为 one。注意，这是一个二元函数（有两个参数 x 和 y），用来表示被积函数。

第 4 行实际上就是调用 dblquad 函数计算边界为 $a \leqslant x \leqslant b, f_1(x) \leqslant y \leqslant f_2(x)$ 的平面区域面积。该函数有 5 个参数：其一为被积函数，传递第 3 行的 one；其二、三为 x 的上、下界，传递 a 和 b；其四、五是 y 的上、下界，传递 f1 和 f2。该函数返回由两个值组成的二元组。第一个分量就是计算得到的积分值，赋予 area；第二个分量是可能存在的误差，用 "_" 隐藏。第 5 行将 area 作为 areaBetween 函数的返回值返回。将程序 1.9 的代码写入文件 utility.py 中，便于调用。

例 1-17　用程序 1.9 定义的 areaBetween 函数，就 $a = 4$, $l = 3$ 验算例 1-14 中的投针问题。

解：例 1-14 的投针问题是一个 2-维空间的几何概型。利用 areaBetween 函数，计算 $a = 4$, $l = 3$ 的投针问题的 Python 程序设计如下。

```
1  from utility import areaBetween          #导入areaBetween
```

```
2   import numpy as np              #导入numpy
3   a=4                             #设置a的值
4   l=3                             #设置l的值
5   zero=lambda x: 0                #定义空间的下边界
6   halfa=lambda x: a/2             #样本空间的上边界
7   f=lambda x: l*np.sin(x)/2       #事件A的上边界
8   Aarea=areaBetween(0, np.pi, zero, f)     #事件A的面积
9   Sarea=areaBetween(0, np.pi, zero, halfa) #样本空间面积
10  print('P(A)=%.4f'%(Aarea/Sarea))
```

程序 1.10   解决投针问题的 Python 程序

第 3，4 行分别将平行线距离 a 和针的长度 l 初始化为 4 和 3。第 5，6，7 行用 **lambda** 运算符定义了值为 0 的常函数 zero、带有因子 $l/2$ 的正弦函数 f 和值为 $a/2$ 的常函数 halfa。

第 8 行调用函数 areaBetween（第 1 行导入），计算 0 与 $\dfrac{l}{2}\sin\varphi$ 围成的区域的面积，四个参数 0, np.pi, zero, f 界定了此区域。计算的结果 Aarea 就是事件 A 的面积。第 9 行调用 areaBetween，计算表示 S 的矩形面积 Sarea，该矩形由参数 0, np.pi（numpy 包中定义的常量 **π**），zero, halfa 界定。

第 10 行输出 A 的概率。运行程序 1.10，输出如下。

P(A)=0.4775

其中的 0.4775 恰是 $a=4$，$l=3$ 时，$P(A)=\dfrac{2l}{a\pi}=\dfrac{3}{2\pi}$ 精确到万分位的近似值。

练习 1-12 仿照例 1-17，用 Python 验算例 1-13 的约会问题中事件发生的概率。

参考答案： 见文件 chapter01.ipynb 中对应代码。

1.3 条件概率与事件的独立性

1.3.1 条件概率

1. 条件概率的概念

在展开这一话题前，先来看一个例子。

例 1-18 将一枚均匀硬币抛掷两次，观察每次抛掷出现硬币的朝向。由硬币的均匀性可知，这是一个古典概型。样本空间 $S=\{(0,0),(0,1),(1,0),(1,1)\}$。事件 A 表示"至少有一次正面朝上"，事件 B 表示"两次出现同一面"。则 $A=\{(0,1),(1,0),(1,1)\}$，$B=\{(0,0),(1,1)\}$。于是，$P(A)=3/4, P(B)=2/4$。且 $A\cap B$ 表示"至少有一次出现正面且两次出现同一面"，也就是两次均出现正面：$A\cap B=\{(1,1)\}$，所以 $P(A\cap B)=1/4$。

现在考虑如下事件,已知 A:"至少有一次出现正面"已经发生,在此条件下,B:"两次出现同一面"发生的概率。显然,这与不知 A 是否发生而考虑事件 B 的概率 $P(B)$ 是不同的。

定义 1-5 在一个随机试验中,事件 A 已经发生的前提下,事件 B 发生,记为 $B|A$。其概率 $P(B|A)$ 称为 A 发生的前提下 B 发生的**条件概率**。

对于 $B|A$,无须考虑 A 以外的样本点,换句话说,样本空间从原来的 S 收缩为 A,而 B 发生需要考虑的样本点也局限于 $A \cap B$,如图 1-8 所示。

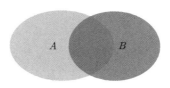

图 1-8 事件 A 发生的条件下 B 发生,需要考虑的样本点范围

例 1-18 中的试验是一个古典概型,即使将样本空间压缩为 A,每个样本点发生的等概性仍然维持。按定理 1-1,有

$$P(B|A) = |A \cap B|/|A| = 1/3$$

有趣的是,在上式中分子与分母同时除以 4,值不会变:$P(B|A) = \dfrac{1}{3} = \dfrac{1/4}{3/4} = \dfrac{P(A \cap B)}{P(A)}$。也就是说,在一个试验中事件:已知 A 发生的条件下,B 发生的条件概率 $P(B|A)$,若 $P(A) \neq 0$,可以通过 A、B 积的概率 $P(A \cap B)$ 和作为条件的事件 A 的概率 $P(A)$ 两者的商计算而得。这一结论无论是对古典概型还是一般的随机试验,都是成立的。即得到定理 1-2。

定理 1-2 条件概率

$$P(B|A) = \frac{P(A \cap B)}{P(A)}$$

例 1-19 一盒子装有 4 只产品,其中有 3 只一等品,1 只二等品。从中无放回地抽取产品两次,每次任取一只。设事件 A 为"第一次取到的是一等品",事件 B 为"第二次取到的是一等品"。求条件概率 $P(B|A)$。

解:由抽取的任意性知,这个试验是一个古典概型。所谓无放回抽样,指的是第一次抽取 1 只,观察后不放回盒子中,然后从盒子中抽取第二次。第一次抽取是在 4 只产品中任取 1 只,故有 4 种取法。第二次抽取是在剩下的 3 只产品中任取 1 只,有 3 种取法。因此,样本空间含样本点数 $|S| = 4 \times 3 = 12$。对事件 A:"第一次取到的是一等品"而言,第一次取得的一等品应是原有的 3 只一等品之一,故有 3 种取法;第二次是在余下的 3 只中任取 1 只,也有 3 种取法。故 $|A| = 3^2 = 9$,$P(A) = 9/12 = 3/4$。事件 $A \cap B$:"第

一次和第二次都取到一等品"。这意味着第一次是在 3 只一等品中任取 1 只，第二次是
在剩下的 2 只一等品中任取 1 只，故 $|A \cap B| = 3 \times 2 = 6$，$P(A \cap B) = 6/12 = 1/2$。于
是根据定理 1-2，有

$$P(B|A) = \frac{P(A \cap B)}{P(A)} = \frac{1/2}{3/4} = 2/3$$

练习 1-13 已知 $P(\overline{A}) = 0.3$，$P(B) = 0.4$，$P(A \cap \overline{B}) = 0.5$。计算条件概率
$P(B|A \cup \overline{B})$。

参考答案：1/4。

2. 条件概率的逻辑意义

设 $P(A) > 0$，事件 A 发生的条件下，事件 B 发生的条件概率 $P(B|A) = P(A \cap B)/P(A)$ 有着深刻的逻辑意义。

（1）若 $A \subseteq B$（见图 1-9(a)），意味着 A 发生必然导致 B 发生。此时 $A \cap B = A$，
$P(B|A) = P(A \cap B)/P(A) = P(A)/P(A) = 1$，即以 100% 的把握断定由 A 得 B。用
逻辑语言说就是 A 蕴含 B（$A \to B$）是个永真式，即 $A \Rightarrow B$。此处记为 $A \xrightarrow{1} B$。

（2）若 A 与 B 互斥（见图 1-9(b)），即 $A \cap B = \varnothing$。此时 $P(B|A) = P(A \cap B)/P(A) = 0/P(A) = 0$，即 A 蕴含 B（$A \to B$）是个不可能的事件。记为 $A \xrightarrow{0} B$。

（3）一般地（见图 1-9(c)），$A \nsubseteq B$，且 $A \cap B \neq \varnothing$。此时设 $P(B|A) = p$，这意味着能以 p 的把握推断由 A 则 B，记为 $A \xrightarrow{p} B$。

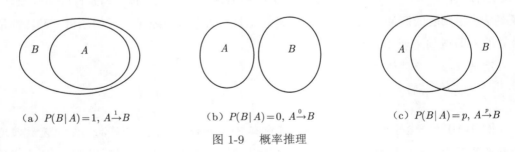

（a）$P(B|A) = 1$，$A \xrightarrow{1} B$ （b）$P(B|A) = 0$，$A \xrightarrow{0} B$ （c）$P(B|A) = p$，$A \xrightarrow{p} B$

图 1-9   概率推理

由此可见，条件概率 $P(B|A)$ 就是概率推理 $A \xrightarrow{p} B$。普通逻辑中的蕴含关系仅仅
是推理 $A \xrightarrow{p} B$ 中 $p = 1$ 时的特例。

假设 $P(A) > 0$，$P(B) > 0$，记 $P(B|A) = p_1$，$P(A|B) = p_2$，用上述符号有 $A \xrightarrow{p_1} B$
和 $B \xrightarrow{p_2} A$。换成逻辑语言，这意味着以 p_1 的把握，A 作为 B 的充分条件，以 p_2 的把
握，A 作为 B 的必要条件。实践中，若 A 是引发 B 发生的因素之一，称 $P(A)$ 为**先验**
概率（原因发生的概率），将 $P(B|A)$，称为**似然度**（由因推果的概率），而称 $P(A|B)$
为**后验概率**（由果推因的概率）。

1.3.2　乘法公式与事件的独立性

设 $P(A) \neq 0$（$P(B) \neq 0$），由

$$P(B|A) = \frac{P(A \cap B)}{P(A)} \left(P(A|B) = \frac{P(A \cap B)}{P(B)} \right)$$

得

$$P(A \cap B) = P(A)P(B|A) \left(P(A \cap B) = P(B)P(A|B) \right)$$

即两个事件积的概率是其中之一事件的概率乘以该事件已发生的条件下另一个事件发生的条件概率。这个公式称为概率的**乘法公式**。利用事件积（集合的交）运算的结合律，乘法公式可以推广到多个事件积的运算上，例如，对三个事件 A_1，A_2，A_3，有

$$P(A_1 \cap A_2 \cap A_3) = P(A_1 \cap A_2)P(A_3|A_1 \cap A_2) = P(A_1)P(A_2|A_1)P(A_3|A_1 \cap A_2)$$

例 1-20　一批零件共有 10 个，其中有 1 个不合格品。从中一个一个取出，每次都是随机地从现存的零件中抽取。求第三次才取到不合格品的概率。

解： 设 A_1、A_2 和 A_3 分别表示第 1 次、第 2 次和第 3 次取得合格品，则第三次才取到不合格品为 $A_1 \cap A_2 \cap \overline{A_3}$。根据题意，有 $P(A_1) = 9/10$，$P(A_2|A_1) = 8/9$，$P(\overline{A_3}|A_1 \cap A_2) = 1/8$。于是

$$P(A_1 \cap A_2 \cap \overline{A_3}) = P(A_1)P(A_2|A_1)P(\overline{A_3}|A_1 \cap A_2) = (9/10)(8/9)(1/8) = 1/10$$

练习 1-14　已知在 10 件产品中有 2 件次品，从中取两次，每次任取一件，做不放回抽样。计算下列事件的概率。

（1）两件都是正品。

（2）两件都是次品。

（3）一件是正品，一件是次品。

（4）第二次取出的是次品。

参考答案：(1)28/45；(2)1/45；(3)16/45；(4)1/5。

例 1-21　抛掷甲、乙两枚硬币，观察各自出现正反面的试验。其样本空间为 $S = \{(0,0),(0,1),(1,0),(1,1)\}$。设事件 A、B 分别表示甲、乙出现正面，则 $A = \{(1,1),(1,0)\}$，$P(A) = 1/2$，$B = \{(1,1),(0,1)\}$，$P(B) = 1/2$。两个均出现正面 $A \cap B = \{(1,1)\}$，$P(A \cap B) = 1/4$。于是，有

$$P(B|A) = P(A \cap B)/P(A) = (1/4)/(1/2) = 1/2 = P(B)$$

且

$$P(A|B) = P(A \cap B)/P(B) = (1/4)/(1/2) = 1/2 = P(A)$$

即 $P(B|A) = P(B)$ $(P(A|B) = P(A))$，条件概率 $P(B|A)$ 与无条件概率 $P(B)$ 是相等的。也就是说，事件 A（B）的发生与否，不影响 B（A）的发生与否。而且此时有

$$P(A \cap B) = 1/4 = (1/2)(1/2) = P(A)P(B)$$

一般地，有如下定义。

定义 1-6 设两个随机事件 A，B 满足

$$P(A \cap B) = P(A)P(B)$$

则称 A，B 是**相互独立**的。

按此定义知随机事件 A、B 相互独立，当且仅当 A、B 积的概率等于各自概率的积。

例 1-22 设 A 与 B 独立，我们来看 A 与 $\overline{B}$ 之间有没有独立关系：

$$P(A \cap \overline{B}) = P(A - B) = P(A - A \cap B)$$
$$= P(A) - P(A \cap B) = P(A) - P(A)P(B)$$
$$= P(A)(1 - P(B)) = P(A)P(\overline{B})$$

这就证明了，若 A 与 B 独立，则 A 与 $\overline{B}$ 也相互独立。

练习 1-15 证明若 A 与 B 独立，则 $\overline{A}$ 与 B 独立，$\overline{A}$ 与 $\overline{B}$ 也独立。

提示：参考例 1-22 的证明方法。

于是，有如下定理。

定理 1-3 随机事件 A 与 B、A 与 $\overline{B}$、$\overline{A}$ 与 B、$\overline{A}$ 与 $\overline{B}$ 中只要有一对相互独立，其余三对也相互独立。

随机事件的独立性还可以推广到 n 个事件上：设随机事件 $A_1, A_2, \cdots, A_n$ 满足对任意的 k（$2 \leqslant k \leqslant n$）有

$$P(A_{i_1} \cap A_{i_2} \cap \cdots \cap A_{i_k}) = P(A_{i_1})P(A_{i_2}) \cdots P(A_{i_k})$$

其中，$1 \leqslant i_1, i_2, \cdots, i_k \leqslant n$，则称 $A_1, A_2, \cdots, A_n$ 是相互独立的。

例 1-23 加工某零件共需经过三道工序，第一、二、三道工序的次品率分别为 2%，3%，5%，假定各道工序是互不影响的，问加工出来的零件的次品率是多少？

解：设 A_i 表示"第 i 道工序出次品"，$i = 1, 2, 3$。根据题设有 $P(A_1) = 0.02$，$P(A_2) = 0.03$，$P(A_3) = 0.05$。B 表示"加工出来的零件是次品"，则 $B = A_1 \cup A_2 \cup A_3$。于是有

$$P(B) = P(A_1 \cup A_2 \cup A_3) = 1 - P(\overline{A_1 \cup A_2 \cup A_3})$$
$$= 1 - P(\bar{A}_1 \cap \bar{A}_2 \cap \bar{A}_3) = 1 - P(\overline{A}_1)P(\overline{A}_2)P(\overline{A}_3)$$
$$= 1 - 0.98 \times 0.97 \times 0.95 = 0.096\,93$$

练习 1-16 四人独立地破译一份密码，已知各人能译出的概率分别为 1/5，1/4，1/3，1/6，计算密码最终能被破译的概率。

参考答案：2/3。

例 1-24 一个系统能否正常工作是一个随机事件，能正常工作的概率称为该系统的**可靠性**。设 4 个独立工作的元件 1，2，3，4，各自的可靠性为 p_1，p_2，p_3，p_4。将它们按图 1-10 连接成一个串并联系统，计算该系统的可靠性。

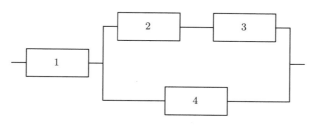

图 1-10 串并联系统

解：设 A_1，A_2，A_3，A_4 分别表示元件 1，2，3，4 能正常工作。按题设有 $P(A_1) = p_1$，$P(A_2) = p_2$，$P(A_3) = p_3$，$P(A_4) = p_4$。我们知道，两个子系统串联而成的系统能正常工作，当且仅当两个子系统都正常工作；两个子系统并联而成的系统能正常工作，当且仅当两个子系统中至少有一个正常工作。于是本例中的系统能正常工作表示为 $A_1 \cap ((A_2 \cap A_3) \cup A_4) = (A_1 \cap A_2 \cap A_3) \cup (A_1 \cap A_4)$。于是该系统的可靠性为

$$P((A_1 \cap A_2 \cap A_3) \cup (A_1 \cap A_4))$$

$$= P(A_1 \cap A_2 \cap A_3) + P(A_1 \cap A_4) - P(A_1 \cap A_2 \cap A_3 \cap A_4)$$

$$= p_1 p_2 p_3 + p_1 p_4 - p_1 p_2 p_3 p_4$$

练习 1-17 系统由 4 个独立工作的元件组成，各自的可靠性为 p_1，p_2，p_3，p_4。计算按图 1-11 连接成的系统的可靠性。

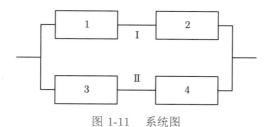

图 1-11 系统图

参考答案：$p_1 p_2 + p_3 p_4 - p_1 p_2 p_3 p_4$。

事件独立性常发生在两个场合：**有放回抽样**和**重复独立试验**。

例 1-25 袋中有大小、质地相同的 a 只红球、b 只白球，并充分混合。从中连续抽取两次，每次随机地抽取一只。设 A_1，A_2 分别表示第 1 次和第 2 次取到红球。分别就

（1）无放回抽取

（2）有放回抽取

计算事件"两次都取到红球"的概率 $P(A_1 \cap A_2)$。

解：

（1）由于是无放回抽样，第 1 次抽取时袋中有 $a+b$ 只球，第 2 次抽取时袋中只有 $a+b-1$ 只球了。于是，两次取球样本点总数为 $(a+b)(a+b-1)$。事件 A_1"第 1 次取到红球"含有两种情况："第 1 次取到红球，第 2 次也取到红球"和"第 1 次取到红球，第 2 次取到白球"。因此，包含 $a(a-1)+ab=a(a+b-1)$ 个样本点，$P(A_1)=\dfrac{a(a+b-1)}{(a+b)(a+b-1)}=\dfrac{a}{a+b}$。类似地，事件 A_2"第 2 次取到红球"也含有两种情况："第 1 次取到红球，第 2 次取到红球"和"第 1 次取到白球，第 2 次取到红球"，共包含 $a(a-1)+ba=a(a+b-1)$ 个样本点，$P(A_2)=\dfrac{a(a+b-1)}{(a+b)(a+b-1)}=\dfrac{a}{a+b}$。而 $A_2|A_1$ 意为 A_1 已发生的条件下 A_2 发生，也就是说，袋中此时共有 $a+b-1$ 只球，红球剩下 $a-1$ 只。从中任取 1 只红球，有 $a-1$ 种选择，即 $P(A_2|A_1)=\dfrac{a-1}{a+b-1}$。因此，$P(A_1 \cap A_2)=P(A_1)P(A_2|A_1)=\dfrac{a}{a+b}\times\dfrac{a-1}{a+b-1}$。

（2）而有放回抽样，指的是第 1 次抽取一球，观察后放回袋中，再从袋中第 2 次取球。此时，无论第 1 次取球结果如何，都不会影响第 2 次取球的结果。本例中，$P(A_1)=P(A_2)=\dfrac{a}{a+b}$，$P(A_2|A_1)=\dfrac{a}{a+b}$。于是 $P(B)=P(A_1 \cap A_2)=P(A_1)P(A_2|A_1)=\dfrac{a}{a+b}\times\dfrac{a}{a+b}=P(A_1)P(A_2)$。

这个例子告诉我们对有放回抽样和无放回抽样的如下两个事实。

（1）无论是有放回抽样还是无放回抽样，前后两次抽样只要彼此不知道对方抽取的结果，两者抽到同类结果的概率是一样的，即 $P(A_1)=P(A_2)=a/(a+b)$，所以购买彩票无须考虑时间早晚。

（2）对有放回抽样，前后两次抽样的结果无论如何都不会相互影响，即 $P(A_2|A_1)=a/(a+b)=P(A_2)$，即事件 A_1 和 A_2 是相互独立的。而对无放回抽样，在已知前次抽样结果的条件下，会影响后次抽样 $P(A_2|A_1)=(a-1)/(a+b-1)\neq a/(a+b)=P(A_2)$，反之亦然。即事件 A_1 和 A_2 不是相互独立的。因此，开奖前透露彩票中奖号码是犯法的。

需要说明的是，当总体体量巨大，抽样次数相对较小时，即使是无放回抽样，也认为前后抽样是相互独立的。

假定在一次试验中事件 A 发生（称为"试验成功"）的概率为 p（$0<p<1$），不发生（称为"试验失败"）的概率为 $1-p$，称这样的试验为 **2-态试验**，或**伯努利试验**。独立重复进行伯努利试验（前后试验的结果互不影响），考察其中成功试验的顺序或次

数。这样的模型称为**重复独立试验**。例如，射手击中目标（成功）的概率为 p，向目标连续射击直至击中目标为止，就可以视为重复独立试验，直至成功为止。由于各次试验的结果是相互独立的，所以第 4 次成功的概率为 $(1-p)^3 \times p$。

重复独立试验在实践中比比皆是：已知一件产品为合格品的概率为 p，在一大批产品中抽取 n 件进行检验；考生通过某课程考试的概率为 p，直至考试通过为止；……

例 1-26　一条自动生产线上产品的一级品率为 0.6。检查 10 件，求至少有 2 件一级品的概率。

解：检查 1 件产品是否为一级品（成功），为一个伯努利试验。检查 10 件产品，可视为做了 10 次重复独立试验。设事件 A 为检查的 10 件产品中至少有 2 件一级品，则 $\overline{A}$ 为 10 件产品中至多有 1 件一级品。设 A_0、A_1 分别表示 10 件产品中没有一级品和恰有 1 件一级品，则 $\overline{A} = A_0 \cup A_1$，且 A_0、A_1 互斥。设 $p=0.6$，由于 10 次试验是相互独立的（各试验的结果相互独立），所以 $P(A_0) = (1-p)^{10}$。对于事件 A_1，10 次试验中仅有 1 次成功，这次成功可以发生在 10 次试验的任何一次，共有 $\mathrm{C}_{10}^1 = 10$ 种情形。根据独立性，每种情形发生的概率为 $(1-p)^9 \times p$，所以 $P(A_1) = 10 \times (1-p)^9 \times p$。于是有

$$P(A) = 1 - P(\overline{A}) = 1 - P(A_0 \cup A_1) = 1 - P(A_0) - P(A_1)$$

$$= 1 - (1-p)^{10} - 10 \times (1-p)^9 \times p$$

$$= 1 - 0.4^{10} - 10 \times 0.4^9 \times 0.6 = 0.998$$

练习 1-18　某型号照明灯寿命在 1000h 以上的概率为 0.2，求 3 个灯在使用 1000h 后，最多只有 1 个坏了的概率。

参考答案：0.104。

1.3.3　Python 解法

1. 古典概型中条件概率的计算

如前所述，条件概率 $P(B|A)$ 是将样本空间限制在 A 上，$A \cap B$ 的概率。因此，可以利用程序 1.6 定义的函数 P(A, S)，计算古典概型中的条件概率。这只需对两个参数 A 和 S 分别传递 $A \cap B$ 和 A 即可。

例 1-27　在 Python 中验算例 1-19 中的条件概率 $P(B|A)$。

解：对于例 1-19 中在 4 只产品中无放回地连续随机抽取 2 只的随机试验，设 1, 2, 3 表示一等品，4 表示二等品。其样本空间就是由 1, 2, 3, 4 中任意抽取 2 个的排列构成。设 (i,j) 为任一样本点（$1 \leqslant i \neq j \leqslant 4$），事件 A：第一次抽到一等品中的样本点应满足条件 $i \leqslant 3$，B：第二次抽到一等品中的样本点应满足 $j \leqslant 3$。

将试验的样本空间及样本空间中样本点结构的约定以及事件 A 和 B 应满足的条件反映成如下的 Python 代码。

```
1  from utility import subSet, P, permutations
2  S=set(permutations(range(1,5),2))    #1, 2, 3 为一等品，4 为二等品
3  A = subSet(S, lambda a: a[0] <= 3) #设置事件 A："第 1 次取得一等品"
4  B = subSet(S, lambda a: a[1] <= 3) #设置事件 B："第 2 次取得一等品"
5  p = P(A&B, A)
6  print('P(B|A)=%s' % p)
```

程序 1.11　验算例 1-19 中条件概率 $P(A|B)$ 的 Python 程序

4 只产品分别用 1，2，3，4 表示，1，2，3 表示一等品，4 表示二等品。取两次，每次一只构成一个样本点，可表示为 2 元组 (i, j)。这样，样本空间就是集合 $\{1,2,3,4\}$ 中的两个元素构成的所有排列。程序的第 2 行调用 permutations 函数（第 1 行导入），设置本试验的样本空间 S。第 3、4 行调用函数 subSet（第 1 行导入），设置事件 A："第 1 次取得一等品" 和 B："第 2 次取得一等品"。第 5 行调用函数 P（第 1 行导入），计算条件概率 $P(B|A)$。注意，传递给第一个参数的是表示 $A \cap B$ 的 A&B，第二个参数是表示缩小了的样本空间 A。

运行程序 1.11，输出如下。

P(B|A)=2/3

即为本例的解。

练习 1-19　袋中有 5 球：3 红 2 白。在袋中连续任取两次球。事件 A：第 2 次取得白球，B：第 1 次取得红球。用 Python 计算在已知第 1 次取得红球的条件下第 2 次取得白球的概率 $P(A|B)$。

参考答案：见文件 chapter01.ipynb 中对应代码。

2. 乘法公式

我们知道，用乘法公式计算事件积的概率，需要计算条件概率。在古典概型下，可以运用程序 1.6 定义的 P 函数，验算事件积的概率。

例 1-28　用 Python 验算练习 1-14 中的各事件概率。

解：按不放回抽取方式，从 10 件产品中（包括 2 件次品）抽取两次，每次任取一件是一个古典概型。故用 Python 计算其中随机事件的概率需先考虑样本空间 S 及其样本点的结构。用 $1,2,\cdots,8$ 表示 8 个正品，9 和 10 表示 2 个次品。无放回两次抽取产品的样本点可用二元组 (i, j) 表示。其中，$1 \leqslant i \neq j \leqslant 10$。样本空间 S 就是由所有这样的二元组构成。设事件 A_1 表示"第 1 次取到正品"，A_2 表示"第 2 次取到正品"。则 A_1 中样本点 (i, j) 满足条件 $i \leqslant 8$，A_2 中样本点 (i, j) 满足条件 $j \leqslant 8$。下列程序计算概率 $P(A_1 \cap A_2)$，$P(\overline{A_1} \cap \overline{A_2})$，$P(A_1 \cap \overline{A_2} \cup \overline{A_1} \cap A_2) = 1 - P(A_1 \cap A_2) - P(\overline{A_1} \cap \overline{A_2})$ 和 $P(A_2)$。

```
1   from utility import subSet, P, permutations
2   S=set(permutations(range(1,11),2))          #1~8 为一等品，9，10 为二等品
3   A1=subSet(S, lambda a: a[0]<=8)              #事件 A1
4   A2=subSet(S, lambda a: a[1]<=8)              #事件 A2
5   A1_=S−A1                                      #A1 的对立事件 Ā1
6   A2_=S−A2                                      #A2 的对立事件 Ā2
7   p1=P(A1, S)*P(A1&A2, A1)                      #P(A1*A2)
8   p2=P(A1_, S)*P(A1_&A2_, A1_)                  #P(Ā1*Ā2)
9   p3=1−p1−p2                                    #P(A1*Ā2)+P(Ā1*A2)
10  p4=P(A2_, S)                                  #P(Ā2)
11  print('P(A1*A2)=%s'%p1)
12  print('P(A1_*A2_)=%s'%p2)
13  print('P(A1*A2_)+P(A1_*A2)=%s'%p3)
14  print('P(A2_)=%s'%p4)
```

程序 **1.12**　计算练习 1-14 中各事件概率的 Python 程序

程序 1.12 的第 2 行完成对样本空间的设置：$\{1, 2, \cdots, 10\}$ 中任取 2 个元素的排列。第 3~6 行分别设置事件 A_1，A_2，$\overline{A}_1$ 和 $\overline{A}_2$。第 7、8 行分别按公式 $P(A_1)P(A_2|A_1)$ 及 $P(\overline{A}_2)P(\overline{A}_2|\overline{A}_1)$ 计算概率 $P(A_1 \cap A_2)$ 和 $P(\overline{A}_1 \cap \overline{A}_2)$，记为 p1、p2。第 9、10 行分别计算概率 $P(A_1 \cap \overline{A}_2 \cup \overline{A}_1 \cap A_2) = 1 - P(A_1 \cap A_2) - P(\overline{A}_1 \cap \overline{A}_2)$ 和 $P(A_2)$，记为 p3 和 p4。第 11~14 行输出计算所得概率的值。

运行程序 1.12，输出如下。

```
P(A1*A2)=28/45
P(A1_*A2_)=1/45
P(A1*A2_+A1_*A2)=16/45
P(A2_)=1/5
```

这就验证了练习 1-14 的计算结果。

1.4　全概率公式与贝叶斯公式

1.4.1　全概率公式

人们在处理庞大的复杂问题时，常常用到"化整为零，各个击破"的思想方法。具体地说，就是分解原问题为若干个互不重叠的子问题，然后解决每一个相对规模较小、复杂度较低的子问题，最后将子问题的解拼接成原问题的解。把这一想法用到事件概率的计算上就是下面要引入的全概率公式。

定义 1-7　设随机试验的样本空间为 S，$A_1, A_2, \cdots, A_n$ 是该试验的一组随机事件，即 $A_i \subseteq S, i = 1, 2, \cdots, n$。若这组事件满足：

（1）$A_i \cap A_j = \varnothing$，$1 \leqslant i \neq j \leqslant n$；

（2）$\bigcup\limits_{i=1}^{n} = S$。

称 $A_1, A_2, \cdots, A_n$ 为试验的一个**完备事件组**。完备事件组 $A_1, A_2, \cdots, A_n$ 其实就是样本空间 S 的一个**划分**（见图 1-12（a））。

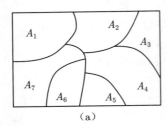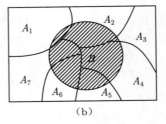

图 1-12   样本空间的划分 $A_1, A_2, \cdots, A_n$ 和事件 B 的分割

定理 1-4   设 $A_1, A_2, \cdots, A_n$ 为一完备事件组，且其概率分别为 $P(A_1), P(A_2), \cdots,$ $P(A_n)$。事件 $B \subseteq S$，则

$$P(B) = P(A_1)P(B|A_1) + P(A_2)P(B|A_2) + \cdots + P(A_n)P(B|A_n) = \sum_{i=1}^{n} P(A_i)P(B|A_i)$$

该式称为**全概率公式**。

证明：

$$B = B \cap S = B \cap (A_1 \cup A_2 \cup \cdots \cup A_n)$$

$$= (B \cap A_1) \cup (B \cap A_2) \cup \cdots \cup (B \cap A_n)$$

这样就得到了 B 的一个分割：$B \cap A_1, B \cap A_2, \cdots, B \cap A_n$（见图 1-12（b）），并且这 n 个事件两两互斥。假定已知 $P(B|A_1), P(B|A_2), \cdots, P(B|A_n)$。概率 $P(B)$ 计算如下：

$$P(B) = P((B \cap A_1) \cup (B \cap A_2) \cup \cdots \cup (B \cap A_n))$$

$$= P(B \cap A_1) + P(B \cap A_2) + \cdots + P(B \cap A_n)$$

$$= P(A_1)P(B|A_1) + P(A_2)P(B|A_2) + \cdots + P(A_n)P(B|A_n)$$

用全概率公式计算事件 B 的概率的关键在于找到一组合适的完备事件 $A_1, A_2, \cdots,$ A_n。这组事件除了可认为是促成事件 B 发生的若干因素，能算得自身的先验概率 $P(A_1), P(A_2), \cdots, P(A_n)$ 外，还能算出各因素 A_i 相对于 B 的似然率 $P(B|A_1),$ $P(B|A_2), \cdots, P(B|A_n)$，如图 1-13 所示。有了这两方面的数据，对应积 $P(A_i)P(B|A_i)$ $(i = 1, 2, \cdots, n)$ 之和，即为 B 的先验概率 $P(B)$。

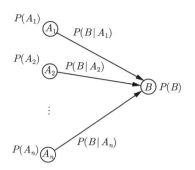

图 1-13 全概率公式中完备事件组 $A_1, A_2, \cdots, A_n$ 与事件 B 的逻辑关系

例 1-29 设某仓库有一批产品，已知其中甲、乙、丙三个工厂生产的产品依次占 50%，30% 和 20%，且甲、乙、丙三个工厂的次品率分别为 $1/10$，$1/15$ 和 $1/20$。现从这批产品中任取一件，求取得正品的概率。

解： 设事件"从仓库中任取一件产品是正品"为 B。A_1, A_2, A_3 分别表示事件"产品是甲、乙、丙厂生产的"，则 A_1, A_2, A_3 构成一个完备事件组，可视为事件 B 发生的 3 个因素。按题设 $P(A_1) = 1/2$，$P(A_2) = 3/10$，$P(A_3) = 1/5$（各因素的前验概率），且由 $P(\bar{B}|A_1) = 1/10$，$P(\bar{B}|A_2) = 1/15$，$P(\bar{B}|A_3) = 1/20$，得 $P(B|A_1) = 9/10$，$P(B|A_2) = 14/15$ 及 $P(B|A_3) = 19/20$（B 相对于各因素的似然率）。运用全概率公式计算事件"从仓库中任取一件产品是正品"的概率 $P(B)$，实际上就是将各因素的先验概率序列 $[P(A_1), P(A_2), P(A_3)]$ 与似然率序列 $[P(B|A_1), P(B|A_2), P(B|A_3)]$ 逐元素相乘，然后求和而得，即：

$$P(B) = P(A_1)P(B|A_1) + P(A_2)P(B|A_2) + P(A_3)P(B|A_3)$$
$$= \frac{1}{2} \times \frac{9}{10} + \frac{3}{10} \times \frac{14}{15} + \frac{1}{5} \times \frac{19}{20} = 23/25$$

练习 1-20 播种用的一等小麦种子中混有 $1/20$ 的二等种子和 $1/10$ 的三等种子。这三个等级的种子长出的麦穗含有 50 颗以上的麦粒的概率分别为 $9/10$，$4/5$ 和 $13/20$。从这批种子中任选一粒，计算长出的麦穗含有 50 颗以上麦粒的概率。

参考答案：$87/100$。

事件 A 与 $\overline{A}$ 构成最简单、最常用的完备事件组。

例 1-30 假设人群中吸烟者占 $1/5$，他们患肺癌的概率为 $1/250$。不吸烟者患肺癌的概率为 $1/4000$。试计算人群患肺癌患的概率。

解： 设 A 为吸烟者，则 $\overline{A}$ 为不吸烟者。由题设知 $P(A) = 1/5$，故 $P(\overline{A}) = 1 - P(A) = 4/5$。$A$ 与 $\overline{A}$ 构成一个完备事件组。设事件"肺癌患者"为 B，根据题设有 $P(B|A) = 1/250$，$P(B|\overline{A}) = 1/4000$。利用全概率公式有

$$P(B) = P(A)P(B|A) + P(\overline{A})P(B|\overline{A}) = \frac{1}{5} \times \frac{1}{250} + \frac{4}{5} \times \frac{1}{4000} = \frac{1}{1000}$$

练习 1-21 设 n 张彩票中有一张奖券，求第二个人摸到奖券的概率。

参考答案：$1/n$。

1.4.2 贝叶斯公式

如果将完备事件组 $A_1, A_2, \cdots, A_n$ 视为促成事件 B 发生的诸因素，则全概率公式通过每个因素的先验概率 $P(A_i)$ 及 B 相对于 A_i 的似然率 $P(B|A_i)(i = 1, 2, \cdots, n)$，算得 B 发生的先验概率 $P(B)$。然而，实践中往往会遇到这样的问题：已知作为各因素 A_i 导致事件 B 已发生，想在此条件下计算各因素 A_i 发生的概率 $P(A_i|B)(i = 1, 2, \cdots, n)$，即各因素的后验概率。

定理 1-5 设 $A_1, A_2, \cdots, A_n$ 为一完备事件组，且其概率分别为 $P(A_1), P(A_2), \cdots, P(A_n)$。事件 $B \subseteq S$，且 $P(B) = \sum\limits_{k=1}^{n} P(A_k)P(B|A_k) > 0$。对指定的 $i(1 \leqslant i \leqslant n)$，有

$$P(A_i|B) = \frac{P(A_i)P(B|A_i)}{\sum\limits_{k=1}^{n} P(A_k)P(B|A_k)}$$

此式称为**贝叶斯公式**。

证明： 这是因为

$$P(A_i|B) = \frac{P(A_i \cap B)}{P(B)} = \frac{P(A_i)P(B|A_i)}{P(B)} = \frac{P(A_i)P(B|A_i)}{\sum\limits_{k=1}^{n} P(A_k)P(B|A_k)}$$

和全概率公式的应用相仿，运用贝叶斯公式计算后验概率的关键是找到合适的完备事件组 $A_1, A_2, \cdots, A_n$，作为引发事件 B 发生的因素。并且需确认要求的是后验概率——即已知结果 B 发生的条件下，某个因素 A_i 发生的概率，如图 1-14 所示。

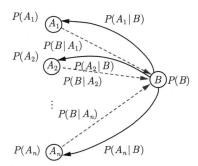

图 1-14 贝叶斯公式中完备事件组 $A_1, A_2, \cdots, A_n$ 与事件 B 的逻辑关系

例 1-31 根据临床记录，某种诊断癌症的试验具有如下的效果：若以 A 表示事件"试验反应为阳性"，以 C 表示事件"被诊断者患有癌症"，则有 $P(A|C) = 19/20$，$P(\overline{A}|\overline{C}) = 19/20$。今对自然人群进行普查，设被试验的人患有癌症的概率 $P(C) = 1/200$，试求 $P(C|A)$。

解： 在本例中，一个人的试验反应是阳性（事件 A）无非是因为此人本身患有癌症（事件 C，此时为确诊），或没有患癌症（$\overline{C}$，此时为误诊）。因此，完备事件组 C 和 $\overline{C}$ 可视为促成事件 A 发生的因素。根据题设，$P(C) = 1/200$，则 $P(\overline{C}) = 199/200$。由 $P(A|C) = P(\overline{A}|\overline{C}) = 19/20$，可得 $P(A|\overline{C}) = 1 - P(\overline{A}|\overline{C}) = 1/20$。

$$P(A) = P(C)P(A|C) + P(\overline{C})P(A|\overline{C}) = \frac{1}{200} \times \frac{19}{20} + \frac{199}{200} \times \frac{1}{20} = \frac{109}{2000}$$

由于所求 $P(C|A)$ 为后验概率，故运用贝叶斯公式计算可得

$$P(C|A) = \frac{P(C)P(A|C)}{P(C)P(A|C) + P(\overline{C})P(A|\overline{C})} = \frac{19}{218}$$

练习 1-22　考虑两点间的通信。发方分别以概率 3/5 和 2/5 发出信息 A 和 B，由于噪声干扰，发方发出 A 而收方收到 A 的概率为 4/5，收到 B 的概率为 1/5；类似地，发方发出 B 而收方收到 B 的概率为 9/10，收到 A 的概率为 1/10。今设收方收到 A，求收方没有出错的概率。

参考答案：12/13。

1.4.3　Python 解法

1. 全概率公式的计算

设完备事件组 $A_1, A_2, \cdots, A_n$ 作为引发事件 B 的 n 个因素。诸因素的先验概率构成的序列为 $P(A_1), P(A_2), \cdots, P(A_n)$，在诸因素 A_i 发生的条件下，事件 B 的似然度构成序列 $P(B|A_1), P(B|A_2), \cdots, P(B|A_n)$，这两个序列是等长（所含元素个数相同）的。序列对应元素积之和 $\sum_{i=1}^{n} P(A_i)P(B|A_i)$，即为用全概率公式计算的事件 B 的概率 $P(B)$。Python 的 numpy 包提供的数组 array 类的两个等长（所含元素个数相同）对象之间就支持这样的"按元素"运算：对应元素分别计算，得到一个新的数组（如图 1-15 所示）。

$$
\begin{array}{ccccc}
a_0 & a_1 & a_2 & \ldots & a_{n-1} \\
\updownarrow & \updownarrow & \updownarrow & \cdots & \updownarrow \\
b_0 & b_1 & b_2 & \ldots & b_{n-1}
\end{array}
$$

图 1-15　"按元素"运算

利用这一技术，将计算全概率公式的算法表示成如下的 Python 函数定义。

```
1  def totalProb(prioProb, likelihood):        #参数类型为np.array
2      return (prioProb*likelihood).sum()  #按元素乘法然后求和
```

程序 1.13　根据完备事件组的似然率和先验概率计算全概率公式的 Python 函数

程序 1.13 定义了计算全概率公式的函数 totalProb，该函数有两个 numpy 数组类型的参数：表示完备组先验概率序列的 prioProb 和表示似然度序列的 likelihood（第 1 行函数首部）。函数计算先验概率序列 prioProb 和似然度序列 likelihood 按元素的积（prioProbs*likelihood），然后调用该数组的 sum 方法对所得序列求和（(prioProb*likelihood).sum()），最后将所得值作为返回值返回（第 2 行）。将程序 1.13 的代码写入文件 utility.py，以便调用。

例 1-32 利用 totalProb 函数，计算例 1-29 中取得正品的概率 $P(B)$。

解：例 1-29 中作为导致事件 B 发生的因素 A_1, A_2, A_3 的先验概率序列为 $[1/2, 3/10, 1/5]$，对事件 B 的似然度序列为 $[9/10, 14/15, 19/20]$（参见例 1-29）。计算概率 $P(B)$ 的 Python 程序如下。

```
1  import numpy as np                            #导入numpy
2  from utility import totalProb                 #导入totalProb
3  from sympy import Rational                    #导入Rational类
4  prioProb=np.array([Rational(1,2), Rational(3,10), Rational(1,5)])
5  likelihood=np.array([Rational(9,10), Rational(14,15), Rational(19,20)])
6  p=totalProb(prioProb, likelihood)
7  print('P(B)=%s'%p)
```

程序 1.14　计算例 1-29 中概率 $P(B)$ 的 Python 程序

第 4、5 行分别将 A_1, A_2, A_3 的先验概率序列 $\{1/2, 3/10, 1/5\}$ 和对 B 的似然度序列 $\{9/10, 14/15, 19/20\}$ 分别设置为 numpy（第 1 行导入）的 array 类数组 prioProbs 和 likelihood。第 6 行调用函数 totalProb（第 2 行导入），传递参数 prioProb 和 likelihood，返回值赋予 p。第 7 行输出计算结果：

```
P(B)=23/25
```

此即为例 1-29 的计算结果。

练习 1-23　用 Python 验算例 1-30 中事件 B 的概率。

参考答案：见文件 chapter01.ipynb 中对应代码。

2. 贝叶斯公式的计算

根据完备事件组 $A_1, A_2, \cdots, A_n$ 的先验概率序列 $P(A_1), P(A_2), \cdots, P(A_n)$，对事件 B 的似然度序列 $P(B|A_1)\,P(B|A_2)\,\cdots\,P(B|A_n)$，计算第 i 个因素 A_i 的后验概率 $P(A_i|B)$，利用贝叶斯公式

$$P(A_i|B) = \frac{P(A_i)P(B|A_i)}{\sum\limits_{i=1}^{n} P(A_i)P(B|A_i)}$$

可以先算得中间序列 $P(A_1)P(B|A_1), P(A_2)P(B|A_2), \cdots, P(A_n)P(B|A_n)$，贝叶斯公式中的分母就是该序列的和（即全概率公式的计算结果），分子是该序列中的第 i 个元素。两者之商就是 $P(A_i|B)$，即 A_i 的后验概率。实现这一算法的 Python 函数定义如下。

```
1   def bayes(prioProb, liklihood, i):   #计算第 i 个因素 Ai 相对 B 的后验概率
2       temp=prioProb*liklihood          #因素先验概率与对 B 的似然率按元素相乘
3       total=temp.sum()                 #B 的先验概率
4       return temp[i−1]/total           #Ai 相对于 B 的后验概率
```

程序 1.15　计算贝叶斯公式的 Python 函数定义

第 1~4 行定义函数 bayes。该函数有 3 个参数，prioProb 和 likelihood 与计算全概率公式的函数 totalProb 的同名参数一样，表示完备事件组 $A_1, A_2, \cdots, A_n$ 中各事件的先验概率序列 $P(A_1), P(A_2), \cdots, P(A_n)$ 和对事件 B 的似然率序列 $P(B|A_1), P(B|A_2), \cdots, P(B|A_n)$。参数 i 表示所要计算的是第 i 个事件 A_i 相对于 B 的后验概率 $P(A_i|B)$。第 2 行按元素将 prioProb 和 likelihood 相乘，得到序列 $P(A_1)P(B|A_1), P(A_2)P(B|A_2), \cdots,$ $P(A_n)P(B|A_n)$，存于 temp。第 3 行调用 temp 的求和函数 sum 按全概率公式计算 B 的先验概率 $P(B)$，存于 total。由于 numpy 的 array 类数组元素下标是从 0 开始起算的，故 $P(A_i)P(B|A_i)$ 存储为 $\text{temp}[i-1]$，第 4 行将其与 total 之商，即 $P(A_i|B) = P(A_i)P(B|A_i)/P(B)$ 作为返回值返回。将程序 1.15 的代码写入文件 utility.py，便于调用。

例 1-33　利用 bayes 函数完成例 1-31 中已知检测阳性反应 A 为癌症患者 C 的后验概率计算。

解： 被检测者患有癌症 C 和未患癌症 $\bar{C}$ 构成一个完备事件组，可视为引发检测结果呈阳性 A 发生的两个因素。由题设知两因素的先验概率序列为 $\{1/200, 19/200\}$，两个因素对检测结果 A 的似然度序列为 $\{19/20, 1/20\}$。计算因素之一 C 关于结果 A 的后验概率 $P(C|A)$ 的 Python 程序如下。

```
1   from utility import bayes                                    #导入 bayes
2   import numpy as np                                           #导入 numpy
3   from sympy import Rational                                   #导入 Rational
4   prioProb=np.array([Rational(1,200),Rational(199,200)])
5   likelihood=np.array([Rational(19,20), Rational(1, 20)])
6   p=bayes(prioProb,likelihood, 1)
7   print('P(C|A)=%s'%p)
```

程序 1.16　计算例 1-31 中后验概率 $P(C|A)$ 的 Python 程序

运行程序 1.16 输出如下。

P(C|A)=19/218

此即为例 1-31 的计算结果。

练习 1-24　用 Python 验算练习 1-22 中所求概率。

参考答案：见文件 chapter01.ipynb 中对应代码。

随机变量及其分布

第 1 章讨论了概率论中的随机试验、样本空间、随机事件、随机事件的概率、条件概率、事件的独立性等基本概念。运用包括集合的运算、初等代数的运算、初等几何的运算等在内的初等数学的方法解决了诸如古典概型、几何概型、全概率公式和贝叶斯公式等概率模型中的问题。在解决问题的过程中我们认识到，样本空间是刻画一个随机试验的最基础的模型。由于不同的试验，其样本点的形式是各式各样的，所以样本空间的构造也各不相同。在第 1 章中解决问题的基本形态是一题一议，一题一解。要能运用更有利的数学工具解决随机现象问题，需要有一个形式统一的描述随机试验的模型——随机变量。本章引入随机变量的概念，并介绍两类重要的随机变量：离散型随机变量和连续型随机变量。

2.1 随机变量及其分布函数

2.1.1 随机变量

变量，在数学中可狭义理解成一个至少含有两个数值元素的集合。由于可从这样的数集中取得不同的数值，故称为变量。变量中的数值元素若全为实数，则称为实值变量。对于随机试验的样本空间 S，若任一样本点 $e \in S$ 均取实数值，则本身就是一个变量，记为 X。若样本空间中的样本点不是数值，可以构造一个定义域为 S，值域为 X 包含在实数集合 $\mathbb{R}^{①}$ 中的函数。这样就可以用变量 X 来等同地表示样本空间 S。

定义 2-1 用来表示试验的样本空间 S 的变量 X，称为描述该试验的随机变量，简称为**随机变量**。

随机变量常用字母表中后面的大写字母 X，Y，$\cdots$ 表示。

例 2-1 考虑例 1-1 中的各个试验。

E_1：在一足够大的平台上抛掷一枚硬币是一个随机试验。所有可能的结果为 2 个：正面朝上（记为 1）及正面朝下（记为 0）。用随机变量 $X = \{0, 1\}$ 描述试验 E_1。

---

① $\mathbb{R} = (-\infty, +\infty)$，即全体实数。

E_2：在一足够大的平台上抛掷一颗标有数字 1~6 的六面体骰子，观察出现的点数也是一个随机试验。其所有可能结果为 6 个：出现 1 点，出现 2 点，……，出现 6 点。用随机变量 $X = \{1, 2, 3, 4, 5, 6\}$ 描述试验 E_2。

E_3：某航班降落机场的预定时刻为 2 : 30，但可能提前 5min 降落，也可能延后 10min 降落。迎接者于 2 : 25 到达机场，则等待飞机降落的时间是一个随机试验。用随机变量 $X = \{x | 0 \leqslant x \leqslant 15\}$ 描述试验 E_3。

随机变量 X 的每一个可取值 a，即 $X = a$ 就对应随机试验的一个样本点，作为基本事件，有其发生的概率 $P(X = a)$（若 a 不是 X 的可取值，当然有 $P(X = a) = 0$）。例如，例 2-1 中试验 E_1 的硬币若是均匀的，则 $P(X = 1) = P(X = 0) = 1/2$。$E_2$ 的骰子若是均匀的，则 $P(X = 1) = P(X = 2) = \cdots = P(X = 6) = 1/6$。

类似地，随机变量 X 的取值落入一个区间 $(a, b]$ 内，即 $X \in (a, b]$ 也是一个随机事件，记为 $\{a < X \leqslant b\}$。如例 2-1 中描述 E_2 的随机变量 $X \in (0, 3] = \{1, 2, 3\}$，故 $P(0 < X \leqslant 3) = 3/6 = 1/2$。特别地，$a = -\infty$，$X \in (-\infty, b]$（记为 $X \leqslant b$）也是随机事件。如例 2-1 的试验 E_3 中若飞机着陆时间等可能地介于 2:25~2:35，根据几何概型，设接机者于 2:25 到达机场，等待时间不超过 10min 的概率 $P(X \leqslant 10) = P(0 < X \leqslant 10) = 10/15 = 2/3$。

如上所述，随机变量 X 的所有取值表示了随机试验的样本空间。对给定的实数 a 和 b，等式 $X = a$ 表示试验的一个基本事件（a 为 X 的一个可能取值）或不可能事件（a 不是 X 的一个可能取值）。不等式 $X \leqslant a$ 表示事件 $X \in (-\infty, a]$。不等式 $X < a$ 是事件 $X \leqslant a$ 与事件 $X = a$ 的差。不等式 $X > a$ 是事件 $X \leqslant a$ 的对立事件。不等式 $X \geqslant a$ 是事件 $X > a$ 与 $X = a$ 的和。不等式 $a < X \leqslant b$ 是事件 $X \leqslant b$ 与 $X \leqslant a$ 的差。不等式 $a \leqslant X \leqslant b$ 是事件 $X = a$ 和 $a < X \leqslant b$ 的和。不等式 $a \leqslant X < b$ 是事件 $a \leqslant X \leqslant b$ 与事件 $X = b$ 的差。不等式 $a < X < b$ 是事件 $a < X \leqslant b$ 与 $X = b$ 的差。由此可见，事件 $X \leqslant a$ 是一个基础性的事件，即上述由不等式表示的事件均可表示成这一事件与事件 $X = a$ 的运算。

2.1.2　随机变量的分布函数

对给定的随机变量 X 和实数 $x \in \mathbb{R}$，考察事件 $\{X \leqslant x\}$ 的概率 $P(X \leqslant x)$，它随着 x 值的确定而确定，随 x 值的变化而变化。因此，它是一个定义在全体实数 $\mathbb{R}$ 上的实值函数。

定义 2-2　设 X 为一随机变量，定义在实数域 $\mathbb{R}$ 内的函数

$$F(x) = P(X \leqslant x), x \in \mathbb{R}$$

称为随机变量 X 的**分布函数**，也称为 X 的**累积分布函数**。

需要提醒的是，无论随机变量 X 的取值如何，其分布函数 $F(x)$ 的定义域都是 $\mathbb{R}$。

定理 2-1　随机变量的分布函数（累积分布函数）有很多优良性质：

(1) $0 \leqslant F(x) \leqslant 1$。

(2) $F(x)$ 在 $\mathbb{R}$ 上单调上升。

(3) $\lim\limits_{x \to -\infty} F(x) = 0$，$\lim\limits_{x \to +\infty} F(x) = 1$。

(4) 设 X 为一随机变量，$F(x)$ 为 X 的累积分布函数，则对任意的 $a, b \in \mathbb{R}$，且 $a \leqslant b$，有

$$P(a < X \leqslant b) = F(b) - F(a)$$

(5) $F(x)$ 在任何 x 处均右连续。

证明见本章附录 A1。

例 2-2　向半径为 r 的圆内任意投掷一个点，求此点到圆心的距离 X 的分布函数，并计算 $P(X > r/2)$。

解： 显然，这是一个 2-维几何概型（详见 1.2.2 节）。X 的取值范围为 $[0, r]$。对 $x \in \mathbb{R}$，有

$$F(x) = P(X \leqslant x) = \begin{cases} 0, & x < 0 \\ \dfrac{x^2 \pi}{r^2 \pi}, & 0 \leqslant x \leqslant r \\ 1, & x > r \end{cases}$$

$$= \begin{cases} 0, & x < 0 \\ \left(\dfrac{x}{r}\right)^2, & 0 \leqslant x \leqslant r \\ 1, & x > r \end{cases}$$

其图像如图 2-1 所示。

$$P\left(X > \frac{r}{2}\right) = 1 - P\left(X \leqslant \frac{r}{2}\right) = 1 - F\left(\frac{r}{2}\right) = 1 - \left(\frac{1}{2}\right)^2 = 3/4$$

练习 2-1　在区间 $[0,5]$ 上任意投掷一个质点，以 X 表示这个质点的坐标。试求 X 的分布函数 $F(x)$ 并计算概率 $P(1 < X \leqslant 3)$。

参考答案：$F(x) = \begin{cases} 0, & x < 0 \\ \dfrac{x}{5}, & 0 \leqslant x \leqslant 5 \\ 1, & x > 5 \end{cases}$，$P(1 < X \leqslant 3) = 2/5$。

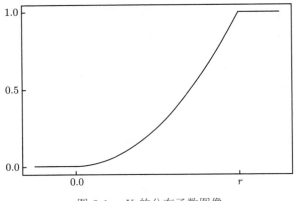

图 2-1 X 的分布函数图像

2.1.3 Python 解法

在 Python 中定义数学函数, 作为自变量的参数可以是 numpy 的 array 数组类型, 算得的函数值也构成一个数组。由于 numpy 拥有大量对数组的高效操作, 故对定义分段函数带来很多方便。此外, 这样定义的数学函数更便于用 matplot 包中的工具绘制其图形。

1. 随机变量分布函数的定义

例 2-3 下列 Python 代码定义例 2-2 中随机变量 X 的分布函数 (累积分布函数):

$$F(x) = \begin{cases} 0, & x < 0 \\ \left(\dfrac{x}{r}\right)^2, & 0 \leqslant x \leqslant r \\ 1, & x > r \end{cases}$$

```
1   import numpy as np              #导入 numpy
2   def cdf(x, r):
3       if type(x)!=type(np.array([])):   #数值类型
4           x=np.array([x])         #凑成统一的数组类型
5       y=np.zeros(x.size)          #函数值初始化为0
6       d=np.where((x>=0)&(x<=r))   #x介于0~r的部分
7       y[d]=(x[d]/r)**2            #x介于0~r的部分对应的函数值
8       d=np.where(x>r)             #x中大于r的部分
9       y[d]=1                      #x中大于r的部分对应的函数值
10      if y.size==1:               #单一函数值
11          return y[0]
12      return y                    #数组型函数值
```

程序 2.1 例 2-2 中随机变量 X 的分布函数的 Python 定义

为使函数既能计算单一自变量对应的函数值又能计算一组自变量对应的函数值，第 3~4 行的 **if** 语句对单一自变量转换成数组类型，以便统一处理。第 5 行调用 numpy 的 zeros 函数产生一个元素均为 0 的数组，该函数的调用接口为

$$zeros(size)$$

其中，参数 size 指定所产生的元素为 0 的数组所含的元素个数。在程序 2.1 的第 5 行，传递给参数 size 的值是表示自变量的参数 x 的元素个数，创建一个与 x 等长的函数值数组 y，所有元素初始为 0。numpy 的函数 where，可用来计算一个数组中满足指定条件的元素对应的下标形成的序列，其调用接口为

$$where(condition)$$

参数 condition 是一个描述数组元素需满足的条件。在程序的第 6 行中表示自变量的参数 x 中值介于 0~r 的元素计算对应的下标序列 d。第 7 行将 y[d] 中的元素置为函数值 $\left(\dfrac{x}{r}\right)^2$。第 8 行再次将 x 中值大于 r 的元素下标记为 d，第 9 行将 y[d] 中的元素置为 1。第 10~11 行的 **if** 语句返回单一的函数值，第 12 行返回数组型的函数值。

2. 绘制函数图像

Python 的 matplotlib 包含大量的数据可视化的方法。其中的 pyplot 对象拥有绘制各种平面图形的函数。图 2-1 就是用 pyplot 的 plot 函数绘制的函数 $F(x)$ 的图像（本书中几乎所有的插图均由 pyplot 绘制而成）。

例 2-4　下列代码绘制例 2-3 中定义的函数 cdf 位于区间 $(-0.5, 2.5)$ 的图像。

```
1  from matplotlib import pyplot as plt    #导入绘图对象pyplot
2  import numpy as np                       #导入numpy
3  x=np.linspace(−0.5, 2.5, 256)            #设置自变量数组
4  r=2                                      #设置原型区域半径r
5  y=cdf(x, r)                              #计算函数值y
6  plt.plot(x, y)                           #绘制y=F(x)的图像
7  plt.show()                               #展示图形
```

程序 **2.2**　绘制例 2-3 中所定义的函数图像

程序的第 1 行导入 matplotlib 包中的 pyplot。第 3 行调用 numpy 的 linspace 函数设置表示横坐标上的绘图范围，也就是函数 $y = F(x)$ 的自变量取值范围的数组。该函数的调用接口为

$$linspace(start, stop, num)$$

其中，参数 start 和 stop 分别表示取值的起点和终点，num 表示介于 start 和 stop 之间的等分点的个数。例如，程序 2.2 第 3 行中 linspace($-0.5, 2.5, 256$) 表示创建一个含有 256 个元素的数组 x，这些元素的最小值为 start，最大值为 stop，相邻元素是等差的。

第 4 行设置圆形区域半径 r=2，第 5 行调用程序 2.1 定义的函数 cdf，传递 x 和 r，计算 cdf(x,r) 得到的数组存于 y。第 6 行调用 pyplot 的 plot 函数绘制函数 $y = F(x)$ 的图像。该函数的调用接口为

$$plot(x, y)$$

其中，参数 x 表示横坐标的取值，y 表示对应的函数值。运行程序，可展示图 2-1 所示的图形。

练习 2-2 在 Python 中定义练习 2-1 中计算所得的随机变量 X 的分布函数，并用 pyplot 的 plot 函数绘制其图形。

参考答案：见文件 chapter02.ipynb 中对应代码。

2.2 离散型随机变量

2.2.1 离散型随机变量及其分布律

定义 2-3 若随机变量 X 只能取有限个值，或无限可列个值，称为**离散型随机变量**。

例 2-5 例 1-1 中描述抛掷一枚硬币试验的随机变量 $X = \{0, 1\}$ 和描述抛掷一颗骰子试验的随机变量 $X = \{1, 2, 3, 4, 5, 6\}$ 都是离散型随机变量。

设离散型随机变量 $X = \{x_1, x_2, \cdots, x_k, \cdots\}$，则 $X = x_k$ 对应一个基本事件。设 $P(X = x_k) = p_k$，$k = 1, 2, \cdots$，这一表达式涵盖了两方面的信息：X 的所有取值 $\{x_1, x_2, \cdots, x_k, \cdots\}$ 和取每个值的概率 $\{p_1, p_2, \cdots, p_k, \cdots\}$，该表达式反映了两者之间的对应关系。

定义 2-4 离散型随机变量 $X = \{x_1, x_2, \cdots, x_k, \cdots\}$，$P(X = x_k) = p_k$，$k = 1, 2, \cdots$，即

X	x_1	x_2	$\cdots$	x_k	$\cdots$
p	p_1	p_2	$\cdots$	p_k	$\cdots$

称为 X 的**分布律**或**概率质量函数**。

离散型随机变量的分布律（概率质量函数）是探究离散型随机变量及与其相关的各种随机事件的概率的最重要的数学模型之一。若 X 取有限个值 $\{x_1, x_2, \cdots, x_n\}$，在不产生混淆的前提下，还可以将 X 的概率质量函数表示成更简洁的形式：

$$X \sim \begin{pmatrix} x_1 & x_2 & \dots & x_n \\ p_1 & p_2 & \dots & p_n \end{pmatrix}$$

例 2-6　例 2-1 中若骰子是均匀的，则描述抛掷骰子试验的随机变量

$$X \sim \begin{pmatrix} 1 & 2 & 3 & 4 & 5 & 6 \\ 1/6 & 1/6 & 1/6 & 1/6 & 1/6 & 1/6 \end{pmatrix}$$

练习 2-3　设抛掷的硬币是均匀的，写出描述抛掷硬币试验的随机变量 X 的分布律。

参考答案：$X \sim \begin{pmatrix} 0 & 1 \\ 1/2 & 1/2 \end{pmatrix}$。

离散型随机变量 X 的分布律具有如下性质。

定理 2-2　设离散型随机变量 X 的分布律为

X	x_1	x_2	$\cdots$	x_k	$\cdots$
p	p_1	p_2	$\cdots$	p_k	$\cdots$

则

（1）对每一个 k（$k = 1, 2, \cdots$），$0 \leqslant p_k \leqslant 1$。

（2）$p_1 + p_2 + \cdots + p_k + \cdots = \sum\limits_{k=1}^{\infty} p_k = 1$。

其中，性质（1）称为概率质量函数的**有界性**，性质（2）称为概率质量函数的**归一性**。证明见本章附录 A2。

例 2-7　抛掷一颗均匀六面体骰子，出现的点数 X 为一随机变量。计算 X 取偶数值的概率。

解：根据例 2-6 的计算知 $X \sim \begin{pmatrix} 1 & 2 & 3 & 4 & 5 & 6 \\ 1/6 & 1/6 & 1/6 & 1/6 & 1/6 & 1/6 \end{pmatrix}$。

X 的概率质量函数图像如图 2-2 所示。

$$P(X \text{取偶数值}) = P(\{X = 2\} \cup \{X = 4\} \cup \{X = 6\})$$

$$= P(X = 2) + P(X = 4) + P(X = 6)$$

$$= 1/6 + 1/6 + 1/6 = 1/2$$

描述古典概型（取有限个值，且取每个值的概率相等）的随机变量，称为服从**离散型均匀分布**。本例中描述抛掷骰子试验的随机变量 X 就服从离散型均匀分布。

练习 2-4　验证例 2-7 中随机变量 X 的概率质量函数的归一性。

2.2.2　离散型随机变量的分布函数

本节从一个例子开始讨论。

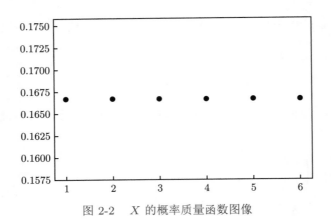

图 2-2　X 的概率质量函数图像

例 2-8　例 2-7 中描述抛掷骰子试验的随机变量 $X \sim \begin{pmatrix} 1 & 2 & 3 & 4 & 5 & 6 \\ 1/6 & 1/6 & 1/6 & 1/6 & 1/6 & 1/6 \end{pmatrix}$，

计算 X 的分布函数 $F(x)$ 及 $P(2 \leqslant X \leqslant 3)$。

解：对 $x \in \mathbb{R}$，分别考虑如下情形。

当 $x \in (-\infty, 1)$ 时，$X \leqslant x = \varnothing$，$F(x) = P(X \leqslant x) = 0$。

当 $x \in [1, 2)$ 时，$\{X \leqslant x\} = \{1\}$，$F(x) = P(X \leqslant x) = 1/6$。

当 $x \in [2, 3)$ 时，$\{X \leqslant x\} = \{1, 2\}$，$F(x) = P(X \leqslant x) = 1/6 + 1/6 = 1/3$。

当 $x \in [3, 4)$ 时，$\{X \leqslant x\} = \{1, 2, 3\}$，$F(x) = P(X \leqslant x) = 1/6 + 1/6 + 1/6 = 1/2$。

当 $x \in [4, 5)$ 时，$\{X \leqslant x\} = \{1, 2, 3, 4\}$，$F(x) = P(X \leqslant x) = 1/6 + 1/6 + 1/6 + 1/6 = 2/3$。

当 $x \in [5, 6)$ 时，$\{X \leqslant x\} = \{1, 2, 3, 4, 5\}$，$F(x) = P(X \leqslant x) = 1/6 + 1/6 + 1/6 + 1/6 + 1/6 = 5/6$。

当 $x \in [6, +\infty)$ 时，$\{X \leqslant x\} = \{1, 2, 3, 4, 5, 6\}$，$F(x) = P(X \leqslant x) = 1/6 + 1/6 + 1/6 + 1/6 + 1/6 + 1/6 = 1$。

综上所述，X 的分布函数

$$F(x) = \begin{cases} 0, & x < 1 \\ 1/6, & 1 \leqslant x < 2 \\ 1/3, & 2 \leqslant x < 3 \\ 1/2, & 3 \leqslant x < 4 \\ 2/3, & 4 \leqslant x < 5 \\ 5/6, & 5 \leqslant x < 6 \\ 1, & x \geqslant 6 \end{cases}$$

其图像如图 2-3 所示。

$$P(2 \leqslant X \leqslant 4) = P(X = 2) + P(2 < X \leqslant 4)$$

$$= 1/6 + F(4) - F(2)$$

$$= 1/6 + 2/3 - 1/3$$

$$= 1/6 + 1/3 = 1/2$$

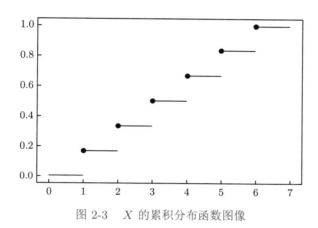

图 2-3　X 的累积分布函数图像

一般地，若离散型随机变量 X 有分布律

X	x_1	x_2	$\cdots$	x_k	$\cdots$
p	p_1	p_2	$\cdots$	p_k	$\cdots$

不失一般性，可设 $x_1 < x_2 < \cdots < x_k < \cdots$，则 X 的分布函数 $F(x)$ 可根据分布律计算：

$$F(x) = \begin{cases} 0, & x < x_1 \\ p_1, & x_1 \leqslant x < x_2 \\ p_1 + p_2, & x_2 \leqslant x < x_3 \\ \vdots & \vdots \\ \sum\limits_{i=1}^{k} p_i, & x_k \leqslant x < x_{k+1} \\ \vdots & \vdots \end{cases}$$

即 $x \in [x_k, x_{k+1})$，$F(x) = \sum\limits_{i=1}^{k} p_i$。

正由于这一计算结构，随机变量 X 的分布函数称为 X 的累积分布函数。离散型随机变量的分布函数，其图像呈阶梯状。在每个区间 $[x_k, x_{k+1})$（$k = 1, 2, \cdots$）中为一水平线段，左端为实点（右连续），右端为虚点（见图 2-3）。

练习 2-5　设 $X \sim \begin{pmatrix} 0 & 1 & 2 \\ \frac{1}{3} & \frac{1}{6} & \frac{1}{2} \end{pmatrix}$，试求 X 的累积分布函数 $F(x)$。

参考答案：$F(x) = \begin{cases} 0, & x < 0 \\ \frac{1}{3}, & 0 \leqslant x < 1 \\ \frac{1}{2}, & 1 \leqslant x < 2 \\ 1, & x \geqslant 2 \end{cases}$。

必须提及的是，离散型随机变量 X 的分布律 $P(X = x_k) = p_k$（$k = 1, 2, \cdots$）可以由分布函数求得：$F(x_k) - F(x_{k-1}) = p_k$。也就是说，分布律和分布函数对于描述一个离散型随机变量而言是等价的——知其一，必知其二。

例 2-9　设随机变量 X 的分布函数为

$$F(x) = \begin{cases} 0, & x < -1 \\ a, & -1 \leqslant x < 1 \\ \frac{2}{3} - a, & 1 \leqslant x < 2 \\ a + b, & x \geqslant 2 \end{cases}$$

且 $P(X = 2) = \frac{1}{2}$。试求 a 和 b 的值以及 X 的分布律（概率质量函数）。

解：首先，从分布函数 $F(x)$ 定义域各分段的分界点知 X 的所有取值为 $\{-1, 1, 2\}$。

由离散型随机变量分布函数的计算结构知 $a + b = 1$，由

$$\frac{1}{2} = P(X = 2) = F(2) - F(1)$$

$$= (a + b) - \left(\frac{2}{3} - a\right) = 1 - \frac{2}{3} + a$$

$$= \frac{1}{3} + a$$

解得 $a = \frac{1}{6}$，故 $b = 1 - a = \frac{5}{6}$。又

$$P(X = 1) = F(1) - F(-1) = \left(\frac{2}{3} - a\right) - a$$

$$= \frac{2}{3} - 2a = \frac{2}{3} - \frac{1}{3}$$

$$= \frac{1}{3}$$

而 $P(X = -1) = a = \frac{1}{6}$。于是

$$X \sim \begin{pmatrix} -1 & 1 & 2 \\ \dfrac{1}{6} & \dfrac{1}{3} & \dfrac{1}{2} \end{pmatrix}$$

练习 2-6　设随机变量 X 的分布函数为

$$F(x) = \begin{cases} 0, & x < -1 \\ 0.4, & -1 \leqslant x < 1 \\ 0.8, & 1 \leqslant x < 3 \\ 1, & x \geqslant 3 \end{cases}$$

试写出 X 的分布律。

参考答案：$X \sim \begin{pmatrix} -1 & 1 & 3 \\ 0.4 & 0.4 & 0.2 \end{pmatrix}$。

2.2.3　常用离散型随机变量的分布

1. 0-1 分布

随机变量 X 仅取两个值，即 $X \sim \begin{pmatrix} a & b \\ 1-p & p \end{pmatrix}$，称其服从参数为 a, b, p（a，b，p 一旦确定，概率质量函数中所有数据都随之确定）的**两点分布**。两点分布的分布律归一性是显而易见的，分布函数为

$$F(x) = \begin{cases} 0, & x < a \\ 1-p, & a \leqslant x < b \\ 1, & x \geqslant b \end{cases}$$

例 2-10　在抗击新冠病毒的疫情中，很重要的举措之一是对人群进行病毒检测。设对人数为 k 的人群中的每个人提取咽拭子样本进行病毒检测，检测的方法是取每个人样的一部分混合后对混合样本检测病毒，若呈阴性反应则意味着这群人的样本只需检验一次。若呈阳性反应则需对每个人剩下的样本再分别做一次检验。假定每个人检验呈阳性的概率为 p，且这些人的检验反应是相互独立的，计算人群中每个人的样本检验次数 X 的概率质量函数。

解：k 个人的混合样本必须被检验，故每个人的样本至少会被检验 $1/k$ 次，即 X 最小可取值 $1/k$。若混合样本检验结果呈阳性，则每个人的样本还需被检验一次，此时，X 取值 $1 + 1/k$。

当 $X = 1/k$ 时，即混合样本检测呈阴性，这意味着所有人的样本均呈阴性。令 $q = 1 - p$，根据独立性，此事件发生的概率 $P\left(X = \dfrac{1}{k}\right) = q^k$。而当 $X = 1 + 1/k$

时，即混合样本检验呈阳性，这意味着 k 个人的样本中至少有一个检验呈阳性。所以 $P\left(X=1+\dfrac{1}{k}\right)=1-q^k$。于是，有

$$X \sim \begin{pmatrix} \dfrac{1}{k} & 1+\dfrac{1}{k} \\ q^k & 1-q^k \end{pmatrix}$$

即每个人的样本的检测次数 X 服从参数为 $a=1/k, b=1+1/k, p=1-q^k$ 的两点分布。

两点分布中若 X 的取值 $a=0$，$b=1$，即 $X\sim\begin{pmatrix}0 & 1 \\ 1-p & p\end{pmatrix}$，称其服从参数为 p（p 一旦确定，概率质量函数中所有数据都随之确定）的 0-1 **分布**。0-1 分布又称为**伯努利分布**。显然，伯努利分布可用来描述伯努利试验（详见 1.3.2 节）。参数 $p=0.3$ 的 0-1 分布的概率质量函数和累积分布函数的图像如图 2-4 所示。

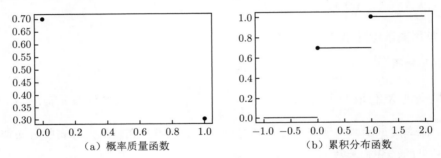

（a）概率质量函数　　　　（b）累积分布函数

图 2-4　参数 $p=0.3$ 的 0-1 分布的概率质量函数和累积分布函数图形

例 2-11 50 件产品中有 45 件正品、5 件次品，从中任取 1 件，若规定

$$X=\begin{cases}0, & \text{取到次品} \\ 1, & \text{取到正品}\end{cases}$$

试求 X 的分布律。

解： 由题设可知，在 50 件产品中任取一件为正品的概率 $p=45/50=9/10$。且 $P(X=0)=1-p=1/10$，$P(X=1)=p=9/10$。因此 X 服从参数为 $p=9/10$ 的 0-1 分布，即 $X\sim\begin{pmatrix}0 & 1 \\ 1/10 & 9/10\end{pmatrix}$。

练习 2-7 一房间有 3 扇同样大小的窗子，其中只有 1 扇是打开的。一只小鸟从开着的窗子飞入房间，它只能从开着的窗口飞出去。小鸟飞来飞去试图飞出房间。假定小鸟是没有记忆的，它飞入各扇窗子是随机的。试用随机变量 X 描述小鸟一次尝试飞出房间的试验。

参考答案： $X\sim\begin{pmatrix}0 & 1 \\ 2/3 & 1/3\end{pmatrix}$，$X=1$ 表示成功飞出房间，$X=0$ 则表示失败。

2. 几何分布

设伯努利试验成功的概率为 p，独立地重复试验（前次试验的结果不影响后次试验的结果）直至成功。考虑试验次数 X，其概率质量函数为

$$P(X = n) = p \cdot (1-p)^{n-1}, n = 1, 2, \cdots$$

设 $q = 1 - p$，则概率质量函数可表示成表格形式：

X	1	2	$\cdots$	n	$\cdots$
P	p	$p \cdot q$	$\cdots$	$p \cdot q^{n-1}$	$\cdots$

由于概率质量函数表中第二行表示的各个取值对应的概率构成一个几何数列，故称 X 服从参数为 p（p 一旦确定，概率质量函数的所有数据都随之确定）的**几何分布**。

对几何分布中的概率序列 $\{p, pq, \cdots, pq^{n-1}, \cdots\}$，求其和：

$$p + qp + \cdots + q^{n-1}p + \cdots$$
$$= p(1 + q + \cdots + q^{n-1} + \cdots)$$
$$= p \cdot \frac{1}{1-q} = 1$$

这就证明了几何分布的归一性。

几何分布的分布函数为 $F(x) = \sum\limits_{1 \leqslant k \leqslant x} (1-p)^{k-1} \cdot p$，$x \in \mathbb{R}$。图 2-5 示出了参数 $p = 0.5$ 的几何分布的概率质量函数和累积分布函数对应前 6 个取值 $\{1, 2, \cdots, 6\}$ 的图像。

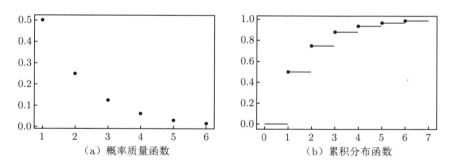

（a）概率质量函数　　　　（b）累积分布函数

图 2-5　参数 $p = 0.5$ 的几何分布的概率质量函数和累积分布函数图形

反映重复独立试验的几何分布在事件中有广泛应用。

例 2-12　设灯泡在任意一天损坏的概率 $p = 0.001$，计算该灯泡的寿命至少为 30 天的概率。

解：设灯泡的使用寿命（单位：天）为 X，则 X 服从参数为 $p = 0.001$ 的几何分布。令 $q = 1 - p = 0.999$，则灯泡寿命至少为 30 天的概率为

$$P(X \geqslant 30) = 1 - P(X \leqslant 29) = 1 - F(29)$$

$$= 1 - \sum_{k=1}^{29} q^{29-k}p = 1 - p\frac{1-q^{29}}{1-q}$$

$$= q^{29} = 0.999^{29} = 0.9714$$

练习 2-8 某篮球运动员投篮命中率为 0.45, 连续投篮直至投中为止。写出该运动员投篮次数 X 的概率质量函数, 并计算投篮次数为偶数的概率。

参考答案: X 服从参数为 $p = 0.45$ 的几何分布, $P(X \text{取偶数值}) = 11/31$。

3. 二项分布

独立地重复进行 n 次伯努利试验, 关注成功 k 次的概率, 此即n **次重复独立试验模型**。对于 n 次重复独立试验模型, 设 A_i 为第 i 次试验成功, $i = 1, 2, \cdots, n$。n 次试验中恰成功 k 次, 意味着有 $1 \leqslant i_1, i_2, \cdots, i_k \leqslant n$, 使得 A_{i_j} 发生, $j = 1, 2, \cdots, k$。而其余的 $n - k$ 个 A_i 都不发生, 即 $\overline{A_i}$。由于进行的是 n 次独立试验, 所以这样 n 个独立事件同时发生（事件的积）的概率就是各自概率的积。即 $p^k \cdot (1-p)^{n-k}$。又由于 $i_1, i_2, \cdots, i_k$ 是取自于 $1, 2, \cdots, n$ 中的任意 k 个, 故共有 C_n^k 种情形。因此, n 次重复独立试验中, 事件 A 恰发生 $k(k = 0, 1, 2, \cdots, n)$ 次的概率为

$$\mathrm{C}_n^k \cdot p^k \cdot (1-p)^{n-k}$$

于是, n 次重复独立试验中成功次数 X 的分布律为

X	0	1	$\cdots$	k	$\cdots$	n
P	$(1-p)^n$	$n \cdot p \cdot (1-p)^{n-1}$	$\cdots$	$\mathrm{C}_n^k \cdot p^k \cdot (1-p)^{n-k}$	$\cdots$	p^n

若令 $q = 1 - p$, 有

$$1 = (p + q)^n = \sum_{k=0}^{n} \mathrm{C}_n^k \cdot p^k \cdot (1-p)^{n-k}$$

此即 X 分布律的归一性证明。由于 $P(X = k) = \mathrm{C}_n^k \cdot p^k \cdot (1-p)^{n-k}$ $(k = 0, 1, \cdots, n)$ 恰为二项式和的 n 次幂 $(p + q)^n$ 展开式中的各项, 故称 X 服从参数为 n 和 p 的**二项分布**, 记为 $X \sim b(n, p)$。

二项分布的累积分布函数为 $F(x) = \sum\limits_{0 \leqslant k \leqslant x} \mathrm{C}_n^k \cdot p^k \cdot (1-p)^{n-k}$, $x \in \mathbb{R}$。图 2-6 示出了服从参数为 $n = 10$, $p = 1/2$ 的二项分布的随机变量 X 的概率质量函数（分布律）和累积分布函数（分布函数）图像。

例 2-13 已知某种疾病的发病率为 0.001, 某单位共有 5000 人, 问该单位患有这种疾病的人数不超过 5 的概率。

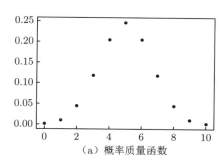
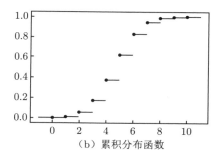

（a）概率质量函数　　　　　　　（b）累积分布函数

图 2-6　参数为 $n = 10$，$p = 0.5$ 的二项分布的概率质量函数和累积分布函数图形

解： 一个人得病的概率 $p = 0.001$，5000 人接受检测，相当于做了 5000 次重复独立试验。于是，5000 人中的得病人数 X 服从参数为 $n = 5000$，$p = 0.001$ 的二项分布。即 $X \sim b(5000, 0.001)$。5000 人中患病人数不超过 5 的概率

$$P(X \leqslant 5) = F(5) = \sum_{k=0}^{5} \mathrm{C}_{5000}^{k} \cdot 0.001^k \cdot 0.999^{5000-k} = 0.616$$

练习 2-9　一大楼装有 5 台同类型的供水设备，设备台设备是否被使用相互独立。调查表明在任一时刻 t，每台设备被使用的概率为 0.1。计算同一时刻：

（1）恰有 2 台设备被使用的概率。

（2）至少有 3 台设备被使用的概率。

（3）至多有 3 台设备被使用的概率。

（4）至少有 1 台设备被使用的概率。

参考答案：0.0729，0.00856，0.99954，0.40951。

描述 n 次重复独立试验模型的二项分布有着十分广泛的实际应用。

例 2-14　一份考卷有 10 道选择题，每题有 4 个可能答案。其中只有 1 个答案是正确的。

（1）某学生随机猜测，求他答对题数的分布律，及至少能答对 2 题的概率。

（2）若一人答对 6 道题，则推测他是猜对的还是有答题能力。

解：（1）对于每一道题，设考生随机猜对应选答案为"成功"，则成功概率 $p = 1/4 = 0.25$，失败的概率为 $1 - p = 3/4 = 0.75$，可视为一个伯努利试验。10 道题中猜对的题数 X 可以认为是进行 10 次重复独立试验中成功的次数。所以，$X \sim b(10, 1/4)$。10 道题中至少答对 2 题的概率为

$$P(X \geqslant 2) = 1 - P(X \leqslant 1) = 1 - F(1) = 1 - (0.75^{10} + 10 \times 0.25 \times 0.75^9) = 0.756$$

（2）一人答对 6 道题，若是随机猜测答题，则概率为 $P(X = 6) = \mathrm{C}_{10}^{6} \times 0.25^6 \times 0.75^4 = 0.016$，即 $X = 6$ 是个小概率事件。概率论有个重要的**小概率事件原则**：小概率事件被认为是不大可能发生的。按此原则，此人是随机猜题而答对 6 道题是小概率事件，故推断他是有答题能力的。

练习 2-10 某人进行射击，设每次射击的命中率为 0.02，独立射击 400 次。计算至少击中 6 次的概率。

参考答案：0.8115。

4. 泊松分布

分布律为 $P(X=k) = \dfrac{\lambda^k}{k!} \cdot \mathrm{e}^{-\lambda}$（$k=0,1,2,\cdots$），这样的随机变量 X 称为服从参数为 λ 的**泊松分布**，记为 $X \sim \pi(\lambda)$。其中，参数 $\lambda > 0$ 为一常数。泊松分布非负性不言而喻，归一性验证如下：

$$\sum_{k=0}^{\infty} \frac{\lambda^k}{k!} \cdot \mathrm{e}^{-\lambda} = \mathrm{e}^{-\lambda} \sum_{k=0}^{\infty} \frac{\lambda^k}{k!} = \mathrm{e}^{-\lambda} \cdot \mathrm{e}^{\lambda} = 1$$

泊松分布的分布函数 $F(x) = \displaystyle\sum_{0 \leqslant k \leqslant x} \frac{\lambda^k}{k!} \mathrm{e}^{-\lambda}$，$x \in \mathbb{R}$。图 2-7 示出了参数 $\lambda = 5$ 的泊松分布的概率质量函数（分布律）和累积分布函数（分布函数）的图形。

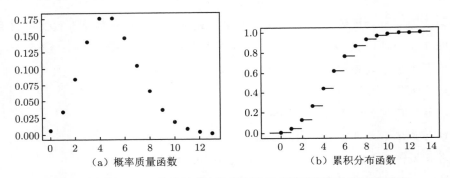

(a) 概率质量函数　　　　　　(b) 累积分布函数

图 2-7　参数 $\lambda = 5$ 的泊松分布的概率质量函数和累积分布函数图形

历史上，有人制作了参数 λ 不同取值的泊松分布函数表（见表 2-1），方便实际运算。泊松分布在医学、生物学、保险科学、工业统计及公用事业的排队等问题中是比较常见的。

例 2-15 警局在长度为 t 的时间间隔（单位：h）内收到紧急呼救的次数 X 服从参数为 $t/2$ 的泊松分布，而与事件间隔的起点无关。

（1）求某一天中午 12 时至下午 3 时未收到紧急呼救的概率。

（2）求某一天中午 12 时至下午 5 时至少收到 1 次紧急呼救的概率。

解：（1）中午 12 时至下午 3 时的间隔 $t=3$。按题意 $\lambda = t/2 = 1.5$，在此期间收到紧急求救次数 $X \sim \pi(1.5)$。未收到紧急呼救为 $X=0$，故 $P(X=0) = F(0)$，查表 2-1，该值为 0.2231。

（2）中午 12 时至下午 5 时的间隔 $t=5$，此期间收到紧急求救次数 $X \sim \pi(2.5)$。至少收到 1 次紧急求救的概率 $P(X \geqslant 1) = 1 - P(X \leqslant 0) = 1 - F(0)$。查表 2-1，得该值为 $1 - 0.0821 = 0.9179$。

表 2-1　泊松分布函数表片段

x	λ								
	1.0	1.5	2.0	2.5	3.0	3.5	4.0	4.5	5.0
0	0.3679	0.2231	0.1353	0.0821	0.0498	0.0302	0.0183	0.0111	0.0067
1	0.7358	0.5578	0.4060	0.2873	0.1991	0.1359	0.0916	0.0611	0.0404
2	0.9197	0.8088	0.6767	0.5438	0.4232	0.3208	0.2381	0.1736	0.1247
3	0.9810	0.9344	0.8571	0.7576	0.6472	0.5366	0.4335	0.3423	0.2650
4	0.9963	0.9814	0.9473	0.8912	0.8153	0.7254	0.6288	0.5321	0.4405
5	0.9994	0.9955	0.9834	0.9580	0.9161	0.8576	0.7851	0.7029	0.6160
6	0.9999	0.9991	0.9955	0.9858	0.9665	0.9347	0.8893	0.8311	0.7622
7	1.0000	0.9998	0.9989	0.9958	0.9881	0.9733	0.9489	0.9134	0.8666
8		1.0000	0.9998	0.9989	0.9962	0.9901	0.9786	0.9597	0.9319
9			1.0000	0.9997	0.9989	0.9967	0.9919	0.9829	0.9682
10				0.9999	0.9997	0.9990	0.9972	0.9933	0.9863
11					0.9999	0.9997	0.9991	0.9976	0.9945
12						0.9999	0.9997	0.9992	0.9980

练习 2-11　某商店出售某种商品，由历史记录分析，月销售量 $X \sim \pi(5)$。在月初时要进多少该商品，才能以 0.999 的概率满足顾客的需要？

参考答案：进货量 $x \geqslant 13$。

比较图 2-6 和图 2-7，可以发现二项分布的概率密度函数及累积分布函数图形与泊松分布的概率密度函数及累积分布函数图形形状十分相似。实际上，两者有着很深刻的联系。

定理 2-3　对二项分布 $b(n,p)$，设 $\lambda = np$。对任一非负整数 k，有

$$\lim_{n \to +\infty} \mathrm{C}_n^k p^k (1-p)^{n-k} = \frac{\lambda^k}{k!} \mathrm{e}^{-\lambda}$$

证明见本章附录 A3。

根据定理 2-3，若 $X \sim b(n,p)$，当 n 很大（$n \geqslant 20$）且 p 很小（$p \leqslant 0.05$）时，有

$$P(X=k) = \mathrm{C}_n^k p^k (1-p)^{n-k} \approx \frac{\lambda}{k!} \mathrm{e}^{-\lambda}$$

其中，$\lambda = np$。这一结论在没有电子计算机的时代是很可贵的：可以通过查表（泊松分布函数表）快速计算服从二项分布的随机变量表示的事件概率的近似值。

例 2-16　计算机硬件公司制造某种特殊型号的微型芯片，次品率达 0.1%，各芯片为次品相互独立。求在 1000 只产品中至少有 2 只次品的概率。

解：对每一只芯片，检测其是否为次品为一伯努利试验。按题设，芯片为次品的概率 $p = 0.1\% = 0.001$。于是，1000 只芯片中含有的次品数 $X \sim b(1000, 0.001)$。1000 只芯

片中至少有 2 只次品的概率为

$$P(X \geqslant 2) = 1 - P(X \leqslant 1) = 1 - F(1) = 1 - 0.999^{1000} - 1000 \times 0.999^{999} \times 0.001 \approx 0.2642411$$

设 $\lambda = 1000 \times 0.001 = 1$，$Y \sim \pi(1)$。则

$$P(Y \geqslant 2) = 1 - P(Y \leqslant 1) = 1 - F(1)$$

查表 2-1 知，对参数 $\lambda = 1$ 的泊松分布，其分布函数值 $F(1) = 0.7358$，故 $1 - F(1) = 0.2642$，与直接用二项分布计算的结果相比，小数点后万分位都是相同的。

练习 2-12 某人进行射击，设每次射击命中率为 0.02，独立射击 200 次，试求至少击中 3 次的概率。

提示：用泊松分布近似计算二项分布。参考答案：0.7619。

2.2.4 Python 解法

Python 的 scipy.stats 包中提供了各种随机变量的分布。每种分布的累积分布函数（分布函数）记为 cdf。离散型随机变量分布的概率质量函数（分布律）记为 pmf。除此之外，每个分布都有一个服从该分布变量的发生器函数 rvs，用来产生服从该分布的随机数。

1. bernoulli 分布

Python 的 scipy.stats 包中，bernoulli 对象就是用来表示伯努利分布的。常用的三个函数说明见表 2-2。

表 2-2   bernoulli 分布常用函数

函 数 名	参 数	意 义
rvs	p：分布参数；size：产生的随机数个数，默认值为 1	产生 size 个随机数
pmf	k：随机变量取值；p：分布参数	概率质量函数（分布律）$P(X = k)$
cdf	k：分布函数自变量；p：分布参数	累积概率函数（分布函数）$F(k)$

例 2-17 下列代码利用 bernoulli 类对象的 rvs 函数模拟重复抛掷均匀硬币试验。

```
1  from scipy.stats import bernoulli        #导入bernoulli
2  import numpy as np                       #导入numpy
3  x=bernoulli.rvs(p=1/2,size=500)          #产生500个服从参数为p=1/2的0—1分布的随机数
4  hist,_=np.histogram(x, bins=2)           #统计取0、1的频数
5  hist/500                                  #输出频率
```

程序 **2.3**   模拟抛掷 500 次均匀硬币试验的 Python 程序

其中的第 3 行调用 bernoulli 类对象的随机数发生器函数 rvs 产生 500 个服从参数为 $p=1/2$ 的 0-1 分布（抛掷均匀硬币，0 和 1 分别表示正面朝下和正面朝上）的随机数。第 4 行调用 numpy 的 histogram 函数（参见 1.1.4 节程序 1.4 的说明）统计 500 个数据中取 0 和 1 的频数。第 5 行输出频率。运行程序，输出如下。

```
array([0.498, 0.502])
```

可见取 0 和 1 的频率分别为 0.499 和 0.502，很好地模拟了抛掷均匀硬币这一伯努利试验。

练习 2-13　修改程序 2.3，用以模拟重复 500 次由 $X \sim \begin{pmatrix} 0 & 1 \\ 0.99 & 0.01 \end{pmatrix}$ 描述的随机试验。

参考答案：见文件 chapter02.ipynb 中对应代码。

2. geom 分布

scipy.stats 包提供的 geom 对象表示几何分布。常用的三个函数 rvs、pmf 和 cdf 的说明见表 2-3。比较表 2-2 和表 2-3，除了表格标题中分布名称不同以外，三个函数的名称、参数和意义是完全一致的。这是因为 0-1 分布和几何分布均仅有一个参数 p。由此可见，引入随机变量处理不同随机试验下的随机事件概率问题的形式是统一的。

表 2-3　geom 分布常用函数

函 数 名	参 数	意 义
rvs	p：分布参数；size：产生的随机数个数，默认值为 1	产生 size 个随机数
pmf	k：随机变量取值；p：分布参数	概率质量函数（分布律）$P(X=k)$
cdf	k：分布函数自变量；p：分布参数	累积概率函数（分布函数）$F(k)$

例 2-18　下列代码计算例 2-12 中灯泡寿命至少为 30 天的概率。

```
1  from scipy.stats import geom              #导入geom
2  prob=1-geom.cdf(k=29,p=0.001)             #计算1-F(29)
3  print('P(X>=30)=1-F(29)=%.4f'%prob)       #输出P(X>=30)
```

程序 2.4　计算例 2-12 中概率 $P(X \geqslant 30)$ 的 Python 程序

程序的第 2 行调用 geom（第 1 行导入）的 cdf 函数，计算 $1-F(29)=1-\sum_{k=1}^{29}(1-p)^{k-1}p$。运行程序，输出如下。

```
P(X>=30)=1-F(29)=0.9714
```

此恰为例 2-12 中灯泡寿命至少为 30 天的概率。

scipy.stats 为每种分布提供残存函数 sf，该函数计算 $P(X > x) = 1 - P(X \leqslant x) = 1 - \mathrm{cdf}(x)$。例如，在 geom 对象中即可调用函数

$$\mathrm{sf}(k, p)$$

来计算服从参数为 p 的几何分布的随机变量 X 的概率 $P(X > k)$。

练习 2-14　修改程序 2.4，利用 geom 的残存函数 sf 计算例 2-12 中的概率 $P(X \geqslant 30)$。

参考答案：见文件 chapter02.ipynb 中对应代码。

3. binom 分布

scipy.stats 包中的 binom 类对象是表示二项分布的。常用的四个函数说明见表 2-4。

表 2-4　binom 分布常用函数

函 数 名	参 数	意 义
rvs	n，p：分布参数；size：产生的随机数个数，默认值为 1	产生 size 个随机数
pmf	k：随机变量取值；n，p：分布参数	概率质量函数（分布律）$P(X = k)$
cdf	k：分布函数自变量；n，p：分布参数	累积概率函数（分布函数）$F(k)$
sf	k：函数自变量；n，p：分布参数	残存函数 $1 - F(k)$

与表 2-2 和表 2-3 相比，表 2-4 中所列各函数多了一个分布参数 n，这是由二项分布所决定的。

例 2-19　下列代码计算例 2-13 中 5000 人的单位里患病人数不超过 5 的概率。

```
1  from scipy.stats import binom       #导入binom
2  prob=binom.cdf(k=5, n=5000, p=0.001)   #计算P(X<=5)
3  print('P(X<=5)=F(5)=%.4f'%prob)      #输出P(X<=5)
```

程序 2.5　计算例 2-13 中概率 $P(X \leqslant 5)$ 的 Python 程序

第 2 行调用 binom（第 1 行导入）的 cdf 函数，计算 $P(X \leqslant 5) = F(5)$。运行程序，输出如下。

```
P(X<=5)=F(5)=0.6160
```

此恰为例 2-13 中单位里患病人数不超过 5 的概率。

练习 2-15　用 scipy.stats.binom 计算练习 2-10 中 400 次射击至少击中 6 次的概率。

参考答案：见文件 chapter02.ipynb 中对应代码。

4. poisson 分布

scipy.stats 包中的 poisson 对象表示泊松分布。常用的四个函数说明见表 2-5。

表 2-5　poisson 分布常用函数

函　数　名	参　　　数	意　　　义
rvs	mu：分布参数 λ；size：产生的随机数个数，默认值为 1	产生 size 个随机数
pmf	k：随机变量取值；mu：分布参数 λ	概率质量函数（分布律）$P(X = k)$
cdf	k：分布函数自变量；mu：分布参数 λ	累积概率函数（分布函数）$F(k)$
sf	k：函数自变量；mu：分布参数 λ	残存函数 $1 - F(k)$

例 2-20　下列程序计算例 2-15 中参数 λ 取值 1.5 和 2.5 时的概率 $P(X = 0)$ 和 $P(X \geqslant 1)$。

```
from scipy.stats import poisson      #导入poisson
prob1=poisson.pmf(k=0, mu=1.5)       #计算参数为1.5时概率P(X=0)
prob2=poisson.sf(k=0, mu=2.5)        #计算参数为2.5时概率P(X>=1)
print('P(X=0)=%.4f'%prob1)
print('P(X>=1)=%.4f'%prob2)
```

程序 **2.6**　解决例 2-15 中问题的 Python 程序

程序 2.6 的第 2 行调用 poisson 的概率质量函数 pmf，计算分布参数 $\lambda = 1.5$ 时的概率 $P(X = 0)$，注意传递给参数 k 和 mu 的值。第 3 行调用 poisson 的残存函数 sf，计算分布参数 $\lambda = 2.5$ 时的概率 $P(X \geqslant 1) = 1 - P(X \leqslant 0) = 1 - F(0)$，注意传递给参数 k 和 mu 的值。运行程序，输出如下。

```
P(X=0)=0.2231
P(X>=1)=0.9179
```

此恰为例 2-15 中参数 λ 分别为 1.5 和 2.5 时概率 $P(X = 0)$ 和 $P(X \geqslant 1)$ 的值。

练习 2-16　某城市每天发生火灾的次数 $X \sim \pi(0.8)$，试用 scipy.stats.poisson 计算该市一天内发生 3 次或 3 次以上火灾的概率 $P(X \geqslant 3)$。

参考答案：见文件 chapter02.ipynb 中对应代码。

在练习 2-11 中，对随机变量 X 要去求 x，使得 $P(X \leqslant x) = F(x) \geqslant q$。其中，$0 < q < 1$ 为一常数。这实际上是要计算累积分布函数 $F(x)$ 的反函数值 $x = F^{-1}(q)$，在数理统计中这是经常需要做的工作。scipy.stats 中的每个分布都拥有一个分位点函数 ppf，就是 cdf 的反函数。例如，poisson 的 ppf 函数调用接口为

$$ppf(q, mu)$$

用来计算分布参数 λ 为 mu 时，分布函数的反函数在 q 处的函数值 $F^{-1}(q)$。

例 2-21　下列代码计算练习 2-11 中的商店进货量最小值 x。

```
1  from scipy.stats import poisson      #导入poisson
2  x=poisson.ppf(q=0.999, mu=5)         #计算P(X>=x)>=0.999的x
3  print('P(X>=%.0f)>=0.999'%x)         #输出x
```

程序 **2.7**　解决练习 2-11 中问题的 Python 程序

运行程序 2.7，输出如下。

P(X>=13)>=0.999

这意味着当进货量 x 不小于 13 时，能以 0.999 的概率满足顾客需求。

2.3　连续型随机变量

2.3.1　连续型随机变量的概率密度函数

除了离散型随机变量，还有更多的非离散型随机变量。其中一类称为连续型随机变量。对于连续型随机变量描述的随机试验，在第 1 章中曾经见过一个例子（例 1-12），即外边沿标有刻度的均匀陀螺，停止旋转后与地面接触点的刻度 X。这种随机变量除了所有可能取值充满一个区间（有限的或无限的）这一特征外，还有更加深刻的特性。

定义 2-5　*设随机变量 X 的分布函数为 $F(x)$，如果存在非负可积函数 $f(x)$，使得*

$$F(x) = \int_{-\infty}^{x} f(t)\mathrm{d}t$$

*则称 X 为**连续型随机变量**。其中，$f(x)$ 称为 X 的**概率密度函数**。*

连续型随机变量的分布函数与密度函数的关系有着鲜明的几何意义：由垂线 x、水平线 $y = 0$、曲线 $y = f(x)$ 三条线围成的平面区域面积恰等于分布函数在 x 处的函数值 $F(x)$，如图 2-8 所示。

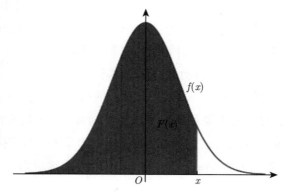

图 2-8　连续型随机变量的分布函数 $F(x)$ 与密度函数 $f(x)$ 关系的几何意义

可以证明，变上限积分表示的函数是连续的，所以连续型随机变量的分布函数 $F(x)$ 是连续的。

例 2-22　设 X 为标有 $[0,10)$ 刻度的均匀陀螺停止旋转后与地面接触点的刻度。根据几何概型，对 $x \in \mathbb{R}$，有

$$F(x) = \int_{-\infty}^{x} f(x)\mathrm{d}x = \begin{cases} 0, & \text{x}<0 \\ \dfrac{x}{10}, & 0 \leqslant x \leqslant 10 \\ 1, & \text{x}>10 \end{cases}$$

其中

$$f(x) = \begin{cases} \dfrac{1}{10}, & 0 < x \leqslant 10 \\ 0, & \text{其他} \end{cases}$$

所以，X 是一个连续型随机变量。密度函数 $f(x)$ 和分布函数 $F(x)$ 的图形见图 2-9。

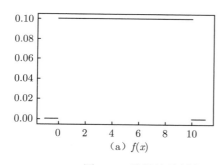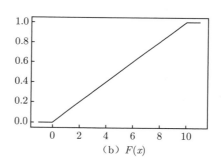

图 2-9　陀螺接地刻度 X 的密度函数与分布函数图形

与离散型随机变量的分布律类似，连续型随机变量的密度函数 $f(x)$ 有下列性质。

定理 2-4　设随机变量 X 的概率密度函数为 $f(x)$，分布函数为 $F(x) = \displaystyle\int_{-\infty}^{x} f(t)\mathrm{d}t$。则

（1）$f(x)$ 的非负性：$f(x) \geqslant 0$。

（2）$f(x)$ 的归一性：$\displaystyle\int_{-\infty}^{+\infty} f(t)\mathrm{d}t = 1$。

（3）若 $f(x)$ 在 x 处连续，则 $F'(x) = f(x)$。

（4）$P(a < X \leqslant b) = P(a \leqslant X \leqslant b) = P(a < X < b) = P(a \leqslant X < b) = \displaystyle\int_{a}^{b} f(x)\mathrm{d}x = F(b) - F(a)$。

证明见本章附录 A4。

由定理 2-4(4) 的证明可知，连续型随机变量 X 任取一值 a 的概率为零，即 $P(X = $

$a) = 0$。此外，根据连续型随机变量的定义及定理 2-4(3) 可见，概率密度函数 $f(x)$ 和分布函数 $F(x)$ 对描述连续型随机变量的分布而言，是等价的——知其一，必知其二。

例 2-23 设随机变量 X 的概率密度函数

$$f(x) = \begin{cases} \dfrac{A}{\sqrt{1-x^2}}, & |x| < 1 \\ 0, & |x| \geqslant 1 \end{cases}$$

（1）确定常数 A。

（2）写出 X 的分布函数 $F(x)$。

（3）计算 $P(0 < X < 1)$。

解：（1）为确定密度函数中的待定常数，通常用到密度函数的归一性：

$$1 = \int_{-\infty}^{+\infty} f(t)\mathrm{d}t = \int_{\infty}^{-1} f(t)\mathrm{d}t + \int_{-1}^{1} f(t)\mathrm{d}t + \int_{1}^{+\infty} f(t)\mathrm{d}t$$

$$= \int_{-1}^{1} \frac{A}{\sqrt{1-t^2}}\mathrm{d}t = 2A \int_{0}^{1} \frac{1}{\sqrt{1-t^2}}\mathrm{d}t$$

$$= 2A \arcsin t \Big|_{0}^{1} = 2A\frac{\pi}{2} = A\pi$$

故 $A = \dfrac{1}{\pi}$。于是

$$f(x) = \begin{cases} \dfrac{1}{\pi\sqrt{1-x^2}}, & |x| < 1 \\ 0, & |x| \geqslant 1 \end{cases}$$

$$(2)\ F(x) = P(X \leqslant x) = \begin{cases} 0, & x < -1 \\ \displaystyle\int_{-\infty}^{x} f(t)\mathrm{d}t, & -1 \leqslant x < 1 \\ 1, & x \geqslant 1 \end{cases}$$

$$= \begin{cases} 0, & x < -1 \\ \displaystyle\int_{-\infty}^{-1} f(t)\mathrm{d}t + \int_{-1}^{x} f(t)\mathrm{d}t, & -1 \leqslant x < 1 \\ 1, & x \geqslant 1 \end{cases}$$

$$= \begin{cases} 0, & x < -1 \\ \displaystyle\int_{-1}^{x} \frac{1}{\pi\sqrt{1-t^2}}\mathrm{d}t, & -1 \leqslant x < 1 = \\ 1, & x \geqslant 1 \end{cases} \begin{cases} 0, & x < -1 \\ \dfrac{1}{\pi}\arcsin x + \dfrac{1}{2}, & -1 \leqslant x < 1, \\ 1, & x \geqslant 1 \end{cases}$$

(3) $P(0 < X < 1) = F(1) - F(0) = 1 - \left(\dfrac{1}{\pi} \arcsin 0 + \dfrac{1}{2} \right) = 1 - 1/2 = 1/2$。

练习 2-17 设连续型随机变量 X 的分布函数为

$$F(x) = \begin{cases} 0, & x \leqslant -3 \\ A + B \arcsin \dfrac{x}{3}, & -3 < x \leqslant 3 \\ 1, & x > 3 \end{cases}$$

计算

（1）A 和 B。

（2）X 的概率密度函数 $f(x)$。

（3）$P(-5 < X < 3/2)$。

参考答案：（1）$A = 1/2, B = 1/\pi$；（2）$f(x) = \begin{cases} \dfrac{1}{\pi \sqrt{9 - x^2}}, & -3 < x < 3 \\ 0, & \text{其他} \end{cases}$；

（3）$P(-5 < X < 3/2) = 2/3$。

2.3.2 常用连续型随机变量的分布

1. 均匀分布

连续型随机变量 X 的概率密度函数形如

$$f(x) = \begin{cases} \dfrac{1}{b - a}, & a < x < b \\ 0, & \text{其他} \end{cases}$$

称 X 服从参数为 a，b 的均匀分布，记为 $X \sim U(a, b)$。

由均匀分布的概率密度函数得 X 的分布函数为

$$F(x) = \int_{-\infty}^{x} f(t) \mathrm{d}t = \begin{cases} 0, & x < a \\ \dfrac{x - a}{b - a}, & a \leqslant x < b \\ 1, & x \geqslant b \end{cases}$$

事实上，例 2-22 中陀螺静止时与地面接触点刻度 $X \sim U(0, 10)$。图 2-9 示出了 X 的概率密度函数 $f(x)$ 和分布函数 $F(x)$ 的图形。也就是说，描述 1-维空间的几何概型服从均匀分布。实践中很多问题都可归结为几何概型，故可用服从特定区间的均匀分布解决这样的问题。

例 2-24 某公共汽车站从上午 7 时起，每 15min 来一班车，即 7：00，7：15，7：30，7：45 等时刻有汽车到达此站。如果乘客到达此站的时间 X 是服从 7：00 到 7：30 的均匀分布的随机变量，试求他候车时间少于 5min 的概率。

解：由题设知 $X \sim U(0,30)$，其分布函数

$$F(x) = \begin{cases} 0, & x < 0 \\ \dfrac{x}{30}, & 0 \leqslant x \leqslant 30 \\ 1, & x \geqslant 30 \end{cases}$$

若以 7 : 00 为起始时刻，以 7 : 30 为最终时刻，以 min 为单位。要使该乘客候车时间少于 5min（记为事件 A），根据班车时刻表，有 3 种情形：$X = 0$，$10 \leqslant X \leqslant 15$ 和 $25 \leqslant X \leqslant 30$。由于 X 是连续型随机变量，故 $P(X = 0) = 0$。于是

$$P(A) = P(\{10 \leqslant X \leqslant 15\} \cup \{25 \leqslant X \leqslant 30\})$$

$$= P(10 \leqslant X \leqslant 15) + P(25 \leqslant X \leqslant 30)$$

$$= F(15) - F(10) + F(30) - F(25)$$

$$= \frac{15}{30} - \frac{10}{30} + \frac{30}{30} - \frac{25}{30} = \frac{1}{3}$$

练习 2-18　设电阻值 R 是一个随机变量，服从 $U(900, 1100)$，求 R 的密度函数及 R 落在 950~1050 的概率。

参考答案：$f(x) = \begin{cases} \dfrac{1}{200}, & 900 \leqslant x < 1100 \\ 0, & \text{其他} \end{cases}$，$P(950 < R \leqslant 1050) = 1/2$。

2. 指数分布

连续型随机变量 X 的概率密度函数

$$f(x) = \begin{cases} \dfrac{1}{\lambda} \mathrm{e}^{-\frac{x}{\lambda}}, & x \geqslant 0 \\ 0, & x < 0 \end{cases}$$

称 X 服从参数为 λ 的指数分布，记为 $X \sim \mathrm{Exp}(\lambda)$。

由 X 的概率密度 $f(x)$，可得其分布函数

$$F(x) = \int_{-\infty}^{x} f(t)\mathrm{d}t = \begin{cases} 1 - \mathrm{e}^{-\frac{x}{\lambda}}, & x \geqslant 0 \\ 0, & x < 0 \end{cases}$$

图 2-10 示出了服从参数为 $\lambda = 3$ 的指数分布的随机变量 X 的密度函数 $f(x)$ 和分布函数 $F(x)$ 的图形。

指数分布有一个很好的特性——无记忆性：对 $s, t > 0$，有

$$P(X > (t + s) | X > s) = \frac{P(\{X > (s+t)\} \cap \{X > s\})}{P(X > s)} = \frac{P(X > (s+t))}{P(X > s)}$$

$$= \frac{1 - F(s+t)}{1 - F(s)} = \frac{\mathrm{e}^{-(s+t)/\lambda}}{\mathrm{e}^{-s/\lambda}} = \mathrm{e}^{-t/\lambda}$$

$$= 1 - F(t) = P(X > t)$$

即 $X > s$ 的条件不影响 X 再增长 t。很多实际应用环境中诸如电子元件的寿命、打电话的通话时间、事故发生的间隔时间、汽车行驶的里程等随机变量都具有这种无记忆性。

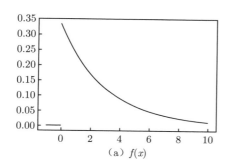 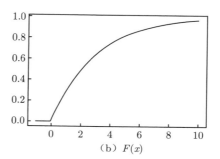

图 2-10　参数为 $\lambda = 3$ 的指数分布的密度函数和分布函数的图形

例 2-25　假定自动取款机对每位顾客的服务时间（单位：min）服从参数为 $\lambda = 3$ 的指数分布，如果有一个顾客恰好在你前面走到空闲的取款机，求：

（1）你至少等候 3min 的概率。

（2）你等候的时间为 3~6min 的概率。

（3）如果到达取款机时，正有一名顾客使用取款机，则（1）和（2）中的概率又分别是多少？

解： 按题设，两人来到的时间一致。一人使用取款机而另一人等待的时间 X 的分布函数为

$$F(x) = \begin{cases} 0, & x < 0 \\ 1 - \mathrm{e}^{-x/3}, & x \geqslant 0 \end{cases}$$

因此，有

（1）至少等待 3min 的概率为

$$P(X \geqslant 3) = 1 - P(X < 3) = 1 - F(3) = \mathrm{e}^{-1} = 0.3679$$

（2）等待时间为 3~6min 的概率为

$$P(3 \leqslant X \leqslant 6) = F(6) - F(3) = \mathrm{e}^{-1} - \mathrm{e}^{-2} = 0.2325$$

（3）假定一人到达取款机前，另一人已经使用取款机 $s$min，且无其他人等待使用取款机。由指数分布无记忆性可知，等待时间的概率与已过去的 $s$min 无关，仍然保持（1）、（2）的答案。

练习 2-19　某电子元件无故障工作的总时间 X（单位：h）服从参数为 $\lambda = 100$ 的指数分布，试求这个电子元件无故障地工作 50~150h 的概率，以及工作时间少于 100h 的概率。

参考答案：$P(50 < X \leqslant 150) = 0.383$，$P(X \leqslant 100) = 0.632$。

3. 正态分布

概率密度函数为

$$f(x) = \frac{1}{\sqrt{2\pi}\sigma} \mathrm{e}^{-\frac{(x-\mu)^2}{2\sigma^2}}, x \in \mathbb{R}$$

的连续型随机变量 X，称为服从参数为 μ，σ^2（$\sigma > 0$）的**正态分布**，记为 $X \sim N(\mu, \sigma^2)$。

图 2-11 示出了参数为 $\mu = 2$，$\sigma^2 = 3$ 的正态分布概率密度函数 $f(x)$ 和分布函数 $F(x)$ 的图形。密度函数 $f(x)$ 的图像是一个倒扣的钟形曲线，$x = \mu$ 是其对称轴并在 $x = \mu$ 处取得最大值 $\dfrac{1}{\sqrt{2\pi}\sigma}$。$y = f(x)$ 在 $\mu \pm \sigma$ 处取得拐点。$(\mu, 1/2)$ 是分布函数 $F(x)$ 的拐点。

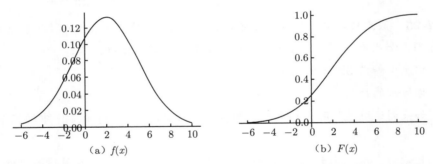

(a) $f(x)$　　　　　(b) $F(x)$

图 2-11　参数为 $\mu = 2$，$\sigma^2 = 3$ 的正态分布概率密度函数和分布函数的图形

当参数 $\mu = 0$，$\sigma^2 = 1$ 时，即 $X \sim N(0, 1)$，称 X 服从**标准正态分布**。此时记概率密度函数为

$$\varphi(x) = \frac{1}{\sqrt{2\pi}} \mathrm{e}^{-\frac{x^2}{2}}, x \in \mathbb{R}$$

分布函数记为

$$\Phi(x) = \frac{1}{\sqrt{2\pi}} \int_{-\infty}^{x} \mathrm{e}^{-\frac{t^2}{2}} \mathrm{d}t, x \in \mathbb{R}$$

$\varphi(x)$ 与 $\Phi(x)$ 之间关系的几何意义如图 2-12 所示。

标准正态分布的概率密度函数 $\varphi(x)$ 是一个偶函数（$\varphi(-x) = \varphi(x)$），这导致了分布函数 $\Phi(x)$ 的一些很优良的计算性质。

对任意的 $x \in \mathbb{R}$：

（1）$\Phi(0) = 1/2$。

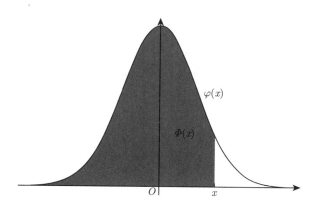

图 2-12　标准正态分布的概率密度函数与分布函数的关系

（2）$\Phi(-x) = 1 - \Phi(x)$。

（3）$P(|X| < x) = 2\Phi(x) - 1$。

由概率密度函数的归一性可知，$y = \varphi(x)$ 与 $y = 0$ 围成的区域面积为 1。根据图 2-13，$\Phi(0)$ 应为这个区域一半的面积。此即为性质（1）。

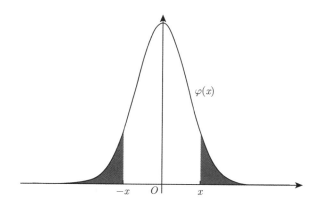

图 2-13　标准正态分布的概率密度函数的对称性

根据 $\varphi(x)$ 的对称性，见图 2-13 左尾灰色部分区域的面积 $\Phi(-x)$ 与右尾灰色区域的面积是相同的。而右尾灰色区域面积为 $1 - \Phi(x)$。此即为性质（2）。

$$P(|X| < x) = P(-x < X < x) = \Phi(x) - \Phi(-x)$$
$$= \Phi(x) - (1 - \Phi(-x)) = 2\Phi(x) - 1$$

此即为性质（3）。

理论上，任一 $X \sim N(\mu, \sigma^2)$ 的随机变量的分布函数 $F(x)$ 都可以转换为标准正态的分布函数得以计算：

$$F(x) = P(X \leqslant x) = P\left(\frac{X - \mu}{\sigma} \leqslant \frac{x - \mu}{\sigma}\right) = \Phi\left(\frac{x - \mu}{\sigma}\right)$$

即 $\frac{X-\mu}{\sigma} \sim N(0,1)$。变量 $\frac{X-\mu}{\sigma}$ 称为 X 的**标准化变量**。用几何语言来说，所谓将 X 标准化无非就是将概率密度函数 $y=f(x)$ 的曲线横向移动 μ 单位，纵向缩放 σ 单位而已（见图 2-14）。正态分布标准化的证明将在本节稍后给出（详见例 2-35），此处权且承认即可。在电子计算机广泛应用之前，数学前辈编制了标准正态的分布函数表（见表 2-6），方便科学家和工程师们运用标准化方法计算服从各种正态分布的随机变量的概率。

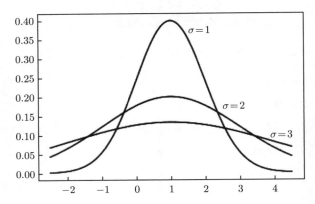

图 2-14 参数 $\mu=1$，σ 分别为 1，2，3 时正态分布的概率密度函数

表 2-6 标准正态分布表

x	0.00	0.01	0.02	0.03	0.04	0.05	0.06	0.07	0.08	0.09
0.0	0.5000	0.5040	0.5080	0.5120	0.5160	0.5199	0.5239	0.5279	0.5319	0.5359
0.1	0.5398	0.5438	0.5478	0.5517	0.5557	0.5596	0.5636	0.5675	0.5714	0.5753
0.2	0.5793	0.5832	0.5871	0.5910	0.5948	0.5987	0.6026	0.6064	0.6103	0.6141
0.3	0.6179	0.6217	0.6255	0.6293	0.6331	0.6368	0.6406	0.6443	0.6480	0.6517
0.4	0.6554	0.6591	0.6628	0.6664	0.6700	0.6736	0.6772	0.6808	0.6844	0.6879
0.5	0.6915	0.6950	0.6985	0.7019	0.7054	0.7088	0.7123	0.7157	0.7190	0.7224
0.6	0.7257	0.7291	0.7324	0.7357	0.7389	0.7422	0.7454	0.7486	0.7517	0.7549
0.7	0.7580	0.7611	0.7642	0.7673	0.7704	0.7734	0.7764	0.7794	0.7823	0.7852
0.8	0.7881	0.7910	0.7939	0.7967	0.7995	0.8023	0.8051	0.8078	0.8106	0.8133
0.9	0.8159	0.8186	0.8212	0.8238	0.8264	0.8289	0.8315	0.8340	0.8365	0.8389
1.0	0.8413	0.8438	0.8461	0.8485	0.8508	0.8531	0.8554	0.8577	0.8599	0.8621
1.1	0.8643	0.8665	0.8686	0.8708	0.8729	0.8749	0.8770	0.8790	0.8810	0.8830
1.2	0.8849	0.8869	0.8888	0.8907	0.8925	0.8944	0.8962	0.8980	0.8997	0.9015
1.3	0.9032	0.9049	0.9066	0.9082	0.9099	0.9115	0.9131	0.9147	0.9162	0.9177
1.4	0.9192	0.9207	0.9222	0.9236	0.9251	0.9265	0.9279	0.9292	0.9306	0.9319
1.5	0.9332	0.9345	0.9357	0.9370	0.9382	0.9394	0.9406	0.9418	0.9429	0.9441
1.6	0.9452	0.9463	0.9474	0.9484	0.9495	0.9505	0.9515	0.9525	0.9535	0.9545
1.7	0.9554	0.9564	0.9573	0.9582	0.9591	0.9599	0.9608	0.9616	0.9625	0.9633

续表

x	0.00	0.01	0.02	0.03	0.04	0.05	0.06	0.07	0.08	0.09
1.8	0.9641	0.9649	0.9656	0.9664	0.9671	0.9678	0.9686	0.9693	0.9699	0.9706
1.9	0.9713	0.9719	0.9726	0.9732	0.9738	0.9744	0.9750	0.9756	0.9761	0.9767
2.0	0.9772	0.9778	0.9783	0.9788	0.9793	0.9798	0.9803	0.9808	0.9812	0.9817
2.1	0.9821	0.9826	0.9830	0.9834	0.9838	0.9842	0.9846	0.9850	0.9854	0.9857
2.2	0.9861	0.9864	0.9868	0.9871	0.9875	0.9878	0.9881	0.9884	0.9887	0.9890
2.3	0.9893	0.9896	0.9898	0.9901	0.9904	0.9906	0.9909	0.9911	0.9913	0.9916
2.4	0.9918	0.9920	0.9922	0.9925	0.9927	0.9929	0.9931	0.9932	0.9934	0.9936
2.5	0.9938	0.9940	0.9941	0.9943	0.9945	0.9946	0.9948	0.9949	0.9951	0.9952
2.6	0.9953	0.9955	0.9956	0.9957	0.9959	0.9960	0.9961	0.9962	0.9963	0.9964
2.7	0.9965	0.9966	0.9967	0.9968	0.9969	0.9970	0.9971	0.9972	0.9973	0.9974
2.8	0.9974	0.9975	0.9976	0.9977	0.9977	0.9978	0.9979	0.9979	0.9980	0.9981
2.9	0.9981	0.9982	0.9982	0.9983	0.9984	0.9984	0.9985	0.9985	0.9986	0.9986
3.0	0.9987	0.9990	0.9993	0.9995	0.9997	0.9998	0.9998	0.9999	0.9999	1.0000

例 2-26 设 $X \sim N(\mu, \sigma^2)$，计算 $P(\mu - \sigma < X < \mu + \sigma)$，$P(\mu - 2\sigma < X < \mu + 2\sigma)$ 和 $P(\mu - 3\sigma < X < \mu + 3\sigma)$。

解:

$$P(\mu - \sigma < X < \mu + \sigma) = P(-\sigma < X - \mu < \sigma) = P\left(-1 < \frac{X - \mu}{\sigma} < 1\right) = 2\Phi(1) - 1$$

查表 2-6 得 $P(\mu - \sigma < X < \mu + \sigma) = 2\Phi(1) - 1 = 0.6826$。类似地可得 $P(\mu - 2\sigma < X < \mu + 2\sigma) = 2\Phi(2) - 1 = 0.9544$ 及 $P(\mu - 3\sigma < X < \mu + 3\sigma) = 2\Phi(3) - 1 = 0.9974$。

也就是说，服从参数为 μ 和 σ^2 的正态分布的随机变量 X 的值落在区间 $(\mu - 3\sigma, \mu + 3\sigma)$ 内几乎是肯定的事。这就是所谓的"3σ **法则**"，其几何意义如图 2-15 所示。

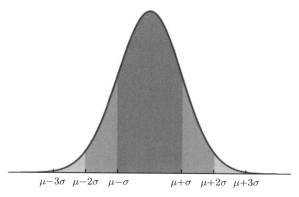

图 2-15 3σ 法则（尽管 X 的取值范围是 $\mathbb{R}$，但其落在 $(\mu - 3\sigma, \mu + 3\sigma)$ 内几乎是肯定的事）

练习 2-20 某自动机床生产的齿轮的直径 $X \sim N(10.05, 0.06^2)$（单位：cm），规定直径在 $(10.05 - 0.12, 10.05 + 0.12)$ 内为合格。计算齿轮为不合格品的概率。

参考答案：0.0456。

例 2-27 某企业准备通过招聘考试招收职工，根据考试分数，从高分到低分分别录取正式职工 280 人、临时工 20 人。报考的人数是 1657，考试满分是 400 分。已知考试成绩 $X \sim N(166, \sigma^2)$，其中，σ^2 未知。此外，360 分以上的高分考生 31 人。设某考生得 256 分，问他能否被录取？能否被聘为正式工？

解：由于考试成绩 $X \sim N(\mu, \sigma^2)$，其中，$\mu = 166$，σ^2 未知。设 X 的分布函数为 $F(x)$。按题意有 $P(X \geqslant 360) = 31/1657$，即 $P(X \leqslant 360) = 1 - P(X \geqslant 360) = 1 - 31/1657 = 0.9813$。利用标准化

$$0.9813 = P(X \leqslant 360) = F(360) = \Phi\left(\frac{360 - 166}{\sigma}\right) = \Phi\left(\frac{194}{\sigma}\right)$$

反查表 2-6，可得 $\sigma \approx 93.27$。设录取职工的最低分数为 x_1，则按题意有 $P(X \geqslant x_1) = 300/1657 \approx 0.1811$，于是

$$0.1811 = P(X \geqslant x_1) = 1 - F(x_1) = 1 - \Phi\left(\frac{x_1 - 166}{93.27}\right)$$

即 $\Phi\left(\dfrac{x_1 - 166}{93.27}\right) = 0.8189$，反查表 2-6 可得 $x_1 \approx 250$。类似地，设录取的正式职工的最低分数为 x_2，由 $F(x_2) = 1 - P(X \geqslant x_2) = 1 - 280/1657 = 0.8310$ 可求得 $x_2 \approx 255$。由于 x_1 与 x_2 均不超过 256，故该考生不但能被录取为职工，还能被录取为正式职工。

练习 2-21 设 $X \sim N(3, 2^2)$，求解下列各题。

(1) 计算 $P(2 < X \leqslant 5)$，$P(-4 < X \leqslant 10)$，$P(|X| > 2)$，$P(X > 3)$。

(2) 确定 c，使得 $P(X > c) = P(X \leqslant c)$。

(3) 设 d 满足 $P(X > c) \geqslant 0.9$，问 d 至少为多少？

参考答案：(1)0.5328, 0.9996, 0.6977, 0.5；(2)$c = 3$；(3)$d \leqslant 0.44$。

正态分布表现出来的"中间大两头小"的性态在很多自然与社会现象中都有体现：稳定社会中社会成员财富拥有量，正常考试考生成绩，加工产品的尺寸，农作物的产量，……此外，理论上，正态分布还是连接"概率论"与"数理统计"的纽带。正态分布在两者中扮演这一角色的精彩内容，将在本书的稍后加以揭晓。

2.3.3　Python 解法

1. uniform 分布

Python 的 scipy.stats 包中的对象 uniform 表示连续型的均匀分布。表 2-7 展示了 uniform 分布的几个常用函数。

例 2-28 下列 Python 代码计算例 2-24 中的概率 $P(A) = F(15) - F(10) + F(30) - F(25)$。

表 2-7　uniform 分布常用函数

函　数　名	参　数	意　义
rvs	loc：分布参数 a，默认值为 0；scale：分布参数差 $b-a$，默认值为 1；size：产生的随机数个数，默认值为 1	产生 size 个随机数
pdf	x：自变量取值；loc，scale：分布参数差 $b-a$，默认值为 1	概率密度函数 $f(x)$
cdf	x，loc，scale：分布参数差 $b-a$，默认值为 1	累积概率函数（分布函数）$F(x)$
ppf	q：分位点函数自变量；loc，scale：分布参数差 $b-a$，默认值为 1	分布函数的反函数 $F^{-1}(q)$
sf	x：自变量取值；loc，scale：分布参数差 $b-a$，默认值为 1	残存函数 $S(x)=1-F(x)$

```
1  from scipy.stats import uniform                              #导入uniform
2  print('P(A)=%.4f'%(uniform.cdf(x=15, scale=30)-              #F(15)-
3                     uniform.cdf(x=10, scale=30)+              #F(10)+
4                     uniform.cdf(x=30, scale=30)-              #F(30)-
5                     uniform.cdf(x=25, scale=30)))             #F(25)
```

程序 **2.8**　验算例 2-24 概率 $P(A)$ 的 Python 程序

程序的第 1 行导入 uniform。第 2~5 行输出计算结果。注意，调用 cdf 函数时传递的参数：首个参数 x 分别表示自变量的值 15、10、30 和 25；第 2 个参数 loc，由于本例中均匀分布的参数 $a=0$ 与 loc 的默认值相同，故省略；第三个参数 scale 表示分布参数差 $b-a$，本例中 $b-a=30$，故传递 scale=30。运行该程序，输出如下。

P(A)=0.3333

此即为 $P(A)=1/3$ 精确到万分位的值。

练习 2-22　用 scipy.stats.uniform 计算练习 2-18 中的概率 $P(950 < R \leqslant 1050)$。

参考答案：见文件 chapter02.ipynb 中对应代码。

2. expon 分布

scipy.stats 包中的 expon 对象表示指数分布。表 2-8 展示了 expon 分布的常用函数。

例 2-29　下列代码计算例 2-25 中的概率 $P(X \geqslant 3)$ 和 $P(3 < X \leqslant 6)$，其中，$X\sim\mathrm{Exp}(3)$。

```
1  from scipy.stats import expon                               #导入expon
2  prob1=expon.sf(x=3, scale=3)                                #1-F(3)
3  prob2=expon.cdf(x=6, scale=3)-expon.cdf(x=3, scale=3)       #F(6)-F(3)
4  print('P(X>3)=%.4f'%prob1)
```

```
5  print('P(3<=X<=6)=%.4f'%prob2)
```

程序 **2.9**　计算例 2-25 中概率 $P(X > 3)$ 和 $P(3 \leqslant X \leqslant 6)$ 的 Python 程序

表 2-8　expon 分布常用函数

函 数 名	参　　　数	意　　义
rvs	scale：分布参数 λ，默认值为 1；size：产生的随机数个数，默认值为 1	产生 size 个随机数
pdf	x：自变量取值；scale：分布参数 λ，默认值为 1	概率密度函数 $f(x)$
cdf	x，scale：分布参数 λ，默认值为 1	累积概率函数（分布函数）$F(x)$
ppf	q：分位点函数自变量；scale：分布参数 λ，默认值为 1	分布函数的反函数 $F^{-1}(q)$
sf	x：自变量；scale：分布参数 λ，默认值为 1	残存函数 $S(x) = 1 - F(x)$

程序中第 1 行导入 expon。第 2 行用残存函数 sf 计算 $P(X > 3)$。第 3 行用 cdf 函数计算 $P(3 \leqslant X \leqslant 6)$。注意传递给参数 scale 的是指数分布的参数 $\lambda = 3$。运行该程序，输出如下。

```
P(X>3)=0.3679
P(3<=X<=6)=0.2325
```

练习 2-23　用 scipy.stats.expon 计算练习 2-19 中的概率 $P(50 < X \leqslant 150)$ 和 $P(X \leqslant 100)$。

参考答案：见文件 chapter02.ipynb 中对应代码。

3. norm 分布

scipy.stats 的 norm 对象表示正态分布，表 2-9 列出了 norm 的几个常用函数。注意 norm 对象的各函数的参数 loc 表示对称轴位置，此参数对应正态分布的参数 μ，默认值为 0。scale 表示缩放比例，对应正态分布参数的 σ^2 的算术根 σ，默认值为 1。

例 2-30　下列 Python 代码计算例 2-26 的三个概率值 $P(\mu - \sigma < X < \mu + \sigma)$，$P(\mu - 2\sigma < X < \mu + 2\sigma)$ 和 $P(\mu - 3\sigma < X < \mu + 3\sigma)$。

```
1  from scipy.stats import norm          #导入norm
2  p1=2*norm.cdf(1)−1                     #计算2Phi(1) − 1
3  p2=2*norm.cdf(2)−1                     #计算2Phi(2) − 1
4  p3=2*norm.cdf(3)−1                     #计算2Phi(3) − 1
5  print('P(mu−sigma<X<mu+sigma)=%.4f'%p1)
6  print('P(mu−2sigma<X<mu+2sigma)=%.4f'%p2)
```

```
7  print('P(mu−3sigma<X<mu+3sigma)=%.4f'%p3)
```

程序 **2.10**　计算例 2-26 中各概率的 Python 程序

表 2-9　norm 分布常用函数

函　数　名	参　　　数	意　　　义
rvs	loc, scale: 分布参数 μ 和 σ, 默认值分别为 0 和 1; size: 产生的随机数个数, 默认值为 1	产生 size 个随机数
pdf	x: 自变量取值; loc, scale: 分布参数 μ 和 σ, 默认值分别为 0 和 1	概率密度函数 $f(x)$
cdf	x: 分布函数自变量; loc, scale: 分布参数 μ 和 σ, 默认值分别为 0 和 1	累积概率函数（分布函数）$F(x)$
ppf	q: 分位点函数自变量; loc, scale: 分布参数 μ 和 σ, 默认值分别为 0 和 1	分布函数的反函数 $F^{-1}(q)$
sf	x: 残存函数自变量; loc, scale: 分布参数 μ 和 σ, 默认值分别为 0 和 1	残存函数 $S(x)=1-F(x)$
isf	q: 残存函数的反函数自变量; loc, scale: 分布参数 μ 和 σ, 默认值分别为 0 和 1	残存函数的反函数 $S^{-1}(q)$

程序的第 2~4 行计算的是标准正态分布的分布函数在 1、2、3 处的值 $\Phi(1)$、$\Phi(2)$ 和 $\Phi(3)$, 故调用 norm（第 1 行导入）的 cdf 函数并使用 loc 和 scale 参数的默认值 0 和 1。运行程序, 输出如下。

```
P(mu−sigma<X<mu+sigma)=0.6827
P(mu−2sigma<X<mu+2sigma)=0.9545
P(mu−3sigma<X<mu+3sigma)=0.9973
```

说明: 细心的读者会发现, 此处所得结果与例 2-26 中查表所得结果稍有差异。原因有二: 其一, 由于处理的是实数, 表 2-6 本身就是标准正态分布函数值精度为小数点后 4 位的近似值; 其二, 代码中浮点型数据的精度也是有限位的, 且规定了输出位数为小数点后 4 位, 因此最末位数字会有出入。

练习 2-24　用 norm 计算练习 2-20 中的概率 $P(|X-10.05|>0.12)$。

参考答案: 见文件 chapter02.ipynb 中对应代码。

例 2-31　考虑例 2-27 中判断考生是否能被录取的问题。此例多处需要通过 $q=P(X\geqslant x)=1-F(x)$ 来确定 x 的值。在 Python 中, 可以通过两个途径来计算: 其一, 由 $q=P(X\geqslant x)=1-F(x)$ 得 $F(x)=1-q$, 故 $x=F^{-1}(1-p)$。在 scipy.stats 包中的各个概率分布, 都有累积分布函数 cdf 的反函数 ppf, 即分位点函数, 传递参数 $1-p$ 即可求得。其二, 各个分布还提供了残余函数 sf 的反函数 isf, 直接传递参数 q 即可求得。

```
1   from scipy.stats import norm          #导入norm
2   mu=166                                #mu=166
3   score=256                             #考生成绩score
4   q1=31/1657                            #高分概率q1
5   q2=300/1657                           #录取概率q2
6   q3=280/1657                           #录取为正式工概率q3
7   x=norm.isf(q1)                        #x=Phi^(−1)(1−q1)
8   sigma=(360−mu)/x                      #计算sigma
9   x1=norm.isf(q=q2, loc=166, scale=sigma) #x1=F^(−1)(1−q2)为最低录取分数
10  x2=norm.isf(q=q3, loc=166, scale=sigma) #x2=F^(−1)(1−q3)为正式工最低录取分数
11  print('x1<=score is %s'%(x1<=score))  #比较x1与score
12  print('x2<=score is %s'%(x2<=score))  #比较x2与score
```

程序 2.11　判断例 2-27 中考生是否被录取的 Python 程序

程序代码逐句均有注释，读者不难理解。此处着重强调第 7 行、第 9 行和第 10 行调用残余函数的反函数 isf，分别传递 q_1，q_2 和 q_3 计算 $\Phi^{-1}(1-q_1)$、$F^{-1}(1-q_2)$ 和 $F^{-1}(1-q_3)$。

运行程序 2.11，输出如下。

```
x1<=score is True
x2<=score is True
```

即该考生既能被录用，还能被录用为正式工。

练习 2-25　用 norm 分布计算练习 2-21 中的概率 $P(2 < X \leqslant 5), P(-4 < X \leqslant 10)$，$P(|X| > 2)$，$P(X > 3)$ 和常数 c、d。

参考答案：见文件 chapter02.ipynb 中对应代码。

2.4　随机变量函数的分布

假定已知随机变量 X 的分布（已知离散型变量的分布律 $P(X=x_k)=p_k, k=1, 2, \cdots$，或分布函数 $F(x)$，连续型变量的概率密度函数 $f(x)$ 或分布函数 $F(x)$），且有函数 $Y = g(X)$。显然，Y 也是一个随机变量。我们的目标是根据 X 的分布，求出 Y 的分布。

2.4.1　离散型随机变量函数的分布

本节从一个例子开始说明要面对的问题。

例 2-32　设某篮球运动员投篮命中率为 0.8，现投篮 5 次，用 X 表示进球数，Y 表示得分数（进一球得两分，即 $Y = 2X$）。显然 $X \sim b(5, 0.8)$，其分布律为

X	0	1	2	3	4	5
p	0.2^5	$C_5^1 \times 0.8 \times 0.2^4$	$C_5^2 \times 0.8^2 \times 0.2^3$	$C_5^3 \times 0.8^3 \times 0.2^2$	$C_5^4 \times 0.8^4 \times 0.2$	0.8^5

得分数 Y 的所有可取值为 0, 2, 4, 6, 8, 10。由于 $Y = 2X$, $Y = 2k$ 当且仅当 $X = k$, $k = 0, 1, 2, 3, 4, 5$。因此,$P(Y = 2k) = P(X = k)$,$k = 0, 1, 2, 3, 4, 5$。即 Y 的分布律为

Y	0	2	4	6	8	10
p	0.2^5	$C_5^1 \times 0.8 \times 0.2^4$	$C_5^2 \times 0.8^2 \times 0.2^3$	$C_5^3 \times 0.8^3 \times 0.2^2$	$C_5^4 \times 0.8^4 \times 0.2$	0.8^5

一般地,已知随机变量 X 的分布律

X	x_1	x_2	$\cdots$	x_k	$\cdots$
p	p_1	p_2	$\cdots$	p_k	$\cdots$

且 Y 是 X 的函数,设 $Y = g(X)$,则 Y 的分布律为

Y	$g(x_1)$	$g(x_2)$	$\cdots$	$g(x_k)$	$\cdots$
p	p_1	p_2	$\cdots$	p_k	$\cdots$

这就是所谓的离散型随机变量的函数分布问题及其解决方法。实践中有些细节需要仔细考虑。例 2-32 中函数 $Y = 2X$ 是一一对应的,一般的 $Y = g(X)$ 未必是一一对应的。

例 2-33 设 $X \sim \begin{pmatrix} -3 & -1 & 0 & 1 & 3 \\ 0.05 & 0.20 & 0.15 & 0.35 & 0.25 \end{pmatrix}$,$Y = X^2 + 1$。试求 Y 的分布律。

解:用上述方法,有 $Y \sim \begin{pmatrix} 10 & 2 & 1 & 2 & 10 \\ 0.05 & 0.20 & 0.15 & 0.35 & 0.25 \end{pmatrix}$。仔细观察,发现这并不是一个规范的分布律:$Y$ 实际上只取 3 个值:1, 2, 10,但表中却列出了 5 列。究其原因是 $X = -1$ 和 $X = 1$ 都对应 $Y = 2$ 以及 $X = -3$ 和 $X = 3$ 都对应 $Y = 10$。因此,$\{Y = 1\} = \{X = -1\} \cup \{X = 1\}$。$P(Y = 1) = P(X = -1) + P(X = 1) = 0.2 + 0.35 = 0.55$。类似地,$P(Y = 10) = P(X = -3) + P(X = 3) = 0.05 + 0.25 = 0.3$。因此,将 Y 的分布律调整为 $\begin{pmatrix} 1 & 2 & 10 \\ 0.15 & 0.55 & 0.3 \end{pmatrix}$。

由此例可得解决离散型随机变量函数的分布问题的一般方法:由 X 的分布律 $P(X = x_k) = p_k$,$k = 1, 2, \cdots$,以及 $Y = g(X)$,得 $P(Y = g(x_k)) = p_k$,$k = 1, 2, \cdots$。对序列 $\{g(x_1), g(x_2), \cdots, g(x_k), \cdots\}$ 的每个值 $g(x_k)$,若有 $\{g(x_{k_1}), g(x_{k_2}), \cdots, g(x_{k_i})\}$ 与之等值,则仅保留 1 项,譬如,保留 $g(x_k)$。而将保留项的概率值更改为 $p_{k_1} + p_{k_2} + \cdots + p_{k_i}$,即 $P(Y = g(x_k)) = p_{k_1} + p_{k_2} + \cdots + p_{k_i}$。直至所有的 $g(x_k)$ 均两两不等,$k = 1, 2, \cdots$。

练习 2-26 设 $X \sim \begin{pmatrix} -1 & 0 & 1 & 2 \\ 0.3 & 0.4 & 0.1 & 0.2 \end{pmatrix}$,$Y = 2X + 1$,$Z = (X - 1)^2$,计算 Y 和 Z 的分布律。

参考答案：$Y\sim\begin{pmatrix}-1 & 1 & 3 & 5\\ 0.3 & 0.4 & 0.1 & 0.2\end{pmatrix}$，$Z\sim\begin{pmatrix}0 & 1 & 4\\ 0.1 & 0.6 & 0.3\end{pmatrix}$。

2.4.2 连续型随机变量函数的分布

设已知连续型随机变量 X 的分布函数 $F_X(x)$ 以及单调递增函数关系 $Y=g(X)$（存在反函数 $X=g^{-1}(Y)$），求 Y 的分布函数 $F_Y(y)$。为此，有

$$F_Y(y)=P(Y\leqslant y)=P(g(X)\leqslant y)=P(X\leqslant g^{-1}(y))=F_X(g^{-1}(y))$$

也就是说，可以用 X 的分布函数 $F_X(x)$ 和 $y=g(x)$ 的反函数 $g^{-1}(y)$ 来表示 $Y=g(X)$ 的分布函数：$F_Y(y)=F_X(g^{-1}(y))$。

类似地，若 $Y=g(X)$ 为单调递减函数，可得

$$F_Y(y)=P(g(X)\leqslant y)=P(X\geqslant g^{-1}(y))=1-P(X\leqslant g^{-1}(y))=1-F_X(g^{-1}(y))$$

例 2-34　对圆直径做测量，设测量值均匀分布在区间 $[a,b]$（$0\leqslant a<b$），求圆面积的分布函数。

解： 设圆的直径测量值为 X，按题意有 $X\sim U[a,b]$。于是 X 的分布函数为

$$F_X(x)=\begin{cases}0, & x\leqslant a\\ \dfrac{x-a}{b-a}, & a<x<b,\\ 1, & x\geqslant b\end{cases}$$

圆面积 $Y=\dfrac{\pi X^2}{4}$。对 $y\in\mathbb{R}$，有

$$F_Y(y)=P(Y\leqslant y)=P\left(\frac{\pi X^2}{4}\leqslant y\right)$$

$$=\begin{cases}0, & y<0\\ P\left(|X|\leqslant 2\sqrt{\dfrac{y}{\pi}}\right), & y\geqslant 0\end{cases}=\begin{cases}0, & y<0\\ P\left(-2\sqrt{\dfrac{y}{\pi}}\leqslant X\leqslant 2\sqrt{\dfrac{y}{\pi}}\right), & y\geqslant 0\end{cases}$$

$$=\begin{cases}0, & y<0\\ F_X\left(2\sqrt{\dfrac{y}{\pi}}\right)-F_X\left(-2\sqrt{\dfrac{y}{\pi}}\right), & y\geqslant 0\end{cases}=\begin{cases}0, & y<0\\ F_X\left(2\sqrt{\dfrac{y}{\pi}}\right), & y\geqslant 0\end{cases}$$

由于 $a\geqslant 0$，故 $-2\sqrt{y/\pi}<a$，因此 $F_X(-2\sqrt{y/\pi})=0$。这就是最后等号的由来。此时，$2\sqrt{y/\pi}\leqslant a$ 当且仅当 $y\leqslant \pi a^2/4$；$2\sqrt{y/\pi}\geqslant b$ 当且仅当 $y\geqslant \pi b^2/4$。故当 $y\geqslant 0$ 时，有

$$F_X\left(2\sqrt{\frac{y}{\pi}}\right)=\begin{cases}0, & y\leqslant \dfrac{\pi a^2}{4}\\ \dfrac{2\sqrt{\dfrac{y}{\pi}}-a}{b-a}, & \dfrac{\pi a^2}{4}<y<\dfrac{\pi b^2}{4}\\ 1, & y\geqslant \dfrac{\pi b^2}{4}\end{cases}$$

代入上式，并注意到 $\{Y \leqslant 0\} \subseteq \{Y \leqslant \pi a^2/4\}$，则

$$F_Y(y) = \begin{cases} 0, & y \leqslant \dfrac{\pi a^2}{4} \\ \dfrac{2\sqrt{y\pi} - a\pi}{\pi(b-a)}, & \dfrac{\pi a^2}{4} < y < \dfrac{\pi b^2}{4} \\ 1, & y \geqslant \dfrac{\pi b^2}{4} \end{cases}$$

练习 2-27　设电流 I 是一个随机变量，服从 9~11A 的均匀分布。若此电流通过一个 2Ω 的电阻，在其上消耗的功率 $W = 2I^2$。求 W 的分布函数。

参考答案：$F_W(w) = \begin{cases} 0, & w \leqslant 162 \\ \left(\sqrt{\dfrac{w}{2}} - 9\right)/2, & 162 < w < 242 \\ 1, & w \geqslant 242 \end{cases}$。

设 X 的密度函数为 $f_X(x)$，分布函数为 $F_X(x)$，且单调递增函数 $Y = g(X)$ 可导，其反函数 $X = g^{-1}(Y)$，求 Y 的密度函数 $f_Y(y)$。由 $F_Y(y) = F_X(g^{-1}(y))$，得

$$f_Y(y) = F_Y'(y) = (F_X(g^{-1}(y)))' = F_X'(g^{-1}(y))(g^{-1}(y))' = f_X(g^{-1}(y))(g^{-1}(y))'$$

注意，此时因子 $(g^{-1}(y))' \geqslant 0$。对可导函数 $Y = g(X)$ 为单调递减的情形（此时 $(g^{-1}(y))' \leqslant 0$），有

$$f_Y(y) = F_Y'(y) = (1 - F_X(g^{-1}(y)))' = -f_X(g^{-1}(y))(g^{-1}(y))'$$

综上所述，对单调可导函数 $Y = g(X)$，有

$$f_Y(y) = f_X(g^{-1}(y))|(g^{-1}(y))'|$$

例 2-35　设 $X \sim N(\mu, \sigma^2)$，且 $Y = aX + b$。计算 Y 的密度函数 $f_Y(y)$。

解：由 $X \sim N(\mu, \sigma^2)$ 知 X 的密度函数为

$$f_X(x) = \frac{1}{\sqrt{2\pi}\sigma} e^{-\frac{(x-\mu)^2}{2\sigma^2}}, x \in \mathbb{R}$$

函数 $g(x) = ax + b$ 的反函数为 $x = g^{-1}(y) = \dfrac{y-b}{a}$，其导数为 $(g^{-1}(y))' = \dfrac{1}{a}$。于是，有

$$f_Y(y) = f_X(g^{-1}(y))|(g^{-1}(y))'|$$

$$= \frac{1}{\sqrt{2\pi}\sigma} e^{-\frac{(\frac{y-b}{a}-\mu)^2}{2\sigma^2}} \frac{1}{|a|}$$

$$= \frac{1}{\sqrt{2\pi}\sigma|a|}e^{-\frac{[y-(b+a\mu)]^2}{2(\sigma a)^2}}, y \in \mathbb{R}$$

即 $Y \sim N(a\mu + b, (a\sigma)^2)$。特别地，取 $a = \dfrac{1}{\sigma}$，$b = -\dfrac{\mu}{\sigma}$，即 $Y = \dfrac{X-\mu}{\sigma} \sim N(0,1)$。

练习 2-28   设随机变量 X 的密度函数为

$$f_X(x) = \begin{cases} \dfrac{1}{2}e^{-\frac{x}{2}}, & x \geqslant 0 \\ 0, & x < 0 \end{cases}$$

$Y = \sqrt{X/2}$，计算 Y 的密度函数 $f_Y(y)$。

参考答案：$f_Y(y) = \begin{cases} 2ye^{-y^2}, & y \geqslant 0 \\ 0, & y < 0 \end{cases}$。

当函数 $y = g(x)$ 在 $\mathbb{R}$ 上的反函数 $g^{-1}(y)$ 的表达式不统一时，为求 $f_Y(y)$，需通过分布函数的定义，分段使用上述公式。

例 2-36   设 $X \sim N(0,1)$，$Y = g(X) = X^2$，计算 $f_Y(y)$。

解： X 的分布函数 $\Phi(x) = \displaystyle\int_{-\infty}^{x} \frac{1}{\sqrt{2\pi}} e^{-\frac{x^2}{2}}dx$。设 $Y = g(X) = X^2$ 的分布函数为 $F_Y(y)$。

$$F_Y(y) = P(Y \leqslant y) = P(X^2 \leqslant y) = \begin{cases} 0, & y < 0 \\ P(|X| \leqslant \sqrt{y}), & y \geqslant 0 \end{cases} = \begin{cases} 0, & y < 0 \\ 2\Phi(\sqrt{y}) - 1, & y \geqslant 0 \end{cases}$$

于是，有

$$f_Y(y) = F_Y'(y) = \begin{cases} 0, & y < 0 \\ (2\Phi(\sqrt{y}) - 1)', & y \geqslant 0 \end{cases}$$

$$= \begin{cases} 0, & y < 0 \\ 2\varphi(\sqrt{y})\dfrac{1}{2\sqrt{y}}, & y \geqslant 0 \end{cases} = \begin{cases} 0, & y < 0 \\ 2\dfrac{1}{\sqrt{2\pi}}e^{-\frac{(\sqrt{y})^2}{2}}\dfrac{1}{2\sqrt{y}}, & y \geqslant 0 \end{cases}$$

$$= \begin{cases} 0, & y < 0 \\ \dfrac{1}{\sqrt{2\pi}}e^{-\frac{y}{2}}y^{-\frac{1}{2}}, & y \geqslant 0 \end{cases}$$

练习 2-29   设随机变量 X 的概率密度函数为 $f_X(x) = \begin{cases} e^{-x}, & x > 0 \\ 0, & x \leqslant 0 \end{cases}$，计算函数 $Y = X^2$ 的概率密度函数。

参考答案：$f_Y(y) = \begin{cases} \dfrac{1}{2\sqrt{y}}e^{-\sqrt{y}}, & y > 0 \\ 0, & x \leqslant 0 \end{cases}$。

2.4.3　Python 解法

1. 离散型随机变量函数的分布

设已知离散型随机变量 X 的分布律 $P(X = x_k) = p_k$, $k = 1, 2, \cdots$, 函数 $Y = g(X)$ 为计算 Y 的分布律，先算得序列 $\{g(x_1), g(x_2), \cdots\}$, 对其中的每个值 $g(x_k)$, 若有 $\{g(x_{k_1}), g(x_{k_2}), \cdots, g(x_{k_i})\}$ 与之等值，则仅保留 1 项，例如，保留 $g(x_k)$。而将保留项的概率值更改为 $p_{k_1} + p_{k_2} + \cdots + p_{k_i}$, 即 $P(Y = g(x_k)) = p_{k_1} + p_{k_2} + \cdots + p_{k_i}$。直至所有的 $g(x_k)$ 均两两不等，$k = 1, 2, \cdots$（详见 2.4.1 节）。将此解决离散型随机变量函数的分布问题的一般方法实现为如下的 Python 函数定义。

```
1  import numpy as np                              #导入numpy
2  def distCalcu(Y, P):                            #计算Y=g(X)的分布函数
3      Y1=np.unique(Y)                             #剔除Y中的重复值
4      n=len(Y1)                                   #g(X)不重复值的个数
5      P1=np.zeros(n)                              #Y的分布概率P1
6      for i in range(n):                          #扫描Y1
7          P1[i]=np.sum(P[np.where(Y==Y1[i])])     #Y中与Y1[i]等值的概率和
8      return (Y1, P1)                             #返回Y=g(X)的分布律
```

程序 2.12　由函数 $Y = g(X)$ 计算 Y 的分布律的 Python 函数定义

程序 2.12 定义的函数 distCalcu，对由参数 Y、P（numpy 的 array 数组）确定的随机变量 $Y = g(X)$ 的分布律（Y 保存 Y 的取值，P 表示 Y 的各取值对应的概率，也就是 X 各取值对应的概率），及由参数计算 Y 的分布律。

由 $Y = g(X)$, 得到 Y 的所有可能取值，由于函数 g 未必是单射，故第 3 行调用 numpy 的函数 unique 构造 Y 中所有不同元素组成的数组 Y1。

第 5 行设置数组 P1，元素初始化为 0.0，用于存储 Y1 中值对应的概率。

第 6~7 行的 for 循环扫描 Y1 中每个值 Y1[i], i = 0, 1, $\cdots$, n−1。第 8 行调用 numpy 的函数 where 在数组 Y 中查找与 Y1[i] 相等的元素的下标，用其构成列表 [np.where(Y== Y[i])]。用该列表取数组 P 中对应的概率值：P[np.where(Y== Y[i])]，调用 numpy 的 sum 函数求和，即为对应于 Y1[i] 的概率值，存储于 P1[i]。扫描完毕，P1 中即为 Y1 中各值对应的概率。

第 8 行返回由二元组 (Y1, P1) 确定的 $Y = g(X)$ 的分布律。将程序 2.12 的代码写入文件 utility.py，便于调用。

例2-37 下列代码运用函数 distCalcu 解决例 2-33 中 $X\sim\begin{pmatrix} -3 & -1 & 0 & 1 & 3 \\ 0.05 & 0.20 & 0.15 & 0.35 & 0.25 \end{pmatrix}$,

计算 $Y = X^2 + 1$ 的分布律问题。

```
1  import numpy as np                          #导入numpy
2  from utility import distCalcu               #导入distCalcu
3  X=np.array([-3, -1, 0, 1, 3])               #设置变量X
4  P=np.array([0.05, 0.2, 0.15, 0.35, 0.25])   #设置X的各取值的概率
5  Y=X**2+1                                     #函数Y=g(X)
6  (Y1, P1)=distCalcu(Y, P)                     #计算g(X)的分布律
7  print(np.stack((Y1, P1)))
```

程序 **2.13** 解决例 2-33 中随机变量函数 $Y = X^2 + 1$ 的分布律的 Python 程序

程序的 3~4 行设定随机变量 X 的分布律,numpy(第 1 行导入)数组 X 存储变量的取值,P 存储各个取值的概率。

第 5 行计算函数关系 $Y = g(X)$。第 6 行调用程序 2.12 定义的函数 distCalcu(第 2 行导入),传递表示变量 $g(X)$ 的分布律的数组 Y 和 P。返回值是表示规整好的 Y 的分布律的两个数组 Y1 和 P1。

第 7 行输出计算结果。其中,调用 numpy 的函数 stack 将两个一维数组 Y1 和 P1 重叠为一个二维数组。

运行程序 2.13,输出如下:

```
[[ 1.    2.    10.  ]
 [ 0.15  0.55  0.3 ]]
```

即为 $Y = X^2 + 1$ 的分布律 $\begin{pmatrix} 1 & 2 & 10 \\ 0.15 & 0.55 & 0.3 \end{pmatrix}$。

练习 2-30 利用程序 2.12 定义的函数 distCalcu,计算练习 2-26 中随机变量函数的分布律。

参考答案:见文件 chapter02.ipynb 中对应代码。

2. 在 Python 中自定义离散型分布

假定有自定义的分布数据 (X, P),其中,X 表示随机变量 X 的取值序列,P 表示对应 X 的每个取值的概率序列。scipy.stats 包提供了一个 rv_discrete 类,可以用数据 (X, P) 创建自定义的离散型随机变量的分布对象。

例2-38 设 $X\sim\begin{pmatrix} 1 & 2 & 10 \\ 0.15 & 0.55 & 0.3 \end{pmatrix}$,用下列代码生成一个以序列 $X = \{1, 2, 10\}$,

$P = \{0.15, 0.55, 0.3\}$ 表示的分布律的离散型分布 mydist。并生成 200 个服从 mydist 分布的随机数，模拟此分布描述的随机试验。

```
1   from scipy.stats import rv_discrete        #导入rv_discrete类
2   import numpy as np                          #导入numpy, 取别名为np
3   from matplotlib import pyplot as plt        #导入pyplot, 取别名为plt
4   X=np.array([1, 2, 10])                      #X的取值序列
5   P=np.array([0.15, 0.55, 0.3])               #对应的概率序列
6   mydist=rv_discrete(values=(X, P))           #用X, P创建分布mydist
7   data=mydist.rvs(size=200)                   #mydist分布的200个随机数
8   plt.hist(data, density=True)                #绘制直方图
9   plt.plot(Y, mydist.pmf(X), 'bo')            #绘制Y的分布律图形
10  plt.show()
```

程序 **2.14**　用 rv_discrete 创建自定义离散型分布的 Python 程序

程序 2.14 的 4~5 行设置表示随机变量 X 的分布律的数组 X 与 P。第 6 行调用 rv_discrete 函数（第 1 行导入）用 X，P 创建自定义离散型分布 mydist。该函数的调用接口为

$$\text{rv\_discrete(value)}$$

参数 value 传递表示离散型随机变量的取值序列 X 与对应取值的概率序列 P 组成的序偶 (X, P)。

第 7 行调用 mydist 的 rvs 方法产生 200 个服从 mydist 的随机数，存于数组 data。第 8 行调用 plt（第 3 行导入）的 hist 方法，用 data 数据绘制直方图。第 9 行调用 plt 的 plot 方法，绘制随机变量 Y 的概率质量函数（分布律）图形。运行程序 2.14，输出结果如图 2-16 所示。

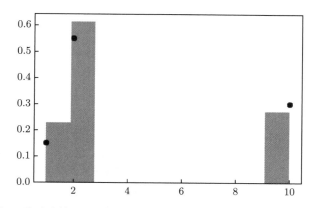

图 2-16　随机变量 X 的分布律图形（圆点）和 mydist 分布产生的 200 个随机数 data 的直方图

练习 2-31　用练习 2-26 的计算结果创建两个 rv_discrete 自定义离散分布，并分别产生 200 个随机数，绘制直方图。

参考答案: 见文件 chapter02.ipynb 中对应代码。

3. 在 Python 中自定义连续型分布

与 rv_discrete 类相似,scipy.stats 还提供了一个表示连续型分布的 rv_continuous 类。使用 rv_continuos 类自定义连续型分布甚至比用 rv_discrete 类自定义离散型分布更简单: 只需要创建 rv_continuos 的一个子类并在其中定义分布的累积概率函数(分布函数) cdf 或概率密度函数 pdf 即可。

例 2-39 在例 2-2 中,曾遇到向半径为 r 的圆内投掷一点,点到圆心距离的随机变量 X 的分布函数为

$$F(x) = \begin{cases} 0, & x < 0 \\ \dfrac{x^2}{r^2}, & 0 \leqslant x \leqslant r \\ 1, & x > r \end{cases}$$

并在例 2-3 中用 Python 定义了此 $F(x)$ 函数。在此基础上,下列代码创建了一个以 $F(x)$ 为累积概率函数的连续型分布 xdist 类,及该类的一个对象 dist1。并绘制服从该分布的随机变量的分布函数和概率密度函数图形。

```
1   from scipy.stats import rv_continuous      #导入rv_continuous
2   import numpy as np                          #导入numpy
3   from matplotlib import pyplot as plt        #导入绘图对象plt
4   class xdist(rv_continuous):                 #自定义分布xdist
5       def _cdf(self, x, r):                   #累积分布函数
6           if type(x)!=type(np.array([])):     #数值类型
7               x=np.array([x])                 #凑成统一的数组类型
8           y=np.zeros(x.size)                  #函数值初始化为0
9           d=np.where((x>=0)&(x<=r))           #x中介于0~r的部分
10          y[d]=(x[d]/r)**2                    #x中介于0~r对应的函数值
11          d=np.where(x>r)                     #x中大于r的部分
12          y[d]=1                              #x中大于r对应的函数值
13          if y.size==1:                       #单一函数值
14              return y[0]
15          return y                            #数组型函数值
16  dist1=xdist()                               #创建xdist类对象dist1
17  x=np.linspace(−0.5, 5, 256)                 #绘图的横坐标区域
18  plt.plot(x, dist1.cdf(x, 4))                #绘制dist1的分布函数图像
19  plt.show()
```

程序 2.15 用 rv_continuous 创建自定义连续型分布的 Python 程序

程序 2.15 中，第 4~15 行定义继承于 rv_continuous 的连续型分布类 xdist。Python 是一个面向对象的程序设计语言。在 Python 中定义一个类，其语法为

class 类名[(父类名)]:
　　类定义体

类定义体内定义所属的各函数。在程序 2.15 中，所定义的类名为 xdist，父类名为 rv_continuous（第 1 行导入）。这意味着 xdist 继承自连续型分布 rv_continuous 类。第 5~15 行的类定义体中仅定义了服从该 xdist 分布的随机变量的累积概率函数 _cdf。由于 cdf 是父类 rv_continuous 中已定义的函数，此处是对其进行重载，故在函数名之前加上下画线 "_"。该函数有三个参数 self、x 和 r，前者表示该函数为对象函数，从属于该类的每一个对象。x 表示接受外部传递的自变量，r 表示圆半径。仔细观察不难发现，_cdf 的定义与程序 2.1 中函数 cdf(x) 的定义完全一致，不同点在于多了一个表示对象属性的 self 参数。

第 16 行用所定义的 xdist 类创建对象 dist1。第 17 行设置绘图区域 x，第 18 行绘制分布函数对应 r=4 的图形。对这两行中 numpy（第 2 行导入）的 linspace 函数和 matplotlib.pyplot（第 3 行导入）的 plot 函数的说明详见程序 2.2。运行该程序将显示 X 的分布函数 $F(x)$ 的图形（见图 2-17(a)）。

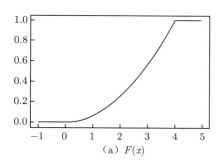 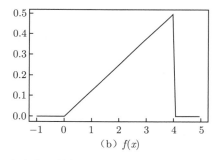

图 2-17　自定义连续型分布的概率密度函数与分布函数的图形

一旦定义了分布 xdist 的分布函数 cdf，系统会自动地生成概率密度函数 pdf。如果把程序 2.15 的第 14 行代码换成

```
plt.plot(x, dist1.pdf(x, 4))        #绘制dist1的概率密度函数图像
```

则程序将显示 xdist 分布的概率密度函数 pdf 对应 $r=4$ 的图形（见图 2-17(b)）。完全符合概率密度函数

$$f(x) = \begin{cases} \dfrac{2x}{r^2}, & 0 \leqslant x \leqslant r \\ 0, & \text{其他} \end{cases}$$

注意，在代码中没有为 pdf 函数的定义做任何事情！

练习 2-32 用练习 2-1 中向区间 $[0,5]$ 随机抛掷质点的试验中，所得质点坐标 X 的分布函数 $F(x)$ 在 Python 中定义一个连续型分布，并绘制其概率密度函数 pdf 和累积概率函数 cdf 的图形。

参考答案： 见文件 chapter02.ipynb 对应代码。

也可以通过定义随机变量的概率密度函数来自定义连续型随机变量的分布。

例 2-40 根据例 2-23 算得的随机变量 X 的概率密度函数为

$$f(x) = \begin{cases} \dfrac{1}{\pi\sqrt{1-x^2}}, & |x| < 1 \\ 0, & |x| \geqslant 1 \end{cases}$$

编程计算概率 $P(0 < X < 1)$。

解： 下列代码完成本例计算。

```
1  from scipy.stats import rv_continuous      #导入rv_continuous
2  import numpy as np                         #导入numpy
3  class mydist(rv_continuous):               #自定义连续型分布类
4      def _pdf(self, x):                     #概率密度函数
5          if type(x)!=type(np.array([])):    #数值类型
6              x=np.array([x])                #转换成数组类型
7          y=np.zeros(x.size)                 #函数值初始化为0
8          d=np.where((x<1)&(x>-1))           #x中介于-1和1的部分
9          y[d]=1/(np.pi*(np.sqrt((1-x[d]**2))))  #非0函数值
10         if y.size==1:                      #单一函数值
11             return y[0]
12         return y
13 dist=mydist()                              #自定义分布对象
14 p=dist.cdf(1)-dist.cdf(0)                  #调用累积分布函数计算概率
15 print('P(0<X<1)=%.2f'%p)
```

程序 2.16　验算例 2-23 中概率的 Python 程序

注意，第 3~12 行的 mydist 类中仅定义了概率密度函数 pdf。运行程序，输出如下。

```
P(0<X<1)=0.50
```

此即为例 2-23 中概率 $P(0 < X < 1) = 1/2$ 精确到百分位的值。

练习 2-33 设随机变量 X 的概率密度函数为

$$f(x) = \begin{cases} \dfrac{x}{6}, & 0 \leqslant x < 3 \\ 2 - \dfrac{x}{2}, & 3 \leqslant x < 4, \\ 0, & \text{其他} \end{cases}$$

编程计算概率 $P(1 < X \leqslant 7/2)$。

参考答案：见文件 chapter02.ipynb 中对应代码。

4. 连续型随机变量函数的分布

如前所述，对 X 已知的分布函数 $F_X(x)$，若函数 $Y = g(X)$ 具有单调增加的反函数 $X = g^{-1}(Y)$，则 Y 的分布函数 $F_Y(y) = F_X(g^{-1}(y))$。在 Python 中，也可以通过这样的函数复合方式计算连续型随机变量函数的分布：构造 $y = g(x)$ 的反函数 $h(y) = g^{-1}(y)$，然后将其作为参数传递给 X 的累积概率函数的自变量。

例 2-41　在例 2-34 中知道 $X \sim U(a,b)$ $(0 \leqslant a < b)$，$Y = \dfrac{\pi}{4}X^2$，当 $y \geqslant 0$ 时，$g^{-1}(y) = h(y) = 2\sqrt{\dfrac{y}{\pi}}$ 单调递增，所以 $F_Y(y) = F_X(h(y)) = F_X\left(2\sqrt{\dfrac{y}{\pi}}\right)$。由于 scipy.stats 中的 uniform 就表示均匀分布，所以只需要定义函数 $g^{-1}(y) = h(y)$，传递给 uniform 的 cdf 函数的自变量参数就可以定义 Y 的分布了。由于 $a \geqslant 0$，故可将 $h(y)$ 定义为

$$h(y) = \begin{cases} 0, & y < 0 \\ 2\sqrt{\dfrac{y}{\pi}}, & y \geqslant 0 \end{cases}$$

下列代码实现 $h(y)$ 的定义。

```
import numpy as np
def h(y):
    x=np.zeros(y.size)        #返回值初始化为0
    d=np.where(y>=0)          #y>=0的下标序列
    x[d]=2*np.sqrt(y[d]/np.pi)  #y>=0时对应的函数值
    return x
```

程序 **2.17**　函数 $h(y) = g^{-1}(y)$ 的 Python 定义

利用程序 2.17 定义的函数 h(y)，定义如下 ydist 分布。

```
from scipy.stats import uniform, rv_continuous
class ydist(rv_continuous):
    def _cdf(self, y, a, b):
        return uniform.cdf(x=h(y), loc=a, scale=b-a)
```

程序 **2.18**　例 2-34 中随机变量函数 $Y = \dfrac{\pi}{4}X^2$ 的分布的 Python 定义

ydist 类中定义的累积概率函数 cdf 除了 self 以外的 3 个参数中，y 表示自变量，a 和 b 分别表示 X 作为均匀分布的参数 a 和 b。第 4 行调用 uniform（均匀分布）的 cdf

函数，传递 h(y) 给参数 x，a 给参数 loc，b−a 给参数 scale。计算的结果作为返回值返回。利用 ydist 分布，可以模拟 Y 所描述的随机试验。

```
1  import numpy as np                      #导入numpy
2  from matplotlib import pyplot as plt   #导入pyplot
3  dist=ydist()                            #创建ydist类对象dist
4  x=np.linspace(−2, 25, 256)             #设置自变量取值范围
5  a, b=2, 5                               #设置参数a和b
6  y=dist.pdf(x,a,b)                       #计算概率密度函数值
7  plt.plot(x,y)                           #绘制概率密度函数图形
8  v=dist.rvs(a, b, size=200)             #产生200个服从dist分布的随机值
9  plt.hist(v, density=True)              #绘制直方图
10 plt.show()
```

程序 2.19　例 2-34 中随机变量函数 $Y = \dfrac{\pi}{4}X^2$ 分布的模拟

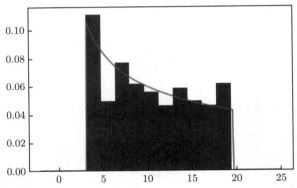

图 2-18　随机变量函数 $Y = \dfrac{\pi}{4}X^2$ 的分布 ydist 产生的 200 个随机数 v 的直方图与概率密度函数的对比

程序的第 3 行用程序 2.18 定义的分布 ydist 类创建对象 dist。第 6 行调用 dist 的概率密度函数 pdf，传递参数 a 和 b（第 5 行创建并初始化）计算横轴范围 x=(−2,25)（第 4 行创建）对应的函数值。第 7 行绘制概率密度函数的图形。第 8 行调用 dist 的 rvs 函数产生 200 个服从 dist 分布的随机数构成的序列 v。第 9 行用 v 的数据绘制直方图。运行程序，输出结果如图 2-18 所示。可见数据 v 很好地模拟了 dist 分布描述的试验。

练习 2-34　设电压 $V = 380 \sin \Theta$，其中，相角 Θ 是一个随机变量，且 $\Theta \sim U\left(-\dfrac{\pi}{2}, \dfrac{\pi}{2}\right)$。在 Python 中创建电压 V 的分布，并用其模拟电压观测试验。

参考答案：见文件 chapter02.ipynb 中对应代码。

2.5　本章附录

A1. 定理 2-1 的证明

证明： （1）由 $F(x) = P(X \leqslant x)$ 不证自明。这条性质说明任何随机变量 X 的累积分布函数都是有界函数。

（2）设 $x_1 \leqslant x_2$，显然 $(-\infty, x_1] \subseteq (-\infty, x_2]$，当然有 $\{X \in (-\infty, x_1]\} \subseteq \{X \in (-\infty, x_2]\}$，亦即 $\{X \leqslant x_1\} \subseteq \{X \leqslant x_2\}$。所以 $F(x_1) = P(X \leqslant x_1) \leqslant P(X \leqslant x_2) = F(x_2)$，这就说明 $F(x)$ 是随着自变量的增加而增加的。

（3）我们来看 $\lim\limits_{x \to -\infty} F(x)$。由于 $F(x) = P(X \leqslant x) = P\{X \in (-\infty, x]\}$，故

$$\lim_{x \to -\infty} F(x) = \lim_{x \to -\infty} P(X \leqslant x) = \lim_{x \to -\infty} P\{X \in (-\infty, x]\} = 0$$

这是因为区间 $(-\infty, x]$ 当 $x \to -\infty$ 时，将退缩为空集 $\varnothing$。类似地，由于 $x \to +\infty$ 时，$(-\infty, x]$ 逐渐扩张为 $\mathbb{R}$，故 $\lim\limits_{x \to +\infty} F(x) = 1$。性质（3）告诉我们，$F(x)$ 有两条水平渐近线 $y = 0$ 和 $y = 1$。

（4）证明如下。

$$\begin{aligned} P(a < X \leqslant b) &= P(X \in (a, b]) \\ &= P(X \in (-\infty, b], X \notin (-\infty, a]) \\ &= P(\{X \in (-\infty, b]\} - \{X \in (-\infty, a]\}) \\ &= P(\{X \in (-\infty, b]\}) - P(\{X \in (-\infty, a]\}) \\ &= P(X \leqslant b) - P(X \leqslant a) \\ &= F(b) - F(a) \end{aligned}$$

（5）这只需证明对任一 $x \in \mathbb{R}$ 及单调递减的收敛到 x 的数列 $x_1 > x_2 > \cdots > x_n > \cdots$ 收敛到 x，均有 $\lim\limits_{n \to +\infty} F(x_n) = F(x)$。

不难理解 $(x, x_n] = \bigcap\limits_{i=1}^{n} (x, x_i]$，且

$$\lim_{n \to +\infty} (x, x_n] = \bigcap_{i=1}^{+\infty} (x, x_i] = \varnothing$$

于是，有

$$0 = P(\varnothing) = \lim_{n \to +\infty} P\{X \in (x, x_n]\}$$

$$= \lim_{n \to +\infty} P(x < X \leqslant x_n) = \lim_{n \to +\infty} (F(x_n) - F(x))$$

$$= \lim_{n \to +\infty} F(x_n) - F(x)$$

由此立得 $\lim\limits_{n \to +\infty} F(x_n) = F(x)$。

A2. 定理 2-2 的证明

证明： （1）由于每一个 p_k 是事件 $X = x_k$（$k = 1, 2, \cdots$）的概率，所以有界性毋庸置疑。

（2）对于归一性，注意到 $X = x_k$ 对应于随机试验的一个样本点（基本事件），$p_k = P(X = x_k)$ 就是一个基本事件发生的概率。k 取遍所有下标，$X = x_k$ 就对应随机试验的所有基本事件。全体基本事件的和就是样本空间，故概率为 1：

$$1 = P(\{X = x_1\} \cup \{X = x_2\} \cup \cdots \cup \{X = x_k\} \cup \cdots)$$

$$= P(X = x_1) + P(X = x_2) + \cdots + P(X = x_k) + \cdots$$

$$= p_1 + p_2 + \cdots + p_k + \cdots$$

A3. 定理 2-3 的证明

证明： 由 $\lambda = np$ 得 $p = \dfrac{\lambda}{n}$。于是

$$C_n^k p^k (1-p)^{n-k} = \frac{n(n-1)\cdots(n-k+1)}{k!} \left(\frac{\lambda^k}{n}\right) \left(1 - \frac{\lambda}{n}\right)^{n-k}$$

$$= \frac{\lambda^k}{k!} \left[1 \cdot \left(1 - \frac{1}{n}\right) \cdots \left(1 - \frac{k-1}{n}\right)\right] \left(1 - \frac{1}{n}\right)^n \left(1 - \frac{1}{n}\right)^{-k}$$

当 $n \to +\infty$ 时，

$$\begin{cases} 1 \cdot \left(1 - \dfrac{1}{n}\right) \cdots \left(1 - \dfrac{k-1}{n}\right) \to 1 \\[2mm] \left(1 - \dfrac{1}{n}\right)^n \to e^{-\lambda} \\[2mm] \left(1 - \dfrac{1}{n}\right)^{-k} \to 1 \end{cases}$$

所以，$\lim\limits_{n \to +\infty} C_n^k p^k (1-p)^{n-k} = \dfrac{\lambda^k}{k!} e^{-\lambda}$。

A4. 定理 2-4 的证明

证明： （1）$f(x)$ 的非负性由连续型随机变量的定义是不言而喻的。

（2）$f(x)$ 的归一性，由 $F(x) = \int_{-\infty}^{x} f(t)\mathrm{d}t$，知

$$\int_{-\infty}^{+\infty} f(t)\mathrm{d}t = \lim_{x \to +\infty} \int_{-\infty}^{x} f(t)\mathrm{d}t = \lim_{x \to +\infty} F(x) = 1$$

（3）由分布函数 $F(x)$ 与密度函数 $f(x)$ 的关系，不言而喻。

（4）根据定理 2-1，

$$P(a < X \leqslant b) = F(b) - F(a) = \int_{a}^{b} f(x)\mathrm{d}x$$

由此可知，$P(X = a) = \lim_{b \to a^+} \int_{a}^{b} f(x)\mathrm{d}x = \int_{a}^{a} f(x)\mathrm{d}x = 0$。即连续型随机变量 X 取一点 a 的概率为 0。于是，

$$P(a \leqslant X \leqslant b) = P(X = a) + P(a < X \leqslant b) = P(a < X \leqslant b)$$

类似可得 $P(a < X < b) = P(a < X \leqslant b)$ 和 $P(a \leqslant X < b) = P(a < X \leqslant b)$。

第 3 章

随 机 向 量

描述抛掷一颗均匀骰子，观察出现点数的随机试验的随机变量 X，其分布律为 $X \sim \begin{pmatrix} 1 & 2 & 3 & 4 & 5 & 6 \\ 1/6 & 1/6 & 1/6 & 1/6 & 1/6 & 1/6 \end{pmatrix}$。要描述抛掷两颗均匀骰子，观察每个骰子出现点数的随机试验，一个随机变量是不够的。设这两颗骰子质地相同，且可辨识。用 X 表示其中一颗出现的点数，Y 表示另一颗出现的点数，两者都是随机变量，则这个试验的样本点就可以用 2-维向量 (X, Y) 表示。(X, Y) 的所有可能取值序偶及其对应样本点发生的概率可以用表 3-1 表示。

表 3-1　(X, Y) 的所有可能取值序偶及其对应样本点发生的概率

X \ Y	1	2	3	4	5	6
1	$\frac{1}{36}$	$\frac{1}{36}$	$\frac{1}{36}$	$\frac{1}{36}$	$\frac{1}{36}$	$\frac{1}{36}$
2	$\frac{1}{36}$	$\frac{1}{36}$	$\frac{1}{36}$	$\frac{1}{36}$	$\frac{1}{36}$	$\frac{1}{36}$
3	$\frac{1}{36}$	$\frac{1}{36}$	$\frac{1}{36}$	$\frac{1}{36}$	$\frac{1}{36}$	$\frac{1}{36}$
4	$\frac{1}{36}$	$\frac{1}{36}$	$\frac{1}{36}$	$\frac{1}{36}$	$\frac{1}{36}$	$\frac{1}{36}$
5	$\frac{1}{36}$	$\frac{1}{36}$	$\frac{1}{36}$	$\frac{1}{36}$	$\frac{1}{36}$	$\frac{1}{36}$
6	$\frac{1}{36}$	$\frac{1}{36}$	$\frac{1}{36}$	$\frac{1}{36}$	$\frac{1}{36}$	$\frac{1}{36}$

由此例可见，对于复杂试验，有时需要用若干个随机变量构成向量——随机向量——来描述。不难推想，抛掷三颗均匀骰子的试验需要用由三个随机变量 X，Y 和 Z 组成的 3-维向量 (X, Y, Z) 来描述。一般地，

定义 3-1　由描述同一个试验 E 的随机变量 $X_1, X_2, \cdots, X_n$ 组成的向量 $(X_1, X_2, \cdots, X_n)$ 称为**n-维随机向量**。

由于涉及的概念、术语，所用的研究方法几乎是一样的，本章主要就

2-维随机向量展开讨论，将一般的 n-维随机向量作为 2-维随机向量的推广。

3.1 2-维随机向量的联合分布函数

定义 3-2 给定 2-维随机向量 (X,Y)，对 $x,y \in \mathbb{R}$，定义

$$F(x,y) = P(X \leqslant x, Y \leqslant y) = P(\{X \leqslant x\} \cap \{Y \leqslant y\})$$

为 (X,Y) 的**联合分布函数**，简称为分布函数。

按此定义，$F(x,y)$ 为 (X,Y) 的取值序偶落在如图 3-1 所示的平面区域内的概率。

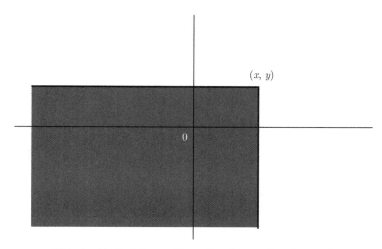

图 3-1 事件 $\{X \leqslant x, Y \leqslant y\} = \{X \leqslant x\} \cap \{Y \leqslant y\}$

与随机变量的分布函数相仿，随机向量的联合分布函数也有许多优良的性质。

定理 3-1 设 2-维随机向量 (X,Y) 的分布函数为 $F(x,y)$，则：

(1) 有界性：$0 \leqslant F(x,y) \leqslant 1$。

(2) 规范性：$\lim\limits_{x \to -\infty} F(x,y) = \lim\limits_{y \to -\infty} F(x,y) = \lim\limits_{\substack{x \to -\infty \\ y \to -\infty}} F(x,y) = 0$，$\lim\limits_{\substack{x \to \infty \\ y \to \infty}} F(x,y) = 1$。

(3) 单调性：$F(x,y)$ 分别关于 x，y 单调不减。

(4) 连续性：$F(x,y)$ 分别关于 x，y 至少右连续。

(5) $P(x_1 < X \leqslant x_2, y_1 < Y \leqslant y_2) = F(x_1,y_1) - F(x_1,y_2) - F(x_2,y_1) + F(x_2,y_2)$。

对比随机变量 X 的分布函数 $F(x)$ 定义及其性质（详见定理 2-1），不难理解 2-维随机向量 (X,Y) 的量和分布函数 $F(x,y)$ 的各条性质的意义。

性质（1）～（4）的几何意义是 $F(x,y)$ 的图形是位于平行平面 $z=0$ 和 $z=1$ 之间的一块曲面，如图 3-2 所示。

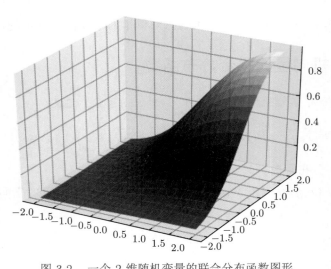

图 3-2　一个 2-维随机变量的联合分布函数图形

而性质（5）的几何意义则由图 3-3 所示。

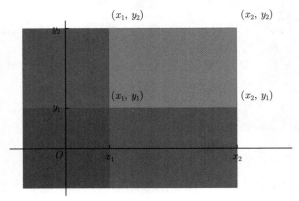

图 3-3　$\{x_1 < X \leqslant x_2, y_1 < Y \leqslant y_2\} = (\{X \leqslant x_2, Y \leqslant y_2\} - \{X \leqslant x_2, Y \leqslant y_1\} - \{X \leqslant x_1, Y \leqslant y_2\})$
$\cup \{X \leqslant x_1, Y \leqslant y_1\}$

例 3-1　设 2-维随机向量 (X, Y) 的分布函数为

$$F(x, y) = \frac{1}{\pi^2}\left(A + \arctan\frac{x}{2}\right)\left(B + \arctan\frac{y}{3}\right), x, y \in \mathbb{R}$$

（1）确定 A、B 的值。

（2）计算 $P(X \leqslant 2, Y \leqslant 3)$。

解：（1）由分布函数的规范性：$\lim\limits_{\substack{x \to -\infty \\ y \to -\infty}} F(x, y) = 0$ 和 $\lim\limits_{\substack{x \to \infty \\ y \to \infty}} F(x, y) = 1$，得

$$\begin{cases} \dfrac{1}{\pi^2}\left(A - \dfrac{\pi}{2}\right)\left(B - \dfrac{\pi}{2}\right) = 0 \\ \dfrac{1}{\pi^2}\left(A + \dfrac{\pi}{2}\right)\left(B + \dfrac{\pi}{2}\right) = 1 \end{cases}$$

解此方程组得 $A = B = \dfrac{\pi}{2}$。即

$$F(x,y) = \frac{1}{\pi^2}\left(\frac{\pi}{2} + \arctan\frac{x}{2}\right)\left(\frac{\pi}{2} + \arctan\frac{y}{3}\right), x, y \in \mathbb{R}$$

（2）$P(X \leqslant 2, Y \leqslant 3) = F(2,3) = \frac{1}{\pi^2}\left(\frac{\pi}{2} + \arctan 1\right)\left(\frac{\pi}{2} + \arctan 1\right) = 9/16$。

练习 3-1 对例 3-1，计算概率 $P(0 < X \leqslant 2, 0 < Y \leqslant 3)$。

参考答案：1/16。

3.2 离散型 2-维随机向量

3.2.1 离散型 2-维随机向量的联合分布律

定义 3-3 构成 2-维随机向量 (X, Y) 的两个变量 X、Y 都是离散型的，称为2-维**离散型随机向量**。

定义 3-4 设 (X, Y) 为 2-维离散型随机向量，X 与 Y 的所有取值分别为 $\{x_1, x_2, \cdots, x_n, \cdots\}$ 和 $\{y_1, y_2, \cdots, y_m, \cdots\}$。不失一般性，假定 $x_1 < x_2 < \cdots < x_n < \cdots$ 及 $y_1 < y_2 < \cdots < y_m < \cdots$，记

$$P(X = x_i, Y = y_j) = P(\{X = x_i\} \cap \{Y = y_j\}) = p_{ij}, i = 1, 2, \cdots, n, \cdots, j = 1, 2, \cdots, m, \cdots$$

称为 (X, Y) 的**联合分布律**，简称为分布律。

2-维离散型随机向量的联合分布律可以用列表表示（本书约定，向量 (X, Y) 的第一坐标 X 的取值纵向展开，第二坐标 Y 的取值横向展开），如表 3-2 所示。

表 3-2　2-维离散型随机向量的联合分布律

X＼Y	y_1	y_2	$\cdots$	y_j	$\cdots$	y_n	$\cdots$
x_1	p_{11}	p_{12}	$\cdots$	p_{1j}	$\cdots$	p_{1n}	$\cdots$
x_2	p_{21}	p_{22}	$\cdots$	p_{2j}	$\cdots$	p_{2n}	$\cdots$
$\vdots$	$\vdots$	$\vdots$	$\cdots$	$\vdots$	$\cdots$	$\vdots$	$\cdots$
x_i	p_{i1}	p_{i2}	$\cdots$	p_{ij}	$\cdots$	p_{in}	$\cdots$
$\vdots$	$\vdots$	$\vdots$	$\cdots$	$\vdots$	$\cdots$	$\vdots$	$\cdots$
x_m	p_{m1}	p_{m2}	$\cdots$	p_{mj}		p_{mn}	$\cdots$
$\vdots$	$\vdots$	$\vdots$	$\cdots$	$\vdots$	$\cdots$	$\vdots$	$\cdots$

与离散型随机变量分布律相仿，2-维离散型随机向量的联合分布律有如下性质。

定理 3-2 设离散型 2-维随机向量的联合分布律为 $P(X = x_i, Y = y_j) = P(\{X = x_i\} \cap \{Y = y_j\}) = p_{ij}, i = 1, 2, \cdots, n, \cdots, j = 1, 2, \cdots, m, \cdots$，则

（1）有界性：$0 \leqslant p_{ij} \leqslant 1$。

（2）归一性：$\sum\limits_{i=1}^{\infty} \sum\limits_{j=1}^{\infty} p_{ij} = 1$。

（3）分布函数：$F(x, y) = \sum\limits_{x_i \leqslant x} \sum\limits_{y_j \leqslant y} p_{ij}$。

应当说明的是 X 或 Y 的取值为有限多个，则性质（2）中的求和也是有限的。

例 3-2 盒子里有 2 个黑球、2 个红球、2 个白球。在其中任取 2 个球，以 X 表示取得的黑球个数，以 Y 表示取得的红球个数。写出 (X,Y) 的联合分布律，并计算概率 $P(X+Y \leqslant 1)$。

解: X 和 Y 的取值范围均为 $\{0,1,2\}$。$P(X=0,Y=0) = P(\text{取得的 2 个球均为白色的}) = C_2^2/C_6^2 = 1/15$。类似地，有 $P(X=2,Y=0) = P(X=0,Y=2) = 1/15$。$P(X=0,Y=1) = P(\text{取得 1 个红球 1 个白球}) = C_2^1 \cdot C_2^1/C_6^2 = 4/15$。类似地，$P(X=1,Y=0) = P(X=1,Y=1) = 4/15$。不难理解，$P(X=1,Y=2) = P(X=2,Y=1) = P(X=2,Y=2) = 0$。于是，$(X,Y)$ 的联合分布律写成表格如表 3-3 所示。

表 3-3 (X,Y) 的联合分布律

X \ Y	0	1	2
0	$\frac{1}{15}$	$\frac{4}{15}$	$\frac{1}{15}$
1	$\frac{4}{15}$	$\frac{4}{15}$	0
2	$\frac{1}{15}$	0	0

考虑事件 $X+Y \leqslant 1$: $\{X=0,Y=0\} \cup \{X=0,Y=1\} \cup \{X=1,Y=0\}$。于是 $P(X+Y \leqslant 1) = P(X=0,Y=0) + P(X=0,Y=1) + P(X=1,Y=0) = 1/15 + 4/15 + 4/15 = 9/15 = 3/5$。

练习 3-2 一个口袋中有 4 个球，它们上面分别标有数字 1、2、2、3。从这个口袋中任取一个球后，不放回袋中，再从袋中任取一个球。依次以 X、Y 表示第一次、第二次取得的球上标有的数字。写出 (X,Y) 的联合分布律。

参考答案:

X \ Y	1	2	3
1	0	$\frac{1}{6}$	$\frac{1}{12}$
2	$\frac{1}{6}$	$\frac{1}{6}$	$\frac{1}{6}$
3	$\frac{1}{12}$	$\frac{1}{6}$	0

3.2.2 离散型 2-维随机向量的边缘分布与条件分布

给定 2-维离散型随机向量 (X,Y) 的联合分布律

$$P(X=x_i,Y=y_j)=p_{ij}, i,j=1,2,\cdots$$

给定 j，考虑概率 $P(Y=y_j)$。由于事件 $Y=y_j$ 与事件 $X=x_1$，$X=x_2$，$\cdots$ 有关，所以按全概率公式有

$$P(Y=y_j)=P(X=x_1)P(Y=y_j|X=x_1)+P(X=x_2)P(Y=y_j|X=x_2)+\cdots$$
$$=P(X=x_1,Y=y_j)+P(X=x_2,Y=y_j)+\cdots$$
$$=p_{1j}+p_{2j}+\cdots=\sum_{i=1}^{\infty}p_{ij}$$
$$=p_{\cdot j}$$

其中，$j=1,2,\cdots$。称为 Y 的**边缘分布**。

类似地，X 的边缘分布为 $P(X=x_i)=\sum_{j=1}^{\infty}p_{ij}=p_{i\cdot}$，$i=1,2,\cdots$。若将联合分布律表示成表格，则可按行（列）相加得到 X（Y）的边缘分布，如表 3-4 所示。习惯上写在联合分布律的右边缘和下边缘，所以称为边缘分布。

表 3-4 2-维离散型随机向量的边缘分布

X \ Y	y_1	y_2	$\cdots$	y_j	$\cdots$	y_n	$\cdots$	$P(X=x_i)$
x_1	p_{11}	p_{12}	$\cdots$	p_{1j}	$\cdots$	p_{1n}	$\cdots$	$p_{1\cdot}$
x_2	p_{21}	p_{22}	$\cdots$	p_{2j}	$\cdots$	p_{2n}	$\cdots$	$p_{2\cdot}$
$\vdots$	$\vdots$	$\vdots$		$\vdots$		$\vdots$		$\vdots$
x_i	p_{i1}	p_{i2}	$\cdots$	p_{ij}	$\cdots$	p_{in}	$\cdots$	$p_{i\cdot}$
$\vdots$	$\vdots$	$\vdots$		$\vdots$		$\vdots$		$\vdots$
x_m	p_{m1}	p_{m2}	$\cdots$	p_{mj}	$\cdots$	p_{mn}	$\cdots$	$p_{m\cdot}$
$\vdots$	$\vdots$	$\vdots$		$\vdots$		$\vdots$		$\vdots$
$P(Y=y_j)$	$p_{\cdot1}$	$p_{\cdot2}$	$\cdots$	$p_{\cdot j}$	$\cdots$	$p_{\cdot n}$	$\cdots$	1

注意，右下角的"1"表明无论是联合分布律还是边缘分布律，都遵从归一性。

例 3-3 从含有 3 个正品、2 个次品的 5 个产品中依次无放回地抽取两个。设 X 表示第 1 次取到的次品个数，Y 表示第 2 次取到的次品个数。求 (X,Y) 的联合分布律以及 X 和 Y 的边缘分布。

解： 显然，X 和 Y 的所有可能取值均为 $\{0,1\}$。由于是无放回抽取，

$$P(X=i,Y=j)=P(X=i)P(Y=j|X=i),i,j=0,1$$

$P(X=0,Y=0)=(3/5)(2/4)=3/10, \ P(X=0,Y=1)=(3/5)(2/4)=3/10,$
$P(X=1,Y=0)=(2/5)(3/4)=3/10, \ P(X=1,Y=1)=(2/5)(1/4)=1/10$。
于是，(X,Y) 的联合分布律可以列成表格，如表 3-5 所示。

表 3-5　(X,Y) 的联合分布律

X \\ Y	0	1	$P(X=k)$
0	$\frac{3}{10}$	$\frac{3}{10}$	$\frac{3}{5}$
1	$\frac{3}{10}$	$\frac{1}{10}$	$\frac{2}{5}$
$P(Y=k)$	$\frac{3}{5}$	$\frac{2}{5}$	1

对联合分布律表格，按行相加，得到 X 的边缘分布（写在右边缘）；按列相加，得到 Y 的边缘分布（写在下边缘）。

练习 3-3　例 3-3 中按有放回抽取方式，计算 (X,Y) 的联合分布律以及 X 和 Y 的边缘分布。

参考答案：

X \\ Y	0	1	$P(X=k)$
0	$\frac{9}{25}$	$\frac{6}{25}$	$\frac{3}{5}$
1	$\frac{6}{25}$	$\frac{4}{25}$	$\frac{2}{5}$
$P(Y=k)$	$\frac{3}{5}$	$\frac{2}{5}$	1

设 (X,Y) 为 2-维离散型随机向量，联合分布律为 $P(X=x_i,Y=y_j)=p_{ij}$，$i,j=1,2,\cdots$。实践中，常需计算对特定的 i，计算 $P(Y=y_j|X=x_i)$，$j=1,2,\cdots$。称为已知 $X=x_i$ 的条件下，Y 的**条件分布**。对特定的 i，Y 的条件分布

$$P(Y=y_j|X=x_i)=\frac{P(X=x_i,Y=y_j)}{P(X=x_i)}=\frac{p_{ij}}{p_{i\cdot}},j=1,2,\cdots$$

即用 X 的边缘分布中第 i 取值的概率遍除联合分布律表格中对应行的每一项，便得所求。

类似地，

$$P(X=x_i|Y=y_j)=\frac{p_{ij}}{p_{\cdot j}},i=1,2,\cdots$$

称为 $Y = y_j$ 条件下，X 的条件分布。

　　例 3-4　为求例 3-3 中已知 $X = 1$ 的条件下 Y 的条件分布，由 X 的边缘分布得 $P(X = 1) = 2/5$，用其遍除联合分布律中对应 $X = 1$ 的那一行中的概率，$P(X = 1, Y = 0) = 3/10$, $P(X = 1, Y = 1) = 1/10$。得到条件分布的分布律，如表 3-6 所示。

表 3-6　条件分布的分布律

X ╲ Y	0	1	$P(X = k)$
0	$\dfrac{3}{10}$	$\dfrac{3}{10}$	$\dfrac{3}{5}$
1	$\dfrac{3}{10}$	$\dfrac{1}{10}$	$\dfrac{2}{5}$
$P(Y = k)$	$\dfrac{3}{5}$	$\dfrac{2}{5}$	1

Y	0	1
$P(Y\mid X = 1)$	$\dfrac{3/10}{2/5} = \dfrac{3}{4}$	$\dfrac{1/10}{2/5} = \dfrac{1}{4}$

　　也就是说，若已知第一次取得次品，则有 3/4 的把握，预测第二次取得正品；有 1/4 的把握预测取到次品。

　　练习 3-4　计算例 3-4 中 $Y = 0$ 的条件下，X 的分布律。

　　参考答案：$(X\mid Y = 0) \sim \begin{pmatrix} 0 & 1 \\ \dfrac{1}{2} & \dfrac{1}{2} \end{pmatrix}$。

3.2.3　离散型随机变量的独立性

　　设离散型随机向量 (X, Y) 的联合分布律为 $P(X = x_i, Y = y_j) = p_{ij}, i, j = 1, 2, \cdots$。$X$，$Y$ 的边缘分布律分别为 $P(X = x_i) = p_{i\cdot}, i = 1, 2, \cdots$，$P(Y = y_j) = p_{\cdot j}, j = 1, 2, \cdots$。我们知道，

$$P(X = x_i, Y = y_j) = P(X = x_i)P(Y = y_j \mid X = x_i), i, j = 1, 2, \cdots$$

此时，若有 $P(Y = y_j \mid X = x_i) = P(Y = y_j), i, j = 1, 2, \cdots$，即条件概率与无条件概率相等，则

$$p_{ij} = P(X = x_i, Y = y_j) = P(X = x_i)P(Y = y_j) = p_{i\cdot}p_{\cdot j}, i, j = 1, 2, \cdots$$

称 X 与 Y **相互独立**。

例 3-5 例 3-3 中在 3 个正品、2 个次品的 5 个产品中依次无放回地抽取两个，X，Y 分别表示第一次和第二次取得的次品数。(X,Y) 的联合分布律和 X，Y 的边缘分布律如表 3-7 所示。

表 3-7　(X,Y) 的联合分布律和 X,Y 的边缘分布律

X ＼ Y	0	1	$P(X=k)$
0	$\dfrac{3}{10}$	$\dfrac{3}{10}$	$\dfrac{3}{5}$
1	$\dfrac{3}{10}$	$\dfrac{1}{10}$	$\dfrac{2}{5}$
$P(Y=k)$	$\dfrac{3}{5}$	$\dfrac{2}{5}$	1

很明显，$P(X=0,Y=0)=3/10 \neq (3/5)(3/5)=P(X=0)\cdot P(Y=0)$。故 X，Y 不相互独立。然而，在练习 3-3 中，换成有放回抽取方法，则 (X,Y) 的联合分布律和 X，Y 的边缘分布律如表 3-8 所示。

表 3-8　有放回抽取方法下 (X,Y) 的联合分布律和 X,Y 的边缘分布律

X ＼ Y	0	1	$P(X=k)$
0	$\dfrac{9}{25}$	$\dfrac{6}{25}$	$\dfrac{3}{5}$
1	$\dfrac{6}{25}$	$\dfrac{4}{25}$	$\dfrac{2}{5}$
$P(Y=k)$	$\dfrac{3}{5}$	$\dfrac{2}{5}$	1

不难验算，$P(X=i,Y=j)=P(X=i)P(Y=j)$，$i,j=0,1$。所以，在有放回抽取方式下，X，Y 是相互独立的。

随机变量 X 和 Y 相互独立的意义就是 X 的取值不影响 Y 的取值，反之亦然。离散型随机变量的独立性告诉我们，若 X 与 Y 相互独立，则由 X、Y 的边缘分布律可得 (X,Y) 的联合分布律。例如，本章开头提到的抛掷两颗均匀骰子，观察它们出现的点数 (X,Y) 的试验，不难理解 X 与 Y 是相互独立的。X 与 Y 的分布律均为 $\begin{pmatrix} 1 & 2 & 3 & 4 & 5 & 6 \\ 1/6 & 1/6 & 1/6 & 1/6 & 1/6 & 1/6 \end{pmatrix}$。所以可得 (X,Y) 的联合分布律如表 3-9 所示。

表 3-9 (X, Y) 的联合分布律

X \ Y	1	2	3	4	5	6
1	$\frac{1}{36}$	$\frac{1}{36}$	$\frac{1}{36}$	$\frac{1}{36}$	$\frac{1}{36}$	$\frac{1}{36}$
2	$\frac{1}{36}$	$\frac{1}{36}$	$\frac{1}{36}$	$\frac{1}{36}$	$\frac{1}{36}$	$\frac{1}{36}$
3	$\frac{1}{36}$	$\frac{1}{36}$	$\frac{1}{36}$	$\frac{1}{36}$	$\frac{1}{36}$	$\frac{1}{36}$
4	$\frac{1}{36}$	$\frac{1}{36}$	$\frac{1}{36}$	$\frac{1}{36}$	$\frac{1}{36}$	$\frac{1}{36}$
5	$\frac{1}{36}$	$\frac{1}{36}$	$\frac{1}{36}$	$\frac{1}{36}$	$\frac{1}{36}$	$\frac{1}{36}$
6	$\frac{1}{36}$	$\frac{1}{36}$	$\frac{1}{36}$	$\frac{1}{36}$	$\frac{1}{36}$	$\frac{1}{36}$

练习 3-5 已知 (X, Y) 的分布律如表 3-10 所示。

表 3-10 (X, Y) 的分布律

X \ Y	1	2	3
1	$\frac{1}{12}$	$\frac{1}{12}$	$\frac{1}{12}$
2	$\frac{2}{12}$	$\frac{1}{12}$	0
3	$\frac{2}{12}$	$\frac{1}{12}$	0
4	$\frac{1}{12}$	$\frac{1}{12}$	$\frac{1}{12}$

(1) 计算 X 和 Y 的边缘分布律。

(2) 计算 $X = 4$ 下 Y 的条件分布律和 $Y = 3$ 下 X 的分布律。

(3) 判断 X 与 Y 是否相互独立。

参考答案：(1) $X \sim \begin{pmatrix} 1 & 2 & 3 & 4 \\ \frac{1}{4} & \frac{1}{4} & \frac{1}{4} & \frac{1}{4} \end{pmatrix}$, $Y \sim \begin{pmatrix} 1 & 2 & 3 \\ \frac{1}{2} & \frac{1}{3} & \frac{1}{6} \end{pmatrix}$；

(2) $Y|(X = 4) \sim \begin{pmatrix} 1 & 2 & 3 \\ \frac{1}{3} & \frac{1}{3} & \frac{1}{3} \end{pmatrix}$, $X|(Y = 3) \sim \begin{pmatrix} 1 & 2 & 3 & 4 \\ \frac{1}{2} & 0 & 0 & \frac{1}{2} \end{pmatrix}$；(3)不独立。

3.2.4 Python 解法

本节中，假定 2-维离散型随机向量 (X, Y) 的联合分布律如表 3-11 所示。

表 3-11 (X,Y) 的联合分布律

X \ Y	y_1	y_2	$\cdots$	y_n
x_1	p_{11}	p_{12}	$\cdots$	p_{1n}
x_2	p_{21}	p_{22}	$\cdots$	p_{2n}
$\vdots$	$\vdots$	$\vdots$	$\ddots$	$\vdots$
x_m	p_{m1}	p_{m2}	$\cdots$	p_{mn}

即随机变量 X 取 m 个值，Y 取 n 个值，如果只关注 (X,Y) 的联合分布中的概率值，则联合分布律可简约地表示成一个 $m\times n$ 的矩阵，记为 $\boldsymbol{P}_{XY}$，即

$$\boldsymbol{P}_{XY}=\begin{pmatrix} p_{11} & p_{12} & \cdots & p_{1n} \\ p_{21} & p_{22} & \cdots & p_{2n} \\ \vdots & \vdots & \ddots & \vdots \\ p_{m1} & p_{m2} & \cdots & p_{mn} \end{pmatrix}$$

1. 联合分布律的表示

Python 的 scipy.stats 包并未提供 2-维分布，但 numpy 包的 array 数组类对象却能很好地表示这样的 2-维离散型随机向量的联合分布律。

例 3-6 下列代码表示例 3-3 中的随机向量 (X,Y) 的联合分布律中由概率构成的矩阵 $\boldsymbol{P}_{XY}=\begin{pmatrix} \frac{3}{10} & \frac{3}{10} \\ \frac{3}{10} & \frac{1}{10} \end{pmatrix}$。

```
1 import numpy as np              #导入numpy
2 from sympy import Rational as R
3 Pxy=np.array([[R(3,10), R(3,10)],   #创建2-维数组Pxy
4         [R(3,10), R(1,10)]])
5 print(Pxy)                      #输出2-维数组
```

程序 3.1 用 numpy 的 array 类对象表示 2-维离散型随机向量分布律

第 3~4 行创建一个名为 Pxy 的 array 类对象，将其设置为两个等长的数组的数组，从而构成一个矩阵。Pxy 中的每一个元素设置为表示有理数的 Rational 对象（第 2 行导入，别名为 R）。运行该程序，输出如下。

```
[[3/10 3/10]
 [3/10 1/10]]
```

练习 3-6 用 numpy.array 表示练习 3-5 中随机向量 (X,Y) 的联合分布律中的概率矩阵 P_{XY}。

参考答案：见文件 chapter03.ipynb 中对应代码。

2. 边缘分布的计算

由例 3-6 可见，numpy 的 array 类对象可将矩阵表示为 2-维数组——数组的数组。2-维数组有两个 "轴"：纵向记为 axis=0，横向记为 axis=1，如图 3-4 所示。

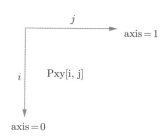

图 3-4　numpy 的 array 对象表示 2-维数组结构

为计算变量 X 及 Y 的边缘分布律，可调用 array 类对象 Pxy 的 sum 函数，指定按行对列标 j（axis=1）相加得到 X 的边缘分布律的概率列向量，这是一个具有 m 个元素的数组，记为 Px；按列对行标 i（axis=0）相加得 Y 的边缘分布律的概率行向量，是一个具有 n 个元素的数组，记为 Py。下列程序定义了按此方法根据联合分布律的概率矩阵 $\boldsymbol{P}_{XY}$ 计算边缘分布律概率向量 $\boldsymbol{P}_X$ 和 $\boldsymbol{P}_Y$ 的 Python 函数。

```
1  import numpy as np              #导入numpy
2  def margDist(Pxy):              #定义计算边缘分布的函数
3      Px=Pxy.sum(axis=1)         #按行相加得X分布律
4      Py=Pxy.sum(axis=0)         #按列相加得Y分布律
5      return (Px.reshape(Px.size, 1),   #返回Px, Py
6              Py.reshape(1, Py.size))
```

程序 **3.2**　计算边缘分布的 Python 函数定义

程序 3.2 中第 2~5 行定义了用于根据 (X,Y) 的联合分布律计算 X 和 Y 的边缘分布的函数 margDist。参数 Pxy 是组织为 2-维数组的 (X,Y) 的联合分布律中的概率矩阵。第 3 行、第 4 行分别对 Pxy 按行相加和按列相加得到 X、Y 的边缘分布律存于 Px 和 Py。第 5~6 行将 Px, Py 作为返回值返回。需要提及的是，为将 array 类对象表示的 1-维数组设置为一个列向量或行向量，以便与 2-维数组表示的矩阵进行统一的运算，要调用该数组的 reshape 函数。因此，第 5 行返回的 Px 为列向量

$$\begin{pmatrix} p_{1\cdot} \\ p_{2\cdot} \\ \vdots \\ p_{m\cdot} \end{pmatrix}$$

Py 为行向量 $(p_{\cdot 1}, p_{\cdot 2}, \cdots, p_{\cdot n})$。将程序 3.2 的代码写入文件 utility.py，便于调用。

例 3-7 下列代码计算例 3-3 的随机向量 (X,Y) 中的 X 和 Y 的边缘分布的概率向量。

```
1  import numpy as np                    #导入numpy
2  from sympy import Rational as R        #导入Rational
3  from utility import margDist           #导入margDist
4  Pxy=np.array([[R(3,10), R(3,10)],      #创建联合分布律Pxy
5                [R(3,10), R(1,10)]])
6  Px, Py=margDist(Pxy)                   #计算边缘分布律
7  print('Px:%s'%Px)
8  print('Py:%s'%Py)
```

程序 3.3 验算例 3-3 中 X 与 Y 的边缘分布的 Python 程序

第 4~5 行设置 (X,Y) 的联合分布律的概率矩阵 Pxy。第 6 行调用程序 3.2 定义的函数 margDist（第 3 行导入），计算结果赋予 Px，Py。运行程序，输出如下。

```
Px:[[3/5]
 [2/5]]
Py:[[3/5 2/5]]
```

此即例 3-3 的计算结果。

练习 3-7 利用程序 3.2 定义的 margDist 函数计算练习 3-5 的随机向量 (X,Y) 中 X 和 Y 的边缘分布的概率向量。

参考答案：见文件 chapter03.ipynb 中对应代码。

3. 条件分布的计算

计算 2-维离散型随机向量 (X,Y) 的条件分布律，譬如 $P(X|Y=y_j)$，就是用 Y 的边缘分布中的 $P(Y=y_j)=p_{\cdot j}$ 遍除联合分布律中第 j 列中每个元素 p_{ij}，$i=1,2,\cdots n$。即

$$\begin{pmatrix} p_{1j}/p_{\cdot j} \\ p_{2j}/p_{\cdot j} \\ \vdots \\ p_{mj}/p_{\cdot j} \end{pmatrix}, j=1,2,\cdots,n$$

也就是说，矩阵

$$\begin{pmatrix} p_{11}/p_{\cdot 1} & p_{12}/p_{\cdot 2} & \cdots & p_{1n}/p_{\cdot n} \\ p_{21}/p_{\cdot 1} & p_{22}/p_{\cdot 2} & \cdots & p_{2n}/p_{\cdot n} \\ \vdots & \vdots & \ddots & \vdots \\ p_{m1}/p_{\cdot 1} & p_{m2}/p_{\cdot 2} & \cdots & p_{mn}/p_{\cdot n} \end{pmatrix}$$

表示出了所有已知 Y 取一值，X 的条件分布。幸运的是，numpy 的 array 类对象表示的一个 $m \times n$ 的矩阵 A 与一个具有同结构的矩阵，或具有 m 个元素的列向量或具有

n 个元素的行向量 $\boldsymbol{B}$ 支持包括 "+" "-" "*" "/" 等的**按元素运算**。例如，

$$\begin{pmatrix} p_{11} & p_{12} & \cdots & p_{1n} \\ p_{21} & p_{22} & \cdots & p_{2n} \\ \vdots & \vdots & \ddots & \vdots \\ p_{m1} & p_{m2} & \cdots & p_{mn} \end{pmatrix} \Big/ \begin{pmatrix} p_{\cdot 1} & p_{\cdot 2} & \cdots & p_{\cdot n} \end{pmatrix} = \begin{pmatrix} p_{11}/p_{\cdot 1} & p_{12}/p_{\cdot 2} & \cdots & p_{1n}/p_{\cdot n} \\ p_{21}/p_{\cdot 1} & p_{22}/p_{\cdot 2} & \cdots & p_{2n}/p_{\cdot n} \\ \vdots & \vdots & \ddots & \vdots \\ p_{m1}/p_{\cdot 1} & p_{m2}/p_{\cdot 2} & \cdots & p_{mn}/p_{\cdot n} \end{pmatrix}$$

及

$$\begin{pmatrix} p_{11} & p_{12} & \cdots & p_{1n} \\ p_{21} & p_{22} & \cdots & p_{2n} \\ \vdots & \vdots & \ddots & \vdots \\ p_{m1} & p_{m2} & \cdots & p_{mn} \end{pmatrix} \Big/ \begin{pmatrix} p_{1\cdot} \\ p_{2\cdot} \\ \vdots \\ p_{m\cdot} \end{pmatrix} = \begin{pmatrix} p_{11}/p_{1\cdot} & p_{12}/p_{1\cdot} & \cdots & p_{1n}/p_{1\cdot} \\ p_{21}/p_{2\cdot} & p_{22}/p_{2\cdot} & \cdots & p_{2n}/p_{2\cdot} \\ \vdots & \vdots & \ddots & \vdots \\ p_{m1}/p_{m\cdot} & p_{m2}/p_{m\cdot} & \cdots & p_{mn}/p_{m\cdot} \end{pmatrix}$$

这恰与我们根据联合分布律与 Y 和 X 的边缘分布律分别计算条件分布 $P(X|Y)$ 和 $P(Y|X)$ 的方式不谋而合。我们将上述计算而得的表示 $P(X|Y)$ 的矩阵记为 $\boldsymbol{P}_{X|Y}$，表示 $P(Y|X)$ 的矩阵记为 $\boldsymbol{P}_{Y|X}$。

利用 numpy 的 array 类的这一技术，定义如下的计算 2-维离散型随机向量的条件分布的 Python 函数。

```
1  from utility import margDist            #导入margDist
2  def condDist(Pxy):                      #定义计算条件分布的函数
3      Px, Py=margDist(Pxy)                #计算边缘分布
4      Px_y=Pxy/Py                         #计算P(X/Y)
5      Py_x=Pxy/Px                         #计算P(Y/X)
6      return Px_y, Py_x
```

程序 **3.4**　计算条件分布的 Python 函数定义

函数 condDist 的参数 Pxy 是 (X,Y) 的联合分布律的概率值矩阵。第 3 行调用程序 3.2 中定义的计算边缘分布的函数 margDist(Pxy)（第 1 行导入），计算 X 和 Y 的边缘分布律的概率值序列，存于 Px（列向量），Py（行向量）。第 4 行、第 5 行分别计算 $P(X|Y)$ 和 $P(Y|X)$。为便于调用，将程序 3.4 的代码写入文件 utility.py。

例 3-8　下列代码验算例 3-4 中条件分布 $Y|X=1$ 和练习 3-4 中条件分布 $X|Y=0$。

```
1  import numpy as np                      #导入numpy
2  from sympy import Rational as R         #导入Rational
3  from utility import condDist            #导入condDist
4  Pxy=np.array([[R(3,10), R(3,10)],       #创建联合分布律Pxy
5               [R(3,10), R(1,10)]])
6  Px_y, Py_x=condDist(Pxy)                #计算条件分布律
```

```
7   print('P(X|Y=0):%s'%Px_y[:,0])          #输出Px/y=0
8   print('P(Y|X=1):%s'%Py_x[1])            #输出Py/x=1
```

程序 3.5　验算例 3-4 中条件分布律的 Python 程序

程序的第 6 行调用程序 3.3 中定义的计算条件分布的函数 condDist(Pxy)，计算由 Pxy 表示的联合分布律的 2-维离散型随机向量 (X, Y) 的条件分布律 $P(X|Y)$ 和 $P(Y|X)$，存储于 Px_y 和 Py_x。其第 1 列数据 Px_y[:,0] 和第 2 行数据 Py_x[1] 恰为条件分布 $P(X|Y=0)$ 和 $P(Y|X=1)$ 的概率。运行此程序，将输出

```
P(X|Y=0):[1/2 1/2]
P(Y|X=1):[3/4 1/4]
```

其中，P(Y|X=1) 的数据 3/4 和 1/4 恰为例 3-4 中 $P(Y|X=1)$ 的计算结果；P(X|Y=0) 的数据 1/2 和 1/2 恰为练习 3-4 中 $P(X|Y=0)$ 的计算结果。

练习 3-8　利用 condDist 函数计算练习 3-5 的随机向量 (X, Y) 条件分布 $Y|X=4$ 和 $X|Y=3$。

参考答案：见文件 chapter03.ipynb 中对应代码。

4. 独立性判断

随机变量之间的独立性是非常重要的关系。对有限取值的离散型随机变量 X，Y 而言，我们知道 X，Y 独立，当且仅当 $p_{ij} = p_{i\cdot} \cdot p_{\cdot j}, 1 \leqslant i \leqslant m, 1 \leqslant j \leqslant n$。用矩阵表示为

$$
\begin{pmatrix}
p_{11} & p_{12} & \cdots & p_{1n} \\
p_{21} & p_{22} & \cdots & p_{2n} \\
\vdots & \vdots & \ddots & \vdots \\
p_{m1} & p_{m2} & \cdots & p_{mn}
\end{pmatrix}
=
\begin{pmatrix}
p_{1\cdot} \cdot p_{\cdot 1} & p_{1\cdot} \cdot p_{\cdot 2} & \cdots & p_{1\cdot} \cdot p_{\cdot n} \\
p_{2\cdot} \cdot p_{\cdot 1} & p_{2\cdot} \cdot p_{\cdot 2} & \cdots & p_{2\cdot} \cdot p_{\cdot n} \\
\vdots & \vdots & \ddots & \vdots \\
p_{m\cdot} \cdot p_{\cdot 1} & p_{m\cdot} \cdot p_{\cdot 2} & \cdots & p_{m\cdot} \cdot p_{\cdot n}
\end{pmatrix}
$$

而

$$
\begin{pmatrix}
p_{1\cdot} \cdot p_{\cdot 1} & p_{1\cdot} \cdot p_{\cdot 2} & \cdots & p_{1\cdot} \cdot p_{\cdot n} \\
p_{2\cdot} \cdot p_{\cdot 1} & p_{2\cdot} \cdot p_{\cdot 2} & \cdots & p_{2\cdot} \cdot p_{\cdot n} \\
\vdots & \vdots & \ddots & \vdots \\
p_{m\cdot} \cdot p_{\cdot 1} & p_{m\cdot} \cdot p_{\cdot 2} & \cdots & p_{m\cdot} \cdot p_{\cdot n}
\end{pmatrix}
=
\begin{pmatrix}
p_{1\cdot} \\
p_{2\cdot} \\
\vdots \\
p_{m\cdot}
\end{pmatrix}
\cdot (p_{\cdot 1}, p_{\cdot 2}, \cdots, p_{\cdot n})
$$

将 (X, Y) 的联合分布律中的概率值矩阵记为 $\boldsymbol{P}_{XY}$，X 的边缘分布概率值列向量表为 $\boldsymbol{P}_X$，Y 的边缘分布概率值行向量表为 $\boldsymbol{P}_Y$。这样，为验证 X 与 Y 是否相互独立，只需验证

$$\boldsymbol{P}_{XY} = \boldsymbol{P}_X \cdot \boldsymbol{P}_Y$$

是否成立。

下列代码定义了根据有限取值的 (X, Y) 的联合分布律概率值矩阵 $\boldsymbol{P}_{XY}$，判断两个离散型随机变量 X 与 Y 是否独立的 Python 函数。

```python
1  import numpy as np                      #导入numpy
2  from utility import margDist            #导入margDist
3  def independent(Pxy):                   #判断X,Y是否独立的函数定义
4      Px, Py=margDist(Pxy)                #计算边缘分布
5      PxPy=Px*Py                          #计算边缘分布的积矩阵
6      if PxPy.dtype==float64:             #若数据是浮点型
7          return (abs(PxPy-Pxy)<1e-8).all()
8      return (PxPy==Pxy).all()            #数据是有理数型
```

程序 3.6　验证离散型随机变量 X，Y 是否相互独立的 Python 函数定义

程序的第 3~8 行定义判断随机变量 X 与 Y 是否独立的函数 independent，参数 Pxy 为 (X, Y) 的联合分布律的概率矩阵。第 4 行调用程序 3.2 定义的函数 margDist（第 2 行导入）计算 X 与 Y 的边缘分布律概率序列，分别记为 Px 和 Py（注意 Px 和 Py 分别为列向量和行向量）。第 5 行计算 Px 与 Py 的按元素积矩阵，结果存于 PxPy。第 6~7 行的 if 语句，对数组元素类型为浮点型 float 的情形，调用矩阵 abs(PxPy−Pxy)<1e-8 的 all 函数，判断 PxPy 中每个元素与矩阵 Pxy 中对应元素之差的绝对值是否全部小于 10^{-8}。此处，abs(PxPy−Pxy)<1e-8 是一个形状与 Pxy（或 PxPy）相同的矩阵，其中每个元素为 $|p_{i\cdot} \cdot p_{\cdot j} - p_{ij}| < 10^{-8}$ 是否成立，是为 True，否为 False。若该矩阵的所有元素均为 True，则 all() 返回 True。否则，返回 False。类似地，对于数据类型为 Rational 的情形，第 8 行调用 (Pxy==Pxpy).all()，判断 X 与 Y 的相互独立性。将程序 3.6 的代码写入文件 utility.py，方便调用。

例 3-9　利用程序 3.6 定义的 independent 函数，下列代码为就例 3-5 中无放回抽样和有放回抽样得到的变量 X 与 Y 的独立性的检测。

```python
1  import numpy as np                                    #导入numpy
2  from sympy import Rational as R                       #导入Rational
3  from utility import independent                       #导入independent
4  Pxy=np.array([[R(3,10), R(3,10)], [R(3,10), R(1,10)]])  #无放回抽样分布律
5  print('无放回抽样，X与Y相互独立是%s'%independent(Pxy))
6  Pxy=np.array([[9/25, 6/25], [6/25, 4/25]])            #有放回抽样分布律
7  print('有放回抽样，X与Y相互独立是%s'%independent(Pxy))
```

程序 3.7　对无放回抽样和有放回抽样验证离散型随机变量 X，Y 的相互独立性

程序中，第 4 行和第 6 行分别设置 (X, Y) 在无放回抽样下和有放回抽样下的联合分布律。第 5 行和第 7 行分别调用 independent 函数验算两个不同抽样下 X，Y 的相互独立性。注意，第 4 行设置 Pxy 时，元素为 Rational 类型，而第 6 行设置成 float 型。运行程序，输出如下。

无放回抽样，X与Y相互独立是False
有放回抽样，X与Y相互独立是True

即在无放回抽样下，判断 X 与 Y 不是相互独立的，而在有放回抽样下 X 与 Y 是相互独立的。

练习 3-9   在 Python 中验算练习 3-5 中随机向量 (X, Y) 的独立性判断。

参考答案：见文件 chapter03.ipynb 对应代码。

3.3 连续型 2-维随机向量

3.3.1 连续型 2-维随机向量的联合密度函数

定义 3-5   设 $F(x, y)$ 是 2-维随机向量 (X, Y) 的联合分布函数，若有非负函数 $f(x, y)$ 使得

$$F(x, y) = \int_{-\infty}^{x} \int_{-\infty}^{y} f(s, t) \mathrm{d}s \mathrm{d}t$$

称 (X, Y) 是**连续型 2-维随机向量**，$f(x, y)$ 称为 (X, Y) 的**联合密度函数**，简称为密度函数。

连续型 2-维随机向量的联合分布函数 $F(x, y)$ 在实平面 $\mathbb{R}^2$ 的任一点 (x, y) 处都是连续的。

定理 3-3   设 $f(x, y)$ 为连续型 2-维随机向量 (X, Y) 的密度函数，则

（1）非负性：$f(x, y) \geqslant 0$。

（2）归一性：$\displaystyle\int_{-\infty}^{+\infty} \int_{-\infty}^{+\infty} f(x, y) \mathrm{d}x \mathrm{d}y = 1$。

（3）若 $f(x, y)$ 在 (x, y) 处连续，则 $f(x, y) = \dfrac{\partial^2 F(x, y)}{\partial x \partial y}$。

（4）设 $D \subseteq \mathbb{R}^2$，则 $P((X, Y) \in D) = \displaystyle\iint\limits_{D} f(x, y) \mathrm{d}x \mathrm{d}y$。

这些性质与随机变量的密度函数的性质（见定理 2-4）十分相似。图 3-5 展示了一个典型的连续型 2-维随机向量的联合密度函数的图形。其非负性决定了曲面 $z = f(x, y)$ 位于平面 $z = 0$ 的上方。归一性说明由曲面 $z = f(x, y)$ 和平面 $z = 0$ 围成的空间区域体积为 1。

例 3-10   设连续型 2-维随机向量 (X, Y) 的密度函数为

$$f(x, y) = \begin{cases} Ax, & 0 < x < 1, 0 < y < x \\ 0, & \text{其他} \end{cases}$$

计算：(1) 系数 A；(2) 概率 $P(X \geqslant 3/4)$。

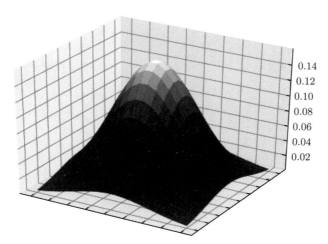

图 3-5　典型的连续型 2-维随机向量的联合密度函数的图形

解：（1）利用 $f(x, y)$ 的归一性，有

$$1 = \int_{-\infty}^{+\infty} \int_{-\infty}^{+\infty} f(x, y)\mathrm{d}x\mathrm{d}y = \int_0^1 \int_0^x Ax\mathrm{d}x\mathrm{d}y = \int_0^1 Ax\mathrm{d}x \int_0^x \mathrm{d}y = A \int_0^1 x^2\mathrm{d}x = \frac{A}{3}$$

得 $A = 3$。于是

$$f(x, y) = \begin{cases} 3x, & 0 < x < 1, 0 < y < x \\ 0, & 其他 \end{cases}$$

（2）考虑平面上表示事件 $X \geqslant 3/4$ 的区域

$$D = \{(x, y) | x \geqslant 3/4\} = \{(x, y) | 3/4 \leqslant x < +\infty, -\infty < y < +\infty\}$$

如图 3-6 中直线 $x = 3/4$ 右侧部分。而联合密度函数 $f(x, y)$ 非零区域为图中由 $x = 1$，$y = 0$ 和 $y = x$ 围成的三角形部分。两者的交集为图中深色区域，即 $3/4 \leqslant x \leqslant 1, 0 \leqslant y \leqslant x$。于是

$$P(X \geqslant 3/4) = \iint\limits_{D} f(x, y)\mathrm{d}x\mathrm{d}y = \int_{3/4}^{\infty} \int_{-\infty}^{+\infty} f(x, y)\mathrm{d}x\mathrm{d}y = \int_{3/4}^1 \int_0^x 3x\mathrm{d}x\mathrm{d}y$$

$$= 3 \int_{3/4}^1 x \left(\int_0^x \mathrm{d}y \right) \mathrm{d}x = 3 \int_{3/4}^1 x^2\mathrm{d}x = 1 - \left(\frac{3}{4} \right)^3 = \frac{37}{64}$$

练习 3-10　对例 3-10 中随机向量 (X, Y) 计算概率 $P(X < 1/4, Y < 1/2)$。
参考答案：$1/64$。

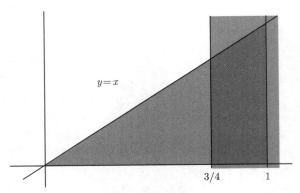

图 3-6 平面上表示事件 $X \geqslant 3/4$ 的区域及 $f(x,y)$ 取非零值的区域

3.3.2 连续型 2-维随机向量的边缘分布与条件分布

1. 边缘分布

设随机向量 (X, Y) 的密度函数为 $f(x, y)$，分布函数为 $F(x, y)$，即

$$F(x, y) = \int_{-\infty}^{x} \int_{-\infty}^{y} f(s, t) \mathrm{d}x \mathrm{d}y$$

称

$$F_X(x) = \lim_{y \to +\infty} F(x, y) = \int_{-\infty}^{x} \int_{-\infty}^{+\infty} f(x, y) \mathrm{d}x \mathrm{d}y$$

为 X 的**边缘分布函数**，及

$$f_X(x) = F_X'(x) = \left(\int_{-\infty}^{x} \int_{-\infty}^{+\infty} f(x, y) \mathrm{d}x \mathrm{d}y \right)' = \int_{-\infty}^{+\infty} f(x, y) \mathrm{d}y$$

称为 X 的**边缘密度函数**。

类似地，$F_Y(y) = \lim_{x \to +\infty} F(x, y)$ 为 Y 的边缘分布函数，$f_Y(y) = \int_{-\infty}^{+\infty} f(x, y) \mathrm{d}x$ 为 Y 的边缘密度函数。

例 3-11 设二维随机向量 (X, Y) 的概率密度为

$$f(x, y) = \begin{cases} 1, & 0 < x < 1, |y| < x \\ 0, & \text{其他} \end{cases}$$

计算边缘密度函数 $f_X(x)$。

解：根据边缘密度的计算公式，对任意的 $x \in \mathbb{R}$，$f_X(x) = \int_{-\infty}^{+\infty} f(x, y) \mathrm{d}y$。

$f(x, y)$ 的非零区域 $D = \{(x, y)|0 < x < 1, |y| < x\}$（如图 3-7 所示），故对 $x \notin (0, 1), f(x, y) = 0$，此时 $\int_{-\infty}^{+\infty} f(x, y)\mathrm{d}y = 0$。今设 $x \in (0, 1)$。此时 $\int_{-\infty}^{+\infty} f(x, y)\mathrm{d}y = \int_{-x}^{x} \mathrm{d}y = 2x$。

综上所述，

$$f_X(x) = \begin{cases} 2x, & 0 < x < 1 \\ 0, & \text{其他} \end{cases}$$

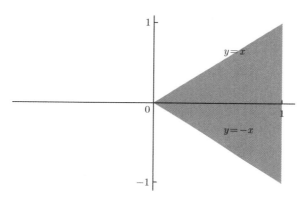

图 3-7　平面上 $f(x, y)$ 取非零值的区域 $D = \{(x, y)|0 < x < 1, |y| < x\}$

练习 3-11　计算例 3-11 中 2-维随机向量 (X, Y) 的边缘密度函数 $f_Y(y)$。

参考答案：$f_Y(y) = \begin{cases} 1 + y, & -1 < y < 0 \\ 1 - y, & 0 \leqslant y < 1 \\ 0, & \text{其他} \end{cases}$ 。

例 3-12　设 (X, Y) 的概率密度函数为

$$f(x, y) = \frac{1}{2\pi\sigma_1\sigma_2\sqrt{1-\rho^2}} e^{-\frac{1}{2(1-\rho^2)}\left(\frac{(x-\mu_1)^2}{\sigma_1^2} - 2\frac{(x-\mu_1)(y-\mu_2)}{\sigma_1\sigma_2} + \frac{(y-\mu_2)^2}{\sigma_2^2}\right)}, (x, y) \in \mathbb{R}^2$$

称 (X, Y) 服从参数为 $\mu_1, \mu_2, \sigma_1^2, \sigma_2^2, \rho$ 的**2-维正态分布**，记为 $(X, Y) \sim N(\mu_1, \mu_2, \sigma_1^2, \sigma_2^2, \rho)$。密度函数 $z = f(x, y)$ 的图形如图 3-5 所示。

为了计算 X 的边缘密度函数 $f_X(x)$，对 $f(x, y)$ 的表达式中的指数的 2 次式进行配方运算

$$\frac{(x-\mu_1)^2}{\sigma_1^2} - 2\rho\frac{(x-\mu_1)(y-\mu_2)}{\sigma_1\sigma_2} + \frac{(y-\mu_2)^2}{\sigma_2^2} = \left(\frac{y-\mu_2}{\sigma_2} - \rho\frac{x-\mu_1}{\sigma_1}\right)^2 + (1-\rho^2)\frac{(x-\mu_1)^2}{\sigma_1^2}$$

于是，

$$f_X(x) = \int_{-\infty}^{+\infty} f(x, y)\mathrm{d}y$$

$$= \frac{1}{2\pi\sigma_1\sigma_2\sqrt{1-\rho^2}} \int_{-\infty}^{+\infty} \mathrm{e}^{-\frac{1}{2(1-\rho^2)}\left(\frac{(x-\mu_1)^2}{\sigma_1^2} - 2\rho\frac{(x-\mu_1)(y-\mu_2)}{\sigma_1\sigma_2} + \frac{(y-\mu_2)^2}{\sigma_2^2}\right)} \mathrm{d}y$$

$$= \frac{1}{2\pi\sigma_1\sigma_2\sqrt{1-\rho^2}} \mathrm{e}^{\frac{(x-\mu_1)^2}{2\sigma_1^2}} \int_{-\infty}^{+\infty} \mathrm{e}^{-\frac{1}{2(1-\rho^2)}\left(\frac{y-\mu_2}{\sigma_2} - \rho\frac{x-\mu_1}{\sigma_1}\right)^2} \mathrm{d}y$$

$$\xrightarrow[\text{则}\,\mathrm{d}y = \sigma_2\sqrt{1-\rho^2}\mathrm{d}t]{\diamondsuit t = \frac{1}{\sqrt{1-\rho^2}}\left(\frac{y-\mu_2}{\sigma_2} - \rho\frac{x-\mu_1}{\sigma_1}\right)} \frac{1}{2\pi\sigma_1} \mathrm{e}^{\frac{(x-\mu_1)^2}{2\sigma_1^2}} \int_{-\infty}^{+\infty} \mathrm{e}^{-\frac{t^2}{2}} \mathrm{d}t$$

$$= \frac{1}{\sqrt{2\pi}\sigma_1} \mathrm{e}^{\frac{(x-\mu_1)^2}{2\sigma_1^2}} \int_{-\infty}^{+\infty} \frac{1}{\sqrt{2\pi}} \mathrm{e}^{-\frac{t^2}{2}} \mathrm{d}t = \frac{1}{\sqrt{2\pi}\sigma_1} \mathrm{e}^{\frac{(x-\mu_1)^2}{2\sigma_1^2}}, x \in \mathbb{R}$$

即 $f_X(x) = \frac{1}{\sqrt{2\pi}\sigma_1} \mathrm{e}^{\frac{(x-\mu_1)^2}{2\sigma_1^2}}$，$X \sim N(\mu_1, \sigma_1^2)$。

类似地，可算得 $f_Y(y) = \frac{1}{\sqrt{2\pi}\sigma_2} \mathrm{e}^{\frac{(y-\mu_2)^2}{2\sigma_2^2}}$，即 $Y \sim N(\mu_2, \sigma_2^2)$。

2. 条件分布

对固定的 $y \in \mathbb{R}$，若 $f_Y(y) \neq 0$，定义

$$F_{X|Y}(x|y) = P(X \leqslant x | Y = y) = \int_{-\infty}^{x} \frac{f(x, y)}{f_Y(y)} \mathrm{d}x$$

为在 $Y = y$ 的条件下，X 的**条件分布函数**。其中，$f_{X|Y}(x|y) = \dfrac{f(x, y)}{f_Y(y)}$ 称为在 $Y = y$ 的条件下，X 的**条件密度函数**。

类似地，对 $x \in \mathbb{R}$，若 $f_X(x) \neq 0$，$F_{Y|X}(y|x) = \int_{-\infty}^{y} \dfrac{f(x, y)}{f_X(x)} \mathrm{d}y$ 和 $f_{X|Y}(x|y) = \dfrac{f(x, y)}{f_Y(y)}$ 分别称为 $X = x$ 的条件下，Y 的条件分布函数和条件密度函数。

例 3-13 设 (X, Y) 的密度函数为

$$f(x, y) = \begin{cases} 1, & y < x < 2 - y, 0 < y < 1 \\ 0, & \text{其他} \end{cases}$$

计算：$(1)P(0.5 < X < 1.5)$；$(2)f_{Y|X}(y|x)$；$(3)P(0.1 < Y \leqslant 0.4 | X = 1.5)$。

解：（1）为计算 $P(0.5 < X < 1.5)$，先算得 X 的边缘密度函数 $f_X(x)$。根据联合密度函数 $f(x, y)$ 的非零区域 $D = \{(x, y) | y < x < 2 - y, 0 < y < 1\}$（如图 3-8 所示），对 $x \leqslant 0$ 或 $x \geqslant 2$，$f(x, y) = 0$，故此时 $f_X(x) = \int_{-\infty}^{+\infty} f(x, y)\mathrm{d}y = 0$。下设 $x \in (0, 2) = (0, 1] \cup (1, 2)$。

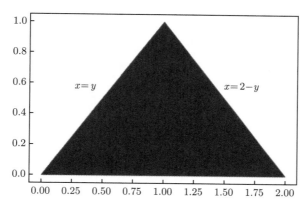

图 3-8　平面上 $f(x, y)$ 取非零值的区域 $D = \{(x, y) | y < x < 2 - y, 0 < y < 1\}$

当 $x \in (0, 1]$ 时，

$$f_X(x) = \int_{-\infty}^{+\infty} f(x, y)\mathrm{d}y = \int_0^x \mathrm{d}y = x$$

当 $x \in (1, 2)$ 时，

$$f_X(x) = \int_{-\infty}^{+\infty} f(x, y)\mathrm{d}y = \int_0^{2-x} \mathrm{d}y = 2 - x$$

综上所述，

$$f_X(x) = \begin{cases} x, & 0 < x \leqslant 1 \\ 2 - x, & 1 < x < 2 \\ 0, & \text{其他} \end{cases}$$

于是

$$P(0.5 < X < 1.5) = \int_{0.5}^{1.5} f_X(x)\mathrm{d}x = \int_{0.5}^1 x\mathrm{d}x + \int_1^{1.5} (2 - x)\mathrm{d}x$$

$$= \frac{x^2}{2}\bigg|_{0.5}^1 + 2\bigg|_1^{1.5} - \frac{x^2}{2}\bigg|_1^{1.5} = 0.75$$

（2）我们知道，$f_{Y|X}(y|x) = \dfrac{f(x, y)}{f_X(x)}$ 仅在 $f_X(x) \neq 0$ 处存在，故当 $x \in (0, 1]$ 时，

$$f_{Y|X}(y|x) = \begin{cases} \dfrac{1}{x}, & 0 < y < x \\ 0, & \text{其他} \end{cases}$$

而当 $x \in (1,2)$ 时,

$$f_{Y|X}(y|x) = \begin{cases} \dfrac{1}{2-x}, & 0 < y < 2-x \\ 0, & \text{其他} \end{cases}$$

(3) 由于 $x = 1.5 \in (1,2)$, 故

$$f_{Y|X}(y|1.5) = \begin{cases} \dfrac{1}{2-1.5}, & 0 < y < 2-1.5 \\ 0, & \text{其他} \end{cases}$$

即

$$f_{Y|X}(y|1.5) = \begin{cases} 2, & 0 < y < 0.5 \\ 0, & \text{其他} \end{cases}$$

于是

$$P(0.1 < Y \leqslant 0.4 | X = 1.5) = \int_{0.1}^{0.4} f_{Y|X}(y|1.5)\mathrm{d}y = \int_{0.1}^{0.4} 2\mathrm{d}y = 0.6$$

练习 3-12　对例 3-13 中的随机向量 (X,Y) 计算: (1) $f_{X|Y}(x|y)$; (2) $P(1.1 < X \leqslant 1.5|Y = 0.5)$。

参考答案: 当 $0 < y < 1$ 时, $f_{X|Y}(x|y) = \begin{cases} \dfrac{1}{2-2y}, & y < x < 2-y \\ 0, & \text{其他} \end{cases}$, $P(1.1 < X < 1.5|Y = 0.5) = 0.4$。

例 3-14　设随机变量 Y 的概率密度为

$$f_Y(y) = \begin{cases} \lambda^2 y \mathrm{e}^{-\lambda y}, & y > 0 \\ 0, & y \leqslant 0 \end{cases}$$

其中, $\lambda > 0$, 而随机变量 X 在 $(0,Y)$ 上服从均匀分布, 求 X 的概率密度 $f_X(x)$。

解: 由题设知 $y > 0$ 时,

$$f_{X|Y}(x|y) = \begin{cases} 1/y, & 0 < x < y \\ 0, & \text{其他} \end{cases}$$

而 $f_{X|Y}(x|y) = \dfrac{f(x,y)}{f_Y(y)}$, 故

$$f(x,y) = f_Y(y)f_{X|Y}(x|y) = \begin{cases} \lambda^2 \mathrm{e}^{-\lambda y}, & 0 < x < y \\ 0, & \text{其他} \end{cases}$$

于是对 $x < 0$ 可知 $f(x,y) = 0$, 而对 $x \geqslant 0$

$$f_X(x) = \int_{-\infty}^{+\infty} f(x,y)\mathrm{d}y = \int_{x}^{+\infty} \lambda^2 \mathrm{e}^{-\lambda y}\mathrm{d}y = \lambda \mathrm{e}^{-\lambda x}$$

综上所述，有

$$f_X(x) = \begin{cases} \lambda e^{-\lambda x}, & x \geqslant 0 \\ 0, & \text{其他} \end{cases}$$

即 $X \sim \text{Exp}(\lambda)$。

练习 3-13 设数 X 在区间 $(0,1)$ 内随机地取值，当观察到 $X = x$ $(0 < x < 1)$ 时，数 Y 在 $(x,1)$ 内随机地取值 y。求 Y 的密度函数 $f_Y y$。

参考答案：$f_Y(y) = \begin{cases} \ln\left(\dfrac{1}{1=y}\right), & 0 < y < 1 \\ 0, & \text{其他} \end{cases}$。

3.3.3 连续型随机变量的独立性

设 (X,Y) 的联合密度函数为 $f(x,y)$，联合分布函数为 $F(x,y)$，X 和 Y 的边缘密度分别为 $f_X(x)$ 和 $f_Y(y)$，边缘分布函数分别为 $F_X(x)$ 和 $F_Y(y)$。若有

$$f(x,y) = f_X(x) \cdot f_Y(y), (x,y) \in \mathbb{R}^2, \text{ 或}$$
$$F(x,y) = F_X(x) \cdot F_Y(y), (x,y) \in \mathbb{R}^2$$

称 X 与 Y **相互独立**。应当指出的是，也可用上述关于分布函数的等式，根据 2-维离散型随机向量的联合分布律来判断两个离散型随机变量的独立性。

例 3-15 设 2-维随机向量 $(X,Y) \sim N(\mu_1, \mu_2, \sigma_1^2, \sigma_2^2, \rho)$，即联合密度函数为

$$f(x,y) = \frac{1}{2\pi\sigma_1\sigma_2\sqrt{1-\rho^2}} e^{-\frac{1}{2(1-\rho^2)}\left(\frac{(x-\mu_1)^2}{\sigma_1^2} - 2\rho\frac{(x-\mu_1)(y-\mu_2)}{\sigma_1\sigma_2} + \frac{(y-\mu_2)^2}{\sigma_2^2}\right)}, (x,y) \in \mathbb{R}^2$$

由例 3-12 知，X，Y 的边缘分布密度函数分别为 $f_X(x) = \frac{1}{\sqrt{2\pi}\sigma_1} e^{\frac{(x-\mu_1)^2}{2\sigma_1^2}}$ 和 $f_Y(y) = \frac{1}{\sqrt{2\pi}\sigma_2} e^{\frac{(y-\mu_2)^2}{2\sigma_2^2}}$。若 $\rho = 0$，则

$$f(x,y) = \frac{1}{2\pi\sigma_1\sigma_2} e^{-\frac{1}{2}\left(\frac{(x-\mu_1)^2}{\sigma_1^2} + \frac{(y-\mu_2)^2}{\sigma_2^2}\right)}$$

$$= \frac{1}{\sqrt{2\pi}\sigma_1} e^{\frac{(x-\mu_1)^2}{2\sigma_1^2}} \cdot \frac{1}{\sqrt{2\pi}\sigma_2} e^{\frac{(y-\mu_2)^2}{2\sigma_2^2}}$$

$$= f_X(x) \cdot f_Y(y)$$

即 X，Y 相互独立。此时，特殊地，若有 $\mu_1 = \mu_2 = 0$，$\sigma_1^2 = \sigma_2^2 = 1$，密度函数为

$$\varphi(x,y) = \frac{1}{2\pi} e^{-\frac{x^2+y^2}{2}}, (x,y) \in \mathbb{R}^2$$

称 (X,Y) 服从**2-维标准正态分布**。

反之,若 $(X,Y)\sim N(\mu_1,\mu_2,\sigma_1^2,\sigma_2^2,\rho)$,且 X,Y 相互独立,则对任意 $(x,y)\in\mathbb{R}^2,f(x,y)=f_X(x)f_Y(y)$。特殊地,令 $x=\mu_1,y=\mu_2$,应有

$$\frac{1}{2\pi\sigma_1\sigma_2\sqrt{1-\rho^2}}=f(\mu_1,\mu_2)=f_X(\mu_1)\cdot f_Y(\mu_2)=\frac{1}{\sqrt{2\pi}\sigma_1}\cdot\frac{1}{\sqrt{2\pi}\sigma_2}=\frac{1}{2\pi\sigma_1\sigma_2}$$

故 $\rho=0$。综上所述,有

定理 3-4 若 $(X,Y)\sim N(\mu_1,\mu_2,\sigma_1^2,\sigma_2^2,\rho)$,$X$,$Y$ 相互独立当且仅当 $\rho=0$。

由 (X,Y) 的联合分布（分布函数或密度函数）可以求得连续型随机变量 X、Y 的边缘分布（分布函数或密度函数）。一般情况下,反之不然。但若连续型随机变量 X 与 Y 相互独立,则意味着由边缘分布可以确定联合分布。

例 3-16 甲、乙两人约定中午 $12:30$ 在某地会面。如果甲来到的时间在 $12:15$—$12:45$ 之间是均匀分布的,乙独立地到达,且到达时间在 12:00—13:00 之间是均匀分布的。试求先到的人等待另一个人到达时间不超过 5min 的概率。

解: 按题意,以 12 点为基准,设 X,Y 分别表示甲、乙到达时刻,则 $X\sim U[15,45]$,$Y\sim U[0,60]$,且 X,Y 相互独立。X,Y 的密度函数分别为

$$f_X(x)=\begin{cases}1/30, & 15<x<45\\ 0, & \text{其他}\end{cases}$$

和

$$f_Y(y)=\begin{cases}1/60, & 0<y<60\\ 0, & \text{其他}\end{cases}$$

由 X 与 Y 的独立性知 (X,Y) 的联合密度函数为

$$f(x,y)=\begin{cases}1/1800, & 15<x<45,0<y<60\\ 0, & \text{其他}\end{cases}$$

要求的是 $P(|X-Y|\leqslant 5)$。设 $D=\{(x,y)||x-y|\leqslant 5\}$

$$\begin{aligned}P(|X-Y|\leqslant 5)&=P((X,Y)\in D)\\ &=\iint\limits_D f(x,y)\mathrm{d}x\mathrm{d}y\\ &=\frac{1}{1800}\int_{15}^{45}\left(\int_{x-5}^{x+5}\mathrm{d}y\right)\mathrm{d}x\\ &=\frac{1}{6}\end{aligned}$$

设平面中区域 $D \subseteq \mathbb{R}^2$，其面积为 A。2-维随机向量 (X, Y) 的联合密度函数为

$$f(x, y) = \begin{cases} \dfrac{1}{A}, & (x, y) \in D \\ 0, & \text{其他} \end{cases}$$

称 (X, Y) 服从 D 上的**均匀分布**。若 $D = \{(x, y) | a < x < b, c < y < d\}$，则

$$f(x, y) = \begin{cases} \dfrac{1}{(b-a)(d-c)}, & a < x < b, c < y < d \\ 0, & \text{其他} \end{cases}$$

X 的边缘密度函数

$$f_X(x) = \int_{-\infty}^{+\infty} f(x, y) \mathrm{d}y = \begin{cases} 0, & y \leqslant c \\ \displaystyle\int_c^d f(x, y)\mathrm{d}y, & c < y < d \\ 0, & y \geqslant d \end{cases}$$

$$= \begin{cases} \displaystyle\int_c^d \dfrac{1}{(b-a)(d-c)}\mathrm{d}y, & c < y < d \\ 0, & \text{其他} \end{cases} = \begin{cases} \dfrac{1}{b-a}, & c < y < d \\ 0, & \text{其他} \end{cases}$$

类似地，有

$$f_Y(y) = \begin{cases} \dfrac{1}{d-c}, & c < y < d \\ 0, & \text{其他} \end{cases}$$

即 $X \sim U(a, b)$，$Y \sim U(c, d)$。由于 $f(x, y) = f_X(x) f_Y(y)$，所以 X，Y 相互独立。

例 3-12 和例 1-13 的约会问题，都是下列模型的特例：设 $X \sim U(a, b)$，$Y \sim U(c, d)$，且相互独立。计算概率 $P(|X - Y| < e)$。

练习 3-14　一负责人到达办公室的时间均匀分布于 8—12 时，他的秘书达到办公室的时间均匀分布于 7—9 时。设他们两人的到达时间相互独立，求他们到达办公室时间差不超过 5min（1/12h）的概率。

参考答案：1/48。

3.3.4　Python 解法

1. 2-维连续型随机向量分布的概率计算

为计算连续型随机向量 $(X, Y) \in D$ 的概率 $P((X, Y) \in D)$ 要用到 2-重积分：$\displaystyle\iint_D f(x, y)\mathrm{d}x\mathrm{d}y$，其中，$f(x, y)$ 为 (X, Y) 的联合密度函数。若 D 可表示为

116

$$D = \{(x,y) \mid a \leqslant x \leqslant b, g_1(x) \leqslant y \leqslant g_2(x)\}$$

scipy 提供的强大的积分计算模块 integrate 中的 dblquad 函数能快速地进行 2 次积分 $\int_a^b \left(\int_{g_1(x)}^{g_2(x)} f(x,y) \mathrm{d}y \right) \mathrm{d}x$ 的计算。该函数的调用接口如下：

$$\text{dblquad}(f, a, b, g1, g2)$$

其中，参数 f 表示被积函数 $f(x,y)$。参数 a，b 是变量 x 的积分下限 a 和上限 b，这是两个常数参数。参数 g1，g2 表示变量 y 的积分下限 $g_1(x)$ 和上限 $g_2(x)$。g1 和 g2 可同时为常量，也可同时为函数。dblquad 返回一个二元组：第一个元素为积分值，第二个元素为误差值。若只需积分值则可用下画线 "_" 屏蔽误差。

例 3-17 例 3-10 中随机向量 (X,Y) 的联合密度函数为

$$f(x,y) = \begin{cases} 3x, & 0 < x < 1, 0 < y < x \\ 0, & \text{其他} \end{cases}$$

用下列代码计算概率 $P(X \geqslant 3/4)$。

```
1  from scipy.integrate import dblquad          #导入dblquad
2  f=lambda y, x: 3*x if((x>0)and(x<1)and       #定义被积函数
3                 (y>0)and(y<x)) else 0
4  g1=lambda x: 0                               #定义y的积分下限
5  g2=lambda x: x                               #定义y的积分上限
6  p, _=dblquad(f, 3/4, 1, g1, g2)              #计算P(X>=3/4)
7  print('P(X>=3/4)=%.4f'%p)
```

程序 3.8 例 3-10 中计算概率 $P(X \geqslant 3/4)$ 的 Python 程序

程序中的第 2~3 行用 **lambda** 运算符定义被积函数 $f(x,y)$。注意，两个自变量的书写顺序须与积分的顺序保持一致：先 y 后 x。第 4、5 行分别定义 y 的下限 g1 和上限 g2，由于上限是函数 x，故下限即使是 0 也要形式上定义为函数。第 6 行调用 dblquad 计算 $P(X \geqslant 3/4) = \int_{3/4}^1 \left(\int_0^x 3x \mathrm{d}y \right) \mathrm{d}x$，结果存于 p。

运行程序，输出如下。

P(X>=3/4)=0.5781

恰为 $P(X \geqslant 3/4) = \dfrac{37}{64}$ 的精确到千分位的近似值。

练习 3-15 用 scipy.integrate.dblquad 计算练习 3-10 中的概率 $P(X < 1/4, Y < 1/2)$。

参考答案： 见文件 chapter03.ipynb 中对应代码。

2. 边缘分布或条件分布概率计算

对于连续型随机向量 (X, Y) 的边缘分布和条件分布而言，密度函数都是一元函数。为计算随机变量取值落入指定区间 $I = (a, b)$ 的概率 $P(X \in I) = \int_a^b f(x)\mathrm{d}x$，可以调用 scipy.integrate 包中的 quad 函数。该函数的调用接口为：

$$\text{quad(f, a, b)}$$

其中，参数 f 表示被积函数 $f(x)$，a 和 b 分别表示积分下限 a 和上限 b。与 dblquad 函数相仿，quad 函数返回值也是一个二元组：积分值和误差。

例 3-18　例 3-13 中，$P(0.5 < X < 1.5) = \int_{0.5}^{1.5} f_X(x)\mathrm{d}x$，其中

$$f_X(x) = \begin{cases} x, & 0 < x \leqslant 1 \\ 2 - x, & 1 < x < 2 \\ 0, & \text{其他} \end{cases}$$

$P(0.1 < Y \leqslant 0.4 | X = 1.5) = \int_{0.1}^{0.4} f_{Y|X}(y|1.5)\mathrm{d}y$，其中

$$f_{Y|X}(y|1.5) = \begin{cases} 2, & 0 < y < 0.5 \\ 0, & \text{其他} \end{cases}$$

下列代码调用 quad 函数计算这两个事件的概率。

```
1  from scipy.integrate import quad          #导入quad
2  fx=lambda x: x if (x>0)and(x<=1)\
3              else 2−x if(x>1)and(x<2)\
4              else 0                          #定义X的边缘密度函数
5  p, _=quad(fx, 0.5, 1.5)                     #计算P(0.5<X<1.5)
6  print('P(0.5<X<1.5)=%.2f'%p)
7  f=lambda y: 2 if(y>0)and(y<0.5)else 0       #定义Y/X=1.5的条件密度函数
8  p, _=quad(f, 0.1, 0.4)                      #计算P(0.1<Y<0.4/X=1.5)
9  print('P(0.1<Y 0.4|X=1.5)=%.2f'%p)
```

程序 **3.9**　计算例 3-13 中概率的 Python 程序

注意，第 2~4 行定义 X 的边缘密度函数 $f_X(x)$。第 7 行定义条件密度函数 $f_{Y|X}(y|1.5)$。运行程序，输出如下。

```
P(0.5<X<1.5)=0.75
P(0.1<Y 0.4|X=1.5)=0.60
```

此即为例 3-13 的计算结果。

练习 3-16 用 scipy.integrate.quad 计算练习 3-12 中概率 $P(1.1 < X < 1.5 | Y = 0.5)$。

参考答案: 见文件 chapter03.ipynb 中对应代码。

3. 约会问题解法

约会问题的模型为已知 $X \sim U(a, b)$，$Y \sim U(c, d)$ 且 X 与 Y 相互独立，计算概率 $P(|X - Y| < e)$，其中，$e > 0$ 为一实数。由于 X，Y 独立，故 (X, Y) 的联合密度函数为

$$f(x, y) = \begin{cases} \dfrac{1}{(b-a)(d-c)}, & a < x < b, c < y < d \\ 0, & \text{其他} \end{cases}$$

而 $|X - Y| < e$ 当且仅当 $X - e < Y < X + e$，于是

$$P(|X - Y| < e) = \int_a^b \left(\int_{x-e}^{x+e} \frac{1}{(b-a)(d-c)} \mathrm{d}y \right) \mathrm{d}x$$

据此，写出下列解决约会问题的 Python 函数定义。

```
1  from scipy.integrate import dblquad              #导入dblquad
2  def appointment(a, b, c, d, e):                  #定义函数
3      f=lambda y, x: 1/(b−a)/(d−c) if (a<x)&(x<b)&(c<y)&(y<d) else 0   #联合密度函数
4      g1=lambda x: x−e                             #y的下限
5      g2=lambda x: x+e                             #y的上限
6      p, _=dblquad(f, a, b, g1, g2)                #计算积分
7      return p
```

程序 3.10　解决约会问题的 Python 函数定义

程序中第 2~7 行定义了函数 appointment，它有 5 个参数：a，b，c，d，e，分别表示 X 分布的两个参数 a、b，Y 分布的两参数 c、d 和事件 $|X - Y| \leqslant e$ 中的 e。根据每行代码的注释，不难理解其意义。为便于调用，将程序 3.10 的代码写入文件 utility.py。

例 3-19 例如为计算例 3-16 中概率 $P(|X - Y| \leqslant 5)$，只需调用函数 appointment 即可。

```
1  from utility import appointment        #导入appointment
2  p=appointment(15, 45, 0, 60, 5)        #调用appointment
3  print('P(|X−Y|<=5)=%.4f'%p)
```

程序 3.11　计算例 3-16 中概率 $P(|X - Y| \leqslant 5)$ 的 Python 程序

运行程序，输出如下。

```
P(|X−Y|<=5)=0.1667
```

此即 $P(|X - Y| \leqslant 5) = \dfrac{1}{6}$ 的精确到万分位的近似值。

练习 3-17　用程序 3.10 定义的 appointment 函数计算练习 3-14 中两人到达办公室时间差不超过 5min 的概率。

参考答案：见文件 chapter03.ipynb 中对应代码。

3.4　随机向量函数的分布

设已知 2-维随机向量 (X,Y) 的分布（已知联合分布函数 $F(x,y)$ 或联合分布律 $P(X=x_i,Y=y_j)=p_{ij}$（离散型随机向量），或联合密度函数 $f(x,y)$（连续型随机向量）），且有函数 $Z=g(X,Y)$。求 Z 的分布（分布函数 $F_Z(z)$ 或分布律 $P(Z=z_k)=p_k$（离散型）或密度函数 $f_Z(z)$）。这就是所谓的随机向量函数的分布问题。

3.4.1　离散型 2-维随机向量函数的分布

设 2-维离散型随机向量 (X,Y) 的联合分布律为

$$P(X=x_i,Y=y_j)=p_{ij}, i,j=1,2,\cdots$$

且有函数 $Z=g(X,Y)$，则 Z 为一离散型随机变量。其分布律为

$$P(Z=z_k)=\sum_{g(x_i,y_j)=z_k}p_{ij}, k=1,2,\cdots$$

解决上述问题的方法是根据联合分布律将 (X,Y) 的所有可能取值序偶 (x_i,y_j) 及对应概率 p_{ij} 排列出来，然后根据函数关系列出对应的函数值 $g(x_i,y_j)$ 写在同一张表格中。按 $P(Z=z_k)=\sum_{g(x_i,y_j)=z_k}p_{ij}$ 做适当整理便可得出 Z 的分布律。

例 3-20　已知 2-维离散型随机向量 (X,Y) 的联合分布律如表 3-12 所示。

表 3-12　(X,Y) 的联合分布律

X \ Y	0	1	2
−1	0.1	0.2	0.1
2	0.2	0.1	0.3

计算 $Z=2X+Y$ 和 $W=\max(X,Y)$ 的分布律。

解： 列出 (X,Y) 的所有可能取值序偶 (x_i,y_j) 及对应概率 p_{ij} 以及 $g(x_i,y_j)$ 如表 3-13 所示。

表 3-13　(X,Y) 的所有取值序偶 (x_i,y_i) 及对应概率 P_{ij} 及 $g(x_i,y_i)$

(X,Y)	$(-1,0)$	$(-1,1)$	$(-1,2)$	$(2,0)$	$(2,1)$	$(2,2)$
$2X+Y$	−2	−1	0	4	5	6
$\max(X,Y)$	0	1	2	2	2	2
P	0.1	0.2	0.1	0.2	0.1	0.3

观察表中数据可知，函数 $Z=2X+Y$ 的 6 个取值 $\{-2,-1,0,4,5,6\}$ 无重复，故直接得到 Z 的分布律。

Z	-2	-1	0	4	5	6
P	0.1	0.2	0.1	0.2	0.1	0.3

对函数 $W=\max(X,Y)$ 而言，取值为 $\{0,1,2\}$。其中，$W=0$ 和 $W=1$ 各自对应 (X,Y) 的取值序偶 $(-1,0)$ 和 $(-1,1)$。因此对应的概率分别为 $P(W=0)=0.1$ 和 $P(W=1)=0.2$。而 $W=2$ 却对应 (X,Y) 取值序偶的 $(-1,2),(2,0),(2,1),(2,2)$，故其概率 $P(W=2)=0.1+0.2+0.1+0.3=0.7$。综上所述，得 W 的分布律为

W	0	1	2
P	0.1	0.2	0.7

练习 3-18　计算例 3-20 中离散型 2-维随机向量的函数 $Z=XY+1$ 和 $W=\min(X,Y)$ 的分布律。

参考答案：$Z\sim\begin{pmatrix}-1 & 0 & 1 & 3 & 5\\0.1 & 0.2 & 0.3 & 0.1 & 0.3\end{pmatrix}$，$W\sim\begin{pmatrix}-1 & 0 & 1 & 2\\0.4 & 0.2 & 0.1 & 0.3\end{pmatrix}$。

例 3-21　设 $X\sim P(\lambda_1)$，$Y\sim P(\lambda_2)$，且 X 与 Y 相互独立。计算 $Z=X+Y$ 的分布律。

解：由 $X\sim P(\lambda_1)$，$Y\sim P(\lambda_2)$ 知，$P(X=i)=\dfrac{\lambda_1^i}{i!}\mathrm{e}^{-\lambda_1}$，$P(Y=j)=\dfrac{\lambda_2^j}{j!}\mathrm{e}^{-\lambda_2},i,j=0,1,2,\cdots$。故 $Z=X+Y$ 的取值为 $k=0,1,2,\cdots$。根据 X 与 Y 的独立性，对 $k=1,2,\cdots$

$$P(Z=k)=\sum_{i+j=k}p_{ij}=\sum_{i+j=k}\frac{\lambda_1^i}{i!}\mathrm{e}^{-\lambda_1}\cdot\frac{\lambda_2^j}{j!}\mathrm{e}^{-\lambda_2}=\mathrm{e}^{-(\lambda_1+\lambda_2)}\sum_{i+j=k}\frac{\lambda_1^i}{i!}\cdot\frac{\lambda_2^j}{j!}$$

$$=\frac{\mathrm{e}^{-(\lambda_1+\lambda_2)}}{k!}\sum_{i=0}^k\frac{k!}{i!\cdot(k-i)!}\lambda_1^i\lambda_2^{k-i}=\frac{\mathrm{e}^{-(\lambda_1+\lambda_2)}}{k!}\sum_{i=0}^k C_k^i\lambda_1^i\lambda_2^{k-i}$$

$$=\frac{\mathrm{e}^{-(\lambda_1+\lambda_2)}}{k!}(\lambda_1+\lambda_2)^k=\frac{(\lambda_1+\lambda_2)^k}{k!}\mathrm{e}^{-(\lambda_1+\lambda_2)}$$

即 $Z\sim\pi(\lambda_1+\lambda_2)$，这说明泊松分布具有**可加性**：两个相互独立的泊松分布之和仍为泊松分布。这一结论还可以推广到 $n(\geqslant 2)$ 个的情形。

练习 3-19　设 X,Y 相互独立，且均服从参数为 p 的 0-1 分布，计算 $Z=X+Y$ 的分布律。

参考答案：$Z\sim\begin{pmatrix}0 & 1 & 2\\(1-p)^2 & 2(1-p)p & p^2\end{pmatrix}$。

例 3-22　设 $X\sim b(n_1,p)$，$Y\sim b(n_2,p)$，且 X 与 Y 相互独立。计算 $X+Y$ 的分布律。

解：先看一个恒等式，对整数 i 和 k，若 $i\leqslant k, k\leqslant n_1+n_2$，则对任意实数 a 和 b

$$(a+b)^{n_1+n_2}=(a+b)^{n_1}(a+b)^{n_2}$$

左端为 $\sum_{k=0}^{n_1+n_2}\mathrm{C}_{n_1+n_2}^k a^k b^{n_1+n_2-k}$，右端为 $\sum_{i=0}^{n_1}\mathrm{C}_{n_1}^i a^i b^{n_1-i}\cdot\sum_{j=0}^{n_2}\mathrm{C}_{n_2}^j a^j b^{n_2-j}$。左端 $a^k b^{n_1+n_2-k}$ 的系数为 $\mathrm{C}_{n_1+n_2}^k$，右端 $a^k b^{n_1+n_2-k}$ 的系数为 $\sum_{i=0}^k\mathrm{C}_{n_1}^i\cdot\mathrm{C}_{n_2}^{k-i}$。由此可见

$$\sum_{i=0}^k\mathrm{C}_{n_1}^i\cdot\mathrm{C}_{n_2}^{k-i}=\mathrm{C}_{n_1+n_2}^k$$

不难想见，$X+Y$ 的取值为 $0,1,2,\cdots,n_1+n_2$。根据 X 与 Y 的相互独立性，对 $k=0,1,2,\cdots,n_1+n_2$，

$$\begin{aligned}P(X+Y=k)&=\sum_{i+j=k}p_{ij}=\sum_{i+j=k}p_{i\cdot}\cdot p_{\cdot j}\\&=\sum_{i+j=k}\mathrm{C}_{n_1}^i p^i(1-p)^{n_1-i}\cdot\mathrm{C}_{n_2}^{k-i}p^{k-i}(1-p)^{n_2-k+i}\\&=\sum_{i=0}^k\mathrm{C}_{n_1}^i\cdot\mathrm{C}_{n_2}^{k-i}p^k(1-p)^{n_1+n_2-k}\\&=\mathrm{C}_{n_1+n_2}^k p^k(1-p)^{n_1+n_2-k}\end{aligned}$$

最后的等号是利用了前面观察到的恒等式。

例 3-22 证明了如下的结论。

定理 3-5　(1) 若 $X\sim b(n_1,p)$，$Y\sim b(n_2,p)$，且 X 与 Y 相互独立，则 $X+Y\sim b(n_1+n_2,p)$，即二项分布满足可加性。

(2) 若 $X_1,X_2,\cdots,X_n$ 相互独立，且 $X_i\sim\begin{pmatrix}0&1\\1-p&p\end{pmatrix}$，$i=1,2,\cdots,n$，则 $X_1+X_2+\cdots+X_n\sim b(n,p)$，即 n 个独立的 0-1 分布之和服从二项分布。

定理 3-5 中 (1) 为例 3-22 的结果。(2) 是因为参数为 p 的 0-1 分布可视为特殊的二项分布 $b(1,p)$，由 (1) 并用数学归纳法立得结论。事实上，(2) 的逆命题亦然，即若 $X\sim b(n,p)$，则 X 可以表示成 n 个相互独立的，服从参数均为 p 的 0-1 分布的随机变量 $X_1,X_2,\cdots,X_n$ 之和。

3.4.2 连续型 2-维随机向量函数的分布

设 (X, Y) 的联合密度函数为 $f(x, y)$,分布函数为 $F(x, y)$,且 $Z = g(X, Y)$,求 Z 的分布函数 $F_Z(z)$。对 $z \in \mathbb{R}$,设 $D = \{(x, y) | g(x, y) \leqslant z\}$,则

$$F_Z(z) = P(Z \leqslant z) = P(g(X, Y) \leqslant z) = \iint\limits_{D} f(x, y) \mathrm{d}x \mathrm{d}y$$

本节就两个特殊的函数 $g(X, Y) = X + Y$ 和 $g(X, Y) = X/Y$ 展开讨论。

1. $g(X, Y) = X + Y$

定理 3-6 (1) 设 (X, Y) 的联合密度函数为 $f(x, y)$,对函数 $Z = X + Y$,

$$f_Z(z) = \int_{-\infty}^{+\infty} f(z - v, v) \mathrm{d}v = \int_{-\infty}^{+\infty} f(u, z - u) \mathrm{d}u$$

(2) 若 X 与 Y 相互独立,边缘密度函数分别为 $f_X(x)$ 和 $f_Y(y)$,则对函数 $Z = X + Y$,

$$f_Z(z) = \int_{-\infty}^{+\infty} f_X(z - v) f_Y(v) \mathrm{d}v = \int_{-\infty}^{+\infty} f_X(u) f_Y(z - u) \mathrm{d}u$$

证明见本章附录 A1。

实践中,定理 3-6(2) 用得更多,称为**卷积公式**。

例 3-23 设 $X \sim \mathrm{Exp}(\lambda_1)$,$Y \sim \mathrm{Exp}(\lambda_2)$ $(\lambda_1 < \lambda_2)$,且 X 与 Y 相互独立。计算 $Z = X + Y$ 的概率密度函数 $f_Z(z)$。

解: 由 $X \sim \mathrm{Exp}(\lambda_1)$,$Y \sim \mathrm{Exp}(\lambda_2)$ 知

$$f_X(x) = \begin{cases} \dfrac{1}{\lambda_1} \mathrm{e}^{-\frac{x}{\lambda_1}}, & x > 0 \\ 0, & x \leqslant 0 \end{cases}, \quad f_Y(y) = \begin{cases} \dfrac{1}{\lambda_1} \mathrm{e}^{-\frac{y}{\lambda_2}}, & y > 0 \\ 0, & y \leqslant 0 \end{cases}$$

设 $Z = X + Y$,$z \in \mathbb{R}$。由 X 与 Y 的相互独立性,按卷积公式有

$$f_Z(z) = \int_{-\infty}^{+\infty} f_X(v - z) f_Y(v) \mathrm{d}v = \begin{cases} \displaystyle\int_0^z \dfrac{1}{\lambda_1} \mathrm{e}^{-\frac{z-v}{\lambda_1}} \cdot \dfrac{1}{\lambda_2} \mathrm{e}^{-\frac{v}{\lambda_2}} \mathrm{d}v, & z > 0 \\ 0, & z \leqslant 0 \end{cases}$$

$$= \begin{cases} \dfrac{1}{\lambda_1 \lambda_2} \mathrm{e}^{-\frac{z}{\lambda_1}} \displaystyle\int_0^z \mathrm{e}^{-\left(\frac{1}{\lambda_2} - \frac{1}{\lambda_1}\right)v} \mathrm{d}v, & z > 0 \\ 0, & z \leqslant 0 \end{cases}$$

$$= \begin{cases} \dfrac{1}{\lambda_1 \lambda_2} \mathrm{e}^{-\frac{z}{\lambda_1}} \displaystyle\int_0^z \mathrm{e}^{-\left(\frac{\lambda_1 - \lambda_2}{\lambda_1 \lambda_2}\right)v} \mathrm{d}v, & z > 0 \\ 0, & z \leqslant 0 \end{cases}$$

$$= \begin{cases} \dfrac{1}{\lambda_2 - \lambda_1}\left(\mathrm{e}^{-\frac{z}{\lambda_2}} - \mathrm{e}^{-\frac{z}{\lambda_1}}\right), & z > 0 \\ 0, & z \leqslant 0 \end{cases}$$

练习 3-20　设 X 与 Y 相互独立，且 X 与 Y 均服从 $\mathrm{Exp}(\lambda)$。计算 $Z = X + Y$ 的概率密度函数 $f_Z(z)$。

参考答案：$f_Z(z) = \begin{cases} \dfrac{z}{\lambda^2}\mathrm{e}^{-\frac{z}{\lambda}}, & z > 0 \\ 0, & z \leqslant 0 \end{cases}$。

由例 3-23 及练习 3-20 知，指数分布不具有可加性。下列引理却表明，正态分布具有可加性。

引理 3-1　设 X 与 Y 相互独立，且 $X \sim N(\mu_1, \sigma_1^2)$，$Y \sim N(\mu_2, \sigma_2^2)$，则 $X + Y \sim N(\mu_1 + \mu_2, \sigma_1^2 + \sigma_2^2)$（证明见本章附录 A2）。

练习 3-21　设 $X \sim N(0,1)$，$Y \sim N(0,1)$，且 X，Y 相互独立。计算 $Z = X + Y$ 的分布。

参考答案：$X + Y \sim N(0, 2)$。

利用引理 3-1，可得如下重要结论。

定理 3-7　设 $X_1, X_2, \cdots, X_n$ 相互独立，

(1) 若 $X_i \sim N(\mu, \sigma^2)$，$i = 1, 2, \cdots, n$，则

$$X_1 + X_2 + \cdots + X_n \sim N(n\mu, n\sigma^2)$$

(2) 若 $X_i \sim N(\mu_i, \sigma_i^2)$，$i = 1, 2, \cdots, n$，则

$$\sum_{i=1}^{n} C_i X_i \sim N\left(\sum_{i=1}^{n} C_i \mu_i, \sum_{i=1}^{n} C_i^2 \sigma_i^2\right)$$

其中诸 C_i，$i = 1, 2, \cdots, n$ 为常实数。（证明见本章附录 A3。）

练习 3-22　设 $X_1, X_2, \cdots, X_n$ 相互独立，且均服从 $N(\mu, \sigma)$。计算 $Z = \dfrac{X_1 + X_2 + \cdots + X_n}{n}$ 的分布。

参考答案：$Z \sim N(\mu, \sigma^2/n)$。

例 3-24　设 $X, Y \sim N(0,1)$ 且相互独立。计算 $Z = X^2 + Y^2$ 的密度函数。

解：显然，X^2 与 Y^2 相互独立。由例 2-36 知

$$f_{X^2}(x) = \begin{cases} \dfrac{1}{\sqrt{2\pi}}x^{-\frac{1}{2}}\mathrm{e}^{-\frac{x}{2}}, & x \geqslant 0 \\ 0, & x < 0 \end{cases} \quad \text{和} \quad f_{Y^2}(y) = \begin{cases} \dfrac{1}{\sqrt{2\pi}}y^{-\frac{1}{2}}\mathrm{e}^{-\frac{y}{2}}, & y \geqslant 0 \\ 0, & \mathrm{y} < 0 \end{cases}$$

由 $X^2 + Y^2$ 的非负性知，当 $z < 0$ 时 $X + Y^2 \leqslant z$ 为不可能事件。所以此时 $F_{X^2+Y^2}(z) = P(X^2 + Y^2 \leqslant z) = 0$，当然 $f_{X^2+Y^2}(z) = F'_{X^2+Y^2}(z) = 0$。今设 $z \geqslant 0$，根据卷积公式，

$$f_{X^2+Y^2}(z) = \int_{-\infty}^{+\infty} f_{X^2}(z-v)f_{Y^2}(v)\mathrm{d}v = \int_0^z \frac{1}{2\pi}(z-v)^{-1/2}\mathrm{e}^{-\frac{z-v}{2}}v^{-1/2}\mathrm{e}^{-\frac{v}{2}}\mathrm{d}v$$

$$= \frac{1}{2\pi} e^{-\frac{z}{2}} \int_0^z \frac{\mathrm{d}v}{\sqrt{zv - v^2}} = \frac{1}{2\pi} e^{-\frac{z}{2}} \int_0^z \frac{\mathrm{d}v}{\sqrt{\frac{z^2}{4} - \left(\frac{z}{2} - v\right)^2}}$$

$$= \frac{1}{2\pi} e^{-\frac{z}{2}} \int_0^z \frac{\mathrm{d}v}{\frac{z}{2}\sqrt{1 - \left(1 - \frac{2v}{z}\right)^2}} \xrightarrow[\text{则}\mathrm{d}v=-\frac{z}{2}\mathrm{d}u]{\text{令}u=1-\frac{2v}{z}} \frac{1}{2\pi} e^{-\frac{z}{2}} \int_{-1}^1 \frac{\mathrm{d}u}{\sqrt{1 - u^2}}$$

$$= \frac{1}{2} e^{-\frac{z}{2}}$$

综上所述，有

$$f_{X^2+Y^2}(z) = \begin{cases} \dfrac{1}{2} e^{-\frac{z}{2}}, & z \geqslant 0 \\ 0, & z < 0 \end{cases}$$

设 X, Y 相互独立且均服从标准正态分布，对比 $f_{X^2}(z)$ 和 $f_{X^2+Y^2}(z)$：

$$f_{X^2}(z) = \begin{cases} \dfrac{1}{\sqrt{2\pi}} z^{-\frac{1}{2}} e^{-\frac{z}{2}}, & z \geqslant 0 \\ 0, & z < 0 \end{cases}, \quad f_{X^2+Y^2}(z) = \begin{cases} \dfrac{1}{2} e^{-\frac{z}{2}}, & z \geqslant 0 \\ 0, & z < 0 \end{cases}$$

前者表示的是 $n = 1$ 个标准正态变量平方的分布，后者为 $n = 2$ 个标准正态变量平方和的分布。考虑伽马函数定义：

$$\Gamma(\alpha) = \int_0^{+\infty} e^{-x} x^{\alpha-1} \mathrm{d}x (\alpha > 0)$$

则 $\Gamma\left(\dfrac{1}{2}\right) = \sqrt{\pi}$，$\Gamma(1) = 1$。于是，$f_{X^2}(z)$ 和 $f_{X^2+Y^2}(z)$ 可以统一地表示为：

$$f(x) = \begin{cases} \dfrac{1}{2^{n/2}\Gamma(n/2)} x^{\frac{n}{2}-1} e^{-\frac{x}{2}}, & x \geqslant 0 \\ 0, & x < 0 \end{cases}$$

一般地，对正整数 n，

定义 3-6　密度函数为 $f(x) = \begin{cases} \dfrac{1}{2^{n/2}\Gamma(n/2)} x^{\frac{n}{2}-1} e^{-\frac{x}{2}}, & x \geqslant 0 \\ 0, & x < 0 \end{cases}$ 的随机变量 X，称

为服从**自由度为** n **的** χ^2 **分布**，记为 $X \sim \chi^2(n)$。

图 3-9 展示了 $n = 2$，$n = 4$ 和 $n = 6$ 时，$f(x)$ 的图形。

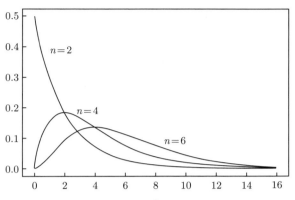

图 3-9 不同自由度的 χ^2 分布的密度函数图形

χ^2 分布具有可加性:

引理 3-2 若 $X \sim \chi^2(m)$, $Y \sim \chi^2(n)$, 且两者相互独立, 则 $X + Y \sim \chi^2(m+n)$ (证明见本章附录 A4)。

由例 2-36 知 $n = 1$ 时, 若 X_1 服从 $N(0,1)$, 则 $X_1^2 \sim \chi^2(1)$; 由例 3-24 知 $n = 2$ 时, 若 X_1, X_2 相互独立且均服从 $N(0,1)$, 则 $X_1^2 + X_2^2 \sim \chi^2(2)$。一般地, 有

定理 3-8 若 $X_1, X_2, \cdots, X_n$ 相互独立, 且均服从标准正态分布 $N(0,1)$, 则随机变量 $X = X_1^2 + X_2^2 + \cdots + X_n^2 \sim \chi^2(n)$。(证明见本章附录 A5。)

事实上, 定理 3-8 的逆命题也成立: 若 $X \sim \chi^2(n)$, 则 X 可分解为 n 个相互独立的标准正态分布变量平方之和, 即 $X = X_1^2 + X_2^2 + \cdots + X_n^2$, 其中诸 $X_i \sim N(0,1)$ 且相互独立, $i = 1, 2 \cdots, n$。定理 3-8 揭示了 χ^2 分布的结构: 若干个相互独立的标准正态分布平方之和。

2. $g(X, Y) = X/Y$

定理 3-9 (1) 设 (X, Y) 的联合密度函数为 $f(x, y)$, 对函数 $Z = X/Y$,

$$f_{X/Y}(z) = \int_{-\infty}^{+\infty} |v| f(zv, v) \mathrm{d}v$$

(2) 若 X 与 Y 相互独立, 边缘密度函数分别为 $f_X(x)$ 和 $f_Y(y)$, 则对函数 $Z = X/Y$,

$$f_{X/Y}(z) = \int_{-\infty}^{+\infty} |v| f_X(zv) f_Y(v) \mathrm{d}v$$

证明见本章附录 A6。

例 3-25 设 $X \sim N(0,1)$, $Y \sim \chi^2(n)$, 且 X 与 Y 相互独立。计算 $\dfrac{X}{\sqrt{Y/n}}$ 的密度函数。

解: 由题设知, X 的密度函数 $\varphi(x) = \dfrac{1}{\sqrt{2\pi}} \mathrm{e}^{-\frac{x^2}{2}}$, 而 Y 的密度函数为

$$f(y) = \begin{cases} \dfrac{1}{2^{n/2}\Gamma(n/2)} x^{\frac{n}{2}-1}\mathrm{e}^{-\frac{y}{2}}, & y \geqslant 0 \\ 0, & y < 0 \end{cases}$$

对函数 $Z = g(Y) = \sqrt{Y/n}$，其反函数为 $g^{-1}(z) = nz^2$，导数为 $(g^{-1}(z))' = 2nz$。对 $z < 0$，由 $\sqrt{Y/n}$ 的非负性即可判定 $f_Z(z) = 0$。下设 $z \geqslant 0$。此时，

$$f_Z(z) = f(g^{-1}(z))|(g^{-1}(z))'| = f(nz^2)2nz$$

$$= \frac{1}{2^{n/2}\Gamma(n/2)}(nz^2)^{\frac{n}{2}-1}\mathrm{e}^{-\frac{nz^2}{2}}2nz$$

$$= \frac{1}{2^{\frac{n}{2}-1}\Gamma(n/2)}\frac{(nz^2)^{\frac{n}{2}}}{z}\mathrm{e}^{-\frac{nz^2}{2}}$$

即

$$f_Z(z) = \begin{cases} \dfrac{1}{2^{\frac{n}{2}-1}\Gamma(n/2)}\dfrac{(nz^2)^{\frac{n}{2}}}{z}\mathrm{e}^{-\frac{nz^2}{2}}, & z \geqslant 0 \\ 0, & z < 0 \end{cases}$$

于是，对 $t \in \mathbb{R}$

$$f_{X/Z}(t) = \int_{-\infty}^{+\infty} |v|\varphi(tv)f_Y(v)\mathrm{d}v$$

$$= \int_0^{+\infty} v \cdot \frac{1}{\sqrt{2\pi}}\mathrm{e}^{-\frac{(tv)^2}{2}} \cdot \frac{1}{2^{\frac{n}{2}-1}\Gamma(n/2)}\frac{(nv^2)^{\frac{n}{2}}}{v}\mathrm{e}^{-\frac{nv^2}{2}}\mathrm{d}v$$

$$= \frac{1}{2^{\frac{n-1}{2}}\pi^{1/2}\Gamma(n/2)}\int_0^{+\infty}(nv^2)^{n/2}\mathrm{e}^{-\frac{(tv)^2+nv^2}{2}}\mathrm{d}v$$

$$= \frac{1}{2^{\frac{n-1}{2}}\pi^{1/2}\Gamma(n/2)}\int_0^{+\infty}(nv^2)^{n/2}\mathrm{e}^{-\frac{nv^2}{2}\left(1+\frac{t^2}{n}\right)}\mathrm{d}v$$

令 $u = \dfrac{nv^2}{2}\left(1+\dfrac{t^2}{n}\right)$，则 $(nv^2)^{n/2} = \dfrac{2^{n/2}u^{n/2}}{\left(1+\dfrac{t^2}{n}\right)^{n/2}}$，且 $v^2 = \dfrac{2u}{n\left(1+\dfrac{t^2}{n}\right)}$，得 $v =$

$\dfrac{2^{1/2}u^{1/2}}{n^{1/2}\left(1+\dfrac{t^2}{n}\right)^{1/2}}$，所以 $\mathrm{d}v = \dfrac{\mathrm{d}u}{2^{1/2}u^{1/2}n^{1/2}\left(1+\dfrac{t^2}{n}\right)^{1/2}}$，代入上述积分得

$$f_{X/Z}(t) = \frac{1}{2^{\frac{n-1}{2}}\pi^{1/2}\Gamma(n/2)}\int_0^{+\infty}(nv^2)^{n/2}\mathrm{e}^{-\frac{nv^2}{2}\left(1+\frac{t^2}{n}\right)}\mathrm{d}v$$

$$= \frac{1}{(n\pi)^{1/2}\Gamma(n/2)}\left(1+\frac{t^2}{n}\right)^{-\frac{n+1}{2}}\int_0^{+\infty}u^{\frac{n+1}{2}-1}\mathrm{e}^{-u}\mathrm{d}u$$

$$= \frac{\Gamma\left(\frac{n+1}{2}\right)}{(n\pi)^{1/2}\Gamma\left(\frac{n}{2}\right)}\left(1+\frac{t^2}{n}\right)^{-\frac{n+1}{2}}$$

最后的等号源自伽马函数的定义：$\Gamma(\alpha) = \int_0^{+\infty} \mathrm{e}^{-x}x^{\alpha-1}\mathrm{d}x$。

定义 3-7 若随机变量 X 的密度函数为

$$h(x) = \frac{\Gamma\left(\frac{n+1}{2}\right)}{\sqrt{n\pi}\,\Gamma\left(\frac{n}{2}\right)}\left(1+\frac{x^2}{n}\right)^{-\frac{n+1}{2}}, x \in \mathbb{R}$$

称 X 服从自由度为 n 的 t 分布，记为 $X \sim t(n)$。

例 3-25 实际上证明了如下非常重要的定理。

定理 3-10 若随机变量 $X \sim N(0,1)$，$Y \sim \chi^2(n)$，且 X 与 Y 相互独立，则

$$\frac{X}{\sqrt{Y/n}} \sim t(n)$$

定理 3-10 的逆命题也是成立的。即服从 $t(n)$ 分布的随机变量 Z，一定可以表示为相互独立，服从标准正态分布的变量 X 与服从 χ^2 分布的变量 Y 的 n 分之一的算术根 $\sqrt{Y/n}$ 的商 $\frac{X}{\sqrt{Y/n}}$。定理 3-10 的重要性在于揭示了 t 分布的结构：相互独立的正态分布与 χ^2 分布的算术根之商。

若 $X \sim t(n)$，则其密度函数为 $h(x) = \frac{\Gamma\left(\frac{n+1}{2}\right)}{\sqrt{n\pi}\,\Gamma\left(\frac{n}{2}\right)}\left(1+\frac{x^2}{n}\right)^{-\frac{n+1}{2}}$ 是一个偶函数，所以其图形关于纵轴对称（见图 3-10）。

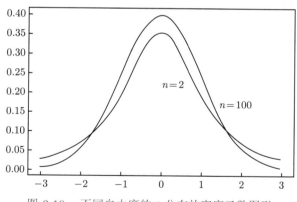

图 3-10 不同自由度的 t 分布的密度函数图形

例 3-26 设 $X \sim \chi^2(m)$，$Y \sim \chi^2(n)$，且 X，Y 相互独立。计算 $\frac{X/m}{Y/n}$ 的密度函数。

解： 设 $f_X(x)$ 和 $f_Y(y)$ 分别为 X 和 Y 的密度函数。根据定义 3-6 知，

$$f_X(x) = \begin{cases} \frac{1}{2^{m/2}\Gamma(m/2)}x^{\frac{m}{2}-1}\mathrm{e}^{-\frac{x}{2}}, & x \geqslant 0 \\ 0, & x < 0 \end{cases}, \quad f_Y(y) = \begin{cases} \frac{1}{2^{n/2}\Gamma(n/2)}y^{\frac{n}{2}-1}\mathrm{e}^{-\frac{y}{2}}, & y \geqslant 0 \\ 0, & y < 0 \end{cases}$$

设 X/Y 的密度函数为 $f_{X/Y}(z)$，由 X 与 Y 的非负性可知，对 $z<0$，$f_{X/Y}(z)=0$。今设 $z\geqslant 0$，根据 X 与 Y 的独立性，

$$f_{X/Y}(z)=\int_{-\infty}^{+\infty}|v|f_X(zv)f_Y(v)\mathrm{d}v$$

$$=\int_0^{+\infty}v\frac{1}{2^{m/2}\Gamma(m/2)}(zv)^{\frac{m}{2}-1}\mathrm{e}^{-\frac{zv}{2}}\frac{1}{2^{n/2}\Gamma(n/2)}v^{\frac{n}{2}-1}\mathrm{e}^{-\frac{v}{2}}\mathrm{d}v$$

$$=\frac{z^{\frac{m}{2}-1}}{2^{\frac{m+n}{2}}\Gamma(m/2)\Gamma(n/2)}\int_0^{+\infty}v^{\frac{m+n}{2}-1}\mathrm{e}^{-\frac{v}{2}(1+z)}\mathrm{d}v$$

令 $u=\frac{v}{2}(1+z)$，则 $v=\frac{2u}{1+z}$，$\mathrm{d}v=\frac{2\mathrm{d}u}{1+z}$，$v^{\frac{m+n}{2}-1}=\frac{2^{\frac{m+n}{2}-1}u^{\frac{m+n}{2}-1}}{(1+z)^{\frac{m+n}{2}-1}}$。代入上述积分

$$f_{X/Y}(z)=\frac{z^{\frac{m}{2}-1}}{2^{\frac{m+n}{2}}\Gamma(m/2)\Gamma(n/2)}\int_0^{+\infty}v^{\frac{m+n}{2}-1}\mathrm{e}^{-\frac{v}{2}(1+z)}\mathrm{d}v$$

$$=\frac{z^{\frac{m}{2}-1}}{\Gamma(m/2)\Gamma(n/2)(1+z)^{\frac{m+n}{2}}}\int_0^{+\infty}u^{\frac{m+n}{2}-1}\mathrm{e}^{-u}\mathrm{d}v$$

$$=\frac{\Gamma\left(\frac{m+n}{2}\right)z^{\frac{m}{2}-1}}{\Gamma\left(\frac{m}{2}\right)\Gamma\left(\frac{n}{2}\right)(1+z)^{\frac{m+n}{2}}}$$

最后考虑 $z\geqslant 0$ 的情形下，$f_{\frac{X/m}{Y/n}}(z)$ 的计算（不难想见 $z<0$ 时，$f_{\frac{X/m}{Y/n}}(z)=0$）。对 $U=X/Y$，这可以视为计算函数 $Z=g(U)=U/\frac{m}{n}$ 的密度函数。此时，$g^{-1}(u)=\frac{m}{n}z$，其导数为 $\frac{m}{n}>0$。于是

$$f_{\frac{X/m}{Y/n}}(z)=f_{X/Y}(g^{-1}(z))|(g^{-1}(z))'|$$

$$=\frac{\Gamma\left(\frac{m+n}{2}\right)\left(\frac{m}{n}\right)^{\frac{m}{2}-1}z^{\frac{m}{2}-1}}{\Gamma\left(\frac{m}{2}\right)\Gamma\left(\frac{n}{2}\right)\left(1+\frac{m}{n}z\right)^{\frac{m+n}{2}}}\frac{m}{n}$$

$$=\frac{\Gamma\left(\frac{m+n}{2}\right)\left(\frac{m}{n}\right)^{\frac{m}{2}}z^{\frac{m}{2}-1}}{\Gamma\left(\frac{m}{2}\right)\Gamma\left(\frac{n}{2}\right)\left(1+\frac{m}{n}z\right)^{\frac{m+n}{2}}}$$

于是，

$$
f_{\frac{X/m}{Y/n}}(z) = \begin{cases} \dfrac{\Gamma\left(\dfrac{m+n}{2}\right)\left(\dfrac{m}{n}\right)^{\frac{m}{2}} z^{\frac{m}{2}-1}}{\Gamma\left(\dfrac{m}{2}\right)\Gamma\left(\dfrac{n}{2}\right)\left(1+\dfrac{m}{n}z\right)^{\frac{m+n}{2}}}, & z \geqslant 0 \\[6mm] 0, & z < 0 \end{cases}
$$

定义 3-8　设对给定的正整数 m 和 n，随机变量 X 的密度函数为

$$
\psi(x) = \begin{cases} \dfrac{\Gamma\left(\dfrac{m+n}{2}\right)\left(\dfrac{m}{n}\right)^{\frac{m}{2}} x^{\frac{m}{2}-1}}{\Gamma\left(\dfrac{m}{2}\right)\Gamma\left(\dfrac{n}{2}\right)\left(1+\dfrac{m}{n}x\right)^{\frac{m+n}{2}}}, & x \geqslant 0 \\[6mm] 0, & x < 0 \end{cases}
$$

称 X 服从**自由度为 m 和 n 的 F 分布**，记为 $X \sim F(m,n)$。

图 3-11 展示了自由度 (m,n) 分别为 $(2,3)$，$(4,8)$ 和 $(10,10)$ 时 F 分布的密度函数的图形。事实上，例 3-26 证明了下列定理。

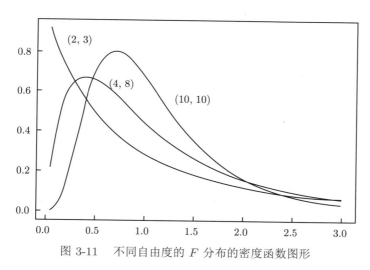

图 3-11　不同自由度的 F 分布的密度函数图形

定理 3-11　若随机变量 $X \sim \chi^2(m), Y \sim \chi^2(n)$，且 X, Y 相互独立。则

$$
\frac{X/m}{Y/n} \sim F(m-1, n-1)
$$

本定理说明两个相互独立且服从 χ^2 分布的变量之商服从 F 分布。反之，服从 F 分布的变量，一定能够表示为两个相互独立的服从 χ^2 分布的变量之商。根据 F 分布的这一结构，有定理 3-12。

定理 3-12　若 $X \sim F(m,n)$，则 $1/X \sim F(n,m)$。

定义 3-6~定义 3-8 引入的 χ^2 分布、t 分布和 F 分布都是由正态分布衍生得来的：独立的标准正态分布平方之和服从 χ^2 分布，独立的标准正态分布与 χ^2 分布的算术根之商服从 t 分布，两个独立的 χ^2 分布之商服从 F 分布。我们把正态分布、χ^2 分布、t 分布和 F 分布统称为**正态分布簇**，不久我们将看到这些分布是数理统计中的重要角色。

3.5 正态分布簇的分位点及其计算

3.5.1 随机变量分布的分位点

在数理统计中，大量问题需要通过下列诸项计算才能得以解决。设 $F(x)$ 和 $S(x)$（$=1-F(x)$）分别为随机变量 X 的分布函数和残存函数。对给定的称为**检验水平**的实数 α（$0<\alpha<1$），计算

（1）**单侧左分位点** a，使得

$$P(X \leqslant a) = \alpha$$

（图 3-12 中阴影区域）。为算得单侧左分位点 a，由上式可得 $\alpha = P(X \leqslant a) = F(a)$，于是 $a = F^{-1}(\alpha)$。即随机变量 X 对给定检验水平 $0<\alpha<1$，单侧左分位点为分布函数 F 的反函数在 α 处的值 $a = F^{-1}(\alpha)$。

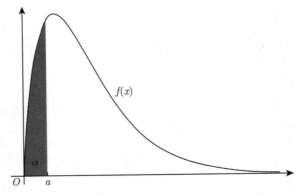

图 3-12　单侧左分位点，$f(x)$ 为密度函数

（2）**单侧右分位点** b，使得

$$P(X \geqslant b) = \alpha$$

（图 3-13 中阴影区域）。为计算单侧右分位点 b，根据上式有 $\alpha = P(X \geqslant b) = S(b)$，于是 $b = S^{-1}(\alpha)$。即随机变量 X 对给定实数 $0<\alpha<1$，单侧右分位点为残存函数 S 的反函数在 α 处的值 $b = S^{-1}(\alpha)$。

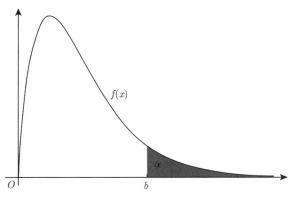

图 3-13　单侧右分位点

（3）**双侧分位点** a 和 b，使得

$$P(a < X < b) = 1 - \alpha$$

（图 3-14 中阴影区域）。其中，a 称为**双侧左分位点**，b 称为**双侧右分位点**。为计算双侧左、右分位点 a 和 b，考虑 $P(a < X < b) = 1 - \alpha$ 当且仅当 $P(X \leqslant a) = \alpha/2$（图 3-13 左边的无阴影区域）或 $P(X \geqslant b) = \alpha/2$（图 3-13 右边的无阴影区域）。由 $P(X \leqslant a) = \alpha/2$，得 $a = F^{-1}(\alpha/2)$。由 $P(X \geqslant b) = \alpha/2$，得 $b = S^{-1}(\alpha/2)$。

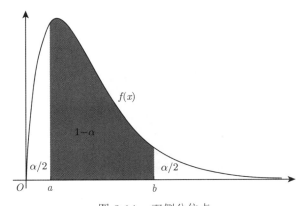

图 3-14　双侧分位点

以下分别就标准正态分布、χ^2 分布、t 分布和 F 分布的分位点计算展开讨论。

3.5.2　标准正态分布分位点计算

传统上，人们使用标准正态分布函数表（见表 2-6）来计算标准正态分布对给定显著水平的分位点。设 $X \sim N(0,1)$，显著水平为 α。为计算右侧分位点 z_α（见图 3-15(b)），使得

$$P(X \leqslant z_\alpha) = 1 - \alpha$$

而 $1 - \alpha = P(X \leqslant z_\alpha) = \Phi(z_\alpha)$。在表 2-6 中间，查找最接近 $1 - \alpha$ 的项，由该项所在行、列查得 z_α 的首、尾部，相连得到 z_α。

由标准正态分布密度函数 $\varphi(x) = \dfrac{1}{\sqrt{2\pi}}\mathrm{e}^{-\frac{x^2}{2}}$ 关于纵轴的对称性，对给定的显著水平 α，左侧分位点为右分位点关于原点的对称点 $-z_\alpha$（见图 3-15(a)）。

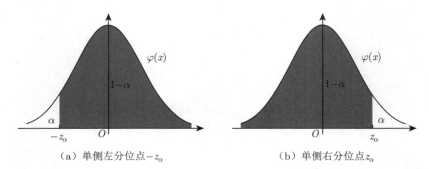

（a）单侧左分位点$-z_\alpha$　　　　（b）单侧右分位点z_α

图 3-15　标准正态分布的单侧分位点

对显著水平 α，为计算标准正态分布的双侧分位点（关于原点对称，如图 3-16 所示）$-z_{\alpha/2}$ 和 $z_{\alpha/2}$，使得

$$P(-z_{\alpha/2} \leqslant X \leqslant z_{\alpha/2}) = 1 - \alpha$$

由于 $1-\alpha = P(-z_{\alpha/2} \leqslant X \leqslant z_{\alpha/2}) = 2\Phi(z_{\alpha/2}) - 1$，即 $\Phi(z_{\alpha/2}) = 1 - \alpha/2$。与上述查表计算的过程一样，在表 2-6 中间找到最接近 $1-\alpha/2$ 的项，即可得到 $z_{\alpha/2}$。

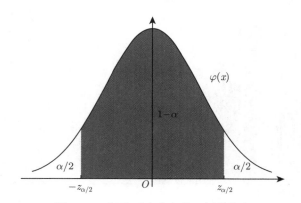

图 3-16　标准正态分布的双侧分位点

例 3-27　设显著水平 $\alpha = 0.05$，计算标准正态分布的单侧左、右分位点 $-z_{0.05}$，$z_{0.05}$ 和双侧左、右分位点 $-z_{0.025}$，$z_{0.025}$。

解：由 $1-\alpha = 0.95$，查表 2-6，找到最接近 0.95 的项 0.9505，得到 $z_{0.05}$ 的首、尾部 1.6 和 0.05，连接得到单侧右分位点 $z_{0.05} = 1.65$。于是，标准正态分布显著水平 $\alpha = 0.05$ 的单侧左、右分位点为 -1.65 和 1.65。类似地，在表 2-6 中查得 $1-\alpha/2 = 0.975$ 的项，得到标准正态分布显著水平 $\alpha = 0.05$ 的双侧左、右分位点为 -1.96 和 1.96。

练习 3-23　对标准正态分布计算显著水平 $\alpha = 0.1$ 的单侧左、右分位点和双侧分位点。

参考答案：-1.28，1.28，-1.65，1.65。

表 3-14 χ^2 分布残存函数 $S(x) = P(X \geqslant x) = \alpha$ 的反函数 $x = S^{-1}(\alpha)$

n \ α	0.975	0.95	0.9	0.75	0.25	0.1	0.05	0.025	0.01
5	0.831	1.145	1.610	2.675	6.626	9.236	11.070	12.833	15.086
6	1.237	1.635	2.204	3.455	7.841	10.645	12.592	14.449	16.812
7	1.690	2.167	2.833	4.255	9.037	12.017	14.067	16.013	18.475
8	2.180	2.733	3.490	5.071	10.219	13.362	15.507	17.535	20.090
9	2.700	3.325	4.168	5.899	11.389	14.684	16.919	19.023	21.666
10	3.247	3.940	4.865	6.737	12.549	15.987	18.307	20.483	23.209
11	3.816	4.575	5.578	7.584	13.701	17.275	19.675	21.920	24.725
12	4.404	5.226	6.304	8.438	14.845	18.549	21.026	23.337	26.217
13	5.009	5.892	7.042	9.299	15.984	19.812	22.362	24.736	27.688
14	5.629	6.571	7.790	10.165	17.117	21.064	23.685	26.119	29.141
15	6.262	7.261	8.547	11.037	18.245	22.307	24.996	27.488	30.578
16	6.908	7.962	9.312	11.912	19.369	23.542	26.296	28.845	32.000
17	7.564	8.672	10.085	12.792	20.489	24.769	27.587	30.191	33.409
18	8.231	9.390	10.865	13.675	21.605	25.989	28.869	31.526	34.805
19	8.907	10.117	11.651	14.562	22.718	27.204	30.144	32.852	36.191
20	9.591	10.851	12.443	15.452	23.828	28.412	31.410	34.170	37.566
21	10.283	11.591	13.240	16.344	24.935	29.615	32.671	35.479	38.932
22	10.982	12.338	14.041	17.240	26.039	30.813	33.924	36.781	40.289
23	11.689	13.091	14.848	18.137	27.141	32.007	35.172	38.076	41.638
24	12.401	13.848	15.659	19.037	28.241	33.196	36.415	39.364	42.980
25	13.120	14.611	16.473	19.939	29.339	34.382	37.652	40.646	44.314
26	13.844	15.379	17.292	20.843	30.435	35.563	38.885	41.923	45.642
27	14.573	16.151	18.114	21.749	31.528	36.741	40.113	43.195	46.963
28	15.308	16.928	18.939	22.657	32.620	37.916	41.337	44.461	48.278
29	16.047	17.708	19.768	23.567	33.711	39.087	42.557	45.722	49.588
30	16.791	18.493	20.599	24.478	34.800	40.256	43.773	46.979	50.892
31	17.539	19.281	21.434	25.390	35.887	41.422	44.985	48.232	52.191
32	18.291	20.072	22.271	26.304	36.973	42.585	46.194	49.480	53.486
33	19.047	20.867	23.110	27.219	38.058	43.745	47.400	50.725	54.776
34	19.806	21.664	23.952	28.136	39.141	44.903	48.602	51.966	56.061
35	20.569	22.465	24.797	29.054	40.223	46.059	49.802	53.203	57.342

3.5.3 χ^2 分布分位点计算

自由度为 n 的 χ^2 分布的密度函数

$$f(x) = \begin{cases} \dfrac{1}{2^{n/2}\Gamma(n/2)} x^{\frac{n}{2}-1} \mathrm{e}^{-\frac{x}{2}}, & x \geqslant 0 \\ 0, & x < 0 \end{cases}$$

与标准正态分布函数表不同，历史上，数学家为工程师们编制了 χ^2 分布的残存函数 $S(x) = P(X \geqslant x) = \alpha$（见图 3-16(b)）的反函数 $x = S^{-1}(\alpha)$ 的函数表（见表 3-1）。由于 χ^2 分布的残存函数反函数值 $x = S^{-1}(\alpha)$ 既与 α 相关，也与自由度 n 相关，所以将对应于 α 和 n 的函数值记为 $\chi_\alpha^2(n)$。因为密度函数 $f(x)$ 不是关于纵轴对称的，所以对给定实数 α，左右分位点需分别计算。单侧右分位点 $\chi_\alpha^2(n)$（如图 3-17(b) 所示），单侧左分位点为 $\chi_{1-\alpha}^2(n)$（如图 3-17(a) 所示）。

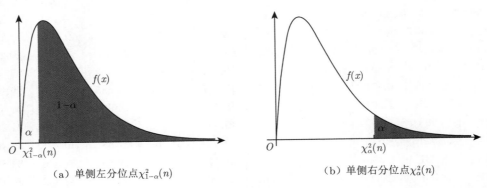

（a）单侧左分位点$\chi_{1-\alpha}^2(n)$ 　　　　　　（b）单侧右分位点$\chi_\alpha^2(n)$

图 3-17　χ^2 分布的单侧分位点

双侧左、右分位点为 $\chi_{1-\alpha/2}^2(n)$ 和 $\chi_{\alpha/2}^2(n)$（如图 3-18 所示）。

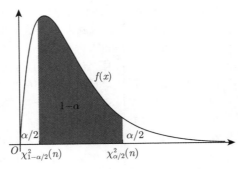

图 3-18　χ^2 分布的双侧分位点

例 3-28　对显著水平 $\alpha = 0.05$，计算自由度 $n = 24$ 的 $\chi^2(n)$ 分布的分位点。

解： $\chi_\alpha^2(n) = \chi_{0.05}^2(24)$，在表 3-14 中查 $\alpha = 0.05$ 所在列，$n = 24$ 所在行，交叉处项为 36.415。即单侧右分位点 $\chi_{0.05}^2(24) = 36.415$。类似地，可查得单侧左分位点 $\chi_{1-\alpha}^2(n) = \chi_{0.95}^2(24) = 13.848$。双侧左、右分位点 $\chi_{1-\alpha/2}^2(n) = \chi_{0.975}^2(24) = 12.401$ 和 $\chi_{\alpha/2}^2(n) = \chi_{0.025}^2(24) = 39.364$。

练习 3-24　设显著水平 $\alpha = 0.1$，计算自由度 $n = 32$ 的 χ^2 分布的单侧和双侧分位点。

参考答案：22.271，42.585，20.072，46.194。

3.5.4 t 分布分位点计算

历史上，与 χ^2 分布一样，数学家们也编制好了 t 分布的右尾分布函数 $S(x) = P(X \geqslant x) = \alpha$ 的反函数 $x = S^{-1}(\alpha)$ 的函数表（见表 3-15）。和 χ^2 分布相似，函数值 $x = S^{-1}(\alpha)$ 由给定的 α 和自由度 n 确定，记为 $t_\alpha(n)$。

表 3-15 t 分布残存函数 $S(x) = P(X \geqslant x) = \alpha$ 的反函数 $x = S^{-1}(\alpha)$

n ＼ α	0.25	0.1	0.05	0.025	0.01	0.005
5	0.7267	1.4759	2.0150	2.5706	3.3649	4.0321
6	0.7176	1.4398	1.9432	2.4469	3.1427	3.7074
7	0.7111	1.4149	1.8946	2.3646	2.9980	3.4995
8	0.7064	1.3968	1.8595	2.3060	2.8965	3.3554
9	0.7027	1.3830	1.8331	2.2622	2.8214	3.2498
10	0.6998	1.3722	1.8125	2.2281	2.7638	3.1693
11	0.6974	1.3634	1.7959	2.2010	2.7181	3.1058
12	0.6955	1.3562	1.7823	2.1788	2.6810	3.0545
13	0.6938	1.3502	1.7709	2.1604	2.6503	3.0123
14	0.6924	1.3450	1.7613	2.1448	2.6245	2.9768
15	0.6912	1.3406	1.7531	2.1314	2.6025	2.9467
16	0.6901	1.3368	1.7459	2.1199	2.5835	2.9208
17	0.6892	1.3334	1.7396	2.1098	2.5669	2.8982
18	0.6884	1.3304	1.7341	2.1009	2.5524	2.8784
19	0.6876	1.3277	1.7291	2.0930	2.5395	2.8609
20	0.6870	1.3253	1.7247	2.0860	2.5280	2.8453
21	0.6864	1.3232	1.7207	2.0796	2.5176	2.8314
22	0.6858	1.3212	1.7171	2.0739	2.5083	2.8188
23	0.6853	1.3195	1.7139	2.0687	2.4999	2.8073
24	0.6848	1.3178	1.7109	2.0639	2.4922	2.7969
25	0.6844	1.3163	1.7081	2.0595	2.4851	2.7874
26	0.6840	1.3150	1.7056	2.0555	2.4786	2.7787
27	0.6837	1.3137	1.7033	2.0518	2.4727	2.7707
28	0.6834	1.3125	1.7011	2.0484	2.4671	2.7633
29	0.6830	1.3114	1.6991	2.0452	2.4620	2.7564
30	0.6828	1.3104	1.6973	2.0423	2.4573	2.7500
31	0.6825	1.3095	1.6955	2.0395	2.4528	2.7440
32	0.6822	1.3086	1.6939	2.0369	2.4487	2.7385
33	0.6820	1.3077	1.6924	2.0345	2.4448	2.7333
34	0.6818	1.3070	1.6909	2.0322	2.4411	2.7284
35	0.6816	1.3062	1.6896	2.0301	2.4377	2.7238

由于 t 分布的密度函数 $h(x) = \dfrac{\Gamma\left(\frac{n+1}{2}\right)}{\sqrt{n\pi}\,\Gamma\left(\frac{n}{2}\right)}\left(1+\dfrac{x^2}{n}\right)^{-\frac{n+1}{2}}, x \in \mathbb{R}$ 为偶函数，故对

显著性水平 α，只要求出单侧右分位点 $t_\alpha(n)$（见图 3-19(b)），则单侧左分位点为其对

称值 $-t_\alpha(n)$（见图 3-19(a)）。

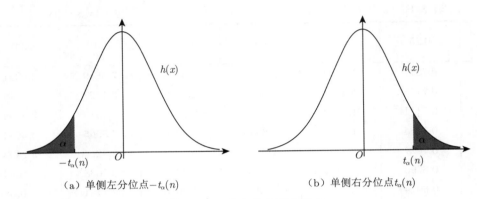

（a）单侧左分位点 $-t_\alpha(n)$ （b）单侧右分位点 $t_\alpha(n)$

图 3-19 t 分布的单侧分位点

例 3-29   设显著水平 $\alpha = 0.05$，计算自由度 $n = 24$ 的 t 分布的单侧分位点和双侧分位点。

解：在表 3-15 中，查得 $n = 24$ 所在行，$\alpha = 0.05$ 所在列，行列交叉处项为 1.7109，故单侧右分位点为 $t_\alpha(n) = t_{0.05}(24) = 1.7109$。单侧左侧分位点 $-t_{0.05}(24) = -1.7109$。类似地，在表中查得双侧右分位点 $t_{0.025}(24) = 2.0639$，则双侧左分位点为 $-t_{0.025}(24) = -2.0639$。

练习 3-25   设显著水平 $\alpha = 0.1$，计算自由度为 $n = 32$ 的 t 分布的单侧分位点和双侧分位点。

参考答案：$-1.3086, 1.3086, -1.6939, 1.6939$。

双侧左、右分位点为 $-t_{\alpha/2}(n)$ 和 $t_{\alpha/2}(n)$（见图 3-20）。

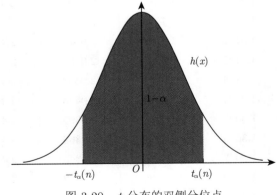

图 3-20 t 分布的双侧分位点

3.5.5　F 分布分位点计算

自由度为 m 和 n 的 F 分布的密度函数 $\psi(x) = \begin{cases} \dfrac{\Gamma\left(\dfrac{m+n}{2}\right)\left(\dfrac{m}{n}\right)^{\frac{m}{2}} x^{\frac{m}{2}-1}}{\Gamma\left(\dfrac{m}{2}\right)\Gamma\left(\dfrac{n}{2}\right)\left(1+\dfrac{m}{n}x\right)^{\frac{m+n}{2}}}, & x \geqslant 0 \\ 0, & x < 0 \end{cases}$。

对给定的显著水平 α，右尾分布函数 $\alpha = S(x) = P(X \geqslant x)$ 的反函数 $x = S^{-1}(\alpha)$ 的值由 α 及两个自由度 m 和 n 确定，记为 $F_\alpha(m,n)$（见图 3-21）。

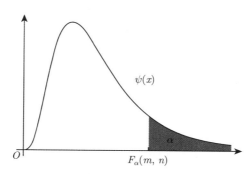

图 3-21　$F(m,n)$ 分布的右尾分布函数

设 $F \sim F(m,n)$，下面来证明

$$F_{1-\alpha}(m,n) = \frac{1}{F_\alpha(n,m)}$$

这是因为

$$1 - \alpha = P(F > F_{1-\alpha}(m,n)) = P\left(\frac{1}{F} \leqslant \frac{1}{F_{1-\alpha}(m,n)}\right)$$
$$= 1 - P\left(\frac{1}{F} > \frac{1}{F_{1-\alpha}(m,n)}\right)$$

即

$$P\left(\frac{1}{F} > \frac{1}{F_{1-\alpha}(m,n)}\right) = \alpha$$

根据定理 3-11 知，$\dfrac{1}{F} \sim F(n,m)$。于是，由 $P\left(\dfrac{1}{F} > \dfrac{1}{F_{1-\alpha}(m,n)}\right) = \alpha$ 得 $F_{1-\alpha}(m,n) = \dfrac{1}{F_\alpha(n,m)}$。利用这一性质，$F$ 分布的右尾分布函数的反函数表可仅列出对应 α 的函数值而略去对应 $1-\alpha$ 的函数值。如表 3-16 中仅列出对应 $\alpha = 0.1$，$\alpha = 0.05$ 和 $\alpha = 0.025$ 函数值，而略去了对应 $\alpha = 0.9$，$\alpha = 0.95$ 和 $\alpha = 0.975$ 的函数值。

由于 F 分布的密度函数不是关于纵轴对称的，故左、右分位点需分别计算。对给定的检验水平 α，先查表计算右分位点 $F_\alpha(m,n)$，再利用公式 $F_{1-\alpha}(m,n) = \dfrac{1}{F_\alpha(n,m)}$ 查表并计算左分位点。对双侧分位点，只需在上述计算过程中将 α 换成 $\alpha/2$ 即可。

表 3-16　F 分布残存函数 $S(x) = P(X \geqslant x) = \alpha$ 的反函数 $x = S^{-1}(\alpha)$ 表片段

$\alpha = 0.1$

n \ m	6	7	8	9	10	12	15	20	24	30	40	60
⋮	⋮	⋮	⋮	⋮	⋮	⋮	⋮	⋮	⋮	⋮	⋮	⋮
6	3.05	3.01	2.98	2.96	2.94	2.90	2.87	2.84	2.82	2.80	2.78	2.76
⋮	⋮	⋮	⋮	⋮	⋮	⋮	⋮	⋮	⋮	⋮	⋮	⋮
9	2.55	2.51	2.47	2.44	2.42	2.38	2.34	2.30	2.28	2.25	2.23	2.21
10	2.46	2.41	2.38	2.35	2.32	2.28	2.24	2.20	2.18	2.16	2.13	2.11
11	2.39	2.34	2.30	2.27	2.25	2.21	2.17	2.12	2.10	2.08	2.05	2.03
12	2.33	2.28	2.24	2.21	2.19	2.15	2.10	2.06	2.04	2.01	1.99	1.96
13	2.28	2.23	2.20	2.16	2.14	2.10	2.05	2.01	1.98	1.96	1.93	1.90
14	2.24	2.19	2.15	2.12	2.10	2.05	2.01	1.96	1.94	1.91	1.89	1.86
15	2.21	2.16	2.12	2.09	2.06	2.02	1.97	1.92	1.90	1.87	1.85	1.82
⋮	⋮	⋮	⋮	⋮	⋮	⋮	⋮	⋮	⋮	⋮	⋮	⋮
24	2.04	1.98	1.94	1.91	1.88	1.83	1.78	1.73	1.70	1.67	1.64	1.61
30	1.98	1.93	1.88	1.85	1.82	1.77	1.72	1.67	1.64	1.61	1.57	1.54
40	1.93	1.87	1.83	1.79	1.76	1.71	1.66	1.61	1.57	1.54	1.51	1.47
⋮	⋮	⋮	⋮	⋮	⋮	⋮	⋮	⋮	⋮	⋮	⋮	⋮

$\alpha = 0.05$

n \ m	6	7	8	9	10	12	15	20	24	30	40	60
⋮	⋮	⋮	⋮	⋮	⋮	⋮	⋮	⋮	⋮	⋮	⋮	⋮
6	4.28	4.21	4.15	4.10	4.06	4.00	3.94	3.87	3.84	3.81	3.77	3.74
⋮	⋮	⋮	⋮	⋮	⋮	⋮	⋮	⋮	⋮	⋮	⋮	⋮
9	3.37	3.29	3.23	3.18	3.14	3.07	3.01	2.94	2.90	2.86	2.83	2.79
10	3.22	3.14	3.07	3.02	2.98	2.91	2.85	2.77	2.74	2.70	2.66	2.62
11	3.09	3.01	2.95	2.90	2.85	2.79	2.72	2.65	2.61	2.57	2.53	2.49
12	3.00	2.91	2.85	2.80	2.75	2.69	2.62	2.54	2.51	2.47	2.43	2.38
13	2.92	2.83	2.77	2.71	2.67	2.60	2.53	2.46	2.42	2.38	2.34	2.30
14	2.85	2.76	2.70	2.65	2.60	2.53	2.46	2.39	2.35	2.31	2.27	2.22
15	2.79	2.71	2.64	2.59	2.54	2.48	2.40	2.33	2.29	2.25	2.20	2.16
⋮	⋮	⋮	⋮	⋮	⋮	⋮	⋮	⋮	⋮	⋮	⋮	⋮
24	2.51	2.42	2.36	2.30	2.25	2.18	2.11	2.03	1.98	1.94	1.89	1.84
30	2.42	2.33	2.27	2.21	2.16	2.09	2.01	1.93	1.89	1.84	1.79	1.74
40	2.34	2.25	2.18	2.12	2.08	2.00	1.92	1.84	1.79	1.74	1.69	1.64
⋮	⋮	⋮	⋮	⋮	⋮	⋮	⋮	⋮	⋮	⋮	⋮	⋮

$\alpha = 0.025$											续表
$\diagdown^{\ m}_{n}$	6	7	8	9	10	12	15	20	24	30	40	60
⋮	⋮	⋮	⋮	⋮	⋮	⋮	⋮	⋮	⋮	⋮	⋮	⋮
6	5.82	5.70	5.60	5.52	5.46	5.37	5.27	5.17	5.12	5.07	5.01	4.96
⋮	⋮	⋮	⋮	⋮	⋮	⋮	⋮	⋮	⋮	⋮	⋮	⋮
9	4.32	4.20	4.10	4.03	3.96	3.87	3.77	3.67	3.61	3.56	3.51	3.45
10	4.07	3.95	3.85	3.78	3.72	3.62	3.52	3.42	3.37	3.31	3.26	3.20
11	3.88	3.76	3.66	3.59	3.53	3.43	3.33	3.23	3.17	3.12	3.06	3.00
12	3.73	3.61	3.51	3.44	3.37	3.28	3.18	3.07	3.02	2.96	2.91	2.85
13	3.60	3.48	3.39	3.31	3.25	3.15	3.05	2.95	2.89	2.84	2.78	2.72
14	3.50	3.38	3.29	3.21	3.15	3.05	2.95	2.84	2.79	2.73	2.67	2.61
15	3.41	3.29	3.20	3.12	3.06	2.96	2.86	2.76	2.70	2.64	2.59	2.52
⋮	⋮	⋮	⋮	⋮	⋮	⋮	⋮	⋮	⋮	⋮	⋮	⋮
24	2.99	2.87	2.78	2.70	2.64	2.54	2.44	2.33	2.27	2.21	2.15	2.08
30	2.87	2.75	2.65	2.57	2.51	2.41	2.31	2.20	2.14	2.07	2.01	1.94
40	2.74	2.62	2.53	2.45	2.39	2.29	2.18	2.07	2.01	1.94	1.88	1.80
⋮	⋮	⋮	⋮	⋮	⋮	⋮	⋮	⋮	⋮	⋮	⋮	⋮

例 3-30　设检验水平 $\alpha = 0.05$，计算自由度 $m = 12$，$n = 9$ 的 F 分布的单侧分位点和双侧分位点。

解：为计算单侧右分位点 $F_\alpha(m,n) = F_{0.05}(12,9)$，查表 3-16 中 $\alpha = 0.05$ 的部分 $m = 12$ 所在列，$n = 9$ 所在行交叉处的值为 3.07，即 $F_{0.05}(12,9) = 3.07$。为计算单侧左分位点 $F_{0.95}(12,9) = F_{1-\alpha}(m,n) = \dfrac{1}{F_\alpha(n,m)} = \dfrac{1}{F_{0.05}(9,12)}$，查表 3-16 中 $\alpha = 0.05$ 部分 $m = 9$ 所在列，$n = 12$ 所在行交叉处值 2.80，即 $F_{0.05}(9,12) = 2.80$，于是 $F_{1-\alpha}(m,n) = F_{0.95}(12,9) = \dfrac{1}{F_{0.05}(9,12)} = 0.357$。类似地，可算得双侧左、右分位点分别为 $F_{0.975}(12,9) = 0.29$，$F_{0.025}(12,9) = 3.87$。

练习 3-26　设 $\alpha = 0.1$，计算 $F(30,24)$ 的单侧分位点和双侧分位点。

参考答案：0.61，1.67，0.52，1.94。

3.5.6　Python 解法

首先明确：Python 的 scipy.stats 包提供的所有随机变量分布均含有表示分布函数 $F(x)$ 的 cdf 函数，表示分布函数的反函数 $F^{-1}(x)$ 的 ppf 函数，表示残存函数 $S(x)$ 的 sf 函数和表示残存函数的反函数 $S^{-1}(x)$ 的 isf 函数以及计算双侧分位点函数 interval。不同的分布，同名函数的参数可能有所不同。本节分别就标准正态分布、χ^2 分布、t 分布和 F 分布介绍这些函数的调用方法。

1. 标准正态分布

设 $X \sim N(0,1)$，我们知道 scipy.stats 包中连续型分布类 rv_continuous 的 norm 对象，当参数 loc 和 scale 取默认值 0 和 1 时，即表示标准正态分布。表 3-17 列出了标准正态分布的用于计算分位点的函数的参数意义。

表 3-17　标准正态分布常用函数

函 数 名	参 数	意 义
ppf	q：表示显著水平 α	左分位点 $-z_\alpha$
isf	q：表示显著水平 α	右分位点 z_α
interval	alpha：表示置信水平 $1-\alpha$	分位点 $-z_{\alpha/2}$ 和 $z_{\alpha/2}$

对指定的实数 $0 < \alpha < 1$，尽管根据上述讨论知，左、右分位点可分别调用 ppf（分布函数的反函数）及 isf（残存函数的反函数）算得，但由于标准正态分布的密度函数 $\varphi(x) = \frac{1}{\sqrt{2\pi}} e^{-\frac{x^2}{2}}$ 是关于纵轴对称的，所以对同一个 α，左、右分位点是关于原点对称的（单侧情形见图 3-14，双侧情形见图 3-15）。因此，可仅调用 isf 计算右分位点 z_α，其相反数 $-z_\alpha$ 即为左分位点。由于表示标准正态分布的参数 loc 和 scale 取默认值，所以计算分位点时，所调用的 isf 函数只需传递一个表示 α 的参数 q。norm 对象的 interval 函数的参数 alpha 表示随机变量落在左右分位点界定的区间内的概率值，也就是上述正文中表示的 $1-\alpha$。

例 3-31　下列代码验算例 3-27 中检验水平 $\alpha = 0.05$ 时，标准正态分布的单侧左、右分位点和双侧左、右分位点。

```
1  from scipy.stats import norm                          #导入norm
2  alpha=0.05                                            #设置alpha
3  b=norm.isf(q=alpha)                                   #计算单侧右分位点
4  a=-b                                                  #单侧左分位点
5  print('单侧左、右分位点：a=%.4f,b=%.4f'%(a, b))         #输出精确到万分位
6  a, b=norm.interval(1-alpha)                           #计算双侧分位点
7  print('双侧左、右分位点：a=%.4f,b=%.4f'%(a, b))         #输出精确到万分位
```

程序 3.12　计算标准正态分布分位点的 Python 程序

运行程序，输出如下。

```
单侧左、右分位点：a=-1.6449, b=1.6449
双侧左、右分位点：a=-1.9600, b=1.9600
```

练习 3-27　用 Python 计算练习 3-23 中标准正态分布对检验水平 $\alpha = 0.1$ 的左、右侧分位点和双侧分位点。

参考答案：见文件 chapter03.ipynb 对应代码。

2. χ^2 分布

Python 的 scipy.stats 包中，连续型分布类 rv_continuous 的 chi2 对象表示 χ^2 分布。χ^2 分布常用的计算分位点函数的调用接口见表 3-18。

表 3-18 χ^2 分布常用函数

函 数 名	参 数	意 义
ppf	q：表示显著水平 α；df：表示分布的自由度 n	单侧左分位点 $\chi^2_{1-\alpha}(n)$
isf	q：表示显著水平 α；df：表示分布的自由度 n	单侧右分位点 $\chi^2_{\alpha}(n)$
interval	alpha：表示置信水平 $1-\alpha$；df：表示分布的自由度 n	双侧左、右分位点 $\chi^2_{1-\alpha/2}(n)$ 和 $\chi^2_{\alpha/2}(n)$

例 3-32　下列代码计算例 3-28 中检验水平 $\alpha = 0.05$，$\chi^2(24)$ 的分位点。

```python
from scipy.stats import chi2          #导入chi2
n=24                                  #设置自由度n
alpha=0.05                            #设置alpha
a=chi2.ppf(q=alpha, df=n)             #计算单侧左分位点
b=chi2.isf(q=alpha, df=n)             #计算单侧右分位点
print('单侧左、右分位点：a=%.4f, b=%.4f'%(a, b))
a, b=chi2.interval(1-alpha, df=n)     #计算双侧左分位点
print('双侧左、右分位点：a=%.4f, b=%.4f'%(a, b))
```

程序 **3.13**　计算 χ^2 分布分位点的 Python 程序

运行程序，输出如下。

```
单侧左、右分位点：a=13.8484, b=36.4150
双侧左、右分位点：a=12.4012, b=39.3641
```

练习 3-28　用 Python 计算练习 3-24 中设检验水平 $\alpha = 0.1$，$\chi^2(32)$ 分布的左、右侧分位点和双侧分位点。

参考答案：见文件 chapter03.ipynb 对应代码。

3. t 分布

Python 的 scipy.stats 包中，连续型分布类 rv_continuous 的 t 对象表示 t 分布。常用函数调用接口见表 3-19。

自由度为 n 的 t 分布，其密度函数为 $h(x) = \dfrac{\Gamma\left(\dfrac{n+1}{2}\right)}{\sqrt{n\pi}\Gamma\left(\dfrac{n}{2}\right)}\left(1+\dfrac{x^2}{n}\right)^{-\frac{n+1}{2}}$ 是一个偶函数，所以其图形关于纵轴对称。对给定检验水平 α（$0 < \alpha < 1$），左、右分位点是关于原点对称的。与标准正态分布相似，可以先利用残存函数的反函数 isf 计算右分位点

$t_{\alpha(n)}$，其相反数 $-t_\alpha(n)$ 即为左分位点。双侧左、右分位点 $-t_{\alpha/2}(n)$ 和 $t_{\alpha/2}(n)$ 调用函数 interval 即可算得。

表 3-19 t 分布常用函数

函　数　名	参　　　　数	意　　　义
ppf	q: 表示显著水平 α；df: 表示分布的自由度 n	左分位点 $t_{1-\alpha}(n)$
isf	q: 表示显著水平 α；df: 表示分布的自由度 n	右分位点 $t_\alpha(n)$
interval	alpha: 表示置信水平 $1-\alpha$；df: 表示分布的自由度 n	分位点 $t_{1-\alpha/2}(n)$ 和 $t_{\alpha/2}(n)$

例 3-33   下列代码计算例 3-29 中检验水平 $\alpha = 0.05$，$t(24)$ 的单侧分位点 $-t_\alpha(n)$ 和 $t_\alpha(n)$，与双侧分位点 $-t_{\alpha/2}(n)$ 和 $t_{\alpha/2}(n)$。

```
1  from scipy.stats import t              #导入t
2  n=24                                   #设置自由度n
3  alpha=0.05                             #设置alpha
4  b=t.isf(q=alpha, df=n)                 #计算单侧右分位点
5  a=-b                                   #单侧左分位点
6  print('单侧左、右分位点：a=%.4f, b=%.4f'%(a, b))
7  a, b=t.interval(1-alpha, df=n)         #双侧右分位点
8  a=-b                                   #双侧左分位点
9  print('双侧左、右分位点：a=%.4f, b=%.4f'%(a, b))
```

程序 **3.14**   计算 t 分布分位点的 Python 程序

运行程序，输出如下。

```
单侧左、右分位点：a=-1.7109, b=1.7109
双侧左、右分位点：a=-2.0639, b=2.0639
```

练习 3-29   用 Python 计算练习 3-25 中检验水平 $\alpha = 0.1$，$t(32)$ 分布的左、右侧分位点和双侧分位点。

参考答案：见文件 chapter03.ipynb 对应代码。

4. F 分布

Python 的 scipy.stats 包中，连续型分布类 rv_continuous 的 f 对象表示 F 分布，常用函数的调用接口见表 3-20。

由于 F 分布的密度函数并不关于纵轴对称，故应分别运用分布函数的反函数 ppf 和残存函数的反函数 isf 来计算左、右分位点 $F_{1-\alpha}(m,n)$ 和 $F_\alpha(m,n)$。用 interval 函数计算双侧左、右分位点 $F_{1-\alpha/2}(m,n)$ 和 $F_{\alpha/2}(m,n)$。

表 3-20 F 分布常用函数

函 数 名	参 数	意 义
ppf	q：表示显著水平 α；dfn, dfd：表示分布的自由度 m 和 n	左分位点 $F_{1-\alpha}(m,n)$
isf	q：表示显著水平 α；dfn, dfd：表示分布的自由度 m 和 n	右分位点 $F_\alpha(m,n)$
interval	alpha：表示置信水平 $1-\alpha$；dfn, dfd：表示分布的自由度 m 和 n	分位点 $F_{1-\alpha/2}(m,n)$ 和 $F_{\alpha/2}(m,n)$

例 3-34 下列代码计算例 3-30 中检验水平 $\alpha = 0.05$，$F(12,9)$ 的单侧分位点 $F_{1-\alpha}(m,n)$ 和 $F_\alpha(m,n)$，与双侧分位点 $F_{1-\alpha/2}(m,n)$ 和 $F_{\alpha/2}(m,n)$。

```
1  from scipy.stats import f                          #导入f
2  m=12                                               #设置自由度m
3  n=9                                                #设置自由度n
4  alpha=0.05                                         #设置alpha
5  a=f.ppf(q=alpha, dfn=m, dfd=n)                     #单侧左分位点
6  b=f.isf(q=alpha, dfn=m, dfd=n)                     #单侧右分位点
7  print('单侧左、右分位点：a=%.4f, b=%.4f'%(a, b))
8  a, b=f.interval(1−alpha, dfn=m, dfd=n)             #双侧分位点
9  print('双侧左、右分位点：a=%.4f, b=%.4f'%(a, b))
```

程序 **3.15** 计算 F 分布分位点的 Python 程序

运行程序，输出如下。

```
单侧左、右分位点：a=0.3576, b=3.0729
双侧左、右分位点：a=0.2910, b=3.8682
```

练习 3-30 用 Python 计算练习 3-26 中检验水平 $\alpha = 0.1$，$F(30,24)$ 分布的左、右侧分位点和双侧分位点。

参考答案： 见文件 chapter03.ipynb 对应代码。

3.6 本章附录

A1. 定理 3-6 的证明

证明： (1) 此时，对于 $z \in \mathbb{R}$，$Z = g(X,Y) \leqslant z$ 即 $X + Y \leqslant z$ 或 $X \leqslant z - Y$。$D = \{(x,y)|g(x,y) \leqslant z\} = \{(x,y)|x \leqslant z - y\}$。$Z$ 的分布函数

$$F_Z(z) = \int_D f(x,y)\mathrm{d}x\mathrm{d}y = \int_{-\infty}^{+\infty} \int_{-\infty}^{z-y} f(x,y)\mathrm{d}x\mathrm{d}y$$

对 x, y 做变换

$$\begin{cases} x = u - v \\ y = v \end{cases}$$

则 $x \to -\infty$ 时，$u \to -\infty$，$x = z - y$ 时，$u = z$，$y \to -\infty$ 时，$v \to -\infty$，$y \to +\infty$ 时，$v \to +\infty$。且

$$\mathrm{d}x\mathrm{d}y = \begin{vmatrix} \dfrac{\partial x}{\partial u} & \dfrac{\partial x}{\partial v} \\ \dfrac{\partial y}{\partial u} & \dfrac{\partial y}{\partial v} \end{vmatrix} \mathrm{d}u\mathrm{d}v^{①} = \begin{vmatrix} 1 & -1 \\ 0 & 1 \end{vmatrix} \mathrm{d}u\mathrm{d}v = \mathrm{d}u\mathrm{d}v$$

代入该积分有

$$F_Z(z) = \int_{-\infty}^{z} \left(\int_{-\infty}^{-\infty} f(u-v, v)\mathrm{d}v \right) \mathrm{d}u$$

两边求导，得 Z 的密度函数

$$f_Z(z) = \int_{-\infty}^{+\infty} f(z-v, v)\mathrm{d}v$$

若将 $X + Y \leqslant z$ 视为 $Y \leqslant z - X$ 对 x, y 做变换

$$\begin{cases} x = u \\ y = v - u \end{cases}$$

类似地可得

$$f_Z(z) = \int_{-\infty}^{+\infty} f(u, z-u)\mathrm{d}u$$

对于 (2)，只需要考虑 (X, Y) 的联合密度函数 $f(x, y)$ 与两个边缘密度函数 $f_X(x)$ 和 $f_Y(y)$，在 X 与 Y 相互独立的情况下有

$$f(x, y) = f_X(x)f_Y(y)$$

对比 (1) 即得 (2) 的结果。

A2. 引理 3-1 的证明

证明： 由 $X \sim N(\mu_1, \sigma_1^2)$，$Y \sim N(\mu_2, \sigma_2^2)$，知

$$\begin{cases} f_X(x) = \dfrac{1}{\sqrt{2\pi}\sigma_1} \mathrm{e}^{-\frac{(x-\mu_1)^2}{2\sigma_1^2}} \\ f_Y(y) = \dfrac{1}{\sqrt{2\pi}\sigma_2} \mathrm{e}^{-\frac{(y-\mu_2)^2}{2\sigma_2^2}} \end{cases}$$

---

① 此式称为二重积分变量变换公式。（详见参考文献 [6]§15.3。）

对于函数 $Z = X + Y$ 及 $z \in \mathbb{R}$，按卷积公式有

$$
\begin{aligned}
f_Z(z) &= \int_{-\infty}^{+\infty} f_X(z-v) f_Y(v) \mathrm{d}v \\
&= \frac{1}{2\pi\sigma_1\sigma_2} \int_{-\infty}^{+\infty} \mathrm{e}^{-\frac{(z-v-\mu_1)^2}{2\sigma_1^2}} \cdot \mathrm{e}^{-\frac{(v-\mu_2)^2}{2\sigma_2^2}} \mathrm{d}v \\
&= \frac{1}{2\pi\sigma_1\sigma_2} \int_{-\infty}^{+\infty} \mathrm{e}^{-\left[\frac{(z-v-\mu_1)^2}{2\sigma_1^2} + \frac{(v-\mu_2)^2}{2\sigma_2^2}\right]} \mathrm{d}v
\end{aligned}
$$

考虑被积函数的指数部分忽略负号后记为 α，即

$$
\alpha = \frac{(z-v-\mu_1)^2}{2\sigma_1^2} + \frac{(v-\mu_2)^2}{2\sigma_2^2} = \frac{[v-(z-\mu_1)]^2}{2\sigma_1^2} + \frac{(v-\mu_2)^2}{2\sigma_2^2}
$$

为表达简洁，令 $z - \mu_1 = \mu_1'$。于是

$$
\begin{aligned}
\alpha &= \frac{1}{2\sigma_1^2\sigma_2^2}[\sigma_2^2(v-\mu_1')^2 + \sigma_1^2(v-\mu_2)^2] \\
&= \frac{1}{2\sigma_1^2\sigma_2^2}[(\sigma_1^2+\sigma_2^2)v^2 - 2(\sigma_1^2\mu_2+\sigma_2^2\mu_1')v + (\sigma_1^2\mu_2^2+\sigma_2^2\mu_1'^2)] \\
&= \frac{\sigma_1^2+\sigma_2^2}{2\sigma_1^2\sigma_2^2}\left(v^2 - 2v\frac{\sigma_1^2\mu_2+\sigma_2^2\mu_1'}{\sigma_1^2+\sigma_2^2} + \frac{\sigma_1^2\mu_2^2+\sigma_2^2\mu_1'^2}{\sigma_1^2+\sigma_2^2}\right) \\
&= \frac{\sigma_1^2+\sigma_2^2}{2\sigma_1^2\sigma_2^2}\left[\left(v - \frac{\sigma_1^2\mu_2+\sigma_2^2\mu_1'}{\sigma_1^2+\sigma_2^2}\right)^2 + \frac{\sigma_1^2\mu_2^2+\sigma_2^2\mu_1'^2}{\sigma_1^2+\sigma_2^2} - \left(\frac{\sigma_1^2\mu_2+\sigma_2^2\mu_1'}{\sigma_1^2+\sigma_2^2}\right)^2\right] \\
&= \frac{\left(v - \frac{\sigma_1^2\mu_2+\sigma_2^2\mu_1'}{\sigma_1^2+\sigma_2^2}\right)^2}{2\frac{\sigma_1^2\sigma_2^2}{\sigma_1^2+\sigma_2^2}} + \left[\frac{\sigma_1^2\mu_2^2+\sigma_2^2\mu_1'^2}{2\sigma_1^2\sigma_2^2} - \frac{(\sigma_1^2\mu_2+\sigma_2^2\mu_1')^2}{2\sigma_1^2\sigma_2^2(\sigma_1^2+\sigma_2^2)}\right]
\end{aligned}
$$

将最后式中的第一项记为 β（含有积分变量 v），第二项记为 γ（仅含参数 z 不含积分变量 v）。令式 β 中 $\frac{\sigma_1^2\mu_2+\sigma_2^2\mu_1'}{\sigma_1^2+\sigma_2^2} = \mu'$，$\frac{\sigma_1^2\sigma_2^2}{\sigma_1^2+\sigma_2^2} = \sigma'^2$，则

$$
1 = \int_{-\infty}^{+\infty} \frac{1}{\sqrt{2\pi}\sigma'} \mathrm{e}^{-\frac{(v-\mu')^2}{2\sigma'^2}} \mathrm{d}v = \sqrt{\sigma_1^2+\sigma_2^2} \int_{-\infty}^{+\infty} \frac{1}{\sqrt{2\pi}\sigma_1\sigma_2} \mathrm{e}^{-\beta} \mathrm{d}v
$$

$$
\begin{aligned}
\gamma &= \frac{\sigma_1^2\mu_2^2+\sigma_2^2\mu_1'^2}{2\sigma_1^2\sigma_2^2} - \frac{(\sigma_1^2\mu_2+\sigma_2^2\mu_1')^2}{2\sigma_1^2\sigma_2^2(\sigma_1^2+\sigma_2^2)} \\
&= \frac{(\sigma_1^2+\sigma_2^2)(\sigma_1^2\mu_2^2+\sigma_2^2\mu_1'^2) - (\sigma_1^2\mu_2+\sigma_2^2\mu_1')^2}{2\sigma_1^2\sigma_2^2(\sigma_1^2+\sigma_2^2)} \\
&= \frac{\sigma_1^4\mu_2^2+\sigma_1^2\sigma_2^2\mu_1'^2+\sigma_1^2\sigma_2^2\mu_2^2+\sigma_2^4\mu_1'^2-\sigma_1^4\mu_2^2-\sigma_2^4\mu_1'^2-2\sigma_1^2\sigma_2^2\mu_1'\mu_2}{2\sigma_1^2\sigma_2^2(\sigma_1^2+\sigma_2^2)}
\end{aligned}
$$

$$= \frac{\sigma_1^2\sigma_2^2\mu_1'^2 + \sigma_1^2\sigma_2^2\mu_2^2 - 2\sigma_1^2\sigma_2^2\mu_1'\mu_2}{2\sigma_1^2\sigma_2^2(\sigma_1^2 + \sigma_2^2)} = \frac{(\mu_1' - \mu_2)^2}{2(\sigma_1^2 + \sigma_2^2)}$$

$$= \frac{(z - \mu_1 - \mu_2)^2}{2(\sigma_1^2 + \sigma_2^2)}$$

于是，

$$f_Z(z) = \frac{1}{2\pi\sigma_1\sigma_2}\int_{-\infty}^{+\infty} e^{-\left[\frac{(z - v - \mu_1)^2}{2\sigma_1^2} + \frac{(v - \mu_2)^2}{2\sigma_2^2}\right]}\mathrm{d}v = \frac{1}{2\pi\sigma_1\sigma_2}\int_{-\infty}^{+\infty} e^{-\alpha}$$

$$= \frac{1}{2\pi\sigma_1\sigma_2}\int_{-\infty}^{+\infty} e^{-(\beta+\gamma)}\mathrm{d}v = \frac{1}{2\pi\sigma_1\sigma_2}\int_{-\infty}^{+\infty} e^{-\beta} \cdot e^{-\gamma}\mathrm{d}v$$

$$= \frac{1}{\sqrt{2\pi(\sigma_1^2 + \sigma_2^2)}}e^{-\gamma}\left(\sqrt{\sigma_1^2 + \sigma_2^2}\int_{-\infty}^{+\infty} \frac{1}{\sqrt{2\pi}\sigma_1\sigma_2}e^{-\beta}\mathrm{d}v\right)$$

$$= \frac{1}{\sqrt{2\pi(\sigma_1^2 + \sigma_2^2)}}e^{-\gamma} \cdot 1 = \frac{1}{\sqrt{2\pi(\sigma_1^2 + \sigma_2^2)}}e^{-\frac{(z - \mu_1 - \mu_2)^2}{2(\sigma_1^2 + \sigma_2^2)}}$$

此即证得 $X + Y = Z \sim N(\mu_1 + \mu_2, \sigma_1^2 + \sigma_2^2)$。即正态分布具有可加性：两个独立的正态分布之和仍服从正态分布。

A3. 定理 3-7 的证明

证明：（1）由引理 3-1 知，当 $n = 2$ 时，$X_1 + X_2 \sim N(2\mu, 2\sigma^2)$。假定 $n = k(\geqslant 2)$ 时结论为真，即 $X_1 + \cdots + X_k \sim N(k\mu, k\sigma^2)$。下证 $n = k + 1$ 时，结论也成立。由于 $X_1 + \cdots + X_k \sim N(k\mu, k\sigma^2)$，$X_{k+1} \sim N(\mu, \sigma^2)$，且 X_{k+1} 与诸 X_i，$i = 1, \cdots, k$ 相互独立，当然也与 $X_1 + \cdots + X_k$ 相互独立。再次运用引理 3-1，即得 $X_1 + \cdots + X_k + X_{k+1} = (X_1 + \cdots + X_k) + X_{k+1} \sim N((k+1)\mu, (k+1)\sigma^2)$。这就归纳证明了对任意正整数 n，结论 $X_1 + X_2 + \cdots + X_n \sim N(n\mu, n\sigma^2)$ 的正确性。

（2）首先，由 $X_1, X_2, \cdots, X_n$ 相互独立，可知 $C_1X_1, C_2X_2, \cdots, C_nX_n$ 相互独立。其次，根据例 2-35 知，$C_iX_i \sim N(C_i\mu_i, C_i^2\sigma_i^2)$，$i = 1, 2, \cdots, n$。与（1）的证明相仿，运用数学归纳法，读者可自证结论：$\sum_{i=1}^{n} C_iX_i \sim N\left(\sum_{i=1}^{n} C_i\mu_i, \sum_{i=1}^{n} C_i^2\sigma_i^2\right)$。

A4. 引理 3-2 的证明

证明：在证明 χ^2 分布的可加性之前，先来证实以下事实：

$$\Gamma(r)\Gamma(s) = \Gamma(r + s)\int_0^1 (1 - u)^{r-1}u^{s-1}\mathrm{d}u$$

根据 Γ 函数的定义

$$\Gamma(r)\Gamma(s) = \int_0^{+\infty} x^{r-1}e^{-x}\mathrm{d}x \int_0^{+\infty} y^{s-1}e^{-y}\mathrm{d}y$$

$$= \int_0^{+\infty} \int_0^{+\infty} x^{r-1} y^{s-1} \mathrm{e}^{-(x+y)} \mathrm{d}x \mathrm{d}y$$

$$\xlongequal[\text{则} \mathrm{d}x = \frac{y\mathrm{d}u}{(1-u)^2}]{\text{令} u = \frac{x}{x+y}} \int_0^{+\infty} \int_0^1 \left(\frac{uy}{1-u} \right)^{r-1} y^{s-1} \mathrm{e}^{-\frac{y}{1-u}} \frac{y}{(1-u)^2} \mathrm{d}u \mathrm{d}y$$

$$\xlongequal[\text{则} \mathrm{d}y = (1-u)\mathrm{d}v]{\text{令} v = \frac{y}{1-u}} \int_0^{+\infty} \int_0^1 (uv)^{r-1} (1-u)^{s-1} v^{s-1} \mathrm{e}^{-v} v \mathrm{d}u \mathrm{d}v$$

$$= \int_0^{+\infty} \int_0^1 u^{r-1} (1-u)^{s-1} v^{r+s-1} \mathrm{e}^{-v} \mathrm{d}u \mathrm{d}v$$

$$= \left(\int_0^{+\infty} v^{r+s-1} \mathrm{e}^{-v} \mathrm{d}v \right) \left[\int_0^1 u^{r-1} (1-u)^{s-1} \mathrm{d}u \right]$$

$$= \Gamma(r+s) \int_0^1 u^{r-1} (1-u)^{s-1} \mathrm{d}u$$

下面用此结果证明 χ^2 分布的可加性。由 $X \sim \chi^2(m)$，$Y \sim \chi^2(n)$，知

$$f_X(x) = \begin{cases} \dfrac{1}{2^{\frac{n}{2}} \Gamma\left(\dfrac{n}{2}\right)} x^{\frac{n}{2}-1} \mathrm{e}^{-\frac{x}{2}}, & x > 0 \\ 0, & x \leqslant 0 \end{cases}, f_Y(y) = \begin{cases} \dfrac{1}{2^{\frac{m}{2}} \Gamma\left(\dfrac{m}{2}\right)} y^{\frac{m}{2}-1} \mathrm{e}^{-\frac{y}{2}}, & y > 0 \\ 0, & x \leqslant 0 \end{cases}$$

由 X 与 Y 的相互独立性，按卷积公式有

$$f_{X+Y}(z) = \int_{-\infty}^{+\infty} f_X(z-v) f_Y(v) \mathrm{d}v$$

$$= \begin{cases} \dfrac{\mathrm{e}^{-\frac{z}{2}}}{2^{\frac{n+m}{2}} \Gamma(n/2)\Gamma(m/2)} \displaystyle\int_0^z (z-v)^{\frac{n}{2}-1} v^{\frac{m}{2}-1} \mathrm{d}v, & z > 0 \\ 0, & z \leqslant 0 \end{cases}$$

$$\xlongequal[\text{代入上式}]{\text{因} \Gamma\left(\frac{n}{2}\right)\Gamma\left(\frac{m}{2}\right) = \Gamma\left(\frac{n+m}{2}\right) \int_0^1 (1-t)^{\frac{n}{2}-1} t^{\frac{m}{2}-1} \mathrm{d}t}$$

$$\begin{cases} \dfrac{\mathrm{e}^{-\frac{z}{2}}}{2^{\frac{n+m}{2}} \Gamma\left(\dfrac{n+m}{2}\right)} \dfrac{\displaystyle\int_0^z (z-v)^{\frac{n}{2}-1} v^{\frac{m}{2}-1} \mathrm{d}v}{\displaystyle\int_0^1 (1-t)^{\frac{n}{2}-1} t^{\frac{m}{2}-1} \mathrm{d}t}, & z > 0 \\ 0, & z \leqslant 0 \end{cases}$$

$$\xlongequal[\text{则} \mathrm{d}t = \frac{\mathrm{d}v}{z}]{\text{令} t = \frac{v}{z}} \begin{cases} \dfrac{\mathrm{e}^{-\frac{z}{2}}}{2^{\frac{n+m}{2}} \Gamma\left(\dfrac{n+m}{2}\right)} \dfrac{\displaystyle\int_0^z (z-v)^{\frac{n}{2}-1} v^{\frac{m}{2}-1} \mathrm{d}v}{\displaystyle\int_0^z \left(\dfrac{z-v}{z}\right)^{\frac{n}{2}-1} \left(\dfrac{v}{z}\right)^{\frac{m}{2}-1} \dfrac{\mathrm{d}v}{z}}, & z > 0 \\ 0, & z \leqslant 0 \end{cases}$$

$$= \begin{cases} \dfrac{1}{2^{\frac{n+m}{2}}\Gamma\left(\dfrac{n+m}{2}\right)} z^{\frac{n+m}{2}-1}\mathrm{e}^{-\frac{z}{2}}, & z > 0 \\ 0, & z \leqslant 0 \end{cases}$$

即 $X+Y \sim \chi^2(n+m)$。

A5. 定理 3-8 的证明

证明： 对 n 做数学归纳：当 $n=2$ 时，X_1, X_2 相互独立，且都服从 $N(0,1)$，由例 3-24 知 $X_1^2 + X_2^2 \sim \chi^(2)$。假定 $n=k(>2)$ 时，结论成立。即 $X_1, \cdots, X_k$ 相互独立，均服从 $N(0,1)$，$X_1^2 + \cdots + X_k^2 \sim \chi^2(k)$。当 $n=k+1$ 时，由 $X_1, \cdots, X_k, X_{k+1}$ 的相互独立性知 X_{k+1} 与诸 X_i（$1 \leqslant i \leqslant k$）相互独立，故 X_{k+1}^2 与诸 X_i^2（$1 \leqslant i \leqslant k$）相互独立，自然有 X_{k+1}^2 与 $X_1^2 + \cdots + X_k^2$ 相互独立。由例 2-36 知 $X_{k+1}^2 \sim \chi^2(1)$，由归纳假设知 $X_1^2 + \cdots + X_k^2 \sim \chi^2(k)$。于是，运用引理 3-2 得 $X_1^2 + \cdots + X_k^2 + X_{k+1}^2 \sim \chi^2(k+1)$，即对任意正整数 n，结论均成立。

A6. 定理 3-9 的证明

证明： (1) 此时，$g(X,Y) \leqslant z$ 等价于 $X/Y \leqslant z$。对 $z \in \mathbb{R}$，令 $D = \{(x,y)|x/y \leqslant z\} = D_1 \cup D_2$，其中，$D_1 = \{(x,y)|x/y \leqslant z, y < 0\} = \{(x,y)|x \leqslant zy, y < 0\}$，$D_2 = \{(x,y)|x/y \leqslant z, y \geqslant 0\} = \{(x,y)|x \leqslant zy, y \geqslant 0\}$。

$$F_{X/Y}(z) = \iint\limits_{D} f(x,y)\mathrm{d}x\mathrm{d}y = \iint\limits_{D_1} f(x,y)\mathrm{d}x\mathrm{d}y + \iint\limits_{D_2} f(x,y)\mathrm{d}x\mathrm{d}y$$

考虑 D_1 上的积分：

$$\iint\limits_{D_1} f(x,y)\mathrm{d}x\mathrm{d}y = \int_{-\infty}^{0} \left(\int_{zy}^{+\infty} f(x,y)\mathrm{d}x \right) \mathrm{d}y$$

做变换 $\begin{cases} x=uv \\ y=v \end{cases}$，则 $x=zy$ 时，$u=z$，$x \to +\infty$ 时，$u \to -\infty$。$\mathrm{d}x\mathrm{d}y = \begin{vmatrix} \dfrac{\partial x}{\partial u} & \dfrac{\partial x}{\partial v} \\ \dfrac{\partial y}{\partial u} & \dfrac{\partial y}{\partial v} \end{vmatrix} \mathrm{d}u\mathrm{d}v = $

$\begin{vmatrix} v & u \\ 0 & 1 \end{vmatrix} \mathrm{d}u\mathrm{d}v = v\mathrm{d}u\mathrm{d}v$。代入积分

$$\iint\limits_{D_1} f(x,y)\mathrm{d}x\mathrm{d}y = \int_{-\infty}^{0} \left(-v\int_{-\infty}^{z} f(zv,v)\mathrm{d}u \right) \mathrm{d}v$$

类似地，可得 D_2 上的积分为

$$\iint\limits_{D_2} f(x,y)\mathrm{d}x\mathrm{d}y = \int_{0}^{+\infty} \left(v\int_{-\infty}^{z} f(zv,v)\mathrm{d}u \right) \mathrm{d}v$$

于是，

$$F_{X/Y}(z) = \iint\limits_{D_1} f(x,y)\mathrm{d}x\mathrm{d}y + \iint\limits_{D_2} f(x,y)\mathrm{d}x\mathrm{d}y$$

$$= \int_{-\infty}^{0} \left(-v \int_{-\infty}^{z} f(zv,v)\mathrm{d}u \right) \mathrm{d}v + \int_{0}^{+\infty} \left(v \int_{-\infty}^{z} f(zv,v)\mathrm{d}u \right) \mathrm{d}v$$

$$= \int_{-\infty}^{+\infty} \left(|v| \int_{-\infty}^{z} f(zv,v)\mathrm{d}u \right) \mathrm{d}v$$

故

$$f_{X/Y}(z) = \int_{-\infty}^{+\infty} |v| f(zv,v)\mathrm{d}v$$

（2）特殊地，若 X 与 Y 相互独立，$f_X(x)$ 和 $f_Y(y)$ 分别为 X，Y 的密度函数，则 $f(X,Y) = f_X(x)f_Y(y)$。于是

$$f_{X/Y}(z) = \int_{-\infty}^{+\infty} |v| f_X(zv) f_Y(v)\mathrm{d}v$$

随机变量的数字特征

随机变量的分布（分布函数、分布律或概率密度函数）全面描述了随机变量。在前面的讨论中可以看到，决定一个随机变量的分布往往仅有若干个参数。例如，决定 0-1 分布的仅有一个参数 p，决定二项分布的有两个参数 n 和 p，决定泊松分布的参数是 λ，决定均匀分布的参数有 a 和 b，决定指数分布的参数是 λ，决定正态分布的参数是 μ 和 σ^2。也就是说，知道了随机变量的分布类型，以及决定分布的参数，就能全面掌握随机变量。

实践中，当我们面临一个随机变量 X 的时候，未必能马上确定 X 的分布类型。即使知道其分布类型也未必能立即明确分布中所含参数。在很多情况下，常常先设法了解 X 的一些有用的特征：X 取值的均值、X 取值与其均值之间的聚散程度，等等。用这些特征值对 X 的分布概况做初步认识。有趣的是，人们发现这些看似比较"粗浅"的特征，在很多情况下却与很"深刻"的分布参数紧密相连，紧密到有时由分布参数就可决定特征值。反过来，也可由数字特征值算出分布的参数。

4.1　随机变量的数学期望

面对一组数值数据，人们往往首先尝试了解这组数据的平均值。

例 4-1　设 10 根钢筋的抗拉指标分别为

$$110, 120, 120, 125, 125, 125, 130, 130, 135, 140$$

它们的平均抗拉指标为

$$\frac{110 + 120 + 120 + 125 + 125 + 125 + 130 + 130 + 135 + 140}{10}$$

$$= \frac{110}{10} + \frac{120 \times 2}{10} + \frac{125 \times 3}{10} + \frac{130 \times 2}{10} + \frac{135}{10} + \frac{140}{10}$$

$$= 11 + 24 + 37.5 + 26 + 13.5 + 14$$

$$= 126$$

上例中，要求的平均抗拉指标并不是 10 根钢筋中不同的抗拉指标 110，120，125，130，140 的简单平均，而是它们依次乘以 $\frac{1}{10}$，$\frac{2}{10}$，$\frac{3}{10}$，$\frac{1}{10}$ 和 $\frac{1}{10}$ 后的和，即各个不同抗拉指标及取每个指标频率的加权平均。

这启发我们如何看待随机变量的平均取值——数学期望。

4.1.1　离散型随机变量的数学期望

定义 4-1　设离散型随机变量 X 的分布律为

X	x_1	x_2	$\cdots$	x_k	$\cdots$
p	p_1	p_2	$\cdots$	p_k	$\cdots$

若级数 $\sum\limits_i x_i p_i$ 绝对收敛[①]，则记

$$E(X) = \sum_i x_i p_i$$

称为 X 的**数学期望**，简称为**期望**。

对比例 4-1，并联想到频率与概率的关系，很容易理解定义 4-1 中随机变量 X 的数学期望 $E(X)$ 是 X 取值的平均值。这一事实将在本章稍后给予严格的数学证明。正因此，各种文献中，随机变量 X 的数学期望常称为 X 的**均值**。

需要说明的是，若 X 取有限个值，则 $\sum\limits_i x_i p_i$ 为一有限和。这时 $E(X) = \sum\limits_i x_i p_i$ 当然存在。但对于有无穷多个取值的随机变量 X 而言，按定义 $E(X)$ 未必存在。例如，设 X 的分布律为

X	-2	$\frac{2^2}{2}$	$\cdots$	$(-1)^i \frac{2^i}{i}$	$\cdots$
p	$\frac{1}{2}$	$\frac{1}{2^2}$	$\cdots$	$\frac{1}{2^i}$	$\cdots$

虽然 $\sum\limits_{i=1}^{+\infty} x_i p_i = \sum\limits_{i=1}^{+\infty} (-1)^i \frac{1}{i} = -\ln 2$，但是 $\sum\limits_{i=1}^{+\infty} |x_i| p_i = \sum\limits_{i=1}^{+\infty} \frac{1}{i}$ 发散，故 $E(X)$ 不存在。

例 4-2　设 $X \sim \begin{pmatrix} 0 & 1 \\ 1-p & p \end{pmatrix}$，即 X 服从参数为 p 的 0-1 分布，按上述数学期望的定义有

$$E(X) = 0 \times (1-p) + 1 \times p = p$$

即服从参数为 p 的 0-1 分布的随机变量 X，其数学期望 $E(X)$ 等于参数 p。

---

① 即 $\sum\limits_i |x_i p_i|$ 收敛。

例 4-3 设 $X \sim \pi(\lambda)$，计算 $E(X)$。

解：由 X 服从参数为 λ 的泊松分布知，$P(X=k)=\dfrac{\lambda^k}{k!}\mathrm{e}^{-\lambda}$，$k=0,1,\cdots$。

$$E(X)=\sum_{k=0}^{+\infty}k\cdot\frac{\lambda^k}{k!}\mathrm{e}^{-\lambda}=\sum_{k=1}^{+\infty}k\cdot\frac{\lambda^k}{k!}\mathrm{e}^{-\lambda}$$

$$=\sum_{k=1}^{+\infty}\frac{\lambda^k}{(k-1)!}\mathrm{e}^{-\lambda}=\lambda\mathrm{e}^{-\lambda}\sum_{k=0}^{+\infty}\frac{\lambda^k}{k!}=\lambda$$

最后一个等号是源自级数 $\sum\limits_{k=0}^{+\infty}\dfrac{\lambda^k}{k!}=\mathrm{e}^{\lambda}$。

即服从参数为 λ 的泊松分布的随机变量 X，其数学期望恰为参数 λ。

例 4-4 设 $X \sim b(n,p)$，计算 $E(X)$。

解：由 X 的分布律 $P(X=k)=\mathrm{C}_n^k p^k(1-p)^{n-k}$，$k=0,1,\cdots,n$，

$$E(X)=\sum_{k=0}^{n}k\cdot\mathrm{C}_n^k p^k(1-p)^{n-k}=\sum_{k=1}^{n}k\cdot\mathrm{C}_n^k p^k(1-p)^{n-k}$$

$$=\sum_{k=1}^{n}k\cdot\frac{n!}{k!(n-k)!}p^k(1-p)^{n-k}=\sum_{k=1}^{n}\frac{n!}{(k-1)!(n-k)!}p^k(1-p)^{n-k}$$

$$=np\sum_{k=1}^{n}\frac{(n-1)!}{(k-1)!(n-k)!}p^{k-1}(1-p)^{n-k}=np\sum_{k=0}^{n-1}\frac{(n-1)!}{k!(n-k-1)!}p^k(1-p)^{n-k-1}$$

$$=np\sum_{k=0}^{n-1}\mathrm{C}_{n-1}^k p^k(1-p)^{n-k-1}=np$$

最后的等号源自 $\sum\limits_{k=0}^{n-1}\mathrm{C}_{n-1}^k p^k(1-p)^{n-k-1}=1$。

即服从参数为 n 和 p 的二项分布的随机变量 X 的数学期望为参数 n 与 p 的积。

练习 4-1 某城市一天内发生严重刑事案件数 X 服从参数为 $\dfrac{1}{3}$ 的泊松分布。记 Y 表示一年（365 天）内未发生严重刑事案件的天数，计算 $E(Y)$。

参考答案：261.5。

4.1.2 连续型随机变量的数学期望

定义 4-2 设连续型随机变量 X 的密度函数为 $f(x)$，若积分 $\displaystyle\int_{-\infty}^{+\infty}xf(x)\mathrm{d}x$ 绝对收敛[①]，则记

$$E(X)=\int_{-\infty}^{+\infty}xf(x)\mathrm{d}x$$

[①] 即 $\displaystyle\int_{-\infty}^{+\infty}|x|f(x)\mathrm{d}x$ 收敛。

称为 X 的数学期望。

　　现在来解释若连续型随机变量 X 的数学期望 $E(X)$ 存在，$E(X)$ 表示 X 的平均取值。对 X 的任一取值 x，考虑含有 x 的小区间长度 Δx，$P(X \in \Delta x) \approx f(x)\Delta x$。假定 Δx 足够小，$x \cdot f(x)\Delta x$ 可近似地认为是 x 与取其值的概率的积。将 $\mathbb{R}$ 分成 n 个小区间，x_i 是第 i 个区间中的一点，$i = 1, 2, \cdots, n$。则 $\sum_{i=1}^{n} x_i f(x_i)\Delta x_i$ 可视为 X 取 $x_1, x_2, \cdots, x_n$ 相对于取各值概率的加权平均。令 $\Delta x = \max\{\Delta x_1, \Delta x_2, \cdots, \Delta x_n\}$，

$$\lim_{\substack{n \to +\infty \\ \Delta x \to 0}} \sum_{i=1}^{n} x_i f(x_i)\Delta x_i = \int_{-\infty}^{+\infty} x f(x)\mathrm{d}x = E(X)$$

即连续型随机变量 X 的数学期望可以理解成是取离散点的数学期望的极限。

　　和离散型随机变量相仿，连续型随机变量 X 的数学期望存在的条件是必须谨慎对待的。例如，设 X 的密度函数为 $f(x) = \dfrac{1}{\pi(1+x^2)}, x \in \mathbb{R}$，由于

$$\begin{aligned} \int_{-\infty}^{+\infty} |x| f(x)\mathrm{d}x &= \int_{-\infty}^{+\infty} \frac{|x|}{\pi(1+x^2)}\mathrm{d}x \\ &= 2\int_{0}^{+\infty} \frac{x}{\pi(1+x^2)}\mathrm{d}x \\ &= \frac{1}{\pi}\ln(1+x^2)\Big|_{0}^{+\infty} = +\infty \end{aligned}$$

所以，按定义 $E(X)$ 不存在。注意，第二个等号源自被积函数 $\dfrac{|x|}{\pi(1+x^2)}$ 是一个偶函数。

　　例 4-5　设 $X \sim U(a,b)$，计算 $E(X)$。

　　解：由 $X \sim U(a,b)$ 知其密度函数为 $f(x) = \begin{cases} \dfrac{1}{b-1}, & a < x < b \\ 0, & \text{其他} \end{cases}$，故

$$E(X) = \int_{-\infty}^{+\infty} x f(x)\mathrm{d}x = \int_{a}^{b} \frac{x}{b-a}\mathrm{d}x = \frac{b^2-a^2}{2(b-a)} = \frac{a+b}{2}$$

即服从参数为 a，b 的均匀分布的随机变量 X 的数学期望，是参数 a 和 b 的算术平均。

　　例 4-6　设 $X \sim \mathrm{Exp}(\lambda)$，计算 $E(X)$。

　　解：由 $X \sim \mathrm{Exp}(\lambda)$ 知 X 的密度函数为 $f(x) = \begin{cases} \dfrac{1}{\lambda}\mathrm{e}^{-\frac{x}{\lambda}}, & x \geqslant 0 \\ 0, & x < 0 \end{cases}$。

$$E(X) = \int_{-\infty}^{+\infty} x f(x)\mathrm{d}x = \int_{0}^{+\infty} \frac{x}{\lambda}\mathrm{e}^{-\frac{x}{\lambda}}\mathrm{d}x$$

$$\xlongequal[\text{则}\mathrm{d}x=\lambda\mathrm{d}t]{\text{令}t=\frac{x}{\lambda}} \lambda \int_{0}^{+\infty} t\mathrm{e}^{-t}\mathrm{d}t = -\lambda \int_{0}^{+\infty} t\mathrm{d}\mathrm{e}^{-t}$$

$$= \lambda \left(te^{-t} \Big|_{+\infty}^{0} + \int_{0}^{+\infty} e^{-t} \mathrm{d}t \right) = \lambda$$

即服从参数为 λ 的指数分布的随机变量 X 的数学期望恰为参数 λ。

例 4-7　设 $X \sim N(0,1)$，计算 $E(X)$。

解：X 的密度函数为 $\varphi(x) = \dfrac{1}{\sqrt{2\pi}} e^{-\frac{x^2}{2}}$，于是

$$E(X) = \int_{-\infty}^{+\infty} x f(x) \mathrm{d}x = \int_{-\infty}^{+\infty} \frac{x}{\sqrt{2\pi}} e^{-\frac{x^2}{2}} \mathrm{d}x = 0$$

最后的等号源自被积函数是奇函数。

本例表明，服从标准正态分布的随机变量 X 的数学期望等于第一个参数的值——0。

练习 4-2　设随机变量 X 的概率密度函数为 $f(x) = \frac{1}{2}e^{-|x|}$，$x \in \mathbb{R}$，计算 $E(X)$。
参考答案：0。

4.1.3　随机变量函数的数学期望

已知随机变量 X 的分布（分布律或密度函数），且 $Y = g(X)$，我们知道 Y 也是一个随机变量。本节探讨如何直接利用 X 的分布计算 $E(Y)$。

1. 离散型随机变量函数的数学期望

定义 4-3　设离散型随机变量的分布律为

X	x_1	x_2	$\cdots$	x_k	$\cdots$
p	p_1	p_2	$\cdots$	p_k	$\cdots$

若级数 $\sum\limits_{i} g(x_i)p_i$ 绝对收敛，则

$$E(Y) = \sum_{i} g(x_i)p_i$$

例 4-8　设 $X \sim \begin{pmatrix} 0 & 1 \\ 1-p & p \end{pmatrix}$，计算 $E(X^2)$。

解：此即当 $Y = X^2$ 时，计算 $E(Y)$。根据定义，有

$$E(X^2) = 0^2 \times (1-p) + 1^2 \times p = p$$

练习 4-3　设 $X \sim \pi(\lambda)$，计算 $E(X^2)$。
参考答案：$\lambda^2 + \lambda$。提示：注意 $k^2 = k(k-1) + k$，参考例 4-3 的方法。
离散型随机变量函数的期望计算还可以推广到离散型 2-维随机向量函数的情形。

定义 4-4　设随机向量 (X, Y) 的联合分布律为

X \ Y	y_1	y_2	$\cdots$	y_j	$\cdots$	y_n	$\cdots$
x_1	p_{11}	p_{12}	$\cdots$	p_{1j}	$\cdots$	p_{1n}	$\cdots$
x_2	p_{21}	p_{22}	$\cdots$	p_{2j}	$\cdots$	p_{2n}	$\cdots$
$\vdots$	$\vdots$	$\vdots$	$\cdots$	$\vdots$	$\cdots$	$\vdots$	$\cdots$
x_i	p_{i1}	p_{i2}	$\cdots$	p_{ij}	$\cdots$	p_{in}	$\cdots$
$\vdots$	$\vdots$	$\vdots$	$\cdots$	$\vdots$	$\cdots$	$\vdots$	$\cdots$
x_m	p_{m1}	p_{m2}	$\cdots$	p_{mj}	$\cdots$	p_{mn}	$\cdots$
$\vdots$	$\vdots$	$\vdots$	$\cdots$	$\vdots$	$\cdots$	$\vdots$	$\cdots$

且 $Z = g(X, Y)$，若级数 $\sum\limits_i \sum\limits_j g(x_i, y_j) p_{ij}$ 绝对收敛，则

$$E(Z) = \sum_i \sum_j g(x_i, y_j) p_{ij}$$

特殊地，当 $Z = X$ 时，X 的边缘分布的数学期望

$$E(X) = \sum_i \sum_j x_i p_{ij} = \sum_i x_i \cdot p_{i\cdot}$$

而当 $Z = Y$ 时，Y 的边缘分布的数学期望

$$E(Y) = \sum_i \sum_j y_j p_{ij} = \sum_j y_j \cdot p_{\cdot j}$$

例 4-9　设 (X, Y) 的联合分布律为

X \ Y	1	2	3
0	$\dfrac{1}{4}$	$\dfrac{1}{8}$	$\dfrac{1}{4}$
1	$\dfrac{1}{8}$	$\dfrac{1}{8}$	$\dfrac{1}{8}$

计算 $E(X)$、$E(Y)$ 和 $E(X^3 Y^2)$。

解： 为计算 $E(X)$ 和 $E(Y)$，先计算 X、Y 的边缘分布。不难解得 $X \sim \begin{pmatrix} 0 & 1 \\ \dfrac{5}{8} & \dfrac{3}{8} \end{pmatrix}$，

$Y \sim \begin{pmatrix} 1 & 2 & 3 \\ \dfrac{3}{8} & \dfrac{2}{8} & \dfrac{3}{8} \end{pmatrix}$，所以

$$E(X) = 0 \times \frac{5}{8} + 1 \times \frac{3}{8} = \frac{3}{8}$$

$$E(Y) = 1 \times \frac{3}{8} + 2 \times \frac{2}{8} + 3 \times \frac{3}{8} = 2$$

为计算 $E(X^3Y^2)$，可以运用 3.4.1 节中的方法，先计算 $Z = X^3Y^2$ 的分布律，然后计算 $E(Z)$。根据 (X,Y) 的联合分布律，不难算得 $Z \sim \begin{pmatrix} 0 & 1 & 4 & 9 \\ \frac{5}{4} & \frac{1}{8} & \frac{1}{8} & \frac{1}{8} \end{pmatrix}$。于是

$$E(X^3Y^2) = E(Z) = 0 \times \frac{5}{4} + 1 \times \frac{1}{8} + 4 \times \frac{1}{8} + 9 \times \frac{1}{8} = \frac{7}{4}$$

练习 4-4 设随机向量 (X,Y) 的联合分布律为

Y \ X	1	2	3
−1	0.2	0.1	0.0
0	0.1	0.0	0.3
1	0.1	0.1	0.1

计算 $E(X)$、$E(Y)$ 和 $E(Y/X)$。

参考答案：2，0，−0.5。

2. 连续型随机变量函数的数学期望

定义 4-5 设随机变量 X 的密度函数为 $f(x)$，且 $Y = g(X)$。若 $\int_{-\infty}^{+\infty} g(x)f(x)\mathrm{d}x$ 绝对收敛，则

$$E(g(X)) = \int_{-\infty}^{+\infty} g(x)f(x)\mathrm{d}x$$

例 4-10 设 $X \sim U(a,b)$，计算 $E(X^2)$。

解：按定义有

$$E(X^2) = \int_{-\infty}^{+\infty} x^2 f(x)\mathrm{d}x = \int_a^b \frac{x^2}{b-a}\mathrm{d}x = \frac{1}{b-a} \cdot \frac{b^3 - a^3}{3} = \frac{a^2 - ab + b^2}{3}$$

练习 4-5 设 $X \sim \mathrm{Exp}(\lambda)$，计算 $E(X^2)$。

参考答案：$2\lambda^2$。提示：对积分 $\int_0^\infty \frac{x^2}{\lambda}\mathrm{e}^{-\frac{x}{\lambda}}\mathrm{d}x$ 运用分部积分法，并利用例 4-6 的结果。

连续型随机变量函数的期望计算也可以推广到连续型 2-维随机向量 (X,Y) 的情形。

定义 4-6　设 (X,Y) 的联合密度函数为 $f(x,y)$，且 $Z = g(X,Y)$。若 $\displaystyle\int_{-\infty}^{+\infty}\int_{-\infty}^{+\infty}g(x,y)f(x,y)\mathrm{d}x\mathrm{d}y$ 绝对收敛，则

$$E(Z) = \int_{-\infty}^{+\infty}\int_{-\infty}^{+\infty}g(x,y)f(x,y)\mathrm{d}x\mathrm{d}y$$

特殊地，$Z = X$ 即 X 的边缘分布的数学期望

$$E(X) = \int_{-\infty}^{+\infty}\int_{-\infty}^{+\infty}xf(x,y)\mathrm{d}x\mathrm{d}y = \int_{-\infty}^{+\infty}x\left(\int_{-\infty}^{+\infty}f(x,y)\mathrm{d}y\right)\mathrm{d}x = \int_{-\infty}^{+\infty}xf_X(x)\mathrm{d}x$$

类似地，Y 的边缘分布的数学期望

$$E(Y) = \int_{-\infty}^{+\infty}yf_Y(y)\mathrm{d}y$$

例 4-11　设随机向量 (X,Y) 的联合密度函数为 $f(x,y) = \begin{cases} \dfrac{3}{2x^3y^2}, & \dfrac{1}{x} < y < x, x > 1 \\ 0, & \text{其他} \end{cases}$，

计算 $E(Y)$ 和 $E\left(\dfrac{1}{XY}\right)$。

解：考虑 (X,Y) 的联合密度函数 $f(x,y)$ 的非零区域（如图 4-1 所示）。

$$E(Y) = \int_{-\infty}^{+\infty}\int_{-\infty}^{+\infty}yf(x,y)\mathrm{d}y\mathrm{d}x = \int_{1}^{+\infty}\left(\int_{1/x}^{x}\frac{3y}{2x^3y^2}\mathrm{d}y\right)\mathrm{d}x = \int_{1}^{+\infty}\left(\frac{3}{2x^3}\int_{1/x}^{x}\frac{1}{y}\mathrm{d}y\right)\mathrm{d}x$$

$$= \int_{1}^{+\infty}\left(\frac{3}{2x^3}[\ln y]_{1/x}^{x}\right)\mathrm{d}x = 3\int_{1}^{+\infty}\frac{\ln x}{x^3}\mathrm{d}x = -\frac{3}{2}\int_{1}^{+\infty}\ln x\mathrm{d}\left(\frac{1}{x^2}\right)$$

$$= \left[-\frac{3}{2}\frac{\ln x}{x^2}\right]_{1}^{+\infty} + \frac{3}{2}\int_{1}^{+\infty}\frac{1}{x^3}\mathrm{d}x = \frac{3}{4}$$

$$E\left(\frac{1}{XY}\right) = \int_{-\infty}^{+\infty}\int_{-\infty}^{+\infty}\frac{1}{xy}f(x,y)\mathrm{d}y\mathrm{d}x = \int_{1}^{+\infty}\int_{1/x}^{x}\frac{1}{xy}\frac{3}{2x^3y^2}\mathrm{d}y\mathrm{d}x$$

$$= \int_{1}^{+\infty}\int_{1/x}^{x}\frac{3}{2x^4y^3}\mathrm{d}y\mathrm{d}x = \frac{3}{2}\int_{1}^{+\infty}\frac{1}{x^4}\left(\int_{1/x}^{x}\frac{1}{y^3}\mathrm{d}y\right)\mathrm{d}x$$

$$= \frac{3}{4}\int_{1}^{+\infty}\frac{x^4-1}{x^6}\mathrm{d}x = \frac{3}{4}\left(\int_{1}^{+\infty}\frac{1}{x^2}\mathrm{d}x - \int_{1}^{+\infty}\frac{1}{x^6}\mathrm{d}x\right) = \frac{3}{5}$$

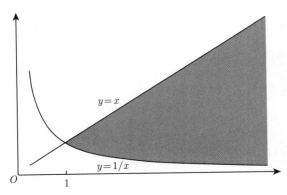

图 4-1   密度函数 $f(x,y)$ 的非零区域

练习 4-6   设随机向量的联合密度函数为 $f(x,y) = \begin{cases} \dfrac{1}{y}\mathrm{e}^{-(y+x/y)}, & x>0, y>0 \\ 0, & \text{其他} \end{cases}$,

计算 $E(X)$、$E(Y)$ 和 $E(XY)$。

参考答案：1，1，2。

4.1.4   数学期望的性质

定理 4-1   数学期望具有以下性质。

（1）设 C 为常数，则 $E(C)=C$。

（2）设 k 为常数，则 $E(kX)=kE(X)$。

（3）$E(X\pm Y)=E(X)\pm E(Y)$。

（4）若 X 与 Y 相互独立，则 $E(XY)=E(X)E(Y)$。

证明见本章附录 A1。

需说明的是，性质（3）和性质（4）均可推广到 n 个随机变量的情形。利用数学期望的这些性质，可以简化很多计算。

例 4-12   在抗击新冠病毒的疫情中，病毒检测的工作量是非常巨大的。因此，加大检测速度就是一个重要的课题。由于单次检测，周期是固定的，所以加速检测的关键在于减少检测次数。设需要对 n 个人的样本进行检测，用普查法需检测 n 次。若采用分组混合检测法，即将 n 个人的样本分成 n/k 组，每一组有 k 个人的样本。对每一分组运用例 2-10 中介绍的混合检验法，知每个人的样本检验次数 $X\sim\begin{pmatrix} \dfrac{1}{k} & 1+\dfrac{1}{k} \\ q^k & 1-q^k \end{pmatrix}$，其中，$q$ 表示一个人的样本检测呈阴性的概率。

$$E(X) = \frac{1}{k}\cdot q^k + \left(1+\frac{1}{k}\right)\cdot(1-q^k) = 1-q^k+\frac{1}{k}$$

于是利用数学期望的性质（2），所有 n 个人的样本检测次数 nX 的均值为 $E(nX)=nE(X)=n\cdot\left(1-q^k+\dfrac{1}{k}\right)$。这样，对给定的 q，只要取 k 满足 $0<q^k-\dfrac{1}{k}<1$，就可望

减少检测次数，从而提高检测速度。例如，当 $q = 0.9$ 时，取 $k = 4$，则 $q^k - \dfrac{1}{k} \approx 0.406$，几乎可以期望检测速度提高 40%。

例 4-13 设 $X \sim b(n, p)$，重新考虑 $E(X)$ 的计算。由定理 3-5 知，X 可以视为 n 个相互独立且均服从参数为 p 的 0-1 分布的变量之和，即 $X = X_1 + X_2 + \cdots + X_n$，$X_k \sim \begin{pmatrix} 0 & 1 \\ 1-p & p \end{pmatrix}, k = 1, 2, \cdots, n$。由例 4-2 知，$E(X_k) = p, k = 1, 2, \cdots, n$。利用性质（3）的推广

$$E(X) = E(X_1 + X_2 + \cdots + X_n)$$
$$= E(X_1) + E(X_2) + \cdots + E(X_n)$$
$$= p + p + \cdots + p = np$$

与在例 4-4 中得到的结果一样，但计算显然轻松得多。

练习 4-7 一民航送客车载有 20 位旅客自机场开出，旅客由 10 个车站可以下车。设每位旅客在各个车站下车是等可能的，且各位旅客是否下车相互独立。若到达一个车站没有旅客下车就不停车。设 X 表示停车次数，求 $E(X)$。

参考答案：8.784。提示：设变量 X_i 为第 i 个车站无人下车取值 1，有人下车取值 0，$i = 1, 2, \cdots, 10$，则 $X = X_1 + X_2 + \cdots + X_{10}$。

例 4-14 设 $X \sim N(\mu, \sigma^2)$，计算 $E(X)$。

解： 由例 2-35 知，随机变量 $Y = \dfrac{X - \mu}{\sigma} \sim N(0, 1)$。由例 4-7 知 $E(Y) = 0$。显然，$X = \sigma Y + \mu$。于是

$$E(X) = E(\sigma Y + \mu) = E(\sigma Y) + E(\mu) = \sigma E(Y) + \mu = \mu$$

即服从参数为 μ，σ^2 的正态分布的变量 X，其数学期望恰为第一个参数 μ。

练习 4-8 设 X_1, X_2, X_3 相互独立且均服从 $N(\mu, \sigma^2)$，$Y = (X_1 + X_2 + X_3)/3$。计算 $E(Y)$ 和 $E(1 - 2Y)$。

参考答案：$E(Y) = \mu, E(1 - 2Y) = -2\mu$。

4.1.5 Python 解法

1. 经典分布数学期望的计算

Python 的 scipy.stats 包提供了大量的经典分布（如 0-1 分布，二项分布，泊松分布，均匀分布，指数分布，正态分布……），这些经典分布对象拥有计算数学期望的 expect 函数，该函数常见分布的调用接口如表 4-1 所示。

例 4-15 考虑练习 4-1 中，城市一年中无严重刑事案件天数 Y 的数学期望的计算。由于一天中发生严重刑事案件数 $X \sim \text{Exp}\left(\dfrac{1}{3}\right)$，所以一天中无刑事案件发生的概率

$p = P(X = 0) = \mathrm{e}^{-\frac{1}{3}}$。一年中无刑事案件发生的天数 $Y \sim b(365, p)$，所以 $E(Y) = 365p$。用下列代码即可算得 $E(Y)$。

表 4-1　常用分布 expect 函数调用接口

分布	调用接口	参数
bernoulli	expect(func, args=(p,))	func：随机变量函数，默认值为 x；args：传递分布参数 p
binom	expect(func, args=(n, p))	func：随机变量函数，默认值为 x；args：传递分布参数 (n, p)
poisson	expect(func, args=(mu,))	func：随机变量函数，默认值为 x；args：传递分布参数 λ
uniform	expect(func, loc=0, scale=1)	func：随机变量函数，默认值为 x；loc：传递分布参数 a，默认值为 0；scale：传递 $a + b$，默认值为 1
expon	expect(func, scale=1)	func：随机变量函数，默认值为 x；scale：传递分布参数 λ，默认值为 1
norm	expect(func, loc=0, scale=1)	func：随机变量函数，默认值为 x；loc：传递分布参数 μ，默认值为 0；scale：传递分布参数 σ，默认值为 1

```
1  from scipy.stats import poisson, binom    #导入poisson和binom
2  p=poisson.pmf(k=0, mu=1/3)                #计算p=P(X=0)
3  n=365                                     #设置一年天数n
4  mean=binom.expect(args=(n, p))            #计算Y~b(n, p)的数学期望
5  print('E(Y)=%.2f'%mean)
```

程序 4.1　计算例 4-1 中 $E(Y)$ 的 Python 程序

注意程序中第 4 行调用二项分布 $b(365, p)$ 对象 binorm 的 expect 函数计算 Y 的数学期望。该函数中命名参数 args 需传递二项分布的两个参数 n 和 p。

运行程序 4.1，输出计算结果如下。

```
E(Y)=261.53
```

此即练习 4-1 中城市一年无严重刑事案件发生天数 Y 的均值 $E(Y)$ 的精确到百分位的近似值。

scipy.stats 包中提供的各经典分布的 expect 函数，均有命名参数 func，其默认值为恒等函数 $f(x) = x$。传递不同的函数，即可计算变量函数的期望。

例 4-16　设电压 $X \sim N(0, 9)$，将电压施加于一检波器，其输出电压为 $Y = 5X^2$，计算输出电压 Y 的均值。

解： 本题就是在 $X \sim N(0, 9)$，$Y = g(X) = 5X^2$ 的假设下，计算 $E(Y)$。下列代码完成计算。

```
1  from scipy.stats import norm              #导入norm
2  g=lambda x: 5*x**2                          #设置函数Y=g(X)=5X^2
3  mean=norm.expect(func=g, loc=0, scale=3)    #计算E(Y)
4  print('E(5X^2)=%.2f'%mean)
```

程序 **4.2**　计算函数 $Y = 5X^2$ 的数学期望 $E(Y)$ 的 Python 程序

程序的第 3 行调用表示正态分布 $N(0,9)$ 的 norm 对象的函数 expect，传递给参数 func 的函数 g 定义在第 2 行，即 $g(X) = 5X^2$。参数 loc 为 0，scale 为 3。运行程序 4.2，输出如下。

E(5X^2)=45.00

对于构成随机向量 (X,Y) 的两个随机变量 X 和 Y，若均服从经典分布且相互独立，则 (X,Y) 的函数 $Z = XY$ 的期望也可以直接调用各自的 expect 函数加以计算。

例 4-17　设随机变量 $X{\sim}\mathrm{Exp}(1/2)$，$Y{\sim}\mathrm{Exp}(1/4)$，且 X 和 Y 相互独立，计算 $E(XY)$。

解：由 $X{\sim}\mathrm{Exp}(1/2)$，$Y{\sim}\mathrm{Exp}(1/4)$，根据例 4.6 知 $E(X) = 1/2$，$E(Y) = 1/4$。由 X 与 Y 相互独立，根据数学期望的性质知 $E(XY) = E(X)E(Y) = 1/8$。下列代码计算 $E(XY)$。

```
1  from scipy.stats import expon              #导入expon
2  meanx=expon.expect(scale=1/2)              #计算E(X)
3  meany=expon.expect(scale=1/4)              #计算E(Y)
4  print('E(XY)=%.3f'%(meanx*meany))          #输出E(XY)
```

程序 **4.3**　X，Y 相互独立，计算函数 $Z = XY$ 的数学期望 $E(XY)$ 的 Python 程序

运行程序，输出如下。

E(XY)=0.125

此即为 $E(XY) = 1/8$ 精确到千分位的值。

练习 4-9　设随机变量 $X{\sim}N(0,4)$，$Y{\sim}U(0,4)$，且 X 和 Y 相互独立，用 Python 计算 $E(XY)$。

参考答案：见文件 chapter04.ipynb 中对应代码。

2. 离散型自定义分布数学期望的计算

对离散型随机变量 X，若其分布律

$$X{\sim}\begin{pmatrix} x_1 & x_2 & \cdots & x_n \\ p_1 & p_2 & \cdots & p_n \end{pmatrix}$$

则可以按 2.4 节中介绍的方法，自定义 rv_discrete 的子类（详见程序 2.14），然后调用其 expect 函数计算数学期望。

例 4-18 有 3 只球，4 个盒子，盒子的编号为 1、2、3。将球逐个独立地、随机地放入 4 个盒子中去。以 X 表示其中至少有一只球的盒子的最小号码（例如，$X = 3$ 表示第 1 号，第 2 号盒子是空的，第 3 号盒子至少有一只球），计算 $E(X)$。

解：显然，X 的取值为 $\{1, 2, 3, 4\}$。设 A_i 表示 i 号盒是空的（$i = 1, 2, 3, 4$）。每个球放入 1 号盒的概率为 $1/4$，没有放入 1 号盒的概率为 $3/4$。

$$P(X = 1) = P(\overline{A_1}) = 1 - P(A_1) = 1 - \left(\frac{3}{4}\right)^3 = \frac{37}{64}$$

$$P(X = 2) = P(A_1\overline{A_2}) = P(A_1)P(\overline{A_2}|A_1)$$

$$= P(A_1)(1 - P(A_2|A_1)) = \left(\frac{3}{4}\right)^3 \left[1 - \left(\frac{2}{3}\right)^3\right]$$

$$= \frac{27}{64} \times \frac{19}{27} = \frac{19}{64}$$

$$P(X = 3) = P(A_1A_2\overline{A_3}) = P(A_1)P(A_2|A_1)P(\overline{A_3}|A_1A_2)$$

$$= \left(\frac{3}{4}\right)^3 \left(\frac{2}{3}\right)^3 \left[1 - \left(\frac{1}{2}\right)^3\right] = \frac{7}{64}$$

$$P(X = 4) = P(A_1A_2A_3\overline{A_4}) = P(A_1)P(A_2|A_1)P(A_3|A_1A_2)P(\overline{A_4}|A_1A_2A_3)$$

$$= \left(\frac{3}{4}\right)^3 \left(\frac{2}{3}\right)^3 \left(\frac{1}{2}\right)^3 = \frac{1}{64}$$

即 $X \sim \begin{pmatrix} 1 & 2 & 3 & 4 \\ \dfrac{37}{64} & \dfrac{19}{64} & \dfrac{7}{64} & \dfrac{1}{64} \end{pmatrix}$，$E(X) = 1 \times \dfrac{37}{64} + 2 \times \dfrac{19}{64} + 3 \times \dfrac{7}{64} + 4 \times \dfrac{1}{64} = \dfrac{25}{16}$。

下列代码定义分布律为 $\begin{pmatrix} 1 & 2 & 3 & 4 \\ \dfrac{37}{64} & \dfrac{19}{64} & \dfrac{7}{64} & \dfrac{1}{64} \end{pmatrix}$ 的离散型分布，调用其 expect 函数计算 $E(X)$。

```python
1  import numpy as np                              #导入numpy
2  from scipy.stats import rv_discrete             #导入rv_discrete
3  X=np.array([1,2,3,4])                           #随机变量
4  P=np.array([37/64,19/64,7/64,1/64])             #X的分布概率
5  mydist=rv_discrete(values=(X, P))               #自定义离散分布
6  Ex=mydist.expect()                              #计算数学期望
7  print('E(X)=%.4f'%Ex)
```

程序 **4.4** 计算例 4-18 中 X 的数学期望的 Python 程序

第 4 章　随机变量的数字特征

163

第 3~4 行设置分布律数据 X 和 P。第 5 行用分布律数据 X 和 P 定义离散型分布 mydist。第 6 行调用该分布的 expect 函数，计算随机变量 X 的数学期望 $E(X)$。运行程序，输出如下。

E(X)=1.5625

恰为 $E(X) = \dfrac{25}{16}$ 精确到万分位的值。

练习 4-10　设 $X \sim \begin{pmatrix} -2 & 0 & 2 \\ 0.4 & 0.3 & 0.3 \end{pmatrix}$，计算 $E(X)$，$E(X^2)$，$E(3X^2+5)$。

参考答案：见文件 chapter04.ipynb 中对应代码。

对联合分布律为

X \ Y	y_1	y_2	$\cdots$	y_n
x_1	p_{11}	p_{12}	$\cdots$	p_{1n}
x_2	p_{21}	p_{22}	$\cdots$	p_{2n}
$\vdots$	$\cdots$	$\cdots$	$\ddots$	$\cdots$
x_m	p_{m1}	p_{m2}	$\cdots$	p_{mn}

的 2-维离散型随机向量 (X,Y)，其函数 $g(X,Y)$ 的数学期望 $E(g(X,Y)) = \sum\limits_{i=1}^{m}\sum\limits_{j=1}^{n} g(x_i,y_j)$

p_{ij} 是 2-维数组 $\begin{pmatrix} g(x_1,y_1) & g(x_1,y_2) & \cdots & g(x_1,y_n) \\ g(x_2,y_1) & g(x_2,y_2) & \cdots & g(x_2,y_n) \\ \vdots & \vdots & \ddots & \vdots \\ g(x_m,y_1) & g(x_m,y_2) & \cdots & g(x_m,y_n) \end{pmatrix}$ 和 $\begin{pmatrix} p_{11} & p_{12} & \cdots & p_{1n} \\ p_{21} & p_{22} & \cdots & p_{2n} \\ \vdots & \vdots & \ddots & \cdots \\ p_{m1} & p_{m2} & \cdots & p_{mn} \end{pmatrix}$

按元素相乘所得 2-维数组 $\begin{pmatrix} g(x_1,y_1)p_{11} & g(x_1,y_2)p_{12} & \cdots & g(x_1,y_n)p_{1n} \\ g(x_2,y_1)p_{21} & g(x_2,y_2)p_{22} & \cdots & g(x_2,y_n)p_{2n} \\ \vdots & \vdots & \cdots & \vdots \\ g(x_m,y_1)p_{m1} & g(x_m,y_2)p_{m2} & \cdots & g(x_m,y_n)p_{mn} \end{pmatrix}$ 的元素之和。

按此计算方法，可以写计算函数 $Z = g(X,Y)$ 的数学期望的 Python 函数：

```
1  def expect(P, Xv=None, Yv=None, func=lambda x, y: x):
2      if type(Xv) != type(None):          #需计算X
3          Xv=Xv.reshape(Xv.size,1)        #转换成列向量
4      if type(Yv) != type(None):          #需计算Y
5          Yv=Yv.reshape(1, Yv.size)       #转换成行向量
```

```
6    mean=(P*func(Xv,Yv)).sum()              #计算期望
7    return mean
```

程序 4.5　计算 2-维离散型随机向量函数的数学期望的 Python 函数定义

函数 expect 的 4 个参数中 P 表示分布律中的概率矩阵。Xv 和 Yv 分别表示随机变量 X 和 Y 的取值序列，默认为 None。func 表示函数关系 $Z = g(X,Y)$，默认值为函数 $g(X,Y) = X$。第 2~3 行和第 45 行的 **if** 语句分别在 X 和 Y 不是 None 的情况下，转换成列向量和行向量，以保证函数 func 按元素计算的正确性。第 6 行将数组 P*func(Xv,Yv) 元素之和 (P*func(Xv,Yv)).sum() 记为返回值 mean。第 7 行将计算结果返回。将程序 4.5 写入文件 utility.py，便于调用。

例 4-19　下列代码利用程序 4.5 定义的 expect 函数计算例 4-9 中离散型随机向量 (X,Y) 各函数的数学期望 $E(X)$、$E(Y)$ 和 $E(X^3Y^2)$。

```
1    import numpy as np                       #导入numpy
2    from sympy import Rational as R          #导入Rational
3    from utility import expect               #导入expect
4    X=np.array([0, 1])                       #设置X取值
5    Y=np.array([1, 2, 3])                     #设置Y取值
6    Pxy=np.array([[R(1,4), R(1,8), R(1,4)],   #设置分布律中概率矩阵
7                  [R(1,8), R(1,8), R(1,8)]])
8    meanx=expect(Pxy, X)                      #计算E(X)
9    g=lambda x, y: y                          #设置函数g(X,Y)=Y
10   meany=expect(Pxy, Yv=Y, func=g)           #计算E(Y)
11   g=lambda x, y: (x**3)*(y**2)              #设置函数g(X, Y)=X^3Y^2
12   mean=expect(Pxy, X, Y, g)                 #计算E(X^3Y^2)
13   print('E(X)=%s'%meanx)
14   print('E(Y)=%s'%meany)
15   print('E(X^3Y^2)=%s'%mean)
```

程序 4.6　计算例 4-9 中 (X,Y) 函数的数学期望的 Python 程序

程序中第 4~7 行设置 (X,Y) 的联合分布律。第 8 行调用函数 expect（第 3 行导入），传递参数 Pxy 和 X 计算 X 的边缘分布的期望 $E(X)$，记为 meanx。为计算 Y 的边缘分布期望 $E(Y)$，第 9 行设置 $g(X,Y) = Y$，第 10 行调用函数 expect 传递参数 Pxy，Y 和 g，计算结果记为 meany。第 11 行定义函数 $g(x,y) = x^3y^2$，第 12 行调用函数 expect 传递参数 Pxy，X，Y 和 g 计算 $E(X^3Y^2)$，记为 mean。运行程序，输出如下。

```
E(X)=3/8
E(Y)=2
E(X^3Y^2)=7/4
```

练习 4-11　对练习 4-4 中分布律为

Y \ X	1	2	3
−1	0.2	0.1	0.0
0	0.1	0.0	0.3
1	0.1	0.1	0.1

的随机向量 (X, Y)，用 Python 计算 $E(X)$、$E(Y)$ 和 $E(Y/X)$。

参考答案：见文件 chapter04.ipynb 中对应代码。

3. 连续型自定义分布的数学期望的计算

对自定义的连续型随机变量 X，设其概率密度函数为 $f(x)$，可以定义一个概率密度为 $f(x)$ 的 rv_continuos 的子类（详见 2.4.3 节），然后调用该子类对象的 expect 函数计算指定函数 $g(X)$ 的数学期望 $E(g(X))$。

例 4-20 设在某一规定的时间间隔内，某电气设备用于最大负荷的时间 X（以 min 计）是一个随机变量。其密度函数为

$$
f(x) = \begin{cases}
\dfrac{x}{1500^2}, & 0 \leqslant x \leqslant 1500 \\[2mm]
\dfrac{3000 - x}{1500^2}, & 1500 < x \leqslant 3000 \\[2mm]
0, & \text{其他}
\end{cases}
$$

计算 $E(X)$。

解：按定义

$$
\begin{aligned}
E(X) &= \int_{-\infty}^{+\infty} x f(x) \mathrm{d}x = \int_0^{3000} x f(x) \mathrm{d}x \\
&= \int_0^{1500} \frac{x^2}{1500^2} \mathrm{d}x + \int_{1500}^{3000} \frac{x(3000 - x)}{1500^2} \mathrm{d}x \\
&= \frac{1}{1500^2} \times \frac{x^3}{3} \bigg|_0^{1500} + \frac{1}{1500^2} \left(3000 \times \frac{x^2}{2} - \frac{x^3}{3} \right) \bigg|_{1500}^{3000} \\
&= 1500
\end{aligned}
$$

下列代码完成 $E(X)$ 的 Python 计算。

```
1  from scipy.stats import rv_continuous      #导入rv_continuous
2  import numpy as np                         #导入numpy
3  class mydist(rv_continuous):               #自定义连续型分布
4      def _pdf(self, x):                     #概率密度函数
5          if type(x)!=type(np.array([])):    #单一值自变量
6              x=np.array([x])                #转换成数组类型
```

```
7          y=np.zeros(x.size)                      #初始化函数值为0
8          d=np.where((x>=0)&(x<1500))            #介于0~1500的x
9          y[d]=x[d]/(1500**2)                     #对应函数值
10         d=np.where((x>=1500)&(x<3000))         #介于1500~3000的x
11         y[d]=(3000-x[d])/(1500**2)              #对应函数值
12         if y.size==1:                           #单一函数值
13             return y[0]
14         return y
15   dist=mydist()                                 #创建mydist类对象dist
16   Ex=dist.expect()                              #计算数学期望E(X)
17   print('E(X)=%.1f'%Ex)
```

程序 4.7　计算例 4-20 中 X 的数学期望的 Python 程序

程序的第 3~14 行定义密度函数为 $f(x)$ 的连续型分布 mydist 类。第 4~14 行定义概率密度函数 pdf。其中，第 5~6 行的 **if** 语句将单一值自变量转换为数组。第 7 行将函数值初始化为 0。第 8~9 行计算 $0 \leqslant x < 1500$ 内的函数值 $\dfrac{x}{1500^2}$，第 10~11 行计算 $1500 \leqslant x < 3000$ 内的函数值 $\dfrac{3000-x}{1500^2}$。第 15 行创建 mydist 类的对象 dist。第 16 行调用 dist 的函数 expect 计算 $E(X)$。运行程序，输出如下。

```
E(X)=1500.0
```

练习 4-12　用 Python 计算练习 4-2 中的随机变量 X 的数学期望 $E(X)$。

参考答案：见文件 chapter04.ipynb 中对应代码。

对联合密度函数为 $f(x,y)$ 的 2-维连续型随机向量 (X,Y)，下列代码定义计算其函数 $Z = g(X,Y)$ 的数学期望 $E(g(X,Y))$ 的 Python 函数。

```
1   from scipy.integrate import dblquad          #导入dblquad
2   def expectcont2(pdf, func):                   #pdf为密度函数, func为随机向量函数
3       gf=lambda y, x:pdf(y, x)*func(y, x)       #g(x,y)f(x,y)
4       mean, __=dblquad(gf, -np.infty, np.infty, #计算E(g(X,Y))
5                        -np.infty, np.infty)
6       return mean
```

程序 4.8　计算 2-维连续型随机向量函数的数学期望的 Python 函数定义

计算 2-维连续型随机向量 (X,Y) 的函数 $Z = g(X,Y)$ 的数学期望 $E(g(X,Y))$ 的 Python 函数 expectcont2 的两个参数 pdf 表示联合密度函数 $f(x,y)$，func 表示随机向量函数 $g(X,Y)$。第 3 行设置被积函数 $g(x,y)f(x,y)$，记为 gf。注意，作为被积函数，自变量的书写顺序需与积分顺序保持一致：先 y 后 x。第 4~5 行调用 scipy.integrate.dblquad（第 1 行导入，详见 3.3.4 节）计算 $E(g(X,Y)) = \displaystyle\int_{-\infty}^{+\infty} \int_{-\infty}^{+\infty} g(x,y)f(x,y)\mathrm{d}x\mathrm{d}y$。程序 4.8 的代码写入文件 utility.py，便于调用。

例 4-21　下列代码计算例 4-11 中连续型 2-维向量 (X,Y) 函数的数学期望 $E(Y)$ 和 $E\left(\dfrac{1}{XY}\right)$。

```
1  from utility import expectcont2              #导入expectcont2
2  f=lambda y, x: 3/(2*x**3*y**2)\              #定义联合密度函数
3      if (x>1) & (y<x) & (y>1/x)\
4      else 0
5  mean=expectcont2(pdf=f, func=lambda y, x: y)      #计算E(Y)
6  print('E(Y)=%.2f'%mean)
7  mean=expectcont2(pdf=f, func=lambda y, x: 1/x/y)  #计算E(1/XY)
8  print('E(1/XY)=%.2f'%mean)
```

程序 **4.9**　计算例 4-11 中 (X,Y) 函数的数学期望的 Python 程序

程序的第 2~4 行定义 (X,Y) 的联合密度函数 $f(x,y)=\begin{cases}\dfrac{3}{2x^3y^2}, & \dfrac{1}{x}<y<x,x>1\\ 0, & 其他\end{cases}$，

需要注意的是，参数书写顺序应与积分顺序一致：先 y 后 x。第 5 行调用函数 expectcont2 计算 $E(Y)=\displaystyle\int_{-\infty}^{+\infty}\int_{-\infty}^{+\infty}yf(x,y)\mathrm{d}x\mathrm{d}y$。传递给 func 的是函数 $g(x,y)=y$。第 7 行调用 expectcont2 函数计算 $E\left(\dfrac{1}{XY}\right)=\displaystyle\int_{-\infty}^{+\infty}\int_{-\infty}^{+\infty}\dfrac{1}{xy}f(x,y)\mathrm{d}x\mathrm{d}y$，传递给参数 func 的是 $g(X,Y)=\dfrac{1}{XY}$。运行程序 4.10，输出如下。

```
E(Y)=0.75
E(1/XY)=0.60
```

此恰为 $E(Y)=3/4$ 和 $E\left(\dfrac{1}{XY}\right)=3/5$ 精确到百分位的值。

练习 4-13　用 Python 计算练习 4-6 中随机向量 (X,Y) 的 $E(X)$、$E(Y)$ 和 $E(XY)$。
参考答案：见文件 chapter04.ipynb 中对应代码。

4.2　随机变量的方差

本节从一个例子开始讨论。

例 4-22　设甲、乙两人在同样条件下进行射击，他们的得分 X 与 Y 是随机变量，各自的射击技术为

X	10	9	8	7	6	5
p	0.5	0.1	0.1	0.2	0.05	0.05

和

Y	10	9	8	7	6	5
p	0.4	0.25	0.15	0.05	0.1	0.05

希望比较两者的射击技术的高低。首先，会想到比较两者各自得分的均值。然而

$$E(X) = 8.65 = E(Y)$$

即两者得分均值相等，不足以用来比较两者的技术高低。仔细观察 X 与 Y 的分布，虽然 $P(Y = 10) = 0.4 < 0.5 = P(X = 10)$，但 $P(Y = 9) = 0.25 > 0.1 = P(X = 0.1)$ 且 $P(Y = 8) = 0.15 > 0.1 = P(X = 8)$。也就是说，射手乙的得分 Y 比射手甲的得分 X 更聚集在均值 8.65 附近。因此，可以认为射手乙的技术比射手甲的更稳定。

例 4-22 告诉我们，实践中需要考虑随机变量 X 与其均值 $E(X)$ 之间的聚散程度。用 $X - E(X)$ 的均值 $E(X - E(X))$ 来刻画两者之间聚散程度似乎很直接，但有个致命弱点：由于 X 的取值分布在 $E(X)$ 的左右，所以 $X - E(X)$ 的值有正有负，求均值时会遇到正负抵消而不能正确反映两者间的聚散程度的情境。这当然可以修改为考虑 $|X - E(X)|$ 的均值，但是绝对值在计算均值时比较繁复，考虑用 $[X - E(X)]^2$ 的均值 $E([X - E(X)]^2)$ 来刻画 X 与其均值 $E(X)$ 之间的聚散程度。

4.2.1 随机变量的方差及其计算

定义 4-7 设随机变量 X 存在数学期望 $E(X)$，若 $E([X - E(X)]^2)$ 也存在，则称

$$D(X) = E([X - E(X)]^2)$$

为 X 的**方差**。

随机变量 X 的方差 $D(X)$ 刻画了 X 的取值与 $E(X)$ 的聚散程度：若 $D(X)$ 较小，则 X 的取值聚集在 $E(X)$ 的附近。若 $D(X)$ 较大，则 X 的取值散布在 $E(X)$ 较远处。如例 4-20 中

$$D(X) = (10 - 8.65)^2 \times 0.5 + (9 - 8.65)^2 \times 0.1 + (8 - 8.65)^2 \times 0.2 +$$
$$(7 - 8.65)^2 \times 0.2 + (6 - 8.65)^2 \times 0.05 + (5 - 8.65)^2 \times 0.05 = 2.5275$$

$$D(Y) = (10 - 8.65)^2 \times 0.4 + (9 - 8.65)^2 \times 0.25 + (8 - 8.65)^2 \times 0.15 +$$
$$(7 - 8.65)^2 \times 0.05 + (6 - 8.65)^2 \times 0.1 + (5 - 8.65)^2 \times 0.05 = 2.3275$$

即 $D(X) > D(Y)$，印证了我们关于射手乙的技术较射手甲更稳定的直观判断。

应用中，常用到 $\sqrt{D(X)}$，称为 X 的**均方差**或**标准差**。随机变量 X 的方差 $D(X)$ 可按照定义，视为函数 $g(X) = (X - E(X))^2$ 的期望进行计算。然而

$$D(X) = E[(X - E(X))^2] = E(X^2 - 2E(X)X + [E(X)]^2)$$

$$= E(X^2) - 2E(X)E(X) + [E(X)]^2 = E(X^2) - [E(X)]^2$$

这一公式往往能简化方差的计算。例如，设 $X \sim \begin{pmatrix} 0 & 1 \\ 1-p & p \end{pmatrix}$，即 X 服从参数为 p 的 0-1 分布。由例 4-2 知 $E(X) = p$，由例 4-8 知 $E(X^2) = p$。于是

$$D(X) = E(X^2) - [E(X)]^2 = p - p^2 = p(1-p)$$

例 4-23　设 $X \sim \pi(\lambda)$，计算 X 的方差 $D(X)$。

解：由例 4-3 知，$E(X) = \lambda$。下面来计算 $E(X^2)$：

$$E(X^2) = E(X(X-1) + X) = E(x(X-1)) + E(X)$$

$$= \sum_{k=0}^{+\infty} k(k-1)\frac{\lambda^k}{k!}e^{-\lambda} + \lambda = \sum_{k=2}^{+\infty} \frac{\lambda^k}{(k-2)!}e^{-\lambda} + \lambda$$

$$= \lambda^2 e^{-\lambda} \sum_{k=0}^{+\infty} \frac{\lambda^k}{k!} + \lambda = \lambda^2 + \lambda$$

于是，

$$D(X) = E(X^2) - [E(X)]^2 = \lambda^2 + \lambda - \lambda^2 = \lambda$$

即，服从参数为 λ 的泊松分布的变量 X，其方差 $D(X)$ 与其期望 $E(X)$ 一样，都等于参数 λ。

例 4-24　设 $X \sim U(a,b)$，计算 X 的方差 $D(X)$。

解：由例 4-5 知，$E(X) = \dfrac{a+b}{2}$。由例 4-10 知，$E(X^2) = \dfrac{b^2 - ab + a^2}{3}$。于是，

$$D(X) = E(X^2) - [E(X)]^2 = \frac{b^2 - ab + a^2}{3} - \left(\frac{a+b}{2}\right)^2 = \frac{(b-a)^2}{12}$$

练习 4-14　设 $X \sim \mathrm{Exp}(\lambda)$，验证 X 的方差 $D(X) = \lambda^2$。

提示：利用例 4-6 及练习 4-5 的计算结果。

例 4-25　设 $X \sim N(0,1)$，计算 X 的方差 $D(X)$。

解：先计算 $E(X^2)$：

$$E(X^2) = \int_{-\infty}^{+\infty} x^2 \frac{1}{\sqrt{2\pi}} e^{-\frac{x^2}{2}} \, dx = -\frac{1}{\sqrt{2\pi}} \int_{-\infty}^{+\infty} x \mathrm{d}e^{-\frac{x^2}{2}}$$

$$= \frac{1}{\sqrt{2\pi}} \left(-xe^{-\frac{x^2}{2}} \Big|_{-\infty}^{+\infty} + \int_{-\infty}^{+\infty} e^{-\frac{x^2}{2}} \, dx \right)$$

$$= \frac{1}{\sqrt{2\pi}} \int_{-\infty}^{+\infty} e^{-\frac{x^2}{2}} \, dx = 1$$

由例 4-7 知，$E(X) = 0$。故

$$D(X) = E(X^2) - [E(X)]^2 = 1 - 0 = 1$$

即服从标准正态分布的随机变量 X，方差 $D(X)$ 等于第二个参数的值 1。

按定义 4-7，随机变量 X 的方差 $D(X)$ 为 X 与其期望 $E(X)$ 偏差平方的均值 $E[(X - E(X))^2]$。

定义 4-8   设 X 为一随机变量，对正整数 k 若 $E[(X - E(X))^k]$ 存在，称其为 X 的 k 阶中心矩。

按定义 4-8，X 的方差 $D(X) = E[(X - E(X))^2]$ 就是 X 的 2 阶中心矩。

定义 4-9   设 X 为一随机变量，对正整数 k 若 $E(X^k)$ 存在，称其为 X 的 k 阶原点矩。

按定义 4-8 和定义 4-9，X 的方差（即 X 的 2 阶中心矩）$D(X) = E(X^2) - [E(X)]^2$ 为 X 的 2 阶原点矩与 1 阶原点矩平方之差。

例 4-26   设 $X \sim N(0,1)$，$k \geqslant 1$ 为整数。计算 X 的 k 阶原点矩 $E(X^k)$。

解：由 $X \sim N(0,1)$ 知 X 的密度函数为 $f(x) = \dfrac{1}{\sqrt{\pi}}\mathrm{e}^{-\frac{x^2}{2}}$。若 $k \geqslant 1$ 为奇数，由于 $x^k\mathrm{e}^{-\frac{x^2}{2}}$ 是奇函数，$E(X^k) = \dfrac{1}{2\sqrt{\pi}}\displaystyle\int_{-\infty}^{+\infty} x^k\mathrm{e}^{-\frac{x^2}{2}}\mathrm{d}x = 0$。今设 $k > 1$ 为偶数，当 $k = 2$ 时，$E(X^2) = D(X) + [E(X)]^2 = 1$。假定对偶数 $k > 2$ 有 $E(X^k) = \dfrac{1}{2\sqrt{\pi}}\displaystyle\int_{-\infty}^{+\infty} x^k\mathrm{e}^{-\frac{x^2}{2}}\mathrm{d}x = (k-1)!!^{①}$。对偶数 $k+2$

$$
\begin{aligned}
E(X^{k+2}) &= \frac{1}{2\sqrt{\pi}}\int_{-\infty}^{+\infty} x^{k+2}\mathrm{e}^{-\frac{x^2}{2}}\mathrm{d}x = -\frac{1}{2\sqrt{\pi}}\int_{-\infty}^{+\infty} x^{k+1}\mathrm{d}\mathrm{e}^{-\frac{x^2}{2}} \\
&= -\frac{1}{2\sqrt{\pi}}\left[x^{k+1}\mathrm{e}^{-\frac{x^2}{2}}\Big|_{-\infty}^{+\infty} - (k+1)\int_{-\infty}^{+\infty} x^k\mathrm{e}^{-\frac{x^2}{2}}\mathrm{d}x \right] \\
&= (k+1)\frac{1}{2\sqrt{\pi}}\int_{-\infty}^{+\infty} x^k\mathrm{e}^{-\frac{x^2}{2}}\mathrm{d}x = (k+1)E(X^k) \\
&= (k+1)\cdot(k-1)!! = (k+1)!!
\end{aligned}
$$

由归纳法知，对偶数 $k > 1$，$E(X^k) = (k-1)!!$。

综上所述，对整数 $k \geqslant 1$，

$$
E(X^k) = \begin{cases} 0, & k\text{为奇数} \\ (k-1)!!, & k\text{为偶数} \end{cases}
$$

例 4-27   设长方形的高（以 m 计）$X \sim U(0,2)$，已知长方形的周长（以 m 计）为 20。计算长方形面积 A 的数学期望 $E(A)$ 和方差 $D(A)$。

---

① 对奇数 $n > 1$，$n!! = n \cdot (n-2) \cdots \cdot 3 \cdot 1$。

解: X 为长方形的高, 则长为 $10-X$, 面积 $A = X(10-X) = 10X - X^2$。

$$E(A) = E(10X - X^2) = 10E(X) - E(X^2)$$

$$E(A^2) = E(X^2(10-X)^2) = E(100X^2 - 20X^3 + X^4)$$

$$= 100E(X^2) - 20E(X^3) + E(X^4)$$

由 $X \sim U(0,2)$, 其各阶原点矩

$$E(X^k) = \int_{-\infty}^{+\infty} x^k f(x)\mathrm{d}x = \int_0^2 \frac{x^k}{2}\mathrm{d}x = \frac{2^k}{k+1}, k = 1, 2, \cdots$$

于是算得

$$E(A) = 10E(X) - E(X^2) = 10 - \frac{2^2}{3} = \frac{26}{3}$$

$$E(A^2) = 100E(X^2) - 20E(X^3) + E(X^4) = 100 \times \frac{2^2}{3} - 20 \times \frac{2^3}{4} + \frac{2^4}{5} = \frac{1448}{15}$$

$$D(A) = E(A^2) - [E(A)]^2 = \frac{1448}{15} - \frac{676}{9} = \frac{964}{45}$$

4.2.2　方差的性质

定理 4-2　设随机变量 X, Y 存在期望 $E(X)$、$E(Y)$ 与方差 $D(X)$, $D(Y)$,
(1) 设 C 为常数, 则

$$D(C) = 0$$

(2) 设 k 为常数, 则

$$D(kX) = k^2 D(X)$$

(3)

$$D(X \pm Y) = D(X) + D(Y) \pm 2[E(XY) - E(X)E(Y)]$$

证明见本章附录 A2。

利用上述性质, 可以简化很多随机变量方差的计算。

例 4-28　设 $X \sim b(n,p)$, 计算 $D(X)$。

解: 我们知道服从参数为 n 和 p 的二项分布的随机变量 X 可视为由 n 个相互独立、服从相同参数 p 的 0-1 分布变量 $X_1, X_2, \cdots, X_n$ 之和, 即 $X = X_1 + X_2 + \cdots + X_n$。由 $D(X_k) = p(1-p), k = 1, 2, \cdots, n$ 及定理 4-2 的性质（3）可得:

$$D(X) = D(X_1) + D(X_2) + \cdots + D(X_n) = p(1-p) + p(1-p) + \cdots + p(1-p) = np(1-p)$$

练习 4-15　设 $X \sim N(\mu, \sigma^2)$, 计算 X 的方差 $D(X)$。

参考答案: σ^2。提示: 考虑标准化变量 $\dfrac{X-\mu}{\sigma}$ 并利用例 4-25 的结果。

定理 4-3 设 $X \sim N(\mu, \sigma^2)$, 则 $E(X) = \mu$, $D(X) = \sigma^2$。

证明: 例 4-14 和练习 4-15 的计算过程, 便是本定理的证明。

例 4-29 设随机变量 $X \sim N(0, 4)$, $Y \sim U(0, 4)$, 且 X 与 Y 相互独立, 计算 $D(X+Y)$ 和 $D(2X - 3Y)$。

解: 由于 $X \sim N(0, 4)$, $D(X) = 4$ (见定理 4-3)。$Y \sim U(0, 4)$, 故 $D(Y) = \dfrac{4^2}{12} = \dfrac{4}{3}$ (见 例 4-24)。又由于 X 与 Y 相互独立, 故 $D(X+Y) = D(X) + D(Y) = 4 + 4/3 = 16/3$。 同理, $D(2X - 3Y) = 2^2 D(X) + 3^2 D(Y) = 28$。

练习 4-16 设随机变量 $X_1 \sim N(0, 1)$, $X_2 \sim b(10, 0.2)$, $X_3 \sim \pi(4)$ 且 X_1, X_2, X_3 相互独立。计算 $E(X_1 - X_2 - 2X_3 + 2)$, $D(X_1 - X_2 - 2X_3 + 2)$。

参考答案: -8, 18.6。

例 4-30 设 $X \sim \chi^2(n)$, 计算 $E(X)$ 和 $D(X)$。

解: 由于 $X \sim \chi^2(n)$, 根据定理 3-7 知, $X = X_1^2 + \cdots + X_n^2$, 其中 $X_i \sim N(0, 1)$, $i = 1, \cdots, n$, 相互独立。于是,

$$E(X) = E(X_1^2 + \cdots + X_n^2) = E(X_1^2) + \cdots + E(X_n^2)$$

$$= (D(X_1) + [E(X_1)]^2) + \cdots + (D(X_n^2) + [E(X_n)]^2)$$

$$= 1 + \cdots + 1 = n$$

根据例 4-26 的计算结果知 $E(X_i^4) = 3!! = 3$。于是, $E(X_i^4) - [E(X_i^2)]^2 = 3 - 1 = 2$, $i = 1, 2, \cdots, n$。因此

$$D(X) = D(X_1^2 + \cdots + X_n^2) = D(X_1^2) + \cdots + D(X_n^2)$$

$$= (E(X_1^4) - [E(X_1^2)]^2) + \cdots + (E(X_n^4) - [E(X_n^2)]^2)$$

$$= 2 + \cdots + 2 = 2n$$

本例证明了以下重要结论。

定理 4-4 若 $X \sim \chi^2(n)$, 则 $E(X) = n$, $D(X) = 2n$。

在计算服从参数为 μ, σ^2 的正态分布随机变量 X 的数学期望和方差的时候多次用 到 X 的标准化变量 $\dfrac{X - \mu}{\sigma}$。现在, 根据定理 4-3 知道, $\mu = E(X)$, $\sigma^2 = D(X)$。换 句话说, X 的标准化变量为 $X^* = \dfrac{X - E(X)}{\sqrt{D(X)}}$。显然 $E(X^*) = 0$ 而 $D(X^*) = 1$。其实, 服从任何概率分布的随机变量 X, 若存在 $E(X)$ 及 $D(X)$, 且 $D(X) > 0$, 则

$$E(X^*) = E\left[\frac{X - E(X)}{\sqrt{D(X)}}\right] = \frac{E(X) - E(X)}{\sqrt{D(X)}} = 0$$

$$D(X^*) = D\left[\frac{X - E(X)}{\sqrt{D(X)}}\right] = \frac{D(X)}{D(X)} = 1$$

即满足 $E(X^*) = 0$ 和 $D(X^*) = 1$。我们称 X^* 为 X 的**标准化变量**。

4.2.3　Python 解法

1. 经典分布的方差计算

与数学期望计算相同，scipy.stats 包中提供的经典分布对象都拥有函数 var，计算服从该分布的随机变量的方差。常用分布的 var 函数调用接口如表 4-2 所示。

表 4-2　常用分布 var 函数调用接口

分　　布	调 用 接 口	参　　数
bernoulli	var(p)	p: 分布参数 p
binom	var(n, p)	n, p: 分布参数 n 与 p
poisson	var(mu)	mu: 分布参数 λ
uniform	var(loc=0, scale=1)	loc: 分布参数 a，默认值为 0; scale: 分布参数 $b-a$，默认值为 1
expon	var(scale=1)	scale: 分布参数 λ，默认值为 1
norm	var(loc=0, scale=1)	loc: 分布参数 μ，默认值为 0; scale: 分布参数 σ，默认值为 1

例 4-31　下列代码计算例 4-29 中的随机变量方差 $D(X+Y)$ 和 $D(2X-3Y)$。

```
1  from scipy.stats import norm, uniform     #导入norm和uniform
2  Dx=norm.var(scale=2)                       #计算X的方差
3  Dy=uniform.var(scale=4)                    #计算Y的方差
4  print('D(X+Y)=%.4f'%(Dx+Dy))              #输出D(X+Y)
5  print('D(2X−3Y)=%.4f'%(4*Dx+9*Dy))        #输出D(2X-3Y)
```

程序 4.10　计算例 4-29 中方差的 Python 程序

本题中 $X \sim N(0,4)$，$Y \sim U(0,4)$，故第 2、3 两行分别调用 norm 的 var 函数和 uniform 的 var 函数计算方差 $D(X)$ 和 $D(Y)$。注意，根据表 4-2 中正态分布 norm 的 var 函数，参数 loc 表示 μ（默认值为 0），参数 scale 表示 σ。而均匀分布 uniform 的 var 函数，参数 loc 表示 a（默认值为 0），scale 表示 $b-a$。故只需各自传递给参数 scale 的正确值 2 和 4。运行程序，输出如下。

```
D(X+Y)=5.3333
D(2X−3Y)=28.0000
```

此即为 $D(X+Y) = 16/3$ 和 $D(2X-3Y) = 28$ 精确到万分位的值。

练习 4-17　用 Python 计算练习 4-16 中的数学期望 $E(X_1 - X_2 - 2X_3 + 2)$ 和方差 $D(X_1 - X_2 - 2X_3 + 2)$。

参考答案：见文件 chapter04.ipynb 中对应代码。

别忘了，Python 提供的经典分布的 expect 函数均有参数 func。传递 x^k 给 func，就能算得该分布的 k 阶原点矩 $E(X^k)$。

练习 4-18 用 Python 计算例 4-27 中矩形面积 A 的数学期望 $E(A)$ 和方差 $D(A)$。

参考答案： 见文件 chapter04.ipynb 中对应代码。

2. 自定义分布的方差计算

对于离散型自定义分布，则可仿照 4.1.5 节中介绍的方法，用分布律创建 rv_discrete 子类，然后调用对象方法 var 计算该分布的方差。

例 4-32 下列代码计算例 4-18 中分布律为 $X \sim \begin{pmatrix} 1 & 2 & 3 & 4 \\ \frac{37}{64} & \frac{19}{64} & \frac{7}{64} & \frac{1}{64} \end{pmatrix}$ 的随机变量 X 的方差。

```
1  import numpy as np                          #导入numpy
2  from scipy.stats import rv_discrete          #导入rv_discrete
3  X=np.array([1,2,3,4])                        #随机变量
4  P=np.array([37/64, 19/64,7/64, 1/64])        #X的分布概率
5  mydist=rv_discrete(values=(X, P))            #自定义离散分布
6  Dx=mydist.var()                              #计算方差
7  print('D(X)=%.4f'%Dx)
```

程序 4.11   计算例 4-18 中随机变量方差的 Python 程序

对比程序 4.4，我们看到仅有最后两行不同：前者调用 mydist 的 expect 方法计算数学期望，而此处调用 mydist 的 var 方法计算的是服从该分布的随机变量的方差。运行程序，输出如下。

```
D(X)=0.5586
```

练习 4-19 编程计算例 4-22 中的随机变量 X 和 Y 的数学期望 $E(X)$，$E(Y)$ 和方差 $D(X)$，$D(Y)$。

参考答案： 见文件 chapter04.ipynb 中对应代码。

对于连续型的自定义分布，稍微多一点手续：要加载计算方差的方法。利用类的继承性，先来创建一个重载了 var 方法的基类 basecont。

```
1  from scipy.stats import rv_continuous         #导入rv_continuous
2  class basecont(rv_continuous):                #连续型分布类basecont
3      def var(self):                            #var方法
4          moment1=self.expect()                 #计算期望
5          moment2=self.expect(func=lambda x: x**2)  #计算2阶原点矩
6          return moment2-moment1**2
```

程序 4.12   实现了 var 方法的连续型分布类

第 2~6 行定义的 basecont 类继承了 rv_continuous，其中的第 3~6 行重载了计算方差的方法 var：第 4、5 行分别计算 $E(X)$ 和 $E(X^2)$，第 6 行根据方差的计算公

式，计算 $D(X) = E(X^2) - [E(X)]^2$ 并返回。将程序 4.12 写入文件 utility.py 中，以便调用。

例 4-33　设随机变量 X 的密度函数为 $f(x) = \dfrac{1}{2}\mathrm{e}^{-|x|}, x \in \mathbb{R}$。计算方差 $D(X)$。

解：注意到 $f(x)$ 是一个偶函数，所以 $xf(x)$ 是奇函数，而 $x^2 f(x)$ 为偶函数。于是 $E(X) = \displaystyle\int_{-\infty}^{+\infty} xf(x)\mathrm{d}x = 0$。

$$
\begin{aligned}
E(X^2) &= \int_{-\infty}^{+\infty} x^2 f(x)\mathrm{d}x = 2\int_{0}^{+\infty} x^2 f(x)\mathrm{d}x \\
&= 2\int_{0}^{+\infty} x^2 \cdot \frac{1}{2}\mathrm{e}^{-x}\mathrm{d}x = \int_{0}^{+\infty} x^2 \mathrm{e}^{-x}\mathrm{d}x \\
&= -\int_{0}^{+\infty} x^2 \mathrm{d}\mathrm{e}^{-x} = 2\int_{0}^{+\infty} x\mathrm{e}^{-x}\mathrm{d}x = 2
\end{aligned}
$$

$$
D(X) = E(X^2) - [E(X)]^2 = 2 - 0 = 2
$$

下列程序计算 $D(X)$ 的值。

```
1  from utility import basecont    #导入basecont
2  import numpy as np              #导入numpy
3  class mydist(basecont):         #定义basecont的子类mydist
4      def __pdf(self, x):         #定义概率密度函数
5          y=np.exp(-np.abs(x))/2
6          return y
7  dist=mydist()                   #创建mydist类对象dist
8  Dx=dist.var()                   #计算方差
9  print('D(X)=%.1f'%Dx)
```

程序 4.13　计算例 4-33 中方差的 Python 程序

程序的第 3~6 行定义 besecont 的子类 mydist。其中，第 4~6 行重载密度函数 pdf 为 $f(x) = \dfrac{1}{2}\mathrm{e}^{-|x|}$。第 7 行创建 mydist 类对象 dist，第 8 行调用 dist 的 var 方法计算方差 $D(X)$。运行程序，输出如下。

```
D(X)=2.00
```

此即为 $D(X) = 2$ 精确到百分位的值。

练习 4-20　编程计算例 4-20 中的随机变量 X 的方差 $D(X)$。

参考答案：见文件 chapter04.ipynb 中对应代码。

对联合分布律为

X \ Y	y_1	y_2	$\cdots$	y_n
x_1	p_{11}	p_{12}	$\cdots$	p_{1n}
x_2	p_{21}	p_{22}	$\cdots$	p_{2n}
$\vdots$	$\vdots$	$\vdots$	$\ddots$	$\vdots$
x_m	p_{m1}	p_{m2}	$\cdots$	p_{mn}

的 2-维离散型随机向量 (X,Y)，为计算 X 和 Y 的方差，可以调用程序 4.5 定义的计算 2-维随机向量函数数学期望的 expect 函数分别计算 $E(X)$（$E(Y)$）和 $E(X^2)$（$E(Y^2)$），然后按公式 $D(X) = E(X^2) - [E(X)]^2$ 计算方差。

例 4-34 设 (X,Y) 的联合分布律为

X \ Y	-1	0	1
-1	$\frac{1}{8}$	$\frac{1}{8}$	$\frac{1}{8}$
0	$\frac{1}{8}$	0	$\frac{1}{8}$
1	$\frac{1}{8}$	$\frac{1}{8}$	$\frac{1}{8}$

计算 $D(X)$，$D(Y)$。

解：不难算得 X 和 Y 的边缘分布律均为 $\begin{pmatrix} -1 & 0 & 1 \\ 3/8 & 2/8 & 3/8 \end{pmatrix}$，因此，$E(X) = E(Y) = 0$，$E(X^2) = E(Y^2) = 3/4$。于是 $D(Y) = D(X) = E(X^2) - [E(X)]^2 = 3/4$。下列代码验算这一结果。

```
1  import numpy as np                              #导入numpy
2  from sympy import Rational as R                 #导入Rational
3  from utility import expect                      #导入expect
4  X=np.array([-1, 0, 1])                          #X的取值
5  Y=np.array([-1, 0, 1])                          #Y的取值
6  Pxy=np.array([[R(1,8), R(1,8), R(1,8)],         #联合分布律
7               [R(1,8), R(0), R(1,8)],
8               [R(1,8), R(1,8), R(1,8)]])
9  Ex=expect(Pxy, X)                               #计算E(X)
10 Ex2=expect(Pxy,X, func=lambda x,y: x*x)         #计算E(X^2)
11 Ey=expect(Pxy, Yv=Y, func=lambda x,y:y)         #计算E(Y)
12 Ey2=expect(Pxy, Yv=Y, func=lambda x, y: y*y)    #计算E(Y^2)
13 Dx=Ex2-Ex**2                                    #计算D(X)
14 Dy=Ey2-Ey**2                                    #计算D(Y)
```

```
15   print('D(X)=%s'%Dx)
16   print('D(Y)=%s'%Dy)
```

程序 4.14　计算例 4-34 中方差的 Python 程序

借助代码中的注释信息，不难理解程序。第 9~12 行调用函数 expect（详见程序 4.5）计算 X，Y 的 1、2 阶原点矩。计算运行程序输出如下。

```
D(X)=3/4
D(Y)=3/4
```

练习 4-21　设 2-维离散型随机向量 (X,Y) 的联合分布律为

X \ Y	0	1	2	3
1	0	$\frac{3}{8}$	$\frac{3}{8}$	0
2	$\frac{1}{8}$	0	0	$\frac{1}{8}$

用 Python 计算 $D(X)$，$D(Y)$。

参考答案：见文件 chapter04.ipynb 中对应代码。

对联合概率密度为 $f(x,y)$ 的连续型随机向量 (X,Y)，为计算 X，Y 的方差 $E(X)$，$E(Y)$，需要调用在程序 4.8 中定义的函数 expectcont2，计算 X 或 Y 的 1、2 阶原点矩，然后计算方差。

例 4-35　设 X 为某加油站在一天开始时存储的油量，Y 为一天中卖出的油量 $(Y \leqslant X)$。若 (X,Y) 的联合密度函数为

$$f(x,y) = \begin{cases} 3x, & 0 \leqslant y < x \leqslant 1 \\ 0, & 其他 \end{cases}$$

计算 $E(Y)$ 和 $D(Y)$。

解：下列代码完成本例计算。

```
1   from utility import expectcont2                    #导入expectcont2
2   pdf=lambda y, x: 3*x if(0<x)&(x<1)&(0<y)&(y<x)\    #pdf定义
3                    else 0
4   Ey=expectcont2(pdf, lambda y, x: y)               #计算E(X)
5   Ey2=expectcont2(pdf, lambda y, x: y**2)           #计算E(X^2)
6   Dy=Ey2-Ey**2                                       #计算D(X)
7   print('E(Y)=%.4f'%Ey)
8   print('D(Y)=%.4f'%Dy)
```

程序 4.15　计算例 4-35 中方差的 Python 程序

程序的第 2~3 行定义密度函数 $f(x,y)$。第 4、5 两行分别调用 expectcont2（第 1 行导入）计算 $E(X)$ 和 $E(X^2)$。第 6 行计算 $D(X)$。运行程序，输出如下。

```
E(Y)=0.3751
D(Y)=0.0593
```

练习 4-22   设 2-维随机向量 (X,Y) 的联合密度函数

$$f(x,y) = \begin{cases} \dfrac{1}{3}(x+y), & 0 < x < 1, 0 < y < 2 \\ 0, & \text{其他} \end{cases}$$

编程计算 $E(X)$ 和 $D(X)$。

参考答案：见文件 chapter04.ipynb 中对应代码。

4.3   回归系数和相关系数

本节中，若无特殊声明，均假定随机变量存在期望和方差，且方差非零（必大于零）。

4.3.1   随机变量 X 与 Y 的回归系数

实践中，构成随机向量 (X,Y) 的两个随机变量 X 与 Y 之间未必确有线性关系，但我们常常希望找到常数 a 与 b 使得 Y 与 $aX+b$ 最接近。为此，计算偏差 $Y-(aX+b)$ 平方的均值：

$$\begin{aligned}
E[(Y-(aX+b))^2] &= E[((Y-E(Y))-a(X-E(X))+(E(Y)-aE(X)-b))^2] \\
&= E[(Y-E(Y))^2 + a^2(X-E(X))^2 + (E(Y)-aE(X)-b)^2] - \\
&\quad 2a(Y-E(Y))(X-E(X)) + \\
&\quad 2(Y-E(Y))(E(Y)-aE(X)-b) - \\
&\quad 2a(X-E(X))(E(Y)-aE(X)-b)] \\
&= E[(Y-E(Y))^2] + a^2 E[(X-E(X))^2] + (E(Y)-aE(X)-b)^2 - \\
&\quad 2aE[(Y-E(Y))(X-E(X))] \\
&= D(Y) + a^2 D(X) - 2a[E(XY)-E(X)E(Y)] + \\
&\quad (E(Y)-aE(X)-b)^2
\end{aligned}$$

定义 4-10   若随机向量 (X,Y) 存在 $E(X),E(Y),E(XY)$，称 $E[(Y-E(Y))(X-E(X))] = E(XY)-E(X)E(Y)$ 为 (X,Y) 的**协方差**，记为 $\mathrm{Cov}(Y,X)$。即

$$\mathrm{Cov}(Y,X) = E[(Y-E(Y))(X-E(X))] = E(XY)-E(X)E(Y)$$

为方便表达，还记

$$\rho_{XY} = \frac{\mathrm{Cov}(X,Y)}{\sqrt{D(X)}\sqrt{D(Y)}}$$

称为 X, Y 的**相关系数**。

按此定义，

$$E[(Y-(aX+b))^2] = D(Y) + a^2 D(X) - 2a\mathrm{Cov}(Y,X) + (E(Y)-aE(X)-b)^2$$

$$= D(Y)(1-\rho_{XY}^2) + D(X)\left(a - \rho_{XY}\sqrt{\frac{D(Y)}{D(X)}}\right)^2 +$$

$$(E(Y)-aE(X)-b)^2$$

由此可见，当

$$\begin{cases} a = \rho_{XY}\sqrt{\dfrac{D(Y)}{D(X)}} \\ b = E(Y) - aE(X) \end{cases}$$

时，即

$$\begin{cases} a = \rho_{XY}\sqrt{\dfrac{D(Y)}{D(X)}} \\ b = E(Y) - \rho_{XY}\sqrt{\dfrac{D(Y)}{D(X)}}E(X) \end{cases}$$

时 $E[(Y-(aX+b))^2]$ 最小，等于 $D(Y)(1-\rho_{XY}^2)$。此时，称 $aX+b$ 为 Y 对于 X 的**线性回归**。Y 对 X 的线性回归 $aX+b$ 中系数 a、b 的取值 $\rho_{XY}\sqrt{\dfrac{D(Y)}{D(X)}}$ 和 $E(Y)-\rho_{XY}\sqrt{\dfrac{D(Y)}{D(X)}}E(X)$ 称为 Y 对 X 的**回归系数**。类似地，X 对 Y 的线性回归为 $aY+b$，其中

$$\begin{cases} a = \rho_{XY}\sqrt{\dfrac{D(X)}{D(Y)}} \\ b = E(X) - \rho_{XY}\sqrt{\dfrac{D(X)}{D(Y)}}E(Y) \end{cases}$$

例 4-36 设随机向量 (X,Y) 的联合分布律为

X＼Y	1	2	3	4	5
1	$\frac{1}{12}$	$\frac{1}{24}$	$\frac{1}{12}$	$\frac{1}{12}$	$\frac{1}{24}$
2	$\frac{1}{24}$	$\frac{1}{24}$	$\frac{1}{24}$	0	$\frac{1}{24}$
3	0	$\frac{1}{24}$	$\frac{1}{24}$	$\frac{1}{24}$	$\frac{1}{24}$
4	$\frac{1}{24}$	$\frac{1}{24}$	0	$\frac{1}{24}$	$\frac{1}{24}$
5	$\frac{1}{30}$	$\frac{1}{30}$	$\frac{1}{30}$	$\frac{1}{30}$	$\frac{1}{30}$

计算 Y 对于 X 的线性回归。

解： 先计算出 X 和 Y 的边缘分布

X	1	2	3	4	5
p	$\frac{1}{3}$	$\frac{1}{6}$	$\frac{1}{6}$	$\frac{1}{6}$	$\frac{1}{6}$

和

Y	1	2	3	4	5
p	$\frac{1}{5}$	$\frac{1}{5}$	$\frac{1}{5}$	$\frac{1}{5}$	$\frac{1}{5}$

从而算得 $E(X)=\dfrac{8}{3}$，$E(Y)=3$，$D(X)=2.22$，$D(Y)=2$。

又 $E(XY)=8.125$，于是 $\mathrm{Cov}(X,Y)=E(XY)-E(X)E(Y)=0.125$。进而 $\rho_{XY}=\dfrac{\mathrm{Cov}(X,Y)}{\sqrt{D(X)}\sqrt{D(Y)}}=0.593$。最终得到

$$\begin{cases} a=\rho_{XY}\sqrt{\frac{D(Y)}{D(X)}}=0.056 \\ b=E(Y)-aE(X)=2.85 \end{cases}$$

即，Y 对于 X 的线性回归为 $0.056X+2.85$。

练习 4-23 对例 4-36 中的随机向量 (X,Y)，计算 X 对于 Y 的线性回归。

参考答案：0.063，2.479。

4.3.2 协方差与相关系数

在计算随机向量间的回归系数时，引入了两个非常有趣的数字特征——协方差和相关系数。本节对它们稍加展开讨论。其实 (X,Y) 的协方差 $\mathrm{Cov}(X,Y)$ 在本书中最早出

现在讨论方差性质

$$D(X \pm Y) = D(X) + D(Y) \pm 2[E(XY) - E(X)E(Y)]$$

中,因为 $E(XY) - E(X)E(Y) = E[(X - E(X))(Y - E(Y))] = \text{Cov}(X, Y)$,即 $D(X \pm Y) = D(X) + D(Y) \pm 2\text{Cov}(X, Y)$。

由于协方差是 X 与 Y 分别关于各自的期望偏差之积的均值,故可以是正的,也可以是负的,当然还可以为零。若 X 和 Y 不但存在期望 $E(X)$、$E(Y)$,还存在方差 $D(X)$ 和 $D(Y)$,且 $D(X)D(Y) > 0$。于是,X 与 Y 的标准化变量 $X^* = \dfrac{X - E(X)}{\sqrt{D(X)}}$ 和 $Y^* = \dfrac{Y - E(Y)}{\sqrt{D(Y)}}$ 的协方差

$$\begin{aligned}\text{Cov}(X^*, Y^*) &= E\left[\left(\frac{X - E(X)}{\sqrt{D(X)}}\right)\left(\frac{Y - E(Y)}{\sqrt{D(Y)}}\right)\right] = \frac{E[(X - E(X))(Y - E(Y))]}{\sqrt{D(X)}\sqrt{D(Y)}} \\ &= \frac{\text{Cov}(X, Y)}{\sqrt{D(X)}\sqrt{D(Y)}} = \rho_{XY}\end{aligned}$$

即,X 与 Y 的相关系数就是它们的标准化变量的 X^* 和 Y^* 的协方差。

考虑对存在非零方差的随机变量 X 与 Y 的标准化变量 X^* 和 Y^* 之差 $X^* - Y^*$ 的方差

$$D(X^* - Y^*) = D(X^*) + D(Y^*) - 2\text{Cov}(X^*, Y^*) = 2(1 - \rho_{XY})$$

左端为变量的方差 $D(X^* - Y^*)$,故 $1 - \rho_{XY}$ 非负。据此可推得 $\rho_{XY} \leqslant 1$。类似地,由 $D(X^* + Y^*) = 2(1 + \rho_{XY})$ 得 $\rho \geqslant -1$,因此有

$$|\rho_{XY}| \leqslant 1$$

回到随机变量 Y 与其对于 X 的线性回归 $aX + b$ 偏差平方的均值计算

$$E[(Y - (aX + b))^2] = D(Y)(1 - \rho_{XY}^2)$$

其中,回归系数 $\begin{cases} a = \rho_{XY}\sqrt{\dfrac{D(X)}{D(Y)}} \\ b = E(Y) - \rho_{XY}\sqrt{\dfrac{D(X)}{D(Y)}}E(Y) \end{cases}$。

在此均值中 ρ_{XY} 的值决定了 X 与 Y 的如下关系。

(1) $0 < |\rho_{XY}| < 1$,当 $\rho_{XY} > 0$ 时称 Y 和 X **正相关**,$\rho_{XY} < 0$ 时称 Y 和 X **负相关**。$|\rho_{XY}|$ 的值越接近于 1,Y 与 $aX + b$ 越接近。即 ρ_{XY} 的值决定了 Y 与 $aX + b$ 联系的紧密程度。

（2）$|\rho_{XY}| = 1$，此时 $E[(Y - (aX + b))^2] = 0$，这意味着 Y 与 $aX + b$ 几乎处处相等。$\rho_{XY} = 1$ 时称 Y 和 X **完全正相关**；$\rho_{XY} = -1$ 时称 Y 和 X **完全负相关**。

（3）$\rho_{XY} = 0$，此时 $a = \rho_{XY}\sqrt{\dfrac{D(X)}{D(Y)}} = 0$，$b = E(Y)$，即 $aX + b$ 退化为 $E(Y)$。于是 $E[(Y - (aX + b))^2] = E[(Y - E(Y))^2] = D(Y)$，这意味着 Y 与 X 不具有任何线性关系。称 Y 与 X **不相关**。

正因为 ρ_{XY} 决定了 Y 与 X 之间这些关系，冠以相关系数真是实至名归。

我们知道 Y 与 X 不相关，当且仅当 $\rho_{XY} = 0$。即

$$\frac{\text{Cov}(X, Y)}{\sqrt{D(X)}\sqrt{D(Y)}} = \frac{E(XY) - E(X)E(Y)}{\sqrt{D(X)}\sqrt{D(Y)}} = 0。$$

这意味着 $E(XY) = E(X)E(Y)$。于是，需对数学期望和方差修订以下两条性质。

（1）$E(XY) = E(X)E(Y)$，当且仅当 Y 与 X 不相关。

（2）$D(X \pm Y) = D(X) + D(Y)$，当且仅当 Y 与 X 不相关。

由此可推得，若 X 与 Y 相互独立，则 X 与 Y 不相关。反之不然，即由 X 与 Y 不相关未必能得出若 X 与 Y 相互独立。

例 4-37 设 (X, Y) 的联合分布律为

X \ Y	-2	-1	1	2	$P(Y = k)$
1	0	$\frac{1}{4}$	$\frac{1}{4}$	0	$\frac{1}{2}$
4	$\frac{1}{4}$	0	0	$\frac{1}{4}$	$\frac{1}{2}$
$P(X = k)$	$\frac{1}{4}$	$\frac{1}{4}$	$\frac{1}{4}$	$\frac{1}{4}$	1

不难算得，$E(X) = 5/2$，$E(Y) = 0$，$E(XY) = 0$，故 $\rho_{XY} = 0$。即 X 与 Y 不相关。但是，

$$P(X = 1, Y = -2) = 0 \neq \frac{1}{2} \cdot \frac{1}{4} = P(X = 1) \cdot P(Y = -2)$$

故 X 与 Y 不相互独立。

练习 4-24 对例 4-34 中联合分布律为

X \ Y	-1	0	1
-1	$\dfrac{1}{8}$	$\dfrac{1}{8}$	$\dfrac{1}{8}$
0	$\dfrac{1}{8}$	0	$\dfrac{1}{8}$
1	$\dfrac{1}{8}$	$\dfrac{1}{8}$	$\dfrac{1}{8}$

的随机向量 (X, Y)，讨论 X 与 Y 的独立性及相关性。

参考答案：X 与 Y 不相关，相互不独立。

例 4-38　设 $(X, Y) \sim N(\mu_1, \mu_2, \sigma_1^2, \sigma_2^2, \rho)$，计算 X，Y 的相关系数 ρ_{XY}。

解： (X, Y) 的联合密度函数为

$$f(x, y) = \frac{1}{2\pi\sigma_1\sigma_2\sqrt{1-\rho^2}} \mathrm{e}^{-\frac{1}{2(1-\rho^2)}\left[\frac{(x-\mu_1)^2}{\sigma_1^2} - 2\rho\frac{(x-\mu_1)(y-\mu_2)}{\sigma_1\sigma_2} + \frac{(y-\mu_2)^2}{\sigma_2^2}\right]}$$

于是

$$\mathrm{Cov}(X, Y) = E[(X - E(X))(Y - E(Y))]$$

$$= \frac{1}{2\pi\sqrt{1-\rho^2}} \int_{-\infty}^{+\infty} \int_{-\infty}^{+\infty} \frac{x - \mu_1}{\sigma_1} \cdot \frac{y - \mu_2}{\sigma_2} \times$$

$$\mathrm{e}^{-\frac{1}{2(1-\rho^2)}\left[\frac{(x-\mu_1)^2}{\sigma_1^2} - 2\rho\frac{(x-\mu_1)(y-\mu_2)}{\sigma_1\sigma_2} + \frac{(y-\mu_2)^2}{\sigma_2^2}\right]} \mathrm{d}x\mathrm{d}y$$

$$\xlongequal[t=\frac{y-\mu_2}{\sigma_2}]{\diamondsuit s=\frac{x-\mu_1}{\sigma_1}} \frac{\sigma_1\sigma_2}{2\pi\sqrt{1-\rho^2}} \int_{-\infty}^{+\infty} \int_{-\infty}^{+\infty} st \cdot \mathrm{e}^{-\frac{1}{2(1-\rho^2)}\left(s^2 - 2\rho st + t^2\right)} \mathrm{d}s\mathrm{d}t$$

$$= \frac{\sigma_1\sigma_2}{2\pi\sqrt{1-\rho^2}} \int_{-\infty}^{+\infty} \int_{-\infty}^{+\infty} st \cdot \mathrm{e}^{-\frac{1}{2(1-\rho^2)}\left[(1-\rho^2)s^2 + (t-\rho s)^2\right]} \mathrm{d}s\mathrm{d}t$$

$$\xlongequal[v=\frac{t-\rho s}{\sqrt{1-\rho^2}}]{\diamondsuit u=s} \frac{\sigma_1\sigma_2}{2\pi} \int_{-\infty}^{+\infty} \int_{-\infty}^{+\infty} (\rho u^2 + uv\sqrt{1-\rho^2}) \mathrm{e}^{-\frac{u^2}{2}} \cdot \mathrm{e}^{-\frac{v^2}{2}} \mathrm{d}u\mathrm{d}v$$

$$= \sigma_1\sigma_2\rho \left(\int_{-\infty}^{+\infty} \frac{1}{\sqrt{2\pi}} u^2 \mathrm{e}^{-\frac{u^2}{2}} \mathrm{d}u\right) \left(\int_{-\infty}^{+\infty} \frac{1}{\sqrt{2\pi}} \mathrm{e}^{-\frac{v^2}{2}} \mathrm{d}v\right) +$$

$$\frac{\sigma_1\sigma_2\sqrt{1-\rho^2}}{2\pi} \left(\int_{-\infty}^{+\infty} u\mathrm{e}^{-\frac{u}{2}} \mathrm{d}u\right) \left(\int_{-\infty}^{+\infty} v\mathrm{e}^{-\frac{v^2}{2}} \mathrm{d}v\right)$$

由于 $\displaystyle\int_{-\infty}^{+\infty} \frac{1}{\sqrt{2\pi}} u^2 \mathrm{e}^{-\frac{u^2}{2}} \mathrm{d}u$ 和 $\displaystyle\int_{-\infty}^{+\infty} \frac{1}{\sqrt{2\pi}} \mathrm{e}^{-\frac{v^2}{2}} \mathrm{d}v$ 分别为标准正态分布的 2 阶原点矩和 0

阶原点矩，都为 1。而 $\int_{-\infty}^{+\infty} u e^{-\frac{u}{2}} \mathrm{d}u$ 和 $\int_{-\infty}^{+\infty} v e^{-\frac{v^2}{2}} \mathrm{d}v$ 均为奇函数在 $(-\infty, +\infty)$ 上的积分，等于 0。故 $\mathrm{Cov}(X, Y) = \rho \sigma_1 \sigma_2 = \rho \sqrt{D(X)} \sqrt{D(Y)}$，于是

$$\rho_{XY} = \frac{\mathrm{Cov}(X, Y)}{\sqrt{D(X)} \sqrt{D(Y)}} = \rho$$

根据定理 3-4 及例 4-38，得到

定理 4-5 若 $(X, Y) \sim N(\mu_1, \mu_2, \sigma_1^2, \sigma_2^2, \rho)$，则 X 与 Y 相互独立的充分必要条件是 X 与 Y 的相关系 $\rho_{XY} = 0$，或等价地 X 与 Y 的协方差 $\mathrm{Cov}(X, Y) = 0$。

4.3.3 Python 解法

1. 协方差与相关系数的计算

可以根据协方差的计算公式和相关系数的定义，编写通用的 Python 函数。

```
1  def cov(Exy, Ex, Ey):                          #协方差函数定义
2      return Exy−Ex*Ey
3  def rhoxy(Exy, Ex, Ey, sigmax, sigmay):        #相关系数函数定义
4      return cov(Exy, Ex, Ey)/sigmax/sigmay
```

程序 4.16 计算 $\mathrm{Cov}(X, Y)$ 和 ρ_{XY} 的 Python 函数

第 1~2 行定义的函数 cov 计算 (X, Y) 的协方差 $\mathrm{Cov}(X, Y)$。参数 Exy，Ex，Ey 分别表示期望 $E(XY)$、$E(Y)$ 和 $E(Y)$。第 3~4 行定义的函数 rhoxy 计算相关系数 ρ_{XY}。参数 Exy，Ex，Ey 与 cov 函数的同名参数意义相同，参数 sigmax 和 sigmay 分别表示 $\sqrt{D(X)}$ 和 $\sqrt{D(Y)}$。把这两个函数的定义写在 Python 代码文件 utility.py 中。

例 4-39 下列代码验算例 4-37 的计算结果。

```
1  import numpy as np                              #导入numpy
2  from utility import expect, independent, cov    #导入所需函数
3  X=np.array([1, 4])                              #X的取值
4  Y=np.array([−2, −1, 1, 2])                      #Y的取值
5  Pxy=np.array([[0, 1/4, 1/4, 0],                 #联合分布律的概率
6              [1/4, 0, 0, 1/4]])
7  Ex=expect(Pxy, X)                               #E(X)
8  Ey=expect(Pxy, Yv=Y, func=lambda x, y:y)        #E(Y)
9  Exy=expect(Pxy, X, Y, func=lambda x, y:x*y)     #E(XY)
10 coviar=cov(Exy, Ex, Ey)                         #Cov(X,Y)
11 indep=independent(Pxy)                          #检验独立性
12 print('X与Y不相关是%s, X与Y相互独立是%s'%(coviar==0, indep))
```

程序 4.17 验算例 4-37 中计算结果的程序

程序的 3~6 行完成随机向量 (X, Y) 的联合分布律的数据设置。第 7、8、9 三行调用 expect 函数（详见程序 4.5）计算期望 $E(X)$、$E(Y)$ 和 $E(XY)$。第 10 行调用程序 4.16 定义的函数 cov 计算协方差 $\text{Cov}(X, Y)$。第 11 行调用 independent 函数（详见程序 3.6）检验 X 与 Y 是否独立。第 12 行输出计算结果：

X与Y不相关是True, X与Y相互独立是False

与例 4-37 的结果一致。

练习 4-25　用 Python 验算练习 4-24 的计算结果。

参考答案：见文件 chapter04.ipynb 中对应代码。

2. 随机变量的线性回归

例 4-40　下列代码利用程序 4.16 中定义的 rhoxy 函数验算例 4-36 中的随机向量 (X, Y) 的 Y 对于 X 的线性回归。

```
1   import numpy as np                                   #导入numpy
2   from utility import margDist, expect, rhoxy          #导入所需函数
3   X=np.array([1, 2, 3, 4, 5])                          #X的取值
4   Y=np.array([1, 2, 3, 4, 5])                          #Y的取值
5   Pxy=np.array([[1/12, 1/24, 1/12, 1/12, 1/24],        #联合分布律的概率矩阵
6                 [1/24, 1/24, 1/24, 0, 1/24],
7                 [0, 1/24, 1/24, 1/24, 1/24],
8                 [1/24, 1/24, 0, 1/24, 1/24],
9                 [1/30, 1/30, 1/30, 1/30, 1/30]])
10  Ex=expect(Pxy, X)                                    #E(X)
11  Ex2=expect(Pxy, X, func=lambda x, y: x*x)            #E(X^2)
12  sigmax=np.sqrt(Ex2−Ex**2)                            #X的标准差
13  Ey=expect(Pxy,Yv=Y, func=lambda x,y:y)               #E(Y)
14  Ey2=expect(Pxy, Yv=Y, func=lambda x, y: y*y)         #E(Y^2)
15  sigmay=np.sqrt(Ey2−Ey**2)                            #Y的标准差
16  Exy=expect(Pxy, X, Y, lambda x, y:x*y)               #E(XY)
17  rho=rhoxy(Exy, Ex, Ey, sigmax, sigmay)               #X, Y的相关系数
18  a=rho*sigmay/sigmax                                  #回归系数a
19  b=Ey−a*Ex                                            #回归系数b
20  print('Y=%.3f*X+%.3f'%(a, b))                        #Y对X的线性回归
```

程序 4.18　计算例 4-36 中 Y 对 X 的回归系数的程序

借助程序中各行注释，读者不难理解代码意义。运行程序，输出如下。

Y=0.056*X+2.850

此即为 Y 对于 X 的回归系数精确到千分位的值表示的 Y 对于 X 的线性回归。

练习 4-26　用 Python 验算练习 4-23 的计算结果。

参考答案：见文件 chapter04.ipynb 中对应代码。

4.4 大数定律与中心极限定理

4.4.1 切比雪夫不等式

引理 4-1 设随机变量 X 存在数学期望 $E(X)$ 及方差 $D(X)$，且 $D(X) > 0$。对任意实数 $\varepsilon > 0$，有

$$P(|X - E(X)| \geqslant \varepsilon) \leqslant \frac{D(X)}{\varepsilon^2}$$

或与之等价的

$$P(|X - E(X)| < \varepsilon) \geqslant 1 - \frac{D(X)}{\varepsilon^2}$$

就连续型随机变量来验证这一不等式，设 X 的密度函数为 $f(x)$，

$$\begin{aligned}
P(|X - E(X)| \geqslant \varepsilon) &= \int_{|X-E(X)| \geqslant \varepsilon} x f(x) \mathrm{d}x \\
&\leqslant \int_{|X-E(X)| \geqslant \varepsilon} \frac{(x - E(X))^2}{\varepsilon^2} f(x) \mathrm{d}x \\
&\leqslant \frac{1}{\varepsilon^2} \int_{-\infty}^{+\infty} (x - E(X))^2 f(x) \mathrm{d}x \\
&= \frac{D(X)}{\varepsilon^2}
\end{aligned}$$

这两个不等式统称为**切比雪夫不等式**。它揭示了 $E(X)$ 和 $D(X)$ 两者之间存在着的密切关联，它是奠定概率理论的基石之一。

练习 4-27 设随机变量 X 的分布律为

X	x_1	x_2	$\cdots$	x_k	$\cdots$
p	p_1	p_2	$\cdots$	p_k	$\cdots$

且存在 $E(X)$ 和 $D(X)$，验证切比雪夫不等式 $P(|X - E(X)| \geqslant \varepsilon) \leqslant \dfrac{D(X)}{\varepsilon^2}$。

4.4.2 切比雪夫大数定律

在讨论大数定律之前，先引入随机变量序列 $X_1, X_2, \cdots, X_n, \cdots$ 依概率收敛于常量 a 的概念。

定义 4-11 随机变量序列 $X_1, X_2, \cdots, X_n, \cdots$ 和常数 a，对任意实数 $\varepsilon > 0$ 使得

$$\lim_{n \to +\infty} P(|X_n - a| < \varepsilon) = 1$$

称序列 $X_1, X_2, \cdots, X_n, \cdots$ **依概率收敛**于常量 a。

值得注意的是，普通的数列 $x_1, x_2, \cdots, x_n, \cdots$ 收敛于常量 a 的意义是，对于任意实数 $\varepsilon > 0$，下标 n 足够大（存在正整数 N，对所有 $n > N$）时，$|x_n - a| < \varepsilon$ 无一例外均成立。然而，随机变量序列 $X_1, X_2, \cdots, X_n, \cdots$ 依概率收敛于常量 a 的意义是随着 n 的增大，X_n 的更多的取值与 a 之间的差别小于 ε。即例外的点越来越少，但不排除存在。为使表达简洁，随机变量序列 $X_1, X_2, \cdots, X_n, \cdots$ 依概率收敛于常量 a 常表示成

$$X_n \xrightarrow{P} a$$

运用随机变量序列依概率收敛的概念，下面来看一个重要的定理。

定理 4-6　设随机变量序列 $X_1, X_2, \cdots, X_n, \cdots$ 相互独立，具有相同的分布，且数学期望 $E(X_n) = \mu$ 和方差 $D(X) = \sigma^2$，$n = 1, 2, \cdots$。令 $\overline{X} = \dfrac{1}{n} \sum\limits_{i=1}^{n} X_i$，则

$$\lim_{n \to +\infty} P(|\overline{X} - \mu| < \varepsilon) = 1$$

证明：在定理的假设下，有

$$E(\overline{X}) = E\left(\frac{1}{n} \sum_{i=1}^{n} X_i\right) = \frac{1}{n} \sum_{i=1}^{n} E(X_i) = \mu$$

$$D(\overline{X}) = D\left(\frac{1}{n} \sum_{i=1}^{n} X_i\right) = \frac{1}{n^2} \sum_{i=1}^{n} D(X_i) = \frac{\sigma^2}{n^2}$$

对任意实数 $\varepsilon > 0$，由切比雪夫不等式的等价形式，有

$$1 \geqslant P(|\overline{X} - \mu| < \varepsilon) \geqslant 1 - \frac{\sigma^2}{n^2}$$

对此双联不等式求 $n \to +\infty$ 时的极限，有

$$\lim_{n \to +\infty} P(|\overline{X} - \mu| < \varepsilon) = 1$$

即，$\overline{X} \xrightarrow{P} \mu$。本定理称为**切比雪夫大数定律**。

在切比雪夫大数定律中，由于 $X_1, X_2, \cdots, X_n$ 独立同分布，所以可将此序列认为是取自于同一随机变量 X 的 n 个数据，$\overline{X}$ 自然视为这 n 个数据的算术平均值。而此随机变量 X 的数学期望按假设与 X_i 的数学期望相同，等于 μ。切比雪夫大数定律告诉我们，X 的 n 个取值的算术平均值 $\overline{X}$，随着 n 的增长依概率收敛于数学期望 $E(X)$。这就回答了本章开头留下的随机变量的数学期望刻画了随机变量的平均取值的理论根据问题。

4.4.3　贝努利大数定律

将切比雪夫大数定律中的随机变量序列 $X_1, X_2, \cdots, X_n, \cdots$ 独立同分布的条件，具体化为相互独立且均服从参数为 p 的 0-1 分布。此时，$E(X_n) = p$。由于 $X_1 + X_2 +$

$\cdots + X_n \sim b(n, p)$，即表示 n 次独立重复试验中事件 A 发生的次数，故 $\overline{X}$ 可以解释为事件 A 在 n 次重复独立试验中发生的频率，记为 $\frac{n_A}{n}$。于是对任意实数 $\varepsilon > 0$，有

$$\lim_{n \to +\infty} P\left(\left| \frac{n_A}{n} - p \right| < \varepsilon \right) = 1$$

这一推论称为**贝努利大数定律**。贝努利大数定律告诉我们，在 n 次重复独立试验中，事件 A 发生的频率随着试验次数 n 的增长依概率收敛于事件 A 发生的概率 p。这就是随机事件概率的统计定义（见定义 1-3）的理论依据。

事实上，大数定律有一个更一般的形式——**辛钦大数定律**：独立同分布随机变量序列 $X_1, X_2, \cdots, X_n, \cdots$，若有 $E(X_n) = \mu$，$n = 1, 2, \cdots$，则对任何实数 $\varepsilon > 0$

$$\lim_{n \to +\infty} P(|\overline{X} - \mu| < \varepsilon) = 1$$

辛钦大数定律的条件比切贝雪夫大数定律更弱，应用更广泛，故又称为**弱大数定律**。

例 4-41 设随机变量序列 $X_1, X_2, \cdots, X_n, \cdots$ 独立同分布，$k > 0$ 为一整数，且存在 $E(X_n^k) = \mu_k$，$n = 1, 2, \cdots$。证明对任意实数 $\varepsilon > 0$

$$\lim_{n \to +\infty} P\left(\left| \frac{1}{n} \sum_{i=1}^{n} X_i^k - \mu_k \right| < \varepsilon \right) = 1$$

证明：考虑变量序列 $X_1^k, X_2^k, \cdots, X_n^k, \cdots$，由 $X_1, X_2, \cdots, X_n, \cdots$ 独立同分布，不难理解 $X_1^k, X_2^k, \cdots, X_n^k, \cdots$ 独立同分布。按题设，存在 $E(X_n^k) = \mu_k$，$n = 1, 2, \cdots$。根据弱大数定律，有 $\lim\limits_{n \to +\infty} P\left(\left| \frac{1}{n} \sum\limits_{i=1}^{n} X_i^k - \mu_k \right| < \varepsilon \right) = 1$。

4.4.4 中心极限定理

我们知道，若 $X_1, X_2, \cdots, X_n, \cdots$ 相互独立且 $X_i \sim N(\mu, \sigma^2)$，$i = 1, 2, \cdots, n$，则 $X_1 + X_2 + \cdots + X_n \sim N(n\mu, n\sigma^2)$（见定理 3-7(1)）。当然，标准化后 $\dfrac{\sum\limits_{i=1}^{n} X_i - n\mu}{\sqrt{n}\sigma} \sim N(0, 1)$。有趣的是，可以证明如下的定理。

定理 4-7 设独立同分布的随机变量序列 $X_1, X_2, \cdots, X_n, \cdots$，若 $E(X_i) = \mu$，$D(X_i) = \sigma^2$，$i = 1, 2, \cdots$，则

$$\lim_{n \to \infty} P\left(\left| \frac{\sum\limits_{i=1}^{n} X_i - n\mu}{\sqrt{n}\sigma} \right| \leqslant x \right) = \frac{1}{\sqrt{2\pi}} \int_{-\infty}^{x} e^{-\frac{t^2}{2}} dt$$

或等价地

$$\lim_{n \to \infty} P\left(\left| \frac{\frac{\sum\limits_{i=1}^{n} X_i}{n} - \mu}{\frac{\sigma}{\sqrt{n}}} \right| \leqslant x \right) = \frac{1}{\sqrt{2\pi}} \int_{-\infty}^{x} \mathrm{e}^{-\frac{t^2}{2}} \mathrm{d}t$$

定理 4-7 告诉我们，无论独立同分布随机变量序列 $X_1, X_2, \cdots, X_n, \cdots$ 中诸 X_i 是怎样的分布，虽然 $X_1 + X_2 + \cdots + X_n$ 未必服从正态分布，但是只要存在数学期望 $E(X_i) = \mu$ 和非零方差 $D(X_i) = \sigma^2$，$i = 1, 2, \cdots$，则对任意 $x \in \mathbb{R}$，这一序列的前 n 项和的标准化变量 $\dfrac{\sum\limits_{i=1}^{n} X_i - n\mu}{\sqrt{n}\sigma}$，等价地，前 n 项平均值的标准化变量 $\dfrac{\frac{\sum\limits_{i=1}^{n} X_i}{n} - \mu}{\frac{\sigma}{\sqrt{n}}}$ 随 n 的增长，依概率收敛于标准正态分布 $N(0, 1)$。也就是说，前 n 项和 $\sum\limits_{i=1}^{n} X_i$ 随 n 的增长，依概率收敛到 $N(n\mu, n\sigma^2)$（前 n 项平均值 $\dfrac{\sum\limits_{i=1}^{n} X_i}{n}$ 依概率收敛于 $N\left(\mu, \dfrac{\sigma^2}{n}\right)$）。

定理 4-7 称为**中心极限定理**。本定理的理论证明超出了本书讨论范围，稍后仅用 Python 进行模拟验证。之所以将此结论称为中心极限定理，原因之一是它确定了正态分布作为所有具有期望和方差的概率分布的中心地位：无论原分布如何，多个服从这一分布的独立变量之和就近似服从正态分布。此外，我们将在以后的几章中看到中心极限定理还扮演着连接概率论与数理统计的纽带角色。

4.4.5　验证中心极限定理的 Python 程序

现在用 Python 模拟实验来验证中心极限定理。为此，考虑练习 2-34 中的问题：设 $\Theta \sim U\left(-\dfrac{\pi}{2}, \dfrac{\pi}{2}\right)$，$V = 380 \sin \Theta$。计算 V 的分布。

由于 Θ 的分布函数为

$$F_{\Theta}(\theta) = \begin{cases} 0, & \theta \leqslant -\dfrac{\pi}{2} \\ \dfrac{\theta + \dfrac{\pi}{2}}{\pi}, & -\dfrac{\pi}{2} < \theta < \dfrac{\pi}{2} \\ 1, & \theta \geqslant \dfrac{\pi}{2} \end{cases} = \begin{cases} 0, & \theta \leqslant -\dfrac{\pi}{2} \\ \dfrac{\theta}{\pi} + \dfrac{1}{2}, & -\dfrac{\pi}{2} < \theta < \dfrac{\pi}{2} \\ 1, & \theta \geqslant \dfrac{\pi}{2} \end{cases}$$

且函数 $g(\theta) = 380 \sin \theta$，$\theta \in \left(-\dfrac{\pi}{2}, \dfrac{\pi}{2}\right)$ 的反函数为 $g^{-1}(v) = \arcsin\left(\dfrac{v}{380}\right)$，$v \in$

$(-380, 380)$。于是，V 的分布函数为

$$F_V(v) = \begin{cases} 0, & v \leqslant -380 \\ \dfrac{1}{\pi} \arcsin \dfrac{v}{380} + \dfrac{1}{2}, & -380 < v < 380 \\ 1, & v \geqslant 380 \end{cases}$$

用 scipy.stats 的 rv_continuous 类构造一个分布函数为 $F_V(v)$ 的连续型概率分布 vdist。

```
1   from scipy.stats import rv_continuous
2   import numpy as np
3   from matplotlib import pyplot as plt
4   class vdist(rv_continuous):
5       def _cdf(self, v):                           #定义累积分布函数
6           y=np.zeros(v.size)                       #返回值初始化为0
7           d=np.where((v>-380)&(v<380))             #非0非1区域
8           y[d]=np.arcsin(v[d]/380)/np.pi+1/2       #非0非1函数值
9           d=np.where(v>=380)                       #值为1的区域
10          y[d]=1                                   #值为1的函数值
11          return y
12  dist=vdist()
13  v=np.linspace(-500, 500, 256)
14  plt.plot(v, dist.cdf(v), color='black')
15  plt.show()
16  Ev=dist.expect()
17  Dv=dist.var()
18  print('E(V)=%.4f, D(V)=%.4f'%(Ev, Dv))
```

程序 4.19　根据分布函数 $F_V(v)$ 自定义连续型概率分布 vdist

程序的第 4~11 行定义 rv_continuous 的子类 vdist。这只需要做一件事情：在第 5~11 行定义该分布类的累积分布函数 cdf。这是一个属于对象的函数（含有参数 self），该函数只含有负责传递外部数据的参数 v。该参数是数组类对象，表示分布函数 $F_V(v)$ 的自变量。第 6 行将函数值初始化为 0。根据上述 $F_V(v)$ 的定义式，第 7 行将介于 $-380 \sim 380$ 的部分区间设为 d，第 8 行将对应区间 d 的函数值设为 $\dfrac{1}{\pi} \arcsin \dfrac{v}{380} + \dfrac{1}{2}$，第 9 行将不小于 380 的区间设为 d，第 10 行将对应该区间的函数值置为 1。

第 12 行创建一个服从 vdist 分布的随机变量对象 dist。第 13 行设置绘图用的横坐标范围 v，即区间 $(-500, 500)$。第 14 行调用绘图对象 plt 的 plot 函数绘制 vdist 的累积分布函数 cdf（分布函数 $F_V(v)$）的图形，第 15 行显示图形（见图 4-2(b)）。第 16、17 行分别调用 vdist 的 expect 函数和 var 函数计算其期望 $E(V)$ 与方差 $D(V)$。如果将第 14 行中的 cdf 改成 pdf，则绘制的是 vdist 的密度函数图形（见图 4-2(a)）。显然 dist 分布与正态分布大不相同（其密度函数呈现双峰形态）。运行程序 4.19，输出如下。

E(V)=0.0000, D(V)=72200.0000

为 vdist 的期望值和方差值。

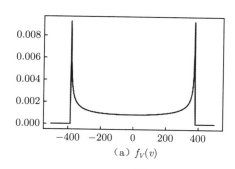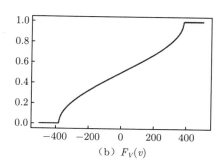

(a) $f_V(v)$　　　　　　　　　(b) $F_V(v)$

图 4-2　V 的密度函数与分布函数图形

利用程序 4.19 创建的 dist 对象，产生服从该分布的随机变量 V 的 10 000 个值。

```
1  V=dist.rvs(size=10000)                                #产生10000个V的取值
2  plt.hist(V, density=True, histtype='stepfilled', alpha=0.2) #画直方图
3  plt.show()
```

程序 **4.20**　用 vdist 分布创建 dist 对象

程序的第 1 行调用 dist 的 rvs 函数产生 10 000 个随机数模拟服从 dist 分布的随机变量 V，存于数组 V。第 2 行调用绘图对象 plt 的绘制直方图的函数 hist，绘制 V 的直方图。运行程序，显示如图 4-3 所示图形。

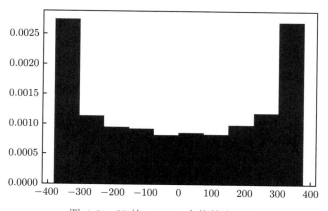

图 4-3　V 的 10 000 个值的直方图

可以看到，图 4-3 中 V 数据直方图与图 4-2(a) 的密度函数拟合得很好。现在从存储在 V 中的 10 000 个数据中随机抽取 500 组，每组 100 个数据，并计算出每组数据的平均值，然后考察这 500 个均值的分布。

```
1  from scipy.stats import norm                          #导入norm
2  x=np.array([np.random.choice(a=V, size=100).mean()    #V中100个随机数据的均值
3            for k in range(500)])                        #共生成500个数据存于x
```

```
4    plt.hist(x, density=True, histtype='stepfilled')      #绘制x的直方图
5    v=np.linspace(−80, 80,256)                            #横坐标区间(−80, 80)
6    sigma=np.sqrt(Dv)/10                                  #计算标准差
7    plt.plot(v, norm.pdf(v, scale=sigma))                 #绘制正态密度曲线
8    plt.show()
```

程序 **4.21**　考察 $\dfrac{\sum\limits_{i=1}^{100} X_i}{100}$ 的分布

程序 4.21 的 2~3 行调用 numpy 的 random 对象的 choice 函数从 V 中随机取得 100 个数据（形成一个匿名数组），调用该数组对象的 mean 函数计算这 100 个数据的均值，加入数组 x 中。反复做 500 次（第 3 行的 **for** 循环决定），故 x 中存有 500 个这样的数据。第 4 行绘制 x 中数据的直方图。第 5 行设置绘制正态分布密度函数图形的横坐标范围，区间 v=(−80, 80)。第 6 行计算 V 的均方差 $\sqrt{D(V)} = \sigma$。第 7 行绘制正态分布 $N(0, \sigma^2/100)$ 的密度函数图形。运行该程序，展示图形如图 4-4 所示。

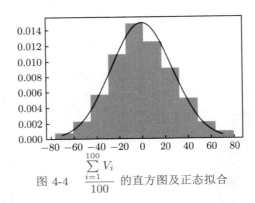

图 4-4　$\dfrac{\sum\limits_{i=1}^{100} V_i}{100}$ 的直方图及正态拟合

从图 4-4 中看到,500 个 $\dfrac{1}{100}\left(\sum\limits_{i=1}^{100} V_i\right)$ 数据值作成的直方图与正态分布 $N(0, \sigma^2/100)$ 的密度函数图形高度拟合。其中，$V_1, V_2, \cdots, V_{100}$ 独立（从 V 中随机抽取）同分布（与 V 的分布相同），$\sigma^2 = D(V)$，$0 = E(V)$。这就验证了中心极限定理：尽管随机变量 V 所服从的分布与正态分布形态迥异，但是 100 个独立且与 V 同分布的随机变量 $V_1, V_2, \cdots, V_{100}$ 的均值 $\dfrac{V_1 + V_2 + \cdots + V_{100}}{100}$ 却近似服从 $N(0, \sigma^2/100)$。

4.5　本章附录

A1. 定理 4-1 的证明

证明：（1）是因为常数 C 视为特殊的随机变量仅取一个值 C，且取 C 的概率为 1。故 $E(C) = 1 \times C = C$。

以下仅就连续型分布说明其余性质，读者可对离散型分布做同样的解读。对性质

(2)，设 X 的密度函数为 $f(x)$。考虑函数 $Z = kX$，由前述讨论立得

$$E(kX) = E(Z) = \int_{-\infty}^{+\infty} kxf(x)\mathrm{d}x = k\int_{-\infty}^{+\infty} xf(x)\mathrm{d}x = kE(X)$$

与 (2) 相仿，设 (X, Y) 的联合密度为 $f(x, y)$，考虑函数 $Z = X \pm Y$。

$$E(X \pm Y) = E(Z) = \int_{-\infty}^{+\infty}\int_{-\infty}^{+\infty}(x \pm y)f(x, y)\mathrm{d}x\mathrm{d}y$$

$$= \int_{-\infty}^{+\infty}\int_{-\infty}^{+\infty} xf(x, y)\mathrm{d}x\mathrm{d}y \pm \int_{-\infty}^{+\infty}\int_{-\infty}^{+\infty} yf(x, y)\mathrm{d}x\mathrm{d}y$$

$$= E(X) \pm E(Y)$$

此即性质 (3)。

对于性质 (4)，考虑连续型 2-维随机向量 (X, Y)。设 X 和 Y 相互独立且边缘密度分别为 $f_X(x)$ 和 $f_Y(y)$。令 $Z = XY$，

$$E(XY) = E(Z) = \int_{-\infty}^{+\infty}\int_{-\infty}^{+\infty} xyf_X(x)f_Y(y)\mathrm{d}x\mathrm{d}y$$

$$= \int_{-\infty}^{+\infty} xf_X(x)\mathrm{d}x \int_{-\infty}^{+\infty} yf_Y(y)\mathrm{d}y$$

$$= E(X)E(Y)$$

练习 4-28 设离散型随机向量 (X, Y) 的联合分布律为

X \ Y	y_1	y_2	$\cdots$	y_j	$\cdots$	y_n	$\cdots$
x_1	p_{11}	p_{12}	$\cdots$	p_{1j}	$\cdots$	p_{1n}	$\cdots$
x_2	p_{21}	p_{22}	$\cdots$	p_{2j}	$\cdots$	p_{2n}	$\cdots$
$\vdots$	$\vdots$	$\vdots$	$\cdots$	$\vdots$	$\cdots$	$\vdots$	$\cdots$
x_i	p_{i1}	p_{i2}	$\cdots$	p_{ij}	$\cdots$	p_{in}	$\cdots$
$\vdots$	$\vdots$	$\vdots$	$\cdots$	$\vdots$	$\cdots$	$\vdots$	$\cdots$
x_m	p_{m1}	p_{m2}	$\cdots$	p_{mj}	$\cdots$	p_{mn}	$\cdots$
$\vdots$	$\vdots$	$\vdots$	$\cdots$	$\vdots$	$\cdots$	$\vdots$	$\cdots$

证明 $E(X \pm Y) = E(X) \pm E(Y)$。

A2. 定理 4-2 的证明

证明： 所有这 3 条性质，均可根据定理条件，利用方差的计算公式证得：
(1) $D(C) = E(C^2) - [E(C)]^2 = C^2 - C^2 = 0$。

(2) $D(kX) = E[(kX)^2] - [E(kX)]^2 = E(k^2 X^2) - [kE(X)]^2 = k^2\{E(X^2) - [E(X)]^2\} = k^2 D(X)$。

(3) $D(X \pm Y) = E[(X \pm Y)^2] - [E(X \pm Y)]^2$

$$= E[X^2 \pm 2XY + Y^2] - [E(X) \pm E(Y)]^2$$

$$= E(X^2) + E(Y^2) \pm 2E(XY) - \{[E(X)]^2 + [E(Y)]^2 \pm 2E(X)E(Y)\}$$

$$= E(X^2) - [E(X)]^2 + E(Y^2) - [E(Y)]^2 \pm 2[E(XY) - E(X)E(Y)]$$

$$= D(X) + D(Y) \pm 2[E(XY) - E(X)E(Y)]$$

此时，若还有 X 与 Y 相互独立，则 $E(XY) = E(X)E(Y)$，因此 $D(X \pm Y) = D(X) + D(Y)$。

数理统计的基本概念

人类社会中，有生产就有管理，有管理就有统计，统计活动应用广泛，历史悠久。通常把统计对象称为**个体**，所有个体构成的集合称为**总体**。若总体中的每个个体能表示成数值，则总体就可视为一个随机变量 X，统计的任务就是要弄清楚总体 X 的分布。当总体规模较小的时候，"普查"这种统计方法是有效且准确的。随着总体规模越来越庞大，普查形式的统计活动，其成本和周期越来越难以承受。人们尝试着从总体 X 抽取有限容量的**样本**，运用概率论的术语、理论、方法研究样本，进而推算总体的分布。用这种方式进行的统计活动，为有别于传统的普查统计，称为**数理统计**。本章起，就来讨论数理统计中的一些经典问题及其解决方法，并介绍 Python 解法。

5.1 简单样本

定义 5-1 设总体为随机变量 X，随机地从 X 中独立地抽取 n 个个体，观察每个个体的数据值，按抽取顺序记为 $(x_1, x_2, \cdots, x_n)$，称为 X 的一个**容量**为 n 的**样本观测值**。第 i 个个体观测值 x_i 在不同批次的取样中呈现为一个随机变量 X_i，$i = 1, 2, \cdots, n$。随机向量 $(X_1, X_2, \cdots, X_n)$ 称为来自总体 X 的一个容量为 n 的**简单样本**，简称为样本。

由简单样本的抽样方式不难理解，样本中的随机变量 $X_1, X_2, \cdots, X_n$ 具有

（1）代表性：每个 X_i 与总体 X 具有相同的分布（$i = 1, 2, \cdots, n$）。

（2）独立性：$X_1, X_2, \cdots, X_n$ 相互独立。

5.1.1 样本观测值的直方图

对总体 X 的一次具体抽样，得到一个容量为 n 的样本观测值 $(x_1, x_2, \cdots, x_n)$。可以通过如下步骤，绘制直方图。

（1）对 $x_1, x_2, \cdots, x_n$ 按升序排列。不失一般性，仍记为 $x_1, x_2, \cdots, x_n$，即

$$x_1 \leqslant x_2 \leqslant \cdots \leqslant x_n$$

(2) 区间 $[a,b] = [x_1, x_n]$ 包含所有的个体观测值 x_i，$i = 1, 2, \cdots, n$。将区间 $[a,b]$ 等分成 $m(\leqslant n)$ 个小区间，约定除最后一个小区间为闭区间外，其余均为半闭半开区间。记区间长度为 Δ。自左向右，统计第 k 个小区间中所含个体观测值 x_i 的个数，即个体观测值落在该区间内的频数，记为 f_k，$k = 1, 2, \cdots, m$。

(3) 在坐标平面中，横坐标轴区间 (a,b) 上依次绘制 m 个高为 $\dfrac{f_k}{n} \Big/ \Delta$，宽为 Δ 的矩形，$k = 1, 2, \cdots, m$。

显然，这样绘制出来的 $(x_1, x_2, \cdots, x_n)$ 的直方图中所有小矩形面积之和为 1。这是因为将直方图中每个小矩形的高设置为 $\dfrac{f_k}{n} \Big/ \Delta$，乘以宽度 Δ 后面积值为频率 $\dfrac{f_k}{n}$，这样设置直方图小矩形高度称为**密度化**。

例 5-1 下面列出 84 个伊特拉斯坎（Etruscan）人男子头颅的最大宽度（mm）。绘制这些数据的直方图。

141	148	132	138	154	142	150	146	155	158	150	140	147	148
144	150	149	145	149	158	143	141	144	144	126	140	144	142
141	140	145	135	147	146	141	136	140	146	142	137	148	154
137	139	143	140	131	143	141	149	148	135	148	152	143	144
141	143	147	146	150	132	142	142	143	153	149	146	149	138
142	149	142	137	134	144	146	147	140	142	140	137	152	145

解： (1) $n = 84$ 个数据按升序排序后的序列为：

126 131 132 132 134 135 135 136 137 137 137 137 138 138
139 140 140 140 140 140 140 140 141 141 141 141 141 141
142 142 142 142 142 142 142 142 143 143 143 143 143 143
144 144 144 144 144 144 145 145 145 146 146 146 146 146
146 147 147 147 147 148 148 148 148 148 149 149 149 149
149 149 150 150 150 150 152 152 153 154 154 155 158 158

(2) 将区间 $[126, 158]$ 等分成 $m = 8$ 个小区间，统计各小区间内所含个体观测值个数，形成表 5-1。

(3) 根据表 5-1 在坐标平面上逐一画出高为 $\dfrac{f_k}{n} \Big/ \Delta$，宽为 Δ 的矩形，$k = 1, 2, \cdots, m$，如图 5-1 所示。

沿密度化直方图的外轮廓描绘曲线，得到总体 X 的密度函数的近似曲线（见图 5-1）。

表 5-1 小区间内所含个体观测值统计

小 区 间	频数 f_k	频率 f_k/n	累 积 频 率
[126, 130)	1	0.0119	0.0119
[130, 134)	3	0.0357	0.0476
[134, 138)	8	0.0952	0.1429
[138, 142)	16	0.1905	0.3333
[142, 146)	23	0.2738	0.6071
[146, 150)	21	0.2500	0.8571
[150, 154)	7	0.0833	0.9405
[154, 158]	5	0.0595	1.0

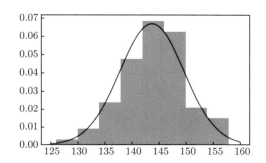

图 5-1 样本观测值 $(x_1, x_2, \cdots, x_n)$ 的直方图

练习 5-1 下面列出了 30 个美国 NBA 球员的体重数据（单位：磅），这些数据是从 NBA 球队（1990—1991）赛季的花名册中抽样得到的。

$$225 \ 232 \ 232 \ 245 \ 235 \ 245 \ 270 \ 225 \ 240 \ 240$$
$$217 \ 195 \ 225 \ 185 \ 200 \ 220 \ 200 \ 210 \ 271 \ 240$$
$$220 \ 230 \ 215 \ 252 \ 225 \ 220 \ 206 \ 185 \ 227 \ 236$$

绘制这些数据分为 6 组的直方图。

参考答案： 见图 5-2。

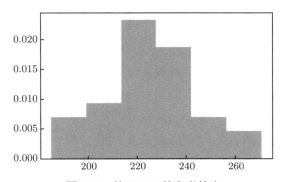

图 5-2 练习 5-1 的参考答案

5.1.2 经验分布函数

设 $(x_1, x_2, \cdots, x_n)$ 是总体 X 的一个样本观测值。与绘制直方图相仿，通过下列步骤即可得到 $(x_1, x_2, \cdots, x_n)$ 的**经验分布函数** $F_n(x)$。

（1）对 $x_1, x_2, \cdots, x_n$ 按升序排列，记 $a = x_1$，$b = x_n$。

（2）将区间 $[a, b]$ 等分成 $m(\leqslant n)$ 个小区间，约定除最后一个小区间为闭区间外，其余均为半闭半开区间 Δ_k，$k = 1, 2, \cdots, m$。统计第 k 个小区间中所含个体观测值 x_i 的个数，即个体观测值落在该区间内的频数，记为 f_k，$k = 1, 2, \cdots, m$。

（3）定义函数

$$
F_n(x) = \begin{cases}
0, & x < a \\
\dfrac{f_1}{n}, & x \in \Delta_1 \\
\dfrac{f_1 + f_2}{n}, & x \in \Delta_2 \\
\quad\vdots & \quad\vdots \\
\dfrac{f_1 + \cdots + f_{m-1}}{n}, & x \in \Delta_m \\
1, & x \geqslant b
\end{cases}
$$

$(x_1, x_2, \cdots, x_n)$ 的经验分布函数 $F_n(x)$ 就是累积频率函数，其函数图像为一个阶梯状曲线，如图 5-3 所示折线部分即为例 5-1 中伊特拉斯坎人男子头颅的最大宽度数据的经验分布函数图像。沿 $F_n(x)$ 的边缘描绘一条光滑曲线则是总体 X 的分布函数的近似图像（见图 5-3）。

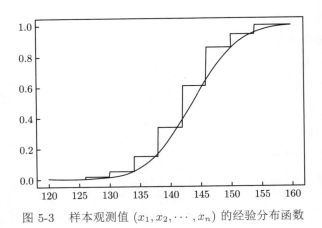

图 5-3　样本观测值 $(x_1, x_2, \cdots, x_n)$ 的经验分布函数

练习 5-2　构造练习 5-1 中球员体重数据分为 6 组的经验分布函数。

$$
参考答案: F_6(x) = \begin{cases}
0, & x < 185 \\[2mm]
\dfrac{3}{30}, & 185 \leqslant x < 200 \\[2mm]
\dfrac{7}{30}, & 200 \leqslant x < 214 \\[2mm]
\dfrac{17}{30}, & 214 \leqslant x < 228 \\[2mm]
\dfrac{25}{30}, & 228 \leqslant x < 242 \\[2mm]
\dfrac{28}{30}, & 242 \leqslant x < 256 \\[2mm]
1, & x \geqslant 256
\end{cases}
$$

5.1.3　Python 解法

1. 绘制数据直方图

设样本观测数据存储在数组中。matplotlib 包中的 pyplot 对象有一个专门绘制数据数组的直方图的函数 hist。该函数的调用接口为

$$\text{hist}(x, \text{bins}, \text{density})$$

参数 x 传递数据数组。bins 传递分组个数，即小区间个数。参数 density 传递布尔值 True 或 False，默认值为 False。若为 True，意味着密度化直方图。

例 5-2　下列代码绘制例 5-1 中伊特拉斯坎人男子头颅的最大宽度数据的直方图。

```
1   import numpy as np                                    #导入numpy
2   from matplotlib import pyplot as plt                  #导入绘图对象pyplot
3   sample=np.array([141,148,132,138,154,142,150,146,155,158,   #设置样本数据数组
4           150,140,147,148,144,150,149,145,149,158,
5           143,141,144,144,126,140,144,142,141,140,
6           145,135,147,146,141,136,140,146,142,137,
7           148,154,137,139,143,140,131,143,141,149,
8           148,135,148,152,143,144,141,143,147,146,
9           150,132,142,142,143,153,149,146,149,138,
10          142,149,142,137,134,144,146,147,140,142,
11          140,137,152,145])
12  plt.hist(sample, bins=8, density=True)                #分成8组绘制直方图
13  plt.show()
```

程序 **5.1**　绘制例 5-1 中样本数据直方图的 Python 程序

注意第 12 行调用 pyplot 对象的 hist 函数时所传递的各个参数：传递给接收数据数组参数 x 的是样本观测值数组 sample（在第 3~11 行设置），传递给确定涵盖所有样

本数据的区间分组数的 bins 为 8，传递给决定小矩形高度的参数 density 为 True。运行程序 5.1，展示的直方图如图 5-1 所示。

练习 5-3 用 Python 绘制练习 5-1 中球员体重数据的直方图。

参考答案： 见文件 chapter05.ipynb 对应代码。

2. 样本观测值的经验分布函数

除了 matplotlib 包中的 pyplot 对象提供的绘制数据数组的直方图的函数 hist，numpy 包也提供了一个 histogram 的函数，该函数的调用接口为：

$$\text{histogram(x, bins)}$$

参数 x 的意义是接收数据数组，bins 也是确定分组个数。假定传递给 bins 的置为 m，该函数返回一个二元组 (f, b)，其中，f 为含有 m 个整数的数组，每个元素表示对应小区间所含个体观测值个数。b 也是一个数组其中含有 $m+1$ 个元素 $\{b_0, b_1, \cdots, b_m\}$，$[b_{i-1}, b_i)$ 为第 i 个小区间，$i = 1, 2, \cdots, m$。下列代码就是利用 numpy 的这一函数，计算样本观测值的经验分布函数 $F_n(x)$。

```
1   import numpy as np                        #导入numpy
2   def Fn(x, sample, m):                      #定义函数Fn
3       n=sample.size                          #样本容量n
4       f, b=np.histogram(sample, bins=m)      #计算样本分组及频数
5       f=f/n                                  #计算各组频率
6       for k in range(m−1):                   #计算累积频率
7           f[k+1]+=f[k]
8       y=np.zeros(x.size)                     #函数值初始化为0
9       for i in range(1, m):                  #计算每个分组区间内的函数值
10          d=np.where((x>b[i−1])&(x<=b[i]))
11          y[d]=f[i−1]
12      d=np.where(x>b[m−1])                   #计算最后小区间及其以后的函数值
13      y[d]=1
14      return y                               #返回y
```

程序 **5.2**　经验分布函数的 Python 定义

程序中第 2~14 行定义计算由参数 sample 传递的样本数据，分成 m 组的经验分布函数，其中，参数 x 表示自变量，这是一个数组类对象。第 3 行计算样本容量 n。第 4 行调用 numpy 的 histogram 函数，计算样本 sanple 分成 m 组的频数数据 f 和分组数据 b。第 5 行计算各组频率（频数/样本容量）。第 6~7 行计算各分组的累积频率。第 8 行将函数值 y 初始化为 0。第 9~11 行的 **for** 循环用存储在 f 中的累积频率数据计算 x 中所含前 m 个小区间的函数值。第 12 行计算 x 中包含的最后一个区间及其以右部分设置为 d，第 13 行将 d 对应的函数置 1。将程序 5.2 中定义的函数 Fn 存储于文件 utility.py，以方便调用。

例 5-3　下列程序绘制例 5-1 中伊特拉斯坎人男子头颅的最大宽度数据分成 $m=8$ 组的经验分布函数图形。

```
1   import numpy as np                              #导入numpy
2   from matplotlib import pyplot as plt            #导入绘图对象plt
3   from utility import Fn                          #导入Fn
4   sample=np.array([141,148,132,138,154,142,150,146,155,158,   #设置样本数据数组
5               150,140,147,148,144,150,149,145,149,158,
6               143,141,144,144,126,140,144,142,141,140,
7               145,135,147,146,141,136,140,146,142,137,
8               148,154,137,139,143,140,131,143,141,149,
9               148,135,148,152,143,144,141,143,147,146,
10              150,132,142,142,143,153,149,146,149,138,
11              142,149,142,137,134,144,146,147,140,142,
12              140,137,152,145])
13  x=np.linspace(120, 160, 256)                    #设置绘图横轴
14  plt.plot(x,Fn(x, sample, 8))                    #绘制Fn(x)图形
15  plt.show()
```

程序 5.3　经验分布函数的 Python 定义

程序的第 4~12 行设置样本观测值数据 sample，数据与程序 5.1 中的 sample 相同。第 13 行设置绘图的横坐标区间 $x=(120,160)$，第 14 行调用 pyplot 的 plot 函数，利用程序 5.2 定义的函数 Fn，绘制由数据数组 sample 算得的经验分布函数的图形，运行此程序展示图 5-3 中的折线部分。

练习 5-4　用 Python 绘制练习 5-2 中算得的球员体重数据的经验分布函数图形。

参考答案：见文件 chapter05.ipynb 中对应代码。

5.2　样本统计量

定义 5-2　设 $(X_1,X_2,\cdots,X_n)$ 是来自总体 X 的一个简单样本，n 元连续函数 $g(X_1,X_2,\cdots,X_n)$ 若不含任何未知参数，则称其为样本的一个**统计量**。

例如，设 (X_1,X_2,X_3) 为来自服从正态分布 $N(\mu,\sigma^2)$ 的总体 X 的样本，其中，μ 为已知，σ^2 未知，则 $X_1+X_2-X_3$，$3X_1-2X_2+X_3$，$X_2+5X_3-4\mu$，$X_1^2+X_2^2+X_3^2$ 都是统计量，但是 $X_1^2+X_2^2+X_3^2+\sigma^2$ 和 $X_1+X_2-\sigma^2X_3$ 都不是统计量。

设 $g(X_1,X_2,\cdots,X_n)$ 为样本 $(X_1,X_2,\cdots,X_n)$ 的一个统计量。$(x_1,x_2,\cdots,x_n)$ 是 $(X_1,X_2,\cdots,X_n)$ 的一个观测值，则 $g(x_1,x_2,\cdots,x_n)$ 称为 $g(X_1,X_2,\cdots,X_n)$ 的一个**观测值**。例如，$\bar{x}=\dfrac{x_1+x_2+\cdots+x_n}{n}$ 是统计量 $\overline{X}=\dfrac{X_1+X_2+\cdots+X_n}{n}$ 的一个观测值。

5.2.1 常用统计量

设 $(X_1, X_2, \cdots, X_n)$ 为来自总体 X 的一个样本，数理统计中常用的统计量有以下几种。

（1）样本均值：$\overline{X} = \dfrac{1}{n} \sum\limits_{i=1}^{n} X_i$。

（2）样本方差：$S^2 = \dfrac{1}{n-1} \sum\limits_{i=1}^{n} (X_i - \overline{X})^2 = \dfrac{1}{n-1} \left(\sum\limits_{i=1}^{n} X_i^2 - n\overline{X}^2 \right)$。

（3）样本均方差：$S = \sqrt{S^2} = \sqrt{\dfrac{1}{n-1} \sum\limits_{i=1}^{n} (X_i - \overline{X})^2}$。

（4）样本 k 阶原点矩：$A_k = \dfrac{1}{n} \sum\limits_{i=1}^{n} X_i^k, \ k = 1, 2, \cdots$。

（5）样本 k 阶中心矩：$B_k = \dfrac{1}{n} \sum\limits_{i=1}^{n} (X_i - \overline{X})^k, \ k = 1, 2, \cdots$。

希望提起重视的是，虽然样本均值恰为样本 1 阶原点矩，但是样本方差不是 2 阶样本中心矩，因为两者的除数分别为 $n-1$ 和 n。

设 $(x_1, x_2, \cdots, x_n)$ 为 $(X_1, X_2, \cdots, X_n)$ 的观测值，则相应的统计量的观测值为

（1）$\overline{x} = \dfrac{1}{n} \sum\limits_{i=1}^{n} x_i$。

（2）$s^2 = \dfrac{1}{n-1} \sum\limits_{i=1}^{n} (x_i - \overline{x})^2 = \dfrac{1}{n-1} \left(\sum\limits_{i=1}^{n} x_i^2 - n\overline{x}^2 \right)$。

（3）$s = \sqrt{s^2} = \sqrt{\dfrac{1}{n-1} \sum\limits_{i=1}^{n} (x_i - \overline{x})^2}$。

（4）$a_k = \dfrac{1}{n} \sum\limits_{i=1}^{n} x_i^k, \ k = 1, 2, \cdots$。

（5）$b_k = \dfrac{1}{n} \sum\limits_{i=1}^{n} (x_i - \overline{x})^k, \ k = 1, 2, \cdots$。

例 5-4 设总体 X 的样本观测值为 1502，1453，1367，1650，求样本均值，样本方差和样本均方差。

解： 样本均值为

$$\overline{x} = \frac{1}{4}(1502 + 1453 + 1376 + 1650) = 1493$$

样本方差为

$$s^2 = \frac{1}{3}[(1502-1493)^2 + (1453-1493)^2 + (1376-1493)^2 + (1650-1493)^2] = 14068.667$$

样本均方差为

$$s = \sqrt{s^2} = \sqrt{14068.667} = 118.611$$

练习 5-5 设总体的一组样本观测值为 $(54, 67, 68, 78, 70, 66, 67, 70, 65, 69)$，计算样本均值和样本方差。

参考答案： 67.4，35.16。

5.2.2　正态总体的样本统计量分布

定理 5-1　设总体 $X \sim N(\mu, \sigma^2)$，$(X_1, X_2, \cdots, X_n)$ 是来自 X 的一个样本。记 $\overline{X}$、S^2 和 S 分别为样本均值、样本方差和样本均方差，则 $\overline{X}$、S^2 和 S 有如下性质。

（1）$\overline{X} \sim N(\mu, \sigma^2/n)$。

（2）$\dfrac{n-1}{\sigma^2} S^2 \sim \chi^2(n-1)$。

（3）$\dfrac{\overline{X} - \mu}{S} \sqrt{n} \sim t(n-1)$。

证明见本章附录 A1。

5.2.3　两个正态总体的样本统计量分布

定理 5-2　设样本 $(X_1, X_2, \cdots, X_{n_1})$ 来自总体 $X \sim N(\mu_1, \sigma_1^2)$，$(Y_1, Y_2, \cdots, Y_{n_2})$ 来自总体 $Y \sim N(\mu_2, \sigma_2^2)$。$X$ 与 Y 相互独立。$(X_1, X_2, \cdots, X_{n_1})$ 的样本均值和样本方差分别为 $\overline{X}$ 和 S_1^2，$(Y_1, Y_2, \cdots, Y_{n_2})$ 的样本均值和样本方差分别为 $\overline{Y}$ 和 S_2^2。则

（1）$\overline{X} - \overline{Y} \sim N(\mu_1 - \mu_2, \sigma_1^2/n_1 + \sigma_2^2/n_2)$。

（2）$\dfrac{S_1^2/\sigma_1^2}{S_2^2/\sigma_2^2} \sim F(n_1 - 1, n_2 - 1)$。

（3）若 $\sigma_1^2 = \sigma_2^2 = \sigma^2$，

$$\frac{(\overline{X} - \overline{Y}) - (\mu_1 - \mu_2)}{S_w\sqrt{\dfrac{1}{n_1} + \dfrac{1}{n_2}}} \sim t(n_1 + n_2 - 2)$$

其中，$S_w^2 = \dfrac{(n_1 - 1)S_1^2 + (n_2 - 1)S_2^2}{n_1 + n_2 - 2}$，$S_w = \sqrt{S_w^2}$。证明见本章附录 A2。

在以后各章的讨论中会看到本节的关于正态总体样本统计量分布性质的定理 5-1 和定理 5-2 是数理统计中诸如正态总体参数的区间估计和假设检验等计算的基本根据。

5.2.4　Python 解法

5.2.2 节及 5.2.3 节涉及的关于正态分布簇：正态分布、χ^2 分布、t 分布和 F 分布的 Python 表示及分位点计算在 3.5.6 节中已有讨论。此处仅就 5.2.1 节的样本均值和样本方差的计算介绍 Python 解法。

numpy 包中的 array 类数组对象拥有函数 mean，直接调用该函数就可算得存储在其内的样本均值；函数 var 计算样本方差，函数 std 计算样本均方差。值得注意的是，var 和 std 都带有命名参数 ddof，其意义是计算中使用的除数是 n-ddof，其中，n 表示元素的数量。默认情况下，ddof 为零。因此，按样本方差定义，需要传递 ddof=1。

例 5-5　下列代码验算例 5-4 所求的结果。

```
1  import numpy as np                      #导入numpy
2  x=np.array([1502, 1453, 1367, 1650])    #设置样本数据
3  mean=x.mean()                           #计算样本均值
```

```
4   s2=x.var(ddof=1)                    #计算样本方差
5   s=x.std(ddof=1)                      #计算样本均方差
6   print('x_=%.4f'%mean)
7   print('s^2=%.4f'%s2)
8   print('s=%.4f'%s)
```

程序 **5.4**　计算例 5-4 中样本均值、样本方差、样本均方差的 Python 程序

运行程序，输出如下。

```
x_=1493.0000
s^2=14068.6667
s=118.6114
```

此即样本均值、样本方差和样本均方差的观测值 $\overline{x}$、s^2 和 s 的精确到万分位的值。

练习 5-6　用 Python 验算练习 5-5 的计算结果。

参考答案：见文件 chapter05.ipynb 中对应代码。

5.3　本章附录

A1. 定理 5-1 的证明

证明：(1) 由于 $X_1, X_2, \cdots, X_n$ 独立且均服从 $N(\mu, \sigma^2)$，根据定理 3-7 的 (1) 知 $\sum\limits_{i=1}^{n} X_i \sim N(n\mu, n\sigma^2)$。再根据练习 3-22 的结论，得 $\overline{X} = \dfrac{1}{n} \sum\limits_{i=1}^{n} X_i \sim N(\mu, \sigma^2/n)$。

(2) 根据定理 3-7，需要说明存在相互独立的随机变量 $Z_k \sim N(0,1)$, $k = 1, 2, \cdots, n-1$，使得 $\dfrac{n-1}{\sigma^2} S^2 = Z_1^2 + Z_2^2 + \cdots + Z_{n-1}^2$。为此，首先注意到变量 $Y_i = \dfrac{X_i - \mu}{\sigma} \sim N(0,1)$，$i = 1, 2, \cdots, n$，且相互独立。

接下来，构造一个 n 阶正交矩阵[①]$\boldsymbol{A} = (a_{ij})_{n \times n}$，其中第 n 行元素 $a_{nj} = 1/\sqrt{n}$，$j = 1, 2, \cdots, n$。记 $\boldsymbol{Y} = \begin{pmatrix} Y_1 \\ Y_2 \\ \vdots \\ Y_n \end{pmatrix}$，令 $\boldsymbol{Z} = \boldsymbol{AY}$，即

$$\begin{cases} Z_1 = a_{11}Y_1 + a_{12}Y_2 + \cdots + a_{1n}Y_n \\ Z_2 = a_{21}Y_1 + a_{22}Y_2 + \cdots + a_{2n}Y_n \\ \qquad\qquad\qquad \vdots \\ Z_n = a_{n1}Y_1 + a_{n2}Y_2 + \cdots + a_{nn}Y_n \end{cases}$$

[①] 满足 $\boldsymbol{AA}^{\mathrm{T}} = \boldsymbol{A}^{\mathrm{T}}\boldsymbol{A} = \boldsymbol{I}$ 的矩阵 $\boldsymbol{A}$，其中，$\boldsymbol{A}^{\mathrm{T}}$ 表示 $\boldsymbol{A}$ 的转置，$\boldsymbol{I}$ 为单位矩阵（详见参考文献 [7]9.2 节）。

于是

$$\sum_{i=1}^{n} Z_i^2 = \boldsymbol{Z}^{\mathrm{T}}\boldsymbol{Z} = \boldsymbol{Y}^{\mathrm{T}}\boldsymbol{A}^{\mathrm{T}}\boldsymbol{A}\boldsymbol{Y} = \boldsymbol{Y}^{\mathrm{T}}\boldsymbol{Y} = \sum_{i=1}^{n} Y_i^2$$

且

$$Z_n^2 = (a_{n1}Y_1 + a_{n2}Y_2 + \cdots + a_{nn}Y_n)^2 = \left(\frac{n}{\sqrt{n}} \cdot \frac{Y_1 + Y_2 + \cdots + Y_n}{n}\right)^2 = n\overline{Y}^2$$

由于 $Y_j \sim N(0,1)$, $j = 1, 2, \cdots, n$, 而 $Z_i = \sum_{j=1}^{n} a_{ij}Y_j$ 即 Z_i 是 $Y_1, Y_2, \cdots, Y_n$ 的线性组合 ($i = 1, 2, \cdots, n$)。由定理 3-7(2) 知, Z_i 服从正态分布。又由于

$$E(Z_i) = E\left(\sum_{j=1}^{n} a_{ij}Y_j\right) = \sum_{j=1}^{n} a_{ij}E(Y_j) = \sum_{j=1}^{n} a_{ij} \cdot 0 = 0, i = 1, 2, \cdots, n$$

$$D(Z_i) = D\left(\sum_{j=1}^{n} a_{ij}Y_j\right) = \sum_{j=1}^{n} a_{ij}^2 D(Y_j) = \sum_{j=1}^{n} a_{ij}^2 \cdot 1 = 1, i = 1, 2, \cdots, n$$

注意, 上式中的 $\sum_{j=1}^{n} a_{ij}^2$ 是矩阵 $\boldsymbol{A}^{\mathrm{T}}\boldsymbol{A}$ 的主对角线上的元素, 故必有 $\sum_{j=1}^{n} a_{ij}^2 = 1$。综上所述, $Z_i \sim N(0,1)$, $i = 1, 2, \cdots, n$。

为证明 $Z_1, Z_2, \cdots, Z_n$ 的相互独立性, 考虑当 $1 \leqslant i \neq j \leqslant n$ 时 Z_i 与 Z_j 的协方差。由于 $Z_iZ_j = \left(\sum_{s=1}^{n} a_{is}Y_s\right) \cdot \left(\sum_{t=1}^{n} a_{jt}Y_t\right) = \sum_{s=1}^{n}\sum_{t=1}^{n} a_{is}a_{jt}Y_sY_t$, 所以 $E(Z_iZ_j) = \sum_{s=1}^{n}\sum_{t=1}^{n} a_{is}a_{jt}E(Y_sY_t)$。根据 $Y_1, Y_2, \cdots, Y_n$ 的相互独立性知, 对 $s \neq t$, $E(Y_sY_t) = 0$。而 $E(Y_K^2) = D(Y_k) = 1$, $k = 1, 2, \cdots, n$。故 $E(Z_iZ_j) = \sum_{k=1}^{n} a_{ik}a_{jk}E(Y_k^2) = \sum_{k=1}^{n} a_{ik}a_{jk}$。对 $1 \leqslant i \neq j \leqslant n$, $\sum_{k=1}^{n} a_{ik}a_{jk}$ 是 $\boldsymbol{A}^{\mathrm{T}}\boldsymbol{A}$ 中非主对角线上的元素, 故为零。即 $1 \leqslant i \neq j \leqslant n$, $E(Z_iZ_j) = 0$。此时

$$\mathrm{Cov}(Z_i, Z_j) = E(Z_iZ_j) - E(Z_i)E(Z_j) = E(Z_iZ_j) = 0$$

据此, Z_i 与 Z_j 的相关系数 $\rho_{Z_iZ_j} = 0$。根据定理 4-5, 得到 Z_i 与 Z_j 相互独立。即 $Z_i \sim N(0,1)$, $i = 1, 2, \cdots, n$, 且相互独立。而

$$\frac{n-1}{\sigma^2}S^2 = \frac{1}{\sigma^2}\sum_{i=1}^{n}(X_i - \overline{X})^2 = \frac{1}{\sigma^2}\sum_{i=1}^{n}[(X_i - \mu) - (\overline{X} - \mu)]^2$$

$$= \sum_{i=1}^{n}\left(\frac{X_i - \mu}{\sigma} - \frac{\overline{X} - \mu}{\sigma}\right)^2 = \sum_{i=1}^{n}(Y_i - \overline{Y})^2$$

$$= \sum_{i=1}^{n} Y_i^2 - n\overline{Y}^2 = \sum_{i=1}^{n} Z_i^2 - Z_n^2$$

$$= \sum_{i=1}^{n-1} Z_i^2 \sim \chi^2(n-1)$$

(3) 由本定理的 (1) 知，$\overline{X} \sim N(\mu, \sigma^2/n)$。等价地，$\dfrac{\overline{X} - \mu}{\sigma/\sqrt{n}} \sim N(0,1)$。由 (2) 知

$\dfrac{n-1}{\sigma^2} S^2 \sim \chi^2(n-1)$。而 $\dfrac{\overline{X} - \mu}{\sigma/\sqrt{n}} \Big/ \dfrac{S}{\sigma} = \dfrac{\overline{X} - \mu}{S}\sqrt{n}$。要证明 $\dfrac{\overline{X} - \mu}{S}\sqrt{n} \sim t(n-1)$，根据定理 3-10 只需要说明 $\overline{X}$ 与 S^2 是相互独立的。为此，沿用以上的变量记号及其意义，我们知道

$$\overline{Y} = \frac{1}{n}\sum_{i=1}^{n} Y_i = \frac{1}{n}\sum_{i=1}^{n} \frac{X_i - \mu}{\sigma} = \frac{\overline{X} - \mu}{\sigma}$$

故 $\overline{X} - \mu = \sigma\overline{Y} = \dfrac{\sigma}{\sqrt{n}} Z_n$。即 $\overline{X} - \mu$ 仅依赖于 Z_n，而 S^2 仅依赖于 $Z_1, Z_2, \cdots, Z_{n-1}$。由 $Z_1, Z_2, \cdots, Z_{n-1}, Z_n$ 的相互独立性知，$\overline{X}$ 与 S^2 相互独立。于是 $\dfrac{\overline{X} - \mu}{S}\sqrt{n} \sim t(n-1)$。

A2. 定理 5-2 的证明

证明： (1) 根据定理 5-1(1)，$\overline{X} \sim N(\mu_1, \sigma_1^2/n_1)$，$\overline{Y} \sim N(\mu_1, \sigma_2^2/n_2)$。由 X 与 Y 的相互独立性得到 $(X_1, X_2, \cdots, X_{n_1})$ 与 $(Y_1, Y_2, \cdots, Y_{n_2})$ 的相互独立性。因此，$\overline{X}$ 与 $\overline{Y}$ 也是相互独立的。根据定理 3-7(2) 知 $\overline{X} - \overline{Y} \sim N(\mu_1 - \mu_2, \sigma_1^2/n_1 + \sigma_2^2/n_2)$。

(2) 再由定理 5-1 (2) 知 $\dfrac{(n_1-1)S_1^2}{\sigma_1^2} \sim \chi^2(n_1-1)$，$\dfrac{(n_2-1)S_2^2}{\sigma_2^2} \sim \chi^2(n_2-1)$，且两者相互独立。根据定理 3-11,

$$\left. S_1^2/\sigma_1^2 \right/ S_2^2/\sigma_2^2 = \left. \frac{(n_1-1)S_1^2}{\sigma_1^2(n_1-1)} \right/ \frac{(n_2-1)S_2^2}{\sigma_2^2(n_2-1)} \sim F(n_1-1, n_2-1)$$

(3) 当 $\sigma_1^2 = \sigma_2^2 = \sigma^2$ 时，根据本定理的 (1)，$\overline{X} - \overline{Y} \sim N\left(\mu_1 - \mu_2, \dfrac{\sigma^2}{n_1} + \dfrac{\sigma^2}{n_2}\right)$。等价地，$U = \dfrac{(\overline{X} - \overline{Y}) - (\mu_1 - \mu_2)}{\sigma\sqrt{\dfrac{1}{n_1} + \dfrac{1}{n_2}}} \sim N(0,1)$。又根据定理 5-1(2) 知 $\dfrac{(n_1-1)S_1^2}{\sigma^2} \sim \chi^2(n_1-1)$，

$\dfrac{(n_2-1)S_2^2}{\sigma^2} \sim \chi^2(n_2-1)$，且两者相互独立。根据引理 3-2 知 χ^2 分布满足可加性，即

$V = \dfrac{(n_1-1)S_1^2}{\sigma^2} + \dfrac{(n_2-1)S_2^2}{\sigma^2} \sim \chi^2(n_1-1) + \chi^2(n_2-1) = \chi^2(n_1 + n_2 - 2)$。

根据定理 5-1(2) 的证明知 $\overline{X}$ 与 S_1^2 独立，$\overline{Y}$ 与 S_2^2 独立，由 X 与 Y 相互独立性不难理解，$\overline{X}$ 与 S_2^2 相互独立，$\overline{Y}$ 与 S_1^2 独立，由此推得随机变量 U 与 V 相互独立。

根据定理 3-10，$\dfrac{U}{\sqrt{V/(n_1+n_2-2)}} \sim t(n_1+n_2-2)$，即

$$\frac{(\overline{X}-\overline{Y})-(\mu_1-\mu_2)}{S_w\sqrt{\dfrac{1}{n_1}+\dfrac{1}{n_2}}} = \frac{(\overline{X}-\overline{Y})-(\mu_1-\mu_2)}{\sigma\sqrt{\dfrac{1}{n_1}+\dfrac{1}{n_2}}} \bigg/ \frac{1}{\sigma}\sqrt{\frac{(n_1-1)S_1^2+(n_2-1)S_2^2}{n_1+n_2-2}}$$

$$= \frac{U}{\sqrt{V/(n_1+n_2-2)}} \sim t(n_1+n_2-2)$$

第 6 章

参 数 估 计

我们知道，数理统计的基本任务就是用样本 $(X_1, X_2, \cdots, X_n)$ 数据研究总体 X 的分布。在第 5 章，我们看到用样本观测值的直方图可观察总体的密度函数形态，用样本观测值的经验分布函数观察总体分布函数的形态。然而，这样的方法直观、简洁有余而准确、可靠不足。为全面、准确地了解总体分布，需要知道总体分布的类型，更准确地把握总体还需知道决定分布的参数。本章就来探讨一些由样本估计总体参数的方法。确切地说，就是用样本统计量来估算总体分布中所含的参数。

6.1 参数的点估计

6.1.1 参数的点估计及其性质

定义 6-1 设 θ 为总体 X 的分布中所含未知参数，$(X_1, X_2, \cdots, X_n)$ 是来自 X 的样本，设 $\hat{\theta}(X_1, X_2, \cdots, X_n)$ 是一个样本统计量（简记为 $\hat{\theta}$）。用 $\hat{\theta}$ 作为 θ 的近似值，称为对参数 θ 做**点估计**。称 $\hat{\theta}$ 为 θ **估计量**。估计量的观测值 $\hat{\theta}(x_1, x_2, \cdots, x_n)$ 称为参数 θ 的**估计值**。

例 6-1 设 $(X_1, X_2, \cdots, X_n)$ 是来自总体 $X \sim N(\mu, \sigma^2)$ 的样本，希望用合适的样本统计量 $\hat{\mu}(X_1, X_2, \cdots, X_n)$ 和 $\hat{\sigma^2}(X_1, X_2, \cdots, X_n)$ 估计总体参数 μ 和 σ^2。

对同一个参数，不同的估计方法得到的参数估计量未必是一样的，读者将在本节稍后展开的内容中看到这一点。这就需要对参数的估计量提出一些评判标准，此处引入估计量的三个标准——相合性、无偏性和有效性。

定义 6-2 设 $\hat{\theta}(X_1, X_2, \cdots, X_n)$ 是参数 θ 的估计量，若对任意的实数 $\varepsilon > 0$，有

$$\lim_{n \to +\infty} P\left(|\hat{\theta}(X_1, X_2, \cdots, X_n) - \theta| < \varepsilon\right) = 1$$

则称估计量 $\hat{\theta}$ 与参数 θ 是**相合的**。即若 $\hat{\theta}(X_1, X_2, \cdots, X_n)$ 依概率收敛到 θ，则 $\hat{\theta}$ 与参数 θ 是相合的。

按随机变量序列 $\overset{\wedge}{\theta}(X_1, X_2, \cdots, X_n)$ 依概率收敛到 θ 的概念（详见定义 4-11），意为随着样本容量 n 的增长，$\overset{\wedge}{\theta}(X_1, X_2, \cdots, X_n)$ 几乎处处与 θ 十分接近。例如，用样本均值 $\overset{\wedge}{\mu} = \frac{1}{n}\sum_{i=1}^{n} X_i = \overline{X}$ 作为总体均值 $E(X) = \mu$ 的估计量，根据大数定律（详见 4.4.3 节的辛钦大数定律），对任意实数 $\varepsilon > 0$，$\lim_{n\to+\infty} P(|\overline{X} - \mu| < \varepsilon) = 1$。即作为 μ 的估计量，$\overset{\wedge}{\mu} = \overline{X}$ 与 μ 相合。

定义 6-3　设 $\overset{\wedge}{\theta}(X_1, X_2, \cdots, X_n)$ 是参数 θ 的估计量，满足

$$E(\overset{\wedge}{\theta}) = \theta$$

则称 $\overset{\wedge}{\theta}$ 相对于参数 θ 是**无偏的**。

这意味着，估计量 $\overset{\wedge}{\theta}$ 作为一个随机变量，其均值为 θ。也就是说，无偏估计的一次估计值 $\overset{\wedge}{\theta}$ 未必接近 θ，但多次估计得到的估计值的均值，则有望落在参数 θ 的附近。例如，样本均值 $\overset{\wedge}{\mu} = \overline{X}$，作为总体均值 $E(X) = \mu$ 的估计量，由于

$$E(\overset{\wedge}{\mu}) = E(\overline{X}) = E\left(\frac{1}{n}\sum_{i=1}^{n} X_i\right) = \frac{1}{n}\sum_{i=1}^{n} E(X_i) = \mu$$

所以，$\overset{\wedge}{\mu} = \overline{X}$ 是 μ 的无偏估计量。

练习 6-1　设总体 X 存在 k 阶原点矩 $E(X^k) = \mu_k$，$k > 0$ 为一整数。$(X_1, X_2, \cdots, X_n)$ 是来自 X 的样本。验证样本 k 阶原点矩 A_k 是 μ_k 的无偏估计。

提示：参考例 4-41。

定义 6-4　设 $\overset{\wedge}{\theta}_1$ 和 $\overset{\wedge}{\theta}_2$ 为参数 θ 的两个估计量。若 $D(\overset{\wedge}{\theta}_1) < D(\overset{\wedge}{\theta}_2)$，称估计量 $\overset{\wedge}{\theta}_1$ 比估计量 $\overset{\wedge}{\theta}_2$ 更**有效**。

例如，(X_1, X_2, X_3) 及 (X_1, X_2, X_3, X_4) 都是来自总体 X 的样本。我们知道，$\overline{X}_1 = \frac{1}{3}(X_1 + X_2 + X_3)$ 和 $\overline{X}_2 = \frac{1}{4}(X_1 + X_2 + X_3 + X_4)$ 都是总体 X 的均值 $E(X) = \mu$ 的无偏估计量，设总体方差 $D(X)$ 存在。$D(\overline{X}_2) = \frac{1}{16}D(X) < \frac{1}{9}D(X) = D(\overline{X}_1)$。因此，我们认为作为参数 μ 的估计量，$\overline{X}_2$ 比 $\overline{X}_1$ 更有效。

综上所述，参数估计量的相合性、无偏性是对估计量本身的特性描述：相合估计量意味着增加样本容量可获得参数更准确的估计，无偏估计意味着增加抽样次数，计算所有样本的估计值的均值有望得到参数更准确的估计。而有效性常用于比较对同一参数的两个不同估计量之间的优劣。

6.1.2　用样本均值和样本方差估计总体期望和方差

设 $(X_1, X_2, \cdots, X_n)$ 是来自 X 的样本，假定总体 X 的期望 $E(X) = \mu$ 和方差 $D(X) = \sigma^2$ 为未知参数。由上述讨论知，样本均值 $\overline{X} = \frac{1}{n}\sum_{i=1}^{n} X_i$ 是 μ 的相合且无偏的

估计量。

下面来讨论未知参数 σ^2 的估计量选取。首先考虑样本的 2 阶中心矩 $B_2 = \frac{1}{n}\sum_{i=1}^{n}(X_i - \overline{X})^2$。

$$B_2 = \frac{1}{n}\sum_{i=1}^{n}(X_i - \overline{X})^2 = \frac{1}{n}\sum_{i=1}^{n}(X_i^2 - 2\overline{X}X_i + \overline{X}^2)$$

$$= \frac{1}{n}\left[\sum_{i=1}^{n}X_i^2 - 2\overline{X}\sum_{i=1}^{n}X_i + n\overline{X}^2\right] = \frac{1}{n}\left[\sum_{i=1}^{n}X_i^2 - n\overline{X}^2\right]$$

$$= \frac{1}{n}\sum_{i=1}^{n}X_i^2 - \overline{X}^2 = A_2 - \overline{X}^2$$

其中，A_2 表示样本的 2 阶原点矩。设总体 X 的 2 阶原点矩 $E(X^2) = \mu_2$，例 4-41 知，

$$A_2 = \frac{1}{n}\sum_{i=1}^{n}X_i^2 \xrightarrow{P} \mu_2 = E(X^2)$$

而 $\overline{X} \xrightarrow{P} \mu$，故

$$\overline{X}^2 \xrightarrow{P} \mu^2 = [E(X)]^2$$

于是，

$$B_2 = A_2 - \overline{X}^2 \xrightarrow{P} E(X^2) - [E(X)]^2 = D(X) = \sigma^2$$

即对任意实数 $\varepsilon > 0$，$\lim\limits_{n \to +\infty} P\left(|A_2 - \sigma^2| < \varepsilon\right) = 1$。这意味着样本 2 阶中心矩 A_2 是未知参数 σ^2 的相合估计量。

由于样本方差 $S^2 = \frac{1}{n}\sum_{i=1}^{n-1}(X_i - \overline{X})^2 = \frac{n}{n-1} \cdot B_2$，$\lim\limits_{n \to +\infty} S^2 = \lim\limits_{n \to +\infty} \frac{n}{n-1} \cdot B_2 = B_2$。所以，对任意实数 $\varepsilon > 0$，

$$\lim\limits_{n \to +\infty} P\left(|S^2 - \sigma^2| < \varepsilon\right) = \lim\limits_{n \to +\infty} P\left(|B_2 - \sigma^2| < \varepsilon\right) = 1$$

由此可见，样本方差 S^2 也是参数 σ^2 的相合估计量。

下面分别考察 B_2 和 S^2 对参数 σ^2 的无偏性。首先，我们知道 $E(\overline{X}) = \mu$，$D(\overline{X}) = D\left(\frac{1}{n}\sum_{i=1}^{n}X_i\right) = \frac{\sigma^2}{n}$。由此可得 $E(\overline{X}^2) = D(\overline{X}) + [E(\overline{X})]^2 = \frac{\sigma^2}{n} + \mu^2$，又由练习 6-1 知 $E(A_2) = E(X^2) = D(X) + [E(X)]^2 = \sigma^2 + \mu^2$。于是

$$E(B_2) = E(A_2 - \overline{X}^2) = E(A_2) - E(\overline{X}^2) = (\sigma^2 + \mu^2) - \left(\frac{\sigma^2}{n} + \mu^2\right) = \frac{n-1}{n} \cdot \sigma^2$$

由此可见，B_2 不是 σ^2 的无偏估计量。而

$$E(S^2) = E\left(\frac{n}{n-1}B_2\right) = \frac{n}{n-1} \cdot \frac{n-1}{n} \cdot \sigma^2 = \sigma^2$$

即样本方差 S^2，是总体方差 σ^2 的无偏估计量。

例 6-2 设某地区去年每月发生火灾的次数为：

$$3, 2, 0, 5, 4, 3, 1, 0, 7, 2, 0, 2$$

设每月发生火灾次数 X 服从参数为 λ 的泊松分布，λ 未知，$\lambda > 0$。试估计参数 λ。

解： 由于 $X \sim \pi(\lambda)$，故 $E(X) = \lambda$。我们用样本均值 $\overline{X}$ 估计参数 λ。本例中，样本均值的观测值为：

$$\overline{x} = \frac{1}{12}(3 + 2 + 0 + 5 + 4 + 3 + 1 + 0 + 7 + 2 + 0 + 2) = 2.417$$

故 λ 的估计值为 $\overset{\wedge}{\lambda} = 2.417$。

练习 6-2 为保证某产品的质量，现对 12 块标准强度为 $200\mathrm{kgf/cm}^2$ 的该产品进行强度核查，实测强度为（$1\mathrm{kgf/cm}^2 = 10^{-1}\mathrm{MPa}$）：

$$202, 198, 200, 204, 197, 196, 203, 201, 207, 199, 210, 206$$

试求产品强度的数学期望 μ 和方差 σ^2 的估计值。

参考答案：201.92，18.27。

如果总体 X 的分布中所含未知参数不超过两个，且未知参数就是期望 $E(X)$ 或方差 $D(X)$，如正态分布、指数分布、泊松分布等。可以用样本均值 $\overline{X}$ 估计 $E(X)$，用样本方差 S^2 估计 $D(X)$。即使未知参数不直接是期望或方差，可以先算得 $E(X)$ 和 $D(X)$ 的估计量 $\overline{X}$ 和 S^2，然后通过解方程得到参数的估计量。

例 6-3 设总体 $X \sim U(a, b)$，a 和 b 未知。$(X_1, X_2, \cdots, X_n)$ 为来自 X 的样本，用样本均值 $\overline{X}$ 和样本方差 S^2 计算 a, b 的估计量。设容量 $n = 20$ 的样本观测值为：

$$1.248 \quad 1.664 \quad 1.101 \quad 1.967 \quad 1.468 \quad 1.140 \quad 1.434 \quad 1.063 \quad 1.878 \quad 1.375$$
$$1.819 \quad 1.704 \quad 1.328 \quad 1.619 \quad 1.830 \quad 1.764 \quad 1.034 \quad 1.553 \quad 1.878 \quad 1.166$$

计算 a, b 的估计值。

解： 我们知道 $E(X) = \dfrac{a+b}{2}$，$D(X) = \dfrac{(b-a)^2}{12}$。用样本均值 $\overline{X} = \dfrac{1}{n}\sum\limits_{i=1}^{n} X_i$ 和样本方差 $S^2 = \dfrac{1}{n-1}\sum\limits_{i=1}^{n}(X_i - \overline{X})^2$，分别估计 $E(X)$ 和 $D(X)$，即

$$\begin{cases} \dfrac{\hat{a} + \hat{b}}{2} = \overline{X} \\[2mm] \dfrac{(\hat{b} - \hat{a})^2}{12} = S^2 \end{cases}$$

解此方程组，得参数 a 与 b 的估计量为

$$\begin{cases} \hat{a} = \overline{X} - \sqrt{3}S \\[2mm] \hat{b} = \overline{X} + \sqrt{3}S \end{cases}$$

其中，$S = \sqrt{S^2}$ 为样本标准差。

样本均值的观测值为：

$$\overline{x} = \frac{1}{20}(1.248 + 1.664 + \cdots + 1.166) = 1.502$$

样本方差的观测值为：

$$s^2 = \frac{1}{19}[(1.248 - 1.502)^2 + (1.664 - 1.501) + \cdots + (1.166 - 1.502)] = 0.094$$

样本均方差 $s = \sqrt{s^2} = 0.307$，代入 a, b 估计量表达式

$$\begin{cases} \hat{a} = \overline{x} - \sqrt{3}s = 0.970 \\ \hat{b} = \overline{x} + \sqrt{3}s = 2.034 \end{cases}$$

练习 6-3 设总体 $X \sim b(N, p)$，N 和 p 未知。$(X_1, X_2, \cdots, X_n)$ 为来自 X 的样本，用样本均值 $\overline{X}$ 和样本方差 S^2 计算 N, p 的估计量。设容量 $n = 50$ 的样本观测值为：

7, 4, 6, 4, 5, 5, 2, 6, 5, 4, 5, 3, 5, 4, 4, 3, 5, 4, 4, 6, 6, 6, 5, 6, 4,
6, 4, 4, 3, 5, 4, 5, 4, 5, 6, 6, 4, 5, 5, 4, 3, 7, 4, 5, 3, 4, 5, 4, 4, 5

计算参数 N 和 p 的估计值。

参考答案：6, 0.747。**提示**：$E(X) = Np, D(X) = Np(1 - p)$。

6.1.3 矩估计法

用样本均值和样本方差估计未知参数，当总体未知参数个数不超过两个时是一个很好的选择。但是当总体未知参数的个数大于两个时，这一方法就不能奏效了。本节介绍一个适应于多个未知参数的估计方法——**矩估计法**。

设样本 $(X_1, X_2, \cdots, X_n)$ 来自 X，X 的分布中含有 m 个未知参数 $\theta_1, \theta_2, \cdots, \theta_m$。设 X 存在直到 m 阶的原点矩 $E(X), E(X^2), \cdots, E(X^m)$。显然，$E(X^k) = \mu_k$，仍然含有 m 个参数 $\theta_1, \theta_2, \cdots, \theta_m$，记为 $\mu_k(\theta_1, \theta_2, \cdots, \theta_m)$，$k = 1, 2, \cdots, m$。得到方程组

$$\begin{cases} \mu_1 = \mu_1(\theta_1, \theta_2, \cdots, \theta_m) \\ \mu_2 = \mu_2(\theta_1, \theta_2, \cdots, \theta_m) \\ \quad \vdots \\ \mu_m = \mu_m(\theta_1, \theta_2, \cdots, \theta_m) \end{cases}$$

解此方程组，得

$$
\begin{cases}
\theta_1 = g_1(\mu_1, \mu_2, \cdots, \mu_m) \\
\theta_2 = g_2(\mu_1, \mu_2, \cdots, \mu_m) \\
\quad\quad\quad \vdots \\
\theta_m = g_m(\mu_1, \mu_2, \cdots, \mu_m)
\end{cases}
$$

例 4-41 告诉我们样本的 k 阶原点矩 $A_k = \dfrac{1}{n}\sum\limits_{i=1}^{n} X_i^k$ 与总体 k 阶原点矩 μ_k 相合，$k = 1, 2, \cdots, m$。又由练习 6-1 的结论知，$E(A_k) = \mu_k$，$k = 1, 2, \cdots, m$。于是，用 A_k 作为 μ_k（$k = 1, 2, \cdots, m$）的估计量既是相合的又是无偏的。用 A_k 代替上式中的 μ_k（$k = 1, 2, \cdots, m$），得到参数 $\theta_1, \theta_2, \cdots, \theta_m$ 的**矩估计量**

$$
\begin{cases}
\hat{\theta}_1 = g_1(A_1, A_2, \cdots, A_m) \\
\hat{\theta}_2 = g_2(A_1, A_2, \cdots, A_m) \\
\quad\quad\quad \vdots \\
\hat{\theta}_m = g_m(A_1, A_2, \cdots, A_m)
\end{cases}
$$

矩估计量的观测值称为**矩估计值**。

例 6-4　设总体 X 的期望 μ 和方差 σ^2 都存在，且 $\sigma^2 > 0$，但 μ 和 σ^2 均未知。$(X_1, X_2, \cdots, X_n)$ 是来自 X 的样本，计算 μ，σ^2 的矩估计量。

解：令 $\mu_1 = E(X) = \mu$，$\mu_2 = E(X^2) = D(X) + [E(X)]^2 = \sigma^2 + \mu^2$。联立得

$$
\begin{cases}
\mu_1 = \mu \\
\mu_2 = \sigma^2 + \mu^2
\end{cases}
$$

解之得

$$
\begin{cases}
\mu = \mu_1 \\
\sigma^2 = \mu_2 - \mu_1^2
\end{cases}
$$

用 $A_1 = \overline{X}$，$A_2 = \dfrac{1}{n}\sum\limits_{i=1}^{n} X_i^2$ 代入上式得 μ，σ^2 的矩估计量

$$
\begin{cases}
\hat{\mu} = \overline{X} \\
\hat{\sigma}^2 = A_2 - A_1^2 = \dfrac{1}{n}\sum\limits_{i=1}^{n}(X_i - \overline{X})^2
\end{cases}
$$

可见，期望 μ 的矩估计量 $\overline{X}$ 和方差 σ^2 的矩估计量 $\hat{\sigma}^2 = \dfrac{1}{n}\sum\limits_{i=1}^{n}(X_i - \overline{X})^2 = B_2$ 都是相合的，$\overline{X}$ 还是 μ 的无偏估计量但 B_2 并非是 σ^2 的无偏估计量。

练习 6-4 随机地取 8 只活塞环，测得它们的直径为（单位：mm）：

$$74.001, 74.005, 74.003, 74.001, 74.000, 73.998, 74.006, 74.002$$

计算总体期望 μ，方差 σ^2 的矩估计值，并计算样本方差值 s^2。

参考答案：74.002，0.00001，0.00001。

6.1.4 最大似然估计

设 $(X_1, X_2, \cdots, X_n)$ 是来自总体 X 的样本，$(x_1, x_2, \cdots, x_n)$ 为样本的一个观测值。已知 X 的分布，其中含有 m 个未知参数 $\theta_1, \theta_2, \cdots, \theta_m$，记 $\theta = (\theta_1, \theta_2, \cdots, \theta_m)$。即若 X 为离散型的，已知分布律 $P(X = x_k; \theta) = p(x_k; \theta)$，$k = 1, 2, \cdots$。若 X 为连续型的，已知密度函数 $f(x; \theta)$。样本 $(X_1, X_2, \cdots, X_n)$ 为一个 n-维随机向量，且 $X_1, X_2, \cdots, X_n$ 独立同分布。若 X 是离散型的，根据上面的假设，$(X_1, X_2, \cdots, X_n)$ 的联合分布律为

$$P(X_1 = x_1, X_2 = x_2, \cdots, X_n = x_n; \theta) = \prod_{i=1}^{n} p(x_i; \theta)$$

若 X 为连续型的，$(X_1, X_2, \cdots, X_n)$ 的联合密度函数为

$$f(x_1, x_2, \cdots, x_n; \theta) = \prod_{i=1}^{n} f(x_i; \theta)$$

上述的 $P(X_1 = x_1, X_2 = x_2, \cdots, X_n = x_n; \theta)$ 和 $f(x_1, x_2, \cdots, x_n; \theta)$ 统一地称为样本的**似然函数**，记为 $L(x_1, x_2, \cdots, x_n; \theta) = L(x_1, x_2, \cdots, x_n; \theta_1, \theta_2, \cdots, \theta_m)$。

例 6-5 设 $(X_1, X_2, \cdots, X_n)$ 是来自总体 $X \sim U(a, b)$ 的样本。总体 X 所含参数 a 和 b 均未知，计算 a, b 的似然函数。

解： 由 $X \sim U(a, b)$，知 X 的密度函数为 $f(x; a, b) = \begin{cases} \dfrac{1}{b-a}, & a < x < b \\ 0, & \text{其他} \end{cases}$，设

$(x_1, x_2, \cdots, x_n)$ 为样本观测值，则 $a < x_i < b\ (i = 1, 2, \cdots, n)$。于是，$a, b$ 的似然函数为：

$$L(x_1, x_2, \cdots, x_n; a, b) = \prod_{i=1}^{n} f(x_i; a, b) = \prod_{i=1}^{n} \frac{1}{b-a} = \frac{1}{(b-a)^n}$$

在总体参数 $\theta = (\theta_1, \theta_2, \cdots, \theta_m)$ 的似然函数 $L(x_1, x_2, \cdots, x_n; \theta)$ 中，仅将 $\theta_1, \theta_2, \cdots, \theta_m$ 视为变元，其他视为常数，则可简记为 $L(\theta) = L(\theta_1, \theta_2, \cdots, \theta_m)$。若 X 是离散型的，令 $\Theta = \{\theta | 0 < L(\theta) < 1\}$，若 X 是连续型的，令 $\Theta = \{\theta | L(\theta) > 0\}$。我们设法计算使得似然函数 $L(\theta)$ 最大（也就是使 $(X_1, X_2, \cdots, X_n)$ 的联合分布在 $(x_1, x_2, \cdots, x_n)$ 处概率最大）的 θ 的值 $\hat{\theta} = (\hat{\theta}_1, \hat{\theta}_2, \cdots, \hat{\theta}_m)$，即

$$L(\hat{\theta}) = \max_{\theta \in \Theta}\{L(\theta)\}$$

其中，$\hat{\theta}_i\ (i=1,2,\cdots,m)$ 一定是 $(x_1,x_2,\cdots,x_n)$ 的函数 $\hat{\theta}_i\ (x_1,x_2,\cdots,x_n)$，称为参数 θ_i 的**最大似然估计值**。而将 $\hat{\theta}_i\ (X_1,X_2,\cdots,X_n)$ 称为参数 θ_i（$i=1,2,\cdots,m$）的**最大似然估计量**。

例 6-6 计算总体 $X\sim U(a,b)$ 中未知参数 a 和 b 的最大似然估计量。并用例 6-3 中的数据计算参数的最大似然估计值。

解：设 X 的样本为 $(X_1,X_2,\cdots,X_n)$，由例 6-5 知，a 和 b 的似然函数为 $L(a,b)=\dfrac{1}{(b-a)^n}$。要使 $L(\hat{a},\hat{b})$ 最大，就要使 $\hat{b}-\hat{a}$ 最小。这需要 $\hat{b}$ 尽量小，$\hat{a}$ 尽量大且满足 $\hat{a}\leqslant X_i\leqslant\hat{b}\ (i=1,2,\cdots,n)$。由此可得，数 a 和 b 的最大似然估计量分别为 $\hat{a}=\min\{X_1,X_2,\cdots,X_n\}$ 和 $\hat{b}=\max\{X_1,X_2,\cdots,X_n\}$。对例 6-3 中给定的样本观测值，其最小值为 1.034，最大值为 1.967，故参数 a 和 b 的最大似然估计值为：

$$\begin{cases} \hat{a}=1.034 \\ \hat{b}=1.967 \end{cases}$$

并非所有的总体分布参数的最大似然估计量都能像均匀分布那样轻易求得。既然参数的最大似然估计量是似然函数的 $L(\theta)$ 的最大值点，若 $L(\theta)$ 是可微分的，可以尝试用微积分的方法来计算。即求出 $L(\theta)$ 的驻点 $\hat{\theta}=(\hat{\theta}_1,\hat{\theta}_2,\cdots,\hat{\theta}_m)$，则驻点 $\hat{\theta}$ 大部分情况下就是所求的参数的最大似然估计量。具体而言，就是对似然函数 $L(\hat{\theta}_1,\hat{\theta}_2,\cdots,\hat{\theta}_m)$ 求每一个参数 θ_i 的偏导数 $\dfrac{\partial L}{\partial\theta_i}$，$i=1,2,\cdots,m$，并令导数为零，得到**似然方程**（组）。

$$\begin{cases} \partial L(\theta_1,\theta_2,\cdots,\theta_m)/\partial\theta_1=0 \\ \partial L(\theta_1,\theta_2,\cdots,\theta_m)/\partial\theta_2=0 \\ \quad\quad\quad\quad\vdots \\ \partial L(\theta_1,\theta_2,\cdots,\theta_m)/\partial\theta_m=0 \end{cases}$$

解此方程（组），即可得到 $L(\theta)$ 的驻点，进一步计算判断（驻点处的二阶导数是否大于零）即可得到 θ 的最大似然估计。考虑到似然函数 $L(\theta)$ 是 n 个因子的积，导数计算十分繁复。由于对数函数 $\ln(L(\theta))$ 与 $L(\theta)$ 的单调区间保持一致，所以实践中往往对**对数似然函数** $\ln(L(\theta))$ 求导数，并构造**对数似然方程（组）**

$$\begin{cases} \partial\ln(L(\theta_1,\theta_2,\cdots,\theta_m))/\partial\theta_1=0 \\ \partial\ln(L(\theta_1,\theta_2,\cdots,\theta_m))/\partial\theta_2=0 \\ \quad\quad\quad\quad\vdots \\ \partial\ln(L(\theta_1,\theta_2,\cdots,\theta_m))/\partial\theta_m=0 \end{cases}$$

若对数似然方程有解 $\hat{\theta}=(\hat{\theta}_1,\hat{\theta}_2,\cdots,\hat{\theta}_m)$，则 $\hat{\theta}$ 亦为似然方程的解。

例 6-7 设总体 $X \sim N(\mu, \sigma^2)$，参数 μ 和 σ^2 未知。$(x_1, x_2, \cdots, x_n)$ 为来自 X 的样本观测值。计算参数 μ 和 σ^2 的最大似然估计值。

解： 由 $X \sim N(\mu, \sigma^2)$，得 X 的密度函数为 $f(x; \mu, \sigma^2) = \dfrac{1}{\sqrt{2\pi}\sigma} e^{\frac{(x-\mu)^2}{2\sigma^2}}$。因此，似然函数为

$$L(\mu, \sigma^2) = \prod_{i=1}^{n} f(x_i; \mu, \sigma^2) = \frac{1}{(2\pi)^{\frac{n}{2}} \sigma^n} e^{\frac{\sum\limits_{i=1}^{n}(x_i-\mu)^2}{2\sigma^2}}$$

故对数似然函数为：

$$\ln(L(\mu, \sigma^2)) = -\frac{n}{2}\ln(2\pi) - \frac{n}{2}\ln\sigma^2 - \frac{\sum\limits_{i=1}^{n}(x_i-\mu)^2}{2\sigma^2}$$

对数似然方程为：

$$\begin{cases} \partial\ln(L(\mu,\sigma^2))/\partial\mu = \dfrac{\sum\limits_{i=1}^{n} x_i - n\mu}{\sigma^2} = 0 \\ \partial\ln(L(\mu,\sigma^2))/\partial\sigma^2 = -\dfrac{n}{2\sigma^2} + \dfrac{1}{2(\sigma^2)2}\sum\limits_{i=1}^{n}(x_i-\mu)^2 = 0 \end{cases}$$

解之得 μ 和 σ^2 的最大似然估计值

$$\begin{cases} \hat{\mu} = \dfrac{1}{n}\sum\limits_{i=1}^{n} x_i = \bar{x} \\ \hat{\sigma}^2 = \dfrac{1}{n}\sum\limits_{i=1}^{n}(x_i-\bar{x})^2 = b_2 \end{cases}$$

这个结果，与矩估计方法得到的结果是一样的。

练习 6-5 已知某种放射性物质在一定时间间隔内放射出的 α 粒子数 X 服从参数为 λ 的泊松分布，参数 λ 未知。现独立观测 n 次，测得粒子数为 $X_1, X_2, \cdots, X_n$。计算 λ 的矩估计量和最大似然估计量。

参考答案：$\bar{X}$。

最大似然估计方法有一个重要性质：

定理 6-1 设 θ 的函数 $u = u(\theta)$，$\theta \in \Theta$ 具有单值反函数 $\theta = \theta(u)$，$u \in \mathbb{U}$。又假设 $\hat{\theta}$ 是 X 的概率分布中参数 θ 的最大似然估计，则 $\hat{u} = u(\hat{\theta})$ 是 $u(\theta)$ 的最大似然估计（证明见本章附录 A1）。本定理常称为**最大似然估计的不变性**。

6.1.5 Python 解法

1. 样本均值与样本方差的计算

若样本观测值存放在 numpy 的 array 对象中，用样本均值和样本方差直接或间接估计总体均值和方差或标准差，只需要调用该 array 对象的 mean 函数、var 函数或 std 函数即可。

例 6-8　下列代码计算例 6-3 的服从参数为 a 和 b 的均匀分布总体的参数估计值。

```
1  import numpy as np                              #导入numpy
2  x=np.array([1.248, 1.664 ,1.101 ,1.967 ,1.468,  #设置样本数据数组
3            1.140, 1.434, 1.063, 1.878, 1.375,
4            1.819, 1.704, 1.328, 1.619, 1.830,
5            1.764, 1.034, 1.553, 1.878, 1.166])
6  mu=x.mean()                                      #计算样本均值
7  sigma=x.std(ddof=1)                              #计算样本标准差
8  a=mu−np.sqrt(3)*sigma                            #计算参数a的估计值
9  b=mu+np.sqrt(3)*sigma                            #计算参数b的估计值
10 print('用样本均值、方差估计a=%.4f, b=%.4f'%(a, b))
```

程序 6.1　用例 6-3 中样本均值估计总体参数 a 和 b 的 Python 程序

注意程序中的第 7 行调用 x 的 std 函数计算样本均方差时，向命名参数 ddof 传递的 1 指的是除数为 n−1。ddof 的默认值为 0，这意味着计算的是样本 2 阶中心矩时除数为容量 n。运行程序，输出如下。

用样本均值、方差估计a=0.9697, b=2.0336

此即为例 6-3 计算结果精确到万分位的值。

练习 6-6　在 Python 中计算练习 6-3 中二项分布总体 X 的参数 N，p 的点估计。

参考答案：见文件 chapter06.ipynb 中对应代码。

2. 参数的矩估计

为计算参数的矩估计值，则可用样本数据数组 x（numpy.array 类对象）的 mean 函数计算样本 1 阶原点矩；若需要计算 k（$\geqslant 2$）阶原点矩，则只需调用 x**k 的 mean 函数即可。

例 6-9　下列代码计算练习 6-4 中总体期望 μ 和方差 σ^2 的矩估计值。

```
1  import numpy as np                              #导入numpy
2  x=np.array([74.001, 74.005, 74.003, 74.001,     #样本观测值
3            74.000, 73.998, 74.006, 74.002])
4  a1=x.mean()                                      #1阶样本原点矩
5  print('mu=%.4f'%a1)                              #总体均值的矩估计
6  a2=(x**2).mean()                                 #2阶样本原点矩
7  print('sigma^2=%.5f'%(a2−a1**2))                 #总体方差的矩估计
```

程序 6.2　计算练习 6-4 中总体参数 μ 和 σ^2 的矩估计值的 Python 程序

程序的第 2~3 行设置样本观测值数据（参见练习 6-4），记为 x。第 4 行调用 x 的 mean 函数，计算样本均值，即样本 1 阶原点矩 a_1，记为 a1。第 5 行显示用 a_1 估计总体期望 μ。第 6 行调用 x**2（即 x^2）的 mean 函数，计算 2 阶样本原点矩 a_2，记为 a2。第 7 行显示用样本原点矩表达式 $a_2 - a_1^2$ 估计总体方差 σ^2。运行程序，输出如下。

mu=74.0020

sigma^2=0.00001

练习 6-7 设总体 X 具有分布律

X	1	2	3
p	θ^2	$2\theta(1-\theta)$	$(1-\theta)^2$

其中，$\theta\,(0<\theta<1)$ 为未知参数。已知 $(1,2,1)$ 为来自总体的一个样本观测值，求 θ 的矩估计值。

（参考答案：见文件 chapter06.ipynb 中对应代码。提示：先根据分布律将总体 1 阶原点矩 $E(X)$ 表示为 θ 的表达式。）

对于连续型总体，若知道其分布类型，scipy.stats 提供的所有分布对象，均有函数 fit_loc_scale，其调用接口为

$$\text{fit\_loc\_scale(data)}$$

该函数用参数 data 所传递的样本数据的 1、2 阶原点矩对该分布的参数 loc 和 scale 作矩估计。我们可以通过了解 loc 和 scale 与待估参数的关系，算出待估参数的估计值。例如，若总体 $X\sim U(a,b)$，scipy.stats 表示均匀分布的 uniform 对象的参数 loc 对应分布参数 a，scale 参数对应分布参数 a 与 b 的差 $b-a$。

例 6-10 下列代码计算例 6-6 中计算参数 a 和 b 的矩估计量。

```
1  import numpy as np                          #导入numpy
2  from scipy.stats import uniform             #导入uniform
3  x=np.array([1.248, 1.664 ,1.101 ,1.967 ,1.468,   #设置样本数据数组
4          1.140, 1.434, 1.063, 1.878, 1.375,
5          1.819, 1.704, 1.328, 1.619, 1.830,
6          1.764, 1.034, 1.553, 1.878, 1.166])
7  l, s=uniform.fit_loc_scale(x)               #均匀分布参数loc,scale的矩估计
8  a=l                                          #a的矩估计
9  b=a+s                                        #b的矩估计
10 print('用样本矩估计a=%.4f, b=%.4f'%(a, b))
```

程序 6.3 计算例 6-6 中总体参数 a 和 b 的矩估计值的 Python 程序

注意程序中第 7 行调用 uniform 对象的 fit_loc_scale 函数，用数据数组计算表示均匀分布的 uniform 对象的属性参数 loc 和 scale 的矩估计值 l 和 s。根据 loc 和 scale 与均匀分布的参数 a 和 b 的关系，第 8 行和第 9 行分别计算出 a 和 b 的矩估计值。运行程序，输出如下。

用样本矩估计a=0.9832, b=2.0201

此即为参数 a 和 b 的矩估计值精确到万分位的值。

练习 6-8 已知电子设备的使用寿命 $X \sim \mathrm{Exp}(\lambda)$，随机抽取 10 台设备，测得其寿命为

$$1050, 1100, 1080, 1120, 1200, 1250, 1040, 1130, 1300, 1200$$

计算总体参数 λ 的矩估计值。

参考答案：见文件 chapter06.ipynb 中对应代码。

3. 参数的最大似然估计

为计算已知分布类型的连续型总体 X 中未知参数的最大似然估计值，可以调用表示该类分布的对象的 fit 函数，其调用接口为

$$\mathrm{fit(data)}$$

其中参数 data 传递样本数据，返回分布的 loc、scale 参数的最大似然估计值。根据 loc、scale 与总体的待估参数之间的对应关系，即可算得待估参数的最大似然估计值。

例 6-11 下列代码计算例 6-3 中均匀分布总体的待估参数 a 和 b 的最大似然估计值。

```
1  import numpy as np                           #导入numpy
2  from scipy.stats import uniform              #导入uniform
3  x=np.array([1.248, 1.664, 1.101 ,1.967 ,1.468,   #设置样本数据数组
4            1.140, 1.434, 1.063, 1.878, 1.375,
5            1.819, 1.704, 1.328, 1.619, 1.830,
6            1.764, 1.034, 1.553, 1.878, 1.166])
7  l, s=uniform.fit(x)                          #loc,scale的矩估计
8  a=l                                          #a的矩估计
9  b=a+s                                        #b的矩估计
10 print('最大似然估计a=%.4f, b=%.4f'%(a, b))
```

程序 6.4 计算例 6-3 中总体参数 a 和 b 的最大似然估计值的 Python 程序

注意，第 7 行调用 uniform（第 2 行导入）的 fit 函数，计算均匀分布的最大似然估计仅返回 loc 和 scale 的估计值，其他分布类型的返回值，需查阅手册而定。运行程序，输出如下。

最大似然估计a=1.0340, b=1.9670

恰为样本数据中的最小值和最大值。

练习 6-9 用 scipy.stats.expon.fit 函数计算练习 6-8 中总体 X 总体的参数 λ 的最大似然估计。

参考答案：见文件 chapter06.ipynb 中对应代码。

6.2 参数的区间估计

6.2.1 参数的区间估计概念

总体参数的点估计计算简捷，但是无论在实践中还是在理论上，有一个绕不开的问题。我们知道，参数 θ 的估计量 $\hat{\theta}$ 是一个随机变量。若用样本观测值 $(x_1, x_2, \cdots, x_n)$

对应的估计值 $\theta_0 = \hat{\theta}(x_1, x_2, \cdots, x_n)$ 表示待定参数 θ，且不论准确性如何，如果总体 X 是连续型的（当然 $\hat{\theta}$ 也是连续的），则

$$P(\hat{\theta} = \theta_0) = 0$$

也就是说，$\hat{\theta} = \theta_0$ 的可靠性为 0！站在概率论的角度，参数的点估计缺乏准确性及可靠性的界定。

设 $(X_1, X_2, \cdots, X_n)$ 来自总体 X，θ 为 X 的分布中所含的未知参数。需要考虑的是，对给定的可靠度 $1 - \alpha$（$0 < \alpha < 1$）——称为**置信水平**，确定两个统计量 $\underline{\theta}(X_1, X_2, \cdots, X_n)$ 和 $\overline{\theta}(X_1, X_2, \cdots, X_n)$，使得

$$P(\underline{\theta} < \theta < \overline{\theta}) \geqslant 1 - \alpha$$

称区间 $(\underline{\theta}, \overline{\theta})$ 为参数 θ 的置信度为 $1 - \alpha$ 的**双侧置信区间**。$\underline{\theta}$ 和 $\overline{\theta}$ 分别称为双侧**置信下限和置信上限**。

上述 θ 的置信区间 $(\underline{\theta}, \overline{\theta})$ 的上、下限 $\underline{\theta}(X_1, X_2, \cdots, X_n)$ 和 $\overline{\theta}(X_1, X_2, \cdots, X_n)$ 都是统计量（当然是随机变量），因此是随机区间。将样本观测值 $(x_1, x_2, \cdots, x_n)$ 替代其中的样本 $(X_1, X_2, \cdots, X_n)$，则得到的是确定区间 $(\underline{\theta}(x_1, x_2, \cdots, x_n), \overline{\theta}(x_1, x_2, \cdots, x_n))$，仍称为 θ 的置信度为 $1 - \alpha$ 的置信区间。其意义为参数 θ 包含在该区间内的概率不小于 $1 - \alpha$。

类似地，若有统计量 $\underline{\theta}$ 能使

$$P(\underline{\theta} < \theta) \geqslant 1 - \alpha$$

称区间 $(\underline{\theta}, +\infty)$ 为 θ 置信度为 $1 - \alpha$ 的**单侧置信区间**，$\underline{\theta}$ 称为**单侧置信下限**。若有统计量 $\overline{\theta}$，使得

$$P(\theta < \overline{\theta}) \geqslant 1 - \alpha$$

称 $(-\infty, \overline{\theta})$ 为 θ 置信度为 $1 - \alpha$ 的**单侧置信区间**，$\overline{\theta}$ 称为**单侧置信上限**。

不难理解，对参数的双侧区间估计，置信水平 $1 - \alpha$ 描述了参数估计的可靠性——α 越小可靠程度越高；而置信区间的长度 $\overline{\theta} - \underline{\theta}$ 描述了参数估计的精确性——长度越小，精确程度越高。一般而言，两者不可兼得。追求高可靠度，则将减低准确度，即加大置信区间的长度。反之，追求高精确度，则将牺牲一定的可靠度，极端的情形就是回到参数的点估计。

对于来自 X 的样本 $(X_1, X_2, \cdots, X_n)$，可通过以下步骤对未知参数 θ 做置信水平为 $1 - \alpha$ 的双侧区间估计。

（1）选取参数 θ 的合适的点估计量 $\hat{\theta}(X_1, X_2, \cdots, X_n)$。

（2）构造函数 $g(\hat{\theta}(X_1, X_2, \cdots, X_n), \theta)$，使得该函数表示的随机变量的分布不依赖于所含的未知参数 θ。该函数称为**枢轴量**。

（3）求 $g(\hat{\theta}, \theta)$ 所服从分布的概率为 $1 - \alpha$ 的双侧分位点 a 和 b，使得

$$P(a < g(\hat{\theta}, \theta) < b) \geqslant 1 - \alpha$$

（4）解双联不等式 $a < g(\hat{\theta}, \theta) < b$ 得 $\underline{\theta} < \theta < \overline{\theta}$。其中，$\underline{\theta}$ 和 $\overline{\theta}$ 都是统计量。于是，θ 的双侧置信区间为 $(\underline{\theta}, \overline{\theta})$。

将上述步骤（3）中的双侧分位点计算改为单侧分位点计算，步骤（4）中的解双联不等式改为解单一不等式，即为计算参数的单侧置信区间的方法。

本节就总体 $X \sim N(\mu, \sigma^2)$ 的情况，讨论参数 μ、σ^2 的区间估计。这样做并不失一般性。因为其一，大多数应用中，总体的期望和方差（或标准差）是最重要的数字特征。能够取得期望与方差的估计，就能直接（未知参数就是期望、方差）或间接地（通过计算用期望、方差表达参数）估计出未知参数。其次，即使总体不服从正态分布，由样本 $X_1, X_2, \cdots, X_n$ 的独立同分布特性，根据中心极限定理（详见定理 4-7），容量 n 足够大时，$X_1 + X_2 + \cdots + X_n$ 近似服从 $N(n\mu, n\sigma^2)$。所以，就能通过对正态总体参数的估计达到原总体 X 的期望、方差的估计。

6.2.2　单个正态总体参数 μ 的区间估计

设样本 $(X_1, X_2, \cdots, X_n)$ 来自总体 $X \sim N(\mu, \sigma^2)$，参数 μ 待估。为求 μ 的置信度为 $1 - \alpha$ 的置信区间，分为以下两种情况讨论。

1. σ^2 已知 μ 的置信区间

此时，按上述计算参数双侧区间估计的步骤如下。

（1）选择样本均值 $\overline{X}$ 作为 μ 的点估计量是合适的（回忆前面的讨论，$\overline{X}$ 是 μ 的既相合又无偏的点估计量）。

（2）$\overline{X} \sim N(\mu, \sigma^2/n)$（详见定理 3-7(1)），所以构造枢轴量 $\dfrac{\overline{X} - \mu}{\sigma/\sqrt{n}} \sim N(0, 1)$，$N(0, 1)$ 不依赖于未知参数 μ。

（3）计算 $N(0, 1)$ 的概率为 $1 - \alpha$ 的双侧分位点 $-z_{\alpha/2}$，$z_{\alpha/2}$（详见 3.5.2 节）使得

$$P\left(-z_{\alpha/2} < \frac{\overline{X} - \mu}{\sigma/\sqrt{n}} < z_{\alpha/2}\right) \geqslant 1 - \alpha$$

（4）解双联不等式 $-z_{\alpha/2} < \dfrac{\overline{X} - \mu}{\sigma/\sqrt{n}} < z_{\alpha/2}$，得

$$\overline{X} - \frac{\sigma \cdot z_{\alpha/2}}{\sqrt{n}} < \mu < \overline{X} + \frac{\sigma \cdot z_{\alpha/2}}{\sqrt{n}}$$

于是参数 μ 置信度为 $1-\alpha$ 的置信区间为 $\left(\overline{X}-\dfrac{\sigma \cdot z_{\alpha/2}}{\sqrt{n}}, \overline{X}+\dfrac{\sigma \cdot z_{\alpha/2}}{\sqrt{n}}\right)$，简记为 $\left(\overline{X}\pm\dfrac{\sigma \cdot z_{\alpha/2}}{\sqrt{n}}\right)$。

根据得到的 μ 的双侧置信区间结构可知，在置信水平 $1-\alpha$ 一定的情况下，加大样本容量 n，可增加对 μ 的估计精度。

例 6-12 某饲料厂用自动打包机包装一种混合饲料，设每包的质量 X 服从标准差为 $\sigma=1.5$（kg）的正态分布。某日开工后随机抽取 9 包，测得质量如下：

$$99.3, 104.7, 100.5, 101.2, 99.7, 98.5, 102.8, 103.3, 100.0$$

计算总体 X 的均值 μ 的置信度为 $1-\alpha=0.95$ 的双侧置信区间。

解：根据题设，$\sigma=1.5, \alpha=0.05, n=9, \overline{x}=\dfrac{1}{9}(99.3+104.7+\cdots+100.0)\approx 101.1$，查表 2-6 可得双侧右分位点 $z_{\alpha/2}=z_{0.025}\approx 1.96$。因此，总体均值 μ 的置信度为 0.95 的双侧置信区间为 $\left(\overline{x}\pm\dfrac{\sigma \cdot z_{\alpha/2}}{\sqrt{n}}\right)=\left(101.1\pm\dfrac{1.5\cdot 1.96}{3}\right)=(101.1\pm 0.98)=(100.12, 102.08)$。

练习 6-10 某种清漆的 9 个样品的干燥时间（单位：h）分别为：

$$6.0, 5.7, 5.8, 6.5, 7.0, 6.3, 5.6, 6.1, 5.0$$

设干燥时间 $X\sim N(\mu,\sigma^2)$，由以往经验知 $\sigma=0.6$（h），计算置信度为 0.95 的 μ 的双侧置信区间。

参考答案：$(5.608, 6.392)$。

将计算 μ 的双侧置信区间的第 3 步改为计算 $N(0,1)$ 概率为 $1-\alpha$ 的左侧（或右侧）分位点 $-z_{\alpha}$（或 z_{α}），第 4 步改为解不等式 $-z_{\alpha}<\dfrac{\overline{X}-\mu}{\sigma/\sqrt{n}}$（或 $\dfrac{\overline{X}-\mu}{\sigma/\sqrt{n}}<z_{\alpha}$），即可算得 μ 的置信度为 $1-\alpha$ 的单侧置信下限（或上限）$\overline{X}-\dfrac{\sigma \cdot z_{\alpha}}{\sqrt{n}}$（或 $\overline{X}+\dfrac{\sigma \cdot z_{\alpha}}{\sqrt{n}}$）。

例 6-13 从一批灯泡中随机地抽取 5 只做寿命试验，测得寿命（单位：h）为：

$$1050, 1100, 1120, 1250, 1280$$

设灯泡的寿命 $X\sim N(\mu,\sigma^2)$，其中 $\sigma^2=10\,000$。试计算灯泡平均寿命置信度为 0.95 的单侧置信下限。

解：按题设，总体均方差 $\sigma=100$，样本均值的观测值 $\overline{x}=1160$。由置信度 $1-\alpha=0.95$，得 $\alpha=0.05$。查表 2-6 求得标准正态分布概率为 $1-\alpha$ 的单侧左分位点 $-z_{\alpha}=-z_{0.05}=-1.645$。于是，$\mu$ 的置信度为 0.95 的置信下限 $\overline{x}-\dfrac{\sigma \cdot z_{\alpha}}{\sqrt{n}}=1160-\dfrac{100\cdot 1.645}{\sqrt{5}}=1086.43$。

练习 6-11 计算练习 6-10 中参数 μ 的置信度为 0.95 单侧置信上限。

参考答案：$(-\infty, 6.329)$。

2. σ^2 未知 μ 的置信区间

仍然按上述方法步骤计算。

（1）仍以样本均值 $\overline{X}$ 作为参数 μ 的估计量。

（2）考虑枢轴量 $\dfrac{\overline{X}-\mu}{S/\sqrt{n}}$，其中，$S$ 为样本均方差。根据定理 5-1(3)，知 $\dfrac{\overline{X}-\mu}{S/\sqrt{n}} \sim$ $t(n-1)$。参数为 $n-1$ 的 t 分布不依赖于 μ。

（3）计算 $t(n-1)$ 分布的概率为 $1-\alpha$ 的双侧分位点 $-t_{\alpha/2}(n-1)$，$t_{\alpha/2}(n-1)$（详见 3.5.4 节）使得

$$P\left(-t_{\alpha/2}(n-1) < \frac{\overline{X}-\mu}{S/\sqrt{n}} < t_{\alpha/2}(n-1)\right) \geqslant 1-\alpha$$

（4）解双联不等式 $-t_{\alpha/2}(n-1) < \dfrac{\overline{X}-\mu}{S/\sqrt{n}} < t_{\alpha/2}(n-1)$，得

$$\overline{X} - \frac{S \cdot t_{\alpha/2}(n-1)}{\sqrt{n}} < \mu < \overline{X} + \frac{S \cdot t_{\alpha/2}(n-1)}{\sqrt{n}}$$

于是参数 μ 置信水平为 $1-\alpha$ 的置信区间为 $\left(\overline{X} - \dfrac{S \cdot t_{\alpha/2}(n-1)}{\sqrt{n}}, \overline{X} + \dfrac{S \cdot t_{\alpha/2}(n-1)}{\sqrt{n}}\right)$，简记为 $\left(\overline{X} \pm \dfrac{S \cdot t_{\alpha/2}(n-1)}{\sqrt{n}}\right)$。

例 6-14　从某厂生产的滚珠中随机抽取 10 个，测得滚珠的直径（单位：mm）如下。

$$14.6, 15.0, 14.7, 15.1, 14.9, 14.8, 15.0, 15.1, 15.2, 14.8$$

若滚珠直径服从 $X \sim N(\mu, \sigma^2)$，其中 σ^2 未知。试计算滚珠直径均值 μ 的置信水平为 95% 的置信区间。

解： 按题设有 $n = 10$，$\alpha = 0.05$，算得样本均值的观测值 $\overline{x} = \dfrac{1}{10}(14.6 + 15.0 + \cdots + 14.8) \approx 14.92$，样本均方差观测值

$$s = \sqrt{\frac{1}{9}[(14.6-14.92)^2 + (15.0-14.92)^2 + \cdots + (14.8-14.92)^2]} \approx 0.193,$$

查表 3-15 得 $t_{\alpha/2}(n-1) = t_{0.025}(9) = 2.2622$。于是，总体均值 μ 的置信度为 0.95 的置信区间为 $\left(\overline{x} \pm \dfrac{s \cdot t_{\alpha/2}(n-1)}{\sqrt{n}}\right) = \left(14.92 \pm \dfrac{0.193 \cdot 2.2622}{\sqrt{10}}\right) = (14.92 \pm 0.1380) = (14.782, 15.058)$。

练习 6-12　对练习 6-10 的题设，改总体方差 σ^2 为未知，其他不变。计算置信水平为 0.95，μ 的双侧置信区间。

参考答案： $(5.558, 6.442)$。

与前面已知 σ^2 的条件下，计算 μ 的单侧置信上、下限的方法相似，对总体方差 σ^2 未知的情形下，μ 的置信度为 $1-\alpha$ 的单侧置信上、下限很容易算得为 $\overline{X}+\dfrac{S \cdot t_\alpha(n-1)}{\sqrt{n}}$ 和 $\overline{X}-\dfrac{S \cdot t_\alpha(n-1)}{\sqrt{n}}$。

例 6-15 从一批汽车轮胎中随机地取 16 只做磨损试验，记录其磨坏时所行使的路程（单位：km），算得样本均值为 $\overline{x}=41\,116$，样本标准差 $s=6346$，设此样本来自正态总体 $X \sim N(\mu,\sigma^2)$，μ 和 σ^2 均未知。试计算置信度为 95%，μ 的置信下限。

解：按题设，$\overline{x}=41\,116$，$s=6346$，$n=16$，$1-\alpha=0.95$ 得 $\alpha=0.05$，查表 3-15 得 $t_\alpha(n-1)=t_{0.05}(15)=1.753$。所以置信度为 95%，$\mu$ 的置信下限为 $\overline{x}-\dfrac{s \cdot t_\alpha(n-1)}{\sqrt{n}}=$ $41\,116-\dfrac{6346 \times 1.753}{4}=38\,334.707$。即这批轮胎以 95% 的置信度，平均行驶里程至少为 $38\,334.707\,\text{km}$。

练习 6-13 科学上的重大发现往往是由年轻人做出的。表 6-1 列出了自 16 世纪中叶至 20 世纪早期的十二项重大发现的发现者和他们做出发现时的年龄。

表 6-1　重大发现的发现者数据

发现的内容	发　现　者	发现时间	年　　龄
地球绕太阳运转	哥白尼（Copernicus）	1543	40
望远镜、天文学的基本定律	伽利略（Galileo）	1600	36
运动原理、重力、微积分	牛顿（Newton）	1665	23
电的本质	富兰克林（Franklin）	1746	40
燃烧是与氧气有关联的	拉瓦锡（Lavoisier）	1830	31
地球是渐进过程演化成的	莱尔（Lyell）	1830	33
自然选择控制演化的证据	达尔文（Darwin）	1858	49
光的场方程	麦克斯韦（Maxwell）	1864	33
放射性	居里（Curie）	1896	34
量子论	普朗克（Plank）	1901	43
狭义相对论，$E=mc^2$	爱因斯坦（Einstein）	1905	26
量子论的数学基础	薛定谔（Schrödinger）	1926	39

设样本来自正态总体，试计算发现者的平均年龄 μ 的置信水平为 0.95 的单侧置信上限。

参考答案：39.32。

6.2.3　单个正态总体参数 σ^2 的区间估计

仍设样本 $(X_1,X_2,\cdots,X_n)$ 来自总体 $X \sim N(\mu,\sigma^2)$，参数 σ^2 待估。为求 σ^2 的置信度为 $1-\alpha$ 的双侧置信区间，可按以下步骤进行。

（1）选择样本方差 S^2 作为总体方差 σ^2 的点估计量。

（2）根据定理 5-1(2) 知，$\dfrac{n-1}{\sigma^2}S^2 \sim \chi^2(n-1)$，且分布 $\chi^2(n-1)$ 与 σ^2 无关，为枢轴量。

（3）计算 $\chi^2(n-1)$ 的概率为 $1-\alpha$ 的双侧分位点 $\chi^2_{1-\alpha/2}(n-1)$ 和 $\chi^2_{\alpha/2}(n-1)$（详见 3.5.3 节），使得

$$P\left(\chi^2_{1-\alpha/2}(n-1) < \frac{n-1}{\sigma^2}S^2 < \chi^2_{\alpha/2}(n-1)\right) \geqslant 1-\alpha$$

（4）解双联不等式 $\chi^2_{1-\alpha/2}(n-1) < \dfrac{n-1}{\sigma^2}S^2 < \chi^2_{\alpha/2}(n-1)$，得

$$\frac{n-1}{\chi^2_{\alpha/2}(n-1)}S^2 < \sigma^2 < \frac{n-1}{\chi^2_{1-\alpha/2}(n-1)}S^2$$

即参数 σ^2 置信度为 $1-\alpha$ 的双侧置信区间为:

$$\left(\frac{n-1}{\chi^2_{\alpha/2}(n-1)}S^2, \frac{n-1}{\chi^2_{1-\alpha/2}(n-1)}S^2\right)$$

由此还可得总体标准差 σ 的置信度为 $1-\alpha$ 的双侧置信区间为:

$$\left(\sqrt{\frac{n-1}{\chi^2_{\alpha/2}(n-1)}}S, \sqrt{\frac{n-1}{\chi^2_{1-\alpha/2}(n-1)}}S\right)$$

例 6-16　已知某种木材横向抗压力的试验值 $X \sim N(\mu, \sigma^2)$，对 10 个样品做横向抗压力试验，得到如下数据（单位: $\mathrm{N/cm^2}$）:

$$482, 493, 475, 471, 510, 446, 435, 418, 394, 469$$

试计算此种木材横向抗压力的方差置信水平为 0.95 的双侧区间估计。

解: 根据题设，样本容量 $n = 10$。样本均值 $\bar{x} = 459.3$，样本方差 $s^2 = 1270.678$。由置信水平 $1-\alpha = 0.95$，得 $\alpha = 0.05$。查表 3-14 可得 χ^2 分布的双侧分位点分别为 $\chi^2_{1-\alpha/2}(n-1) = \chi^2_{0.975}(9) = 2.7$，$\chi^2_{\alpha/2}(n-1) = \chi^2_{0.025}(9) = 19.023$。于是，$\sigma^2$ 置信水平为 0.95 的双侧置信区间为:

$$\left(\frac{n-1}{\chi^2_{\alpha/2}(n-1)}S^2, \frac{n-1}{\chi^2_{1-\alpha/2}(n-1)}S^2\right) = \left(\frac{9}{19.023} \times 1270.678, \frac{9}{2.7} \times 1270.678\right)$$

$$= (601.17, 4235.59)$$

练习 6-14　为考察某大学男生的胆固醇水平，现抽取了样本容量为 25 的一个样本，并测得样本均值 $\bar{x} = 186$，样本标准差 $s = 12$。假定所论胆固醇水平 $X \sim N(\mu, \sigma^2)$，μ 和 σ^2 均未知。试分别计算 μ 与 σ 的置信度为 90% 的双侧置信区间。

参考答案: $(181.894, 190.106)$，$(9.742, 15.798)$。

将计算 σ^2 的双侧置信区间步骤 3 改为计算 $\chi^2(n-1)$ 分布概率为 $1-\alpha$ 的单侧右分位点（或左分位点）$\chi_\alpha^2(n-1)$（或 $\chi_{1-\alpha}^2(n-1)$），步骤 4 改为解不等式 $\dfrac{n-1}{\sigma^2}S^2 < \chi_\alpha^2(n-1)\Big($ 或 $\chi_{1-\alpha}^2(n-1) < \dfrac{n-1}{\sigma^2}S^2\Big)$ 则可算得参数 σ^2 置信度为 $1-\alpha$ 的置信下限（或置信上限）$\dfrac{n-1}{\chi_\alpha^2(n-1)}S^2\Big($ 或 $\dfrac{n-1}{\chi_{1-\alpha}^2(n-1)}S^2\Big)$。相应地，可得总体标准差在相同置信度下的置信下限（或上限）$\sqrt{\dfrac{n-1}{\chi_\alpha^2(n-1)}}S\Big($ 或 $\sqrt{\dfrac{n-1}{\chi_{1-\alpha}^2(n-1)}}S\Big)$。

例 6-17 某大学数学测验，抽得 20 个学生的分数的样本均值为 72，样本方差为 16。假设分数 $X\sim N(\mu,\sigma^2)$，分别计算 μ 的置信度为 98% 的置信下限，σ^2 的置信度为 98% 的置信上限。

解： 由题设知置信度 $1-\alpha=0.98$，得 $\alpha=0.02$。样本容量 $n=20$，样本均值 $\overline{x}=72$，样本方差 $s^2=16$。$t(19)$ 分布概率为 0.98 的左分位点 $-t_\alpha(n-1)=-t_{0.02}(19)=-2.205$（$t_{0.02}(19)$ 查表 3-15 可得）。于是，μ 的置信度为 98% 的置信下限为 $\overline{x}-\dfrac{s\cdot t_\alpha(n-1)}{\sqrt{n}}=72-\dfrac{4\cdot2.205}{2\sqrt5}=70.03$。

$\chi^2(19)$ 概率为 0.98 的左分位点可查表 3-14 得到 $\chi_{1-\alpha}^2(n-1)=\chi_{0.98}^2(19)=8.567$。于是，$\sigma^2$ 置信度为 0.98 的置信上限为 $\dfrac{n-1}{\chi_{1-\alpha}^2(n-1)}S^2=\dfrac{19}{8.567}\times16=35.485$。

总之，以 98% 的置信度，平均成绩不小于 70.03，方差不大于 35.485。

练习 6-15 随机地取某种炮弹 9 发做试验，得炮口速度的样本标准差 $s=11\text{m/s}$。设炮口速度 $X\sim N(\mu,\sigma^2)$。求这种炮弹的炮口速度的标准差 σ 的置信度为 0.95 的置信下限。

参考答案： 7.9。

6.2.4 两个正态总体的均值差的区间估计

设样本 $(X_1,X_2,\cdots,X_{n_1})$ 来自总体 $X\sim N(\mu_1,\sigma_1^2)$，$\overline{X}$ 和 S_1^2 分别为其样本均值和样本方差。样本 $(Y_1,Y_2,\cdots,Y_{n_2})$ 来自总体 $Y\sim N(\mu_2,\sigma_2^2)$，$\overline{Y}$ 和 S_2^2 为其样本均值和样本方差。并且，X 与 Y 相互独立。由定理 5-1 知，$\overline{X}\sim N(\mu_1,\sigma_1^2/n_1)$，$\overline{Y}\sim N(\mu_2,\sigma_2^2)$。由 X,Y 的相互独立性，知 $\overline{X},\overline{Y}$ 也是相互独立的。与单个正态总体的均值的区间估计一样，分为以下两种情形讨论。

1. 已知 σ_1^2 和 σ_2^2 计算 $\mu_1-\mu_2$ 的区间估计

根据经验，按下列步骤计算置信水平为 $1-\alpha$（$0<\alpha<1$），$\mu_1-\mu_2$ 的双侧置信区间。

（1）根据定理 5-2(1) 知，$\overline{X}-\overline{Y}\sim N(\mu_1-\mu_2,\sigma_1^2+\sigma_2^2)$。故用 $\overline{X}-\overline{Y}$ 作为 $\mu_1-\mu_2$ 的点估计量。

（2）于是 $\dfrac{(\overline{X}-\overline{Y})-(\mu_1-\mu_2)}{\sqrt{\sigma_1^2/n_1+\sigma_2^2}}/n_2 \sim N(0,1)$，$N(0,1)$ 不依赖任何未知参数，为枢轴量。

（3）计算 $N(0,1)$ 概率为 $1-\alpha$ 的双侧分位点 $-z_{\alpha/2}$ 和 $z_{\alpha/2}$，使得

$$P\left(-z_{\alpha/2}<\frac{(\overline{X}-\overline{Y})-(\mu_1-\mu_2)}{\sqrt{\sigma_1^2/n_1+\sigma_2^2/n_2}}<z_{\alpha/2}\right)\geqslant 1-\alpha$$

（4）解双联不等式 $-z_{\alpha/2}<\dfrac{(\overline{X}-\overline{Y})-(\mu_1-\mu_2)}{\sqrt{\sigma_1^2/n_1+\sigma_2^2/n_2}}<z_{\alpha/2}$，得到 $\mu_1-\mu_2$ 的置信度为 $1-\alpha$ 的双侧置信区间

$$\left((\overline{X}-\overline{Y})-z_{\alpha/2}\sqrt{\frac{\sigma_1^2}{n_1}+\frac{\sigma_2^2}{n_2}},(\overline{X}-\overline{Y})+z_{\alpha/2}\sqrt{\frac{\sigma_1^2}{n_1}+\frac{\sigma_2^2}{n_2}}\right)$$

简记为 $\left((\overline{X}-\overline{Y})\pm z_{\alpha/2}\sqrt{\dfrac{\sigma_1^2}{n_1}+\dfrac{\sigma_2^2}{n_2}}\right)$。

实践中，$\mu_1-\mu_2$ 的置信区间常用来做以下的判断：若置信下限与置信上限异号，即 0 包含于置信区间内，则认为 μ_1 与 μ_2 没有显著差别；若置信下限大于零，则认为 μ_1 显著大于 μ_2；若置信上限小于零，则认为 μ_1 显著小于 μ_2。

例 6-18　一个消费团体想要弄清楚使用普通汽油、无铅汽油和高级无铅汽油的汽车在行驶里程上的差异。该团体将同一品牌的汽车分成数量相同的两组，并以一箱汽油为准对每辆汽车进行检验。50 辆汽车注入普通无铅汽油，50 辆汽车注入高级无铅汽油。普通无铅汽油组的样本均值为 21.45mile（1mile=1609.34m），高级无铅汽油组的样本均值为 24.6mile。设两组汽车的里程数各自服从 $N(\mu_1,3.56^2)$ 和 $N(\mu_2,2.99^2)$。计算使用两种汽油的汽车里程数均值差异的置信度为 0.95 的置信区间。

解：设普通汽油车组里程数为 X，高级汽油车组里程数为 Y。按题设 $X\sim N(\mu_1,\sigma_1^2)$，$Y\sim N(\mu_2,\sigma_2^2)$。$\overline{x}=21.45,\sigma_1^2=3.56^2,\overline{y}=24.6,\sigma_2^2=2.99^2,\overline{x}-\overline{y}=21.45-24.6=-3.15$。$n_1=n_2=50$。查表 2-6 可得 $N(0,1)$ 的概率为 $1-\alpha=0.95$ 的双侧分位点为 $-z_{\alpha/2}=-z_{0.025}=-1.96$，$z_{\alpha/2}=z_{0.025}=1.96$。因此，$\mu_1-\mu_2$ 置信度为 0.95 的置信区间为

$$\left((\overline{x}-\overline{y})\pm z_{\alpha/2}\sqrt{\frac{\sigma_1^2}{n_1}+\frac{\sigma_2^2}{n_2}}\right)=\left(-3.15\pm 1.96\sqrt{\frac{3.46^2}{50}+\frac{2.99^2}{50}}\right)，即 (-4.418,-1.882)。$$

由于上限 $-1.882<0$，故可判断普通无铅汽油车的里程数显著小于高级无铅汽油车的里程数。

练习 6-16　瑜伽和舍宾是近年来流行的休闲健身方式，某健身俱乐部对这两种方式减肥瘦身效果进行了数据统计。从瑜伽班和舍宾班中分别随机抽取 10 名和 15 名成员进行体重减轻量的调查，得到如下结果。

瑜伽班：2.15, 3.25, 2.2, 1.05, 1.45, 2.75, 3.5, 1.95, 2, 2.05

舍宾班：2.75, 3.25, 1.95, 3.25, 2.85, 3.45, 2.5, 1.95, 3, 2.2, 3.5, 4.25, 2.05, 3.8, 0.5

设瑜伽班总体服从 $N(\mu_1, \sigma_1^2)$，舍宾班总体服从 $N(\mu_2, \sigma_2^2)$，其中，$\sigma_1^2 = 0.6$，$\sigma_2^2 = 0.8$，计算置信度为 0.95 的 $\mu_1 - \mu_2$ 的置信区间。

参考答案：$(-1.17, 0.14)$。

与单个正态总体计算总体均值置信区间相类似，对上述计算双侧置信区间的步骤稍加修改，即可得到置信度为 $1 - \alpha$，$\mu_1 - \mu_2$ 的单侧置信下限（或上限）$(\overline{X} - \overline{Y}) - z_\alpha \sqrt{\dfrac{\sigma_1^2}{n_1} + \dfrac{\sigma_2^2}{n_2}}$（或 $(\overline{X} - \overline{Y}) + z_\alpha \sqrt{\dfrac{\sigma_1^2}{n_1} + \dfrac{\sigma_2^2}{n_2}}$）。$\mu_1 - \mu_2$ 的单侧置信上、下限常用来做判断：若置信上限小于零，则认为 μ_1 显著小于 μ_2；若置信下限大于零，则认为 μ_1 显著大于 μ_2。

例 6-19 随机地从 A 批导线中抽出 4 根，又从 B 批导线中抽出 5 根，测得电阻（Ω）为

A 批导线： 0.143, 0.142, 0.143, 0.137
B 批导线： 0.140, 0.142, 0.136, 0.138, 0.140

设测定数据分别来自分布 $N(\mu_1, \sigma_1^2)$ 和 $N(\mu_2, \sigma_2^2)$，且相互独立。$\sigma_1^2 = 0.000\,008$，$\sigma_2^2 = 0.000\,005$。计算 $\mu_1 - \mu_2$ 的置信度为 0.95 的置信上限。

解： 设 A 批导线电阻值 $X \sim N(\mu_1, \sigma_1^2)$，B 批导线电阻值 $Y \sim N(\mu_2, \sigma_2^2)$，按题设，来自 X 的样本容量 $n_1 = 4$，样本观测值的均值 $\overline{x} = 0.1412$。来自 Y 的样本容量 $n_2 = 5$，样本观测值的均值 $\overline{y} = 0.1392$，$\overline{x} - \overline{y} = 0.002$。已知两个总体的方差分别为 $\sigma_1^2 = 0.000\,008$，$\sigma_2^2 = 0.000\,005$。置信度 $1 - \alpha = 0.95$，$\alpha = 0.05$，查表 2-6 得，$z_\alpha = z_{0.05} = 1.645$，$\sqrt{\dfrac{\sigma_1^2}{n_1} + \dfrac{\sigma_2^2}{n_2}} = 0.001\,73$。$\mu_1 - \mu_2$ 的置信度为 0.95 的置信上限

$$(\overline{x} - \overline{y}) + z_\alpha \sqrt{\dfrac{\sigma_1^2}{n_1} + \dfrac{\sigma_2^2}{n_2}} = 0.002 + 1.645 \times 0.001\,73 = 0.004\,85$$

练习 6-17 计算练习 6-16 中参数 $\mu_1 - \mu_2$ 的置信水平为 0.95 的置信下限。

参考答案：-1.069。

2. 已知 $\sigma_1^2 = \sigma_2^2 = \sigma^2$ 但 σ^2 未知计算 $\mu_1 - \mu_2$ 的置信区间

此时，按下列步骤计算 $\mu_1 - \mu_2$ 的双侧置信区间。

（1）仍以 $\overline{X} - \overline{Y}$ 为 $\mu_1 - \mu_2$ 的估计量。

（2）根据定理 5-2(3)，$\dfrac{(\overline{X} - \overline{Y}) - (\mu_1 - \mu_2)}{S_w \sqrt{\dfrac{1}{n_1} + \dfrac{1}{n_2}}} \sim t(n_1 + n_2 - 2)$，其中，$S_w^2 = \dfrac{(n_1 - 1)S_1^2 + (n_2 - 1)S_2^2}{n_1 + n_2 - 2}$，$S_w = \sqrt{S_w^2}$。$t(n_1 + n_2 - 2)$ 不依赖于未知参数 μ_1、μ_2、σ^2，为枢轴量。

（3）计算 $t(n_1 + n_2 - 2)$ 的概率为 $1 - \alpha$ 的双侧分位点 $-t_{\alpha/2}(n_1 + n_2 - 2)$ 和 $t_{\alpha/2}(n_1 + n_2 - 2)$，使得

$$P\left(-t_{\alpha/2}(n_1 + n_2 - 2) < \frac{(\overline{X} - \overline{Y}) - (\mu_1 - \mu_2)}{S_w \sqrt{\dfrac{1}{n_1} + \dfrac{1}{n_2}}} < t_{\alpha/2}(n_1 + n_2 - 2)\right) \geqslant 1 - \alpha$$

（4）解双联不等式 $-t_{\alpha/2}(n_1 + n_2 - 2) < \dfrac{(\overline{X} - \overline{Y}) - (\mu_1 - \mu_2)}{S_w \sqrt{\dfrac{1}{n_1} + \dfrac{1}{n_2}}} < t_{\alpha/2}(n_1 + n_2 - 2)$，

得 $\mu_1 - \mu_2$ 置信水平为 $1 - \alpha$ 的双侧置信区间

$$\left((\overline{X} - \overline{Y}) \pm t_{\alpha/2}(n_1 + n_2 - 2)S_w \sqrt{\frac{1}{n_1} + \frac{1}{n_2}}\right)$$

例 6-20　为比较 I，II 两种型号步枪子弹的枪口速度，随机地取 I 型子弹 10 发，得到枪口速度的平均值 $\overline{x} = 500\text{m/s}$，标准差 $s_1 = 1.10\text{m/s}$。随机地取 II 型子弹 20 发，得到枪口速度的平均值为 $\overline{y} = 496\text{m/s}$，标准差 $s_2 = 1.20\text{m/s}$。假设两个总体都服从正态分布，且有生产过程可认为方差相等。计算两个总体的均值差 $\mu_1 - \mu_2$ 的置信水平为 0.95 的置信区间。

解：按题设，两个总体的方差 $\sigma_1^2 = \sigma_2^2 = \sigma^2$，但 σ^2 未知。来自两个总体的样本独立，样本容量分别为 $n_1 = 10$ 和 $n_2 = 20$，样本均值分别为 $\overline{x} = 500$ 和 $\overline{y} = 496$，样本方差分别为 $s_1^2 = 1.21$ 和 $s_2^2 = 1.42$。于是 $\overline{x} - \overline{y} = 500 - 496 = 4$，$s_w = \sqrt{\dfrac{(n_1 - 1)s_1^2 + (n_2 - 1)s_2^2}{n_1 + n_2 - 2}} = \sqrt{\dfrac{9 \cdot 1.21 + 19 \cdot 1.42}{28}} = 1.168$。置信水平 $1 - \alpha = 0.95$，$\alpha = 0.05$。查表 3-15 得 $t_{\alpha/2}(n_1 + n_2 - 2) = t_{0.025}(28) = 2.0484$。所以，$\mu_1 - \mu_2$ 的置信度为 0.95 的置信区间为

$$\left((\overline{x} - \overline{y}) \pm t_{\alpha/2}(n_1 + n_2 - 2)s_w \sqrt{\frac{1}{n_1} + \frac{1}{n_2}}\right) = \left(4 \pm 1.168 \times 2.0484 \sqrt{\frac{1}{10} + \frac{1}{20}}\right)$$

$$= (4 \pm 0.93) = (3.07, 4.93)$$

由于置信下限 $3.07 > 0$，可认为以 0.95 的置信水平，$\mu_1 > \mu_2$。

练习 6-18　为提高某一化学生产过程的得率，试图采用一种新的催化剂。为慎重起见，在工厂先进行试验。设采用原来的催化剂进行了 $n_1 = 8$ 次试验，得到得率的平均值 $\overline{x} = 91.73$，样本方差 $s_1^2 = 3.89$；采用新的催化剂进行了 $n_2 = 8$ 次试验，得到得率平均值 $\overline{y} = 93.75$，样本方差 $s_2^2 = 4.02$。假设两个总体都可认为服从正态分布，且方差相等，两个样本独立。试计算两总体均值差 $\mu_1 - \mu_2$ 的置信水平为 0.95 的置信区间。

参考答案：$(-4.15, 0.11)$。

不难理解，两个具有方差 σ^2（但未知）的正态总体，均值差 $\mu_1 - \mu_2$ 置信度为 $1-\alpha$ 的单侧置信上限（或下限）为 $(\overline{X}-\overline{Y})+t_\alpha(n_1+n_2-2)S_w\sqrt{\dfrac{1}{n_1}+\dfrac{1}{n_2}}$（或 $(\overline{X}-\overline{Y})-t_\alpha(n_1+n_2-2)S_w\sqrt{\dfrac{1}{n_1}+\dfrac{1}{n_2}}$）。

例 6-21   用甲、乙两台仪器独立重复地测量 A、B 两地距离（单位：m）。用甲仪器测量了 10 次得到平均值为 45 479.431，标准差为 0.0440。用乙仪器测量了 15 次得到平均值为 45 479.398，标准差为 0.0308。假设这两台仪器的测量值都服从正态分布，且方差相同。试计算测量值的均值差置信度为 0.95 的置信下限。

解：设甲、乙仪器的测量值分别为 X 和 Y。按题设 $X \sim N(\mu_1, \sigma^2)$，$Y \sim N(\mu_2, \sigma^2)$。其中，$\mu_1$、$\mu_2$ 和 σ^2 均未知。X 的样本均值 $\overline{x}=45\ 479.431$，样本均方差 $s_1 = 0.0440$，样本容量 $n_1 = 10$。Y 的样本均值 $\overline{y}=45\ 579.398$，样本均方差 $s_2 = 0.0308$，样本容量 $n_2 = 15$，$\overline{x}-\overline{y}=0.033$。置信度 $1-\alpha=0.95$。查表 3-15 得 $t_\alpha(n_1+n_2-2)=t_{0.05}(23)=1.714$，$s_w = \sqrt{\dfrac{(n_1-1)s_1^2+(n_2-1)s_2^2}{n_1+n_2-2}} = \sqrt{\dfrac{9\times0.0440^2+14\times0.0308^2}{23}}=0.036\ 54$，$t_\alpha(n_1+n_2-2)S_w\sqrt{\dfrac{1}{n_1}+\dfrac{1}{n_2}}=1.714\times0.036\ 54\sqrt{\dfrac{1}{10}+\dfrac{1}{15}}=0.026$。于是 $\mu_1-\mu_2$ 置信度为 0.95 的置信下限 $(\overline{x}-\overline{y})-t_\alpha(n_1+n_2-2)s_w\sqrt{\dfrac{1}{n_1}+\dfrac{1}{n_2}}=0.033-0.026=0.007>0$，故可认为甲仪器测量值 X 的均值 μ_1 显著大于乙仪器测量值 Y 的均值 μ_2。

练习 6-19   研究两种固体燃料火箭推进器的燃烧率，设两者都服从正态分布。各取容量 $n_1 = n_2 = 20$ 的样本，且得样本观测值的均值分别为 $\overline{x}=18\text{cm/s}$，$\overline{y}=24\text{cm/s}$，样本均方差为 $s_1 = s_2 = 0.05\text{cm/s}$，两个样本相互独立。计算燃烧率总体均值差 $\mu_1-\mu_2$ 置信度为 0.99 的置信上限。

参考答案：-5.973。

6.2.5   两个正态总体方差比的区间估计

设样本 $(X_1, X_2, \cdots, X_{n_1})$ 来自总体 $X \sim N(\mu_1, \sigma_1^2)$，$(Y_1, Y_2, \cdots, Y_{n_2})$ 来自 $Y \sim N(\mu_2, \sigma_2^2)$，相互独立。计算 σ_1^2/σ_2^2 的置信水平为 $1-\alpha$ 的双侧置信区间。

（1）用 $(X_1, X_2, \cdots, X_{n_1})$ 的样本方差 S_1^2 作为 X 的方差 σ_1^2 的估计量，$(Y_1, Y_2, \cdots, Y_{n_2})$ 的样本方差 S_2^2 作为 Y 的方差 σ_2^2 的估计量。

（2）根据定理 5-2(2)，$S_1^2/\sigma_1^2 \Big/ S_2^2/\sigma_2^2 = S_1^2/S_2^2 \Big/ \sigma_1^2/\sigma_2^2 \sim F(n_1-1, n_2-1)$，分布 $F(n_1-1, n_2-1)$ 不依赖于未知参数 σ_1^2 和 σ_2^2，为枢轴量。

（3）计算分布 $F(n_1-1, n_2-1)$ 概率为 $1-\alpha$ 的双侧分位点 $F_{1-\alpha/2}(n_1-1, n_2-1)$ 和 $F_{\alpha/2}(n_1-1, n_2-1)$（详见 3.5.5 节），使得

$$P\left(F_{1-\alpha/2}(n_1-1, n_2-1) < S_1^2/S_2^2 \Big/ \sigma_1^2/\sigma_2^2 < F_{\alpha/2}(n_1-1, n_2-1)\right) \geqslant 1-\alpha$$

（4）解联立不等式 $F_{1-\alpha/2}(n_1-1,n_2-1) < S_1^2/S_2^2 \big/ \sigma_1^2/\sigma_2^2 < F_{\alpha/2}(n_1-1,n_2-1)$，
得 σ_1^2/σ_2^2 置信度为 $1-\alpha$ 的置信区间

$$\left(\frac{S_1^2}{S_2^2}\cdot\frac{1}{F_{\alpha/2}(n_1-1,n_2-1)},\frac{S_1^2}{S_2^2}\cdot\frac{1}{F_{1-\alpha/2}(n_1-1,n_2-1)}\right)$$

σ_1^2/σ_2^2 的置信区间常用来做如下推断：若 1 包含在置信区间内，则认为 σ_1^2 和 σ_2^2 没有显著差别；若置信下限大于 1，则认为 σ_1^2 显著大于 σ_2^2；若置信上限小于 1，则认为 σ_1^2 显著小于 σ_2^2。

例 6-22 研究由机器 A 和机器 B 生产的钢管的内径（单位：mm）$X\sim N(\mu_1,\sigma_1^2)$ 和 $Y\sim N(\mu_2,\sigma_2^2)$。随机抽取机器 A 生产的管子 18 根，测得样本方差 $s_1^2=0.34$；抽取机器 B 生产的管子 13 根，测得样本方差为 $s_2^2=0.29$，且两个样本相互独立。计算 σ_1^2/σ_2^2 置信度为 0.9 的置信区间。

解： 按题设，样本方差 $s_1^2=0.34$，$s_2^2=0.29$，$s_1^2/s_2^2=1.72$。样本容量 $n_1=18$，$n_2=13$。置信度 $1-\alpha=0.9$，$\alpha=0.1$。查表 3-16 可得 $F(n_1-1,n_2-1)=F(17,12)$ 的概率为 0.9 的双侧分位点分别为 $F_{1-\alpha/2}(17,12)=F_{0.95}(17,12)=0.42$，$F_{\alpha/2}(n_1-1,n_2-1)=F_{0.05}(17,12)=2.58$。所以 σ_1^2/σ_2^2 置信度为 0.9 的置信区间为

$$\left(\frac{s_1^2}{s_2^2}\cdot\frac{1}{F_{\alpha/2}(n_1-1,n_2-1)},\frac{s_1^2}{s_2^2}\cdot\frac{1}{F_{1-\alpha/2}(n_1-1,n_2-1)}\right)=\left(1.72\times\frac{1}{2.58},1.72\times\frac{1}{0.42}\right)$$
$$=(0.45,2.79)$$

由于 $1\in(0.45,2.79)$，故可认为 σ_1^2 和 σ_2^2 没有显著差别。

练习 6-20 设两位化验员 A，B 独立地对某聚合物含氯量用相同的方法各做 10 次测定。其测定值的样本方差分别为 $s_A^2=0.5419$，$s_B^2=0.6065$。设 σ_A^2,σ_B^2 分别为 A、B 所测定的测定值总体的方差。设总体均为正态的，且两个样本相互独立。计算方差比 σ_A^2/σ_B^2 的置信度为 0.95 的置信区间。

参考答案： $(0.222,3.601)$。

也可以根据置信度 $1-\alpha$，σ_A^2/σ_B^2 的单侧置信下限 $\dfrac{S_1^2}{S_2^2}\cdot\dfrac{1}{F_\alpha(n_1-1,n_2-1)}$ 和上限 $\dfrac{S_1^2}{S_2^2}\cdot\dfrac{1}{F_{1-\alpha}(n_1-1,n_2-1)}$ 做推断：若单侧置信下限大于 1，则认为 σ_1^2 显著大于 σ_2^2；若单侧置信上限小于 1，则认为 σ_1^2 显著小于 σ_2^2。

例 6-23 计算练习 6-20 中方差比 σ_A^2/σ_B^2 的置信度为 0.95 的单侧置信上限。

解： 按题设，两个样本的容量 $n_A=n_B=10$，样本方差分别为 $s_A^2=0.5419$，$s_B^2=0.6065$，$s_A^2/s_B^2=0.893$。$F_{1-\alpha}(n_A-1,n_B-1)=F_{0.95}(9,9)=0.315$，单侧置信上限 $\dfrac{s_A^2}{s_B^2}\cdot\dfrac{1}{F_{1-\alpha}(n_A-1,n_A-1)}=0.893/0.315=2.84$。

练习 6-21 用甲、乙两台仪器独立重复地测量 A、B 两地距离（单位：m）。用甲仪器测量了 10 次得到平均值为 45 479.431，标准差为 0.0440。用乙仪器测量了 15 次得

到平均值为 45 479.398，标准差为 0.0308。假设这两台仪器的测量值都服从正态分布。试计算测量值的方差比置信度为 0.95 的置信上限。

参考答案：6.1744。

6.2.6 Python 解法

1. 单个正态总体 μ 的区间估计 Python 解法

我们知道，计算单个总体 $X \sim N(\mu, \sigma^2)$ 的参数 μ 对给定置信水平 $1-\alpha$ 的置信区间，除了置信度外，还需要如下几个要素：样本均值 $\bar{x}$，样本方差 s^2 或总体方差 σ^2，样本容量 n。虽然要根据总体 σ^2 是否已知分为两种情况计算，但计算步骤几乎是一样的。

（1）计算枢轴量分布（已知 σ^2 为 $N(0,1)$，未知 σ^2 为 $t(n-1)$）概率为置信度 $1-\alpha$ 的双侧分位数 a, b。

（2）计算增量因子 $d\left(\text{已知 } \sigma^2 \text{ 为 } \sqrt{\dfrac{\sigma^2}{n}}, \text{ 未知 } \sigma^2 \text{ 为 } \sqrt{\dfrac{s^2}{n}}\right)$。

（3）计算置信下限 $\bar{x} - a \times d$ 和置信上限 $\bar{x} + a \times d$。

根据这些计算步骤（算法），定义以下 Python 函数。

```
1  from scipy.stats import norm, t          #导入norm和t分布
2  import numpy as np                        #导入numpy
3  def muBounds(mean, d, confidence, df=0):  #函数定义
4      if df==0:                             #已知总体方差
5          a, b=norm.interval(confidence)    #计算正态双侧分位点
6      else:                                 #未知总体方差
7          a, b=t.interval(confidence, df)   #计算t分布双侧分位点
8      return mean+a*d, mean+b*d             #计算置信上下限
```

程序 6.5   计算正态总体参数 μ 的双侧置信区间的 Python 函数定义

程序的第 3~8 行定义的函数 muBounds 计算正态总体位置参数 μ 对给定置信度的双侧置信区间。参数 mean、d 和 confidence 分别表示样本均值 $\bar{x}$，置信区间增量因子（$\sigma/\sqrt{n}$ 或 $s/\sqrt{n}$）和置信水平 $1-\alpha$。参数 df 默认值为 0 表示为已知总体方差 σ^2 无自由度。而当总体方差 σ^2 未知时，df 传递表示 t 分布的自由度。

程序的第 4~7 行的 **if-else** 语句，根据参数 df 的值，计算枢轴量分布相对置信 $1-\alpha$ 的分位点 a 和 b：df 为 0 则计算 $N(0,1)$ 的分位点，否则计算 $t(n-1)$ 的分位点。第 8 行计算 μ 的双侧置信的置信下限和上限，并作为返回值返回。将程序 6.5 的代码存于文件 utility.py，方便调用。

例 6-24   下列代码利用函数 muBounds，计算例 6-12 中正态总体（已知参数 σ^2）的参数 μ 的双侧置信区间。

```
1  import numpy as np                        #导入numpy
2  from utility import muBounds              #导入muBounds函数
3  x=np.array([99.3, 104.7, 100.5, 101.2,    #样本观测值
```

```
4                99.7, 98.5, 102.8, 103.3, 100.0])
5    mean=x.mean()                              #样本均值
6    sigma=1.5                                  #已知总体均方差
7    n=x.size                                   #样本容量
8    d=sigma/np.sqrt(n)                         #置信区间增量因子
9    confidence=0.95                            #置信水平
10   a, b=muBounds(mean, d, confidence)         #计算总体均值的置信区间
11   print('(%.3f, %.3f)'%(a, b))
```

程序 6.6 计算例 6-12 中正态总体参数 μ 的双侧置信区间的 Python 程序

程序的第 3~4 行，设置样本观测值数组 x（参见例 6-12），第 5~9 行设置样本均值 mean（$\overline{x}$），总体均方差 sigma（σ），样本容量 n（n），置信水平 confidence（$1-\alpha$）和置信区间增量因子 $s(\sigma/\sqrt{n})$。第 10 行调用程序 6.5 定义的函数 muBounds（第 2 行导入），传递参数 mean、d 和 confidence，计算总体均值 μ 置信度为 0.95 的双侧置信区间。注意，由于总体方差 σ^2 已知为 1.5^2，故调用 muBounds 函数时，使用 df 参数的默认值 0。运行程序，输出如下。

```
(100.131, 102.091)
```

为例 6-12 中总体均值 μ 的置信度为 0.95 的双侧置信区间。

练习 6-22 在 Python 中计算练习 6-10 中清漆干燥时间的均值 μ 在置信水平 $1-\alpha=0.95$ 的双侧置信区间。

参考答案：见文件 chapter06.ipynb 中对应代码。

例 6-25 下列代码计算例 6-14 中正态总体均值 μ 置信度为 0.95 的双侧置信区间。

```
1    import numpy as np                         #导入numpy
2    from utility import muBounds               #导入muBounds函数
3    x=np.array([14.6, 15.0, 14.7, 15.1, 14.9,  #样本观测值
4                14.8, 15.0, 15.1, 15.2, 14.8])
5    mean=x.mean()                              #样本均值
6    s=x.std(ddof=1)                            #样本均方差
7    n=x.size                                   #样本容量
8    d=s/np.sqrt(n)                             #置信区间增量因子
9    confidence=0.95                            #置信度
10   a, b=muBounds(mean, d, confidence, df=n−1) #计算置信区间
11   print('(%.3f, %.3f)'%(a, b))
```

程序 6.7 计算例 6-14 中正态总体参数 μ 的双侧置信区间的 Python 程序

由于例 6-14 中计算的是总体方差 σ^2 未知情形下的 μ 的置信区间，故第 6 行计算样本均方差 s。第 8 行计算置信区间增量因子 $s/\sqrt{n}$。注意，第 10 行调用函数 muBounds 时，参数 df 传递 t 分布的自由度 n-1，对应未知总体方差的情形。运行程序，输出如下。

```
(14.782, 15.058)
```

为例 6-14 中总体均值 μ 的置信度为 0.95 的双侧置信区间。

练习 6-23 在 Python 中计算练习 6-12 中在未知方差时总体期望 μ 的置信度为 0.95 的双侧置信区间。

参考答案：见文件 chapter06.ipynb 中对应代码。

与计算双侧置信区间的 muBounds 相类似，计算正态总体均值 μ 的置信水平 $1-\alpha$ 的单侧置信上下限的 muBound 函数定义如下。

```python
from scipy.stats import norm, t          #导入norm和t分布
def muBound(mean, d, confidence, df=0, low=True):
    alpha=1−confidence                    #计算置信度1−alpha中的alpha
    if df==0:                             #已知总体方差
        b=norm.isf(alpha)                 #正态右分位点
    else:                                 #未知总体方差
        b=t.isf(alpha, df)                #t分布右分位点
    if low:                               #下限
        return mean−b*s
    return mean+b*s                       #上限
```

程序 **6.8** 计算正态总体参数 μ 的单侧置信上下限的 Python 函数定义

在计算总体参数 μ 的单侧置信区间的函数 muBound 定义中，参数 mean，d，confidence 和 df 的意义与函数 muBounds 的同名参数一样，不再赘述。布尔型参数 low 表示计算的是否为置信下限，默认值 True 意为下限，若传递 False 则表示计算上限。为计算枢轴量服从的分布的右分位点（左分位点与之对称），第 3 行计算置信度 $1-\alpha$ 中的 α。第 4~7 行的 **if-else** 语句根据参数 df 的值计算正分布态右分位点或 t 分布的右分位点（见 3.4.3 节）。第 8~9 行的 **if** 语句，计算置信下限，第 10 行计算置信上限。将程序 6.8 的代码写入 utility.py 文件，便于调用。

例 6-26 下列代码调用 muBound 函数计算例 6-13 中总体均值 μ 的置信度为 0.95 的单侧置信下限。

```python
import numpy as np                             #导入numpy
from utility import muBound                    #导入muBound函数
x=np.array([1050, 1100, 1120, 1250, 1280])     #样本观测值
mean=x.mean()                                  #样本均值
sigma=100                                      #总体均方差
n=x.size                                       #样本容量
d=sigma/np.sqrt(n)                             #置信下限增量
confidence=0.95                                #置信水平
a=muBound(mean, d, confidence)                 #计算单侧置信下限
print('mu>=%.3f'%a)
```

程序 **6.9** 计算例 6-13 中正态总体参数 μ 的单侧置信下限的 Python 程序

由于例 6-13 中计算的是已知总体方差 $\sigma^2 = 100^2$ 情形下 μ 的单侧置信下限，故第 9 行调用 muBound 函数时参数 df 和 low 均各自取其默认值 0 和 True。运行程序，输出如下。

mu>=1086.440

为例 6-13 中总体参数 μ 置信度为 0.95 的单侧置信下限。

练习 6-24 在 Python 中计算练习 6-11 中参数 μ 的置信度为 0.95 的单侧置信上限。

参考答案：见文件 chapter06.ipynb 中对应代码。

例 6-27 下列代码计算例 6-15 中总体均值 μ 的置信度为 0.95 的单侧置信下限。

```
1  import numpy as np                        #导入numpy
2  from utility import muBound               #导入muBound函数
3  mean=41116                                #样本均值
4  s=6346                                     #样本均方差
5  n=16                                       #样本容量
6  confidence=0.95                            #置信度
7  d=s/np.sqrt(n)                             #置信下限因子
8  a=muBound(mean, d, confidence, n-1)        #计算置信下限
9  print('mu>=%.3f'%a)
```

程序 6.10 计算例 6-15 中正态总体参数 μ 的单侧置信下限的 Python 程序

程序中第 7 行计算置信下限因子 $\sigma/\sqrt{n}$，第 8 行调用 muBound 函数计算总体均值 μ 的单侧置信下限，故参数 low 使用默认值 True，由于未知总体方差 σ^2，故参数 df 传递给 t 分布的自由度 $n-1$。运行程序，输出如下。

mu>=38334.7856

为例 6-15 中总体参数 μ 置信度为 0.95 的单侧置信下限。

练习 6-25 在 Python 中计算练习 6-13 中总体参数 μ 的置信度为 0.95 的置信上限。

参考答案：见文件 chapter06.ipynb 中对应代码。

2. 单个正态总体 σ^2 的区间估计 Python 解法

计算指定置信水平下正态总体方差 σ^2 的置信区间，涉及样本方差 s^2，样本容量 n 和置信水平 $1-\alpha$ 等三个因素。计算步骤如下。

（1）计算 $\chi^2(n-1)$ 分布概率为 $1-\alpha$ 的双侧分位点 a 和 b。

（2）计算分子 d：$(n-1)s^2$。

（3）计算下限 d/b 和上限 d/a。

根据这一算法，定义计算正态总体参数 σ^2 双侧置信区间的 Python 函数如下。

```
1  from scipy.stats import chi2              #导入chi2分布
2  def sigma2Bounds(d, df, confidence):      #定义函数
3      a, b=chi2.interval(confidence, df)     #计算chi2分布的双侧分位点
4      return d/b, d/a                        #计算上下限
```

程序 6.11　计算正态总体参数 σ^2 的双侧置信区间的 Python 函数定义

第 2~4 行定义的 sigma2Bounds 函数，参数 d, df, confidence 分别对应置信上下限的分子 $d=(n-1)s^2$、χ^2 分布的自由度 $n-1$ 和置信水平 $1-\alpha$。第 3 行调用 chi2 对象的 interval 函数，计算自由度为 df=$n-1$ 的 χ^2 分布，对应置信水平 confidence=$1-\alpha$ 的双侧分位点。返回值 a 即为 $\chi^2_{1-\alpha/2}(n-1)$，b 为 $\chi^2_{\alpha/2}$。第 4 行返回的是置信下限 $\dfrac{(n-1)s^2}{\chi^2_{\alpha/2}(n-1)}$ 和置信上限 $\dfrac{(n-1)s^2}{\chi^2_{1-\alpha/2}}$。将程序 6.11 的代码写入文件 utility.py，方便调用。

例 6-28　下列代码调用 sigma2Bounds 函数计算例 6-16 中总体方差 σ^2 置信度为 0.95 的双侧置信区间。

```
1   import numpy as np                          #导入numpy
2   from utility import sigma2Bounds            #导入sigma2Bounds函数
3   x=np.array([482, 493, 475, 471, 510,        #样本观测值
4              446, 435, 418, 394, 469])
5   s2=x.var(ddof=1)                            #样本方差
6   n=x.size                                    #样本容量
7   confidence=0.95                             #置信度
8   d=(n-1)*s2                                  #置信上下限分子
9   a, b=sigma2Bounds(d, n-1, confidence)       #总体方差的双侧置信区间
10  print('(%.4f, %.4f)'%(a, b))
```

程序 6.12　计算例 6-16 中正态总体参数 σ^2 的双侧置信区间的 Python 程序

程序的第 5~7 行分别计算样本方差 s2（s^2），样本容量 n（n），置信水平 confidence（$1-\alpha$）。第 8 行计算置信上下限的分子 $d=(n-1)s^2$，第 9 行调用函数 sigma2Bounds，传递参数 d，n-1 及 confidence，计算总体参数 σ^2 置信水平为 $1-\alpha$ 的置信区间。运行程序，输出如下。

```
(601.1796, 4234.9817)
```

为例 6-16 中总体参数 σ^2 置信度为 0.95 的双侧置信区间。

练习 6-26　在 Python 中计算练习 6-14 中未知参数 μ 和 σ 的置信度为 95% 的双侧置信区间。

参考答案：见文件 chapter06.ipynb 中的对应代码。

对程序 6.11 中定义的 sigma2Bounds 函数稍做修改，就可得到计算总体参数 σ^2 单侧置信上限或下限的函数。

```
1  from scipy.stats import chi2                    #导入chi2分布
2  def sigma2Bound(d, df, confidence, low=True):   #定义函数
3      alpha=1−confidence                          #计算置信度中的alpha
4      if low:                                     #若为下限
5          b=chi2.isf(alpha, df)                   #chi2的单侧右分位点
6      else:                                       #若为上限
7          b=chi2.ppf(alpha, df)                   #chi2的单侧左分位点
8      return d/b
```

程序 **6.13**　计算正态总体参数 σ^2 的单侧置信上下限的 Python 函数定义

与函数 sigma2Bounds 相比，sigma2Bound 多了一个计算下限或上限的参数 low，其默认值为 True，表示计算置信下限。若传递给它 False，则计算置信上限。第 3 行计算置信度 $1-\alpha$ 中的 α。第 4~7 行的 **if-else** 语句根据 low 的取值决定计算 $\chi^2(n-1)$ 分布的右分位点（第 5 行）或左分位点（第 7 行）。第 8 行将计算所得的置信上限或下限作为返回值返回。同样，将程序 6.13 的代码写入文件 utility.py。

例 6-29　下列代码调用函数 muBound 和 sigma2Bound 计算例 6-17 中在 0.98 的置信水平下总体参数 μ 的置信下限和 σ^2 的置信上限。

```
1   import numpy as np                             #导入numpy
2   from utility import muBound, sigma2Bound       #导入muBound, sigma2Bound
3   mean=72                                        #样本均值
4   s=4                                            #样本均方差
5   n=20                                           #样本容量
6   confidence=0.98                                #置信水平
7   d=s/np.sqrt(n)                                 #mu置信下限增量因子
8   b=muBound(mean,d,confidence, df=n−1)           #mu的置信下限
9   print('mu>=%.4f'%b)
10  d=(n−1)*(s**2)                                 #sigma^2置信上限分子
11  b=sigma2Bound(d, n−1, confidence, low=False)   #sigma^2置信上限
12  print('sigma2<=%.4f'%b)
```

程序 **6.14**　计算例 6-17 中正态总体参数 σ^2 的单侧置信上限的 Python 程序

第 8 行调用函数 muBound，计算总体参数 μ 的置信下限。注意，参数 low 采用默认值 True。第 11 行调用函数 sigma2Bound，需向参数 low 传递 False，这是因为我们需要计算的是置信上限。运行程序，输出如下。

```
mu>=70.0281
sigma2<=35.4849
```

为例 6-17 中在 0.98 的置信水平下，总体参数 μ 的置信下限和 σ^2 的置信上限。

练习 6-27　在 Python 中计算练习 6-15 中总体的标准差 σ 的置信水平为 0.95 的置信下限。

参考答案：见文件 chapter06.ipynb 中对应代码。

3. 两个正态总体均值差 $\mu_1 - \mu_2$ 区间估计的 Python 解法

为计算两个正态总体均值差 $\mu_1 - \mu_2$ 在指定置信度下的双侧置信区间，涉及样本均值 $\overline{x}$，$\overline{y}$，总体方差 σ_1^2，σ_2^2（或样本方差 s_2^2，s_2^2），样本容量 n_1，n_2 和置信水平 $1 - \alpha$。算法如下。

（1）计算样本均值差 $\overline{x} - \overline{y}$。

（2）计算枢轴量服从的分布以置信度 $1 - \alpha$ 为概率的双侧分位点 a 和 b。

（3）计算增量因子 d。若已知总体方差为 $\sqrt{\dfrac{\sigma_1^2}{n_1} + \dfrac{\sigma_2^2}{n_2}}$，否则为 $s_w\sqrt{\dfrac{1}{n_1} + \dfrac{1}{n_2}}$，其中

$$s_w = \sqrt{\frac{(n_1 - 1)s_1^2 + (n_2 - 1)s_2^2}{n_1 + n_2 - 2}}。$$

（4）计算置信下限 $(\overline{x} - \overline{y}) - a \cdot d$ 和置信上限 $(\overline{x} - \overline{y}) + a \cdot d$。

将此算法与计算单个正态总体均值 μ 的双侧置信区间算法相比，可知两者的不同点就在于单总体的样本均值 $\overline{x}$ 变成双总体样本均值的差 $\overline{x} - \overline{y}$，置信区间增量因子 d 由 $\sqrt{\dfrac{\sigma^2}{n}}$，或 $\sqrt{\dfrac{s^2}{n}}$ 变成 $\sqrt{\dfrac{\sigma_1^2}{n_1} + \dfrac{\sigma_2^2}{n_2}}$（已知总体方差），或 $s_w\sqrt{\dfrac{1}{n_1} + \dfrac{1}{n_2}}$，其中，$s_w = \sqrt{\dfrac{(n_1 - 1)s_1^2 + (n_2 - 1)s_2^2}{n_1 + n_2 - 2}}$（未知总体方差）。其他都一致。所以，可以通过调用程序 6.5 定义的 muBounds 函数，传递合适的参数来计算双正态总体均值差的置信区间，类似地调用程序 6.8 定义的 muBound 计算双正态总体均值差的单侧置信区间。

例 6-30 下列程序调用 muBounds 函数计算例 6-20 中两个总体均值差置信度为 0.95 的双侧置信区间。

```
1  import numpy as np                                    #导入numpy
2  from utility import muBounds                          #导入muBounds函数
3  xmean=500                                             #样本均值1
4  ymean=496                                             #样本均值2
5  mean=xmean-ymean                                      #样本均值差
6  s1=1.10**2                                            #样本方差1
7  s2=1.20**2                                            #样本方差2
8  n1=10                                                 #样本容量1
9  n2=20                                                 #样本容量2
10 sw=np.sqrt(((n1-1)*s1+(n2-1)*s2)/(n1+n2-2))           #sw
11 d=sw*np.sqrt(1/n1+1/n2)                               #置信区间增量因子
12 confidence=0.95                                       #置信度
13 a, b=muBounds(mean, d, confidence, n1+n2-2)           #计算置信区间
14 print('(%.4f, %.4f)'%(a, b))
```

程序 **6.15** 计算例 6-20 中两个总体均值差的双侧置信区间的 Python 程序

由于例 6-20 中计算的是未知两个总体方差（虽未知其值，但知相等）的前提下，均值差的置信区间，故第 13 行调用 muBounds 函数时，传递给参数 df 的值为 t 分布的自由度 $n_1 + n_2 - 2$。运行程序，输出如下。

(3.0727, 4.9273)

为例 6-20 中总体均值差 $\mu_1 - \mu_2$ 置信度为 0.95 的双侧置信区间。

练习 6-28 在 Python 中计算练习 6-18 中两个总体的均值差 $\mu_1 - \mu_2$ 置信度为 0.95 的置信区间。

参考答案：见文件 chapter06.ipynb 中对应代码。

例 6-31 下列程序调用函数 muBound 计算例 6-21 中两个正态总体的均值差 $\mu_1 - \mu_2$ 置信度为 0.95 的单侧置信下限。

```
1   import numpy as np                              #导入numpy
2   from utility import muBound                     #导入muBound函数
3   xmean=45479.431                                 #样本均值1
4   ymean=45479.398                                 #样本均值2
5   mean=xmean−ymean                                #样本均值差
6   s1=0.0440**2                                    #样本方差1
7   s2=0.0308**2                                    #样本方差2
8   n1=10                                           #样本容量1
9   n2=15                                           #样本容量2
10  sw=np.sqrt(((n1−1)*s1+(n2−1)*s2)/(n1+n2−2))     #sw
11  d=sw*np.sqrt(1/n1+1/n2)                         #置信下限因子
12  confidence=0.95                                 #置信水平
13  a=muBound(mean, d, confidence, n1+n2−2)         #计算置信下限
14  print('mu1−mu2>=%.4f'%a)
```

程序 **6.16** 计算例 6-21 中两个总体均值差的单侧置信下限的 Python 程序

由于例 6-21 计算未知总体方差，要计算总体均值差 $\mu_1 - \mu_2$ 的单侧置信下限，调用 muBound 函数时，参数 low 取默认值 True，参数 df 传递 t 分布自由度 $n_1 + n_2 - 2$。运行程序，输出如下。

mu1−mu2>=0.0074

为例 6-21 中两个正态总体均值差 $\mu_1 - \mu_2$ 置信度为 0.95 的单侧置信下限。

练习 6-29 在 Python 中计算练习 6-19 中两个总的均值差 $\mu_1 - \mu_2$ 置信度为 0.99 的置信上限。

参考答案：见文件 chapter06.ipynb 中的对应代码。

4. 两个正态总体方差比 σ_1^2/σ_2^2 区间估计的 Python 解法

计算两个总体方差比的区间估计涉及样本方差 s_1^2，s_2^2，样本容量 n_1，n_2 和置信度 $1 - \alpha$ 等因素。双侧置信区间计算的具体算法如下。

（1）计算 $F(n_1-1, n_2-1)$ 分布的以置信度 $1-\alpha$ 为概率的双侧分位点 $a = F_{1-\alpha/2}(n_1-1)$, $b=F_{\alpha/2}(n_1-1, n_2-1)$。

（2）计算样本方差比 $d=s_1^2/s_2^2$。

（3）计算置信下限 d/b 和置信上限 d/a。

根据算法，定义计算总体方差比的双侧置信区间的 Python 函数如下。

```
1  from scipy.stats import f                        #导入f分布
2  def sigma2RatioBounds(d, dfn, dfd, confidence):  #函数定义
3      (a,b)=f.interval(confidence, dfn, dfd)       #计算f分布的双侧分位点
4      return d/b, d/a                              #计算置信下限和上限
```

程序 6.17　计算两个正态总体方差比 σ_1^2/σ_2^2 的双侧置信区间的 Python 函数定义

函数 sigma2RatioBounds 的各参数意义分别为：d 表示样本方差比 $s_1^2 s_2^2$，dfn 和 dfd 分别表示 F 分布的自由度 n_1-1 和 n_2-1，confidence 表示置信水平 $1-\alpha$。函数体内的计算很简单。稍加修改，可得计算方差比单侧置信上下限的 Python 函数。

```
1  from scipy.stats import f              #导入f分布
2  def sigma2RatioBound(d, dfn, dfd,
3                  confidence, low=True): #函数定义
4      alpha=1-confidence                 #计算置信度1-alpha中的alpha
5      if low:                            #若为下限
6          a=f.isf(alpha, dfn, dfd)       #计算单侧右分位点
7      else:                              #若为上限
8          a=f.ppf(alpha, dfn, dfd)       #计算单侧左分位点
9      return d/a                         #计算上（下）限
```

程序 6.18　计算两个正态总体方差比 σ_1^2/σ_2^2 的单侧置信上下限的 Python 函数定义

与 sigma2RatioBounds 相比，sigma2RatioBound 多了一个区分计算置信上下限的参数 low，默认值为 True 表示计算下限，若传递 False 则计算上限。将程序 6.17 和程序 6.18 的代码写入文件 utility.py，以便调用。

例 6-32　下列程序调用 sigma2RatioBounds 函数计算例 6-22 中两个正态总体方差比置信度为 0.9 的双侧置信区间。

```
1  from utility import sigma2RatioBounds               #导入sigma2RatioBounds函数
2  s1=0.34                                             #样本方差1
3  s2=0.29                                             #样本方差2
4  n1=18                                               #样本容量1
5  n2=13                                               #样本容量2
6  d=s1/s2                                             #样本方差比
7  confidence=0.9                                      #置信水平
8  a, b=sigma2RatioBounds(d, n1-1, n2-1, confidence)   #计算双侧置信区间
```

```
9   print('(%.4f, %.4f)'%(a, b))
```

程序 6.19　计算例 6-22 中两个正态总体方差比的双侧置信区间的 Python 程序

运行程序，输出如下。

```
(0.4539, 2.7911)
```

为例 6-22 中两个正态总体方差比置信度为 0.9 的双侧置信区间。

练习 6-30　在 Python 中计算练习 6-20 中的两个总体方差比 σ_A^2/σ_B^2 置信度为 0.95 的置信区间。

参考答案：见文件 chapter06.ipynb 中对应代码。

例 6-33　下列代码调用函数 sigma2RatioBound 计算例 6-23 中总体方差比置信度为 0.95 的置信上限。

```
1   from utility import sigma2RatioBound      #导入sigma2RatioBound函数
2   s1=0.5419                                 #样本方差1
3   s2=0.6065                                 #样本方差2
4   n1=10                                     #样本容量1
5   n2=10                                     #样本容量2
6   d=s1/s2                                   #样本方差比
7   confidence=0.95                           #置信水平
8   a=sigma2RatioBound(d, n1-1, n2-1,         #计算置信上限
9                 confidence, low=False)
10  print('sigma1^2/sigma2^2<=%.4f'%a)
```

程序 6.20　计算例 6-23 中两个总体方差比的单侧置信上限的 Python 程序

由于例 6-23 计算的是总体方差比的单侧置信上限，故 8~9 行调用函数 sigma2Ratio-Bound 时传递给参数 low 的是 False。运行程序，输出如下。

```
sigma1^2/sigma2^2<=2.8403
```

为例 6-23 中两个正态总体方差比置信度为 0.95 的单侧置信上限。

练习 6-31　用 Python 计算练习 6-21 中的两个总体方差比置信度为 0.95 的置信上限。

参考答案：见文件 chapter06.ipynb 中对应代码。

6.3　本章附录

A1. 定理 6-1 的证明

证明：设 $(x_1, x_2, \cdots, x_n)$ 是来自 X 的一个样本观测值，$L(x_1, x_2, \cdots, x_n, \theta)$ 为样本的似然函数。由于 $\hat{\theta}$ 是 X 的概率分布中参数 θ 的最大似然估计，即

$$L(x_1, x_2, \cdots, x_n, \hat{\theta}) = \max_{\theta \in \Theta} L(x_1, x_2, \cdots, x_n, \theta)$$

且 $\hat{u} = u(\hat{\theta})$ 及 $\hat{\theta} = \theta(\hat{u})$，代入上式有

$$L(x_1, x_2, \cdots, x_n, \theta(\hat{u})) = \max_{u \in \mathbb{U}} L(x_1, x_2, \cdots, x_n, \theta(u))$$

此即 $\hat{u} = u(\hat{\theta})$ 是 $u(\theta)$ 的最大似然估计。

第 7 章

假 设 检 验

数理统计之所以让人激动,在于可以用它进行**统计推断**。第 6 章讨论的根据总体 X 的样本 $(X_1, X_2, \cdots, X_n)$ 对总体参数 θ 在置信水平 $1-\alpha$ 下的区间估计:统计量 $\underline{\theta} = \underline{\theta}(X_1, X_2, \cdots, X_n)$,$\overline{\theta} = \overline{\theta}(X_1, X_2, \cdots, X_n)$,记 $\Theta_0 = (\underline{\theta}, \overline{\theta})$ 满足

$$P(\theta \in \Theta_0) = P(\underline{\theta} < \theta < \overline{\theta}) \geqslant 1 - \alpha$$

若将取得样本 $(X_1, X_2, \cdots, X_n)$ 记为事件 D,将 $\theta \in \Theta_0$ 记为事件 A,则参数的区间估计 $P(\underline{\theta} < \theta < \overline{\theta}) \geqslant 1 - \alpha$ 可改记为 $P(A|D) \geqslant 1 - \alpha$。用概率论的语言,概率 $P(A|D) \geqslant 1 - \alpha$ 表示以 $1 - \alpha$ 的把握,由样本数据 D 推断 A:对总体参数的估计 $\theta \in \Theta_0$,即 $D \xrightarrow{1-\alpha} A$。实践中,往往需要探究后验概率 $P(D|A) \geqslant 1 - \alpha$,也就是能否以 $1 - \alpha$ 的把握,在 A:假定总体具有某种特定性质(例如产品设计中的指标),判断 D:取得的样本数据符合这一假设(实际产品测量值是否符合设计要求)。这在数理统计中称为**假设检验**。

将事件 A:总体具有某种特性记为 H_0,称为**原假设**。其否定记为 H_1,称为**备择假设**。原假设 H_0 可能为真,也可能为假。当 H_0 为真,我们拒绝了它,称为**第 I 类错误**;而当 H_0 为假,却接受了它,称为**第 II 类错误**。假设检验就是要设法规避这样的错误发生。特殊地,设 Θ 为总体 X 的参数 θ 的所有可取的值构成的集合,$\Theta_0 \subseteq \Theta$。对参数 θ 的假设 $H_0 : \theta \in \Theta_0$ 为原假设,$H_1 : \theta \notin \Theta_0$ 为备择假设,这样的假设检验问题称为**总体参数假设检验**。本章的重点是就正态总体的均值和方差的几个特殊假设讨论检验方法。

设 $(X_1, X_2, \cdots, X_n)$ 是来自 X 的样本,$\hat{\theta}(X_1, X_2, \cdots, X_n)$ 为 θ 的估计量。构造表示 $\hat{\theta}$ 与 θ 差别(譬如差或比)的统计量 $g(\hat{\theta}, \theta)|H_0$(注意,此时 $\theta \in \Theta_0$ 不是未知参数),其分布不依赖于任何未知参数(称为**检验统计量**)。给定**显著水平**α($0 < \alpha < 1$),计算 $g(\hat{\theta}, \theta)|H_0$ 所服从的分布的双侧分位点 a 和 b,使得

$$P(a < g(\hat{\theta},\theta) < b|H_0) \geqslant 1-\alpha$$

称区间 $(-\infty, a] \cup [b, +\infty)$ 为假设 H_0 的**拒绝域**。此时，若样本观测值 $(x_1, x_2, \cdots, x_n)$ 满足 $g(\hat{\theta}(x_1, x_2, \cdots, x_n), \theta)|H_0 \in (a, b)$，则接受 H_0。否则，即 $g(\hat{\theta}(x_1, x_2, \cdots, x_n), \theta)|H_0 \in (-\infty, a] \cup [b, +\infty)$，拒绝 H_0。当显著水平 α 很小时，这意味着

$$P(\{(g(\hat{\theta}(x_1, x_2, \cdots, x_n), \theta)|H_0) \leqslant a\} \cup \{(g(\hat{\theta}(x_1, x_2, \cdots, x_n), \theta)|H_0) \geqslant b\}) < \alpha$$

即 $g(\hat{\theta}(x_1, x_2, \cdots, x_n), \theta)|H_0 \in (-\infty, a] \cup [b, +\infty)$ 是一个小概率事件。也就是说，若 H_0 为真，拒绝 H_0 是小概率事件，以此规避第 I 类错误。这称为原假设 H_0 的**双侧检验**。类似地，可以构造 H_0 的**单侧检验**，由检验统计量 $g(\hat{\theta}(x_1, x_2, \cdots, x_n), \theta)|H_0$ 所服从分布的左分位点 a

$$P(g(\hat{\theta},\theta) > a|H_0) \geqslant 1-\alpha$$

决定拒绝域称为 H_0 的**左侧检验**。由检验统计量 $g(\hat{\theta}(x_1, x_2, \cdots, x_n), \theta)|H_0$ 所服从分布的右分位点 b

$$P(g(\hat{\theta},\theta) < b|H_0) \geqslant 1-\alpha$$

决定拒绝域称为 H_0 的**右侧检验**。

此外，本章还将对更一般的非参数假设检验讨论几个经典问题。

7.1　单个正态总体均值 μ 和方差 σ^2 的假设检验

设总体 $X \sim N(\mu, \sigma^2)$，样本 $(X_1, X_2, \cdots, X_n)$ 来自 X。显著水平为 α。样本均值 $\overline{X} = \frac{1}{n}\sum_{i=1}^{n}X_i$，样本方差 $S^2 = \frac{1}{n-1}\sum_{i=1}^{n}(X_i - \overline{X})^2$，样本均方差 $S = \sqrt{S^2}$。

7.1.1　已知总体方差 σ^2，对总体均值 μ 的假设检验

假设检验的核心是拒绝域的计算。下面分别就不同的假设计算拒绝域。

1. 总体均值假设的双侧检验

按以下步骤计算显著水平为 α，假设 $H_0: \mu = \mu_0, (H_1: \mu \neq \mu_0)$ 的双侧拒绝。

（1）用样本均值 $\overline{X}$ 作为参数 μ 的估计量。

（2）构造检验统计量 $Z = \dfrac{\overline{X} - \mu_0}{\sigma/\sqrt{n}} \sim N(0,1)$，该统计量刻画了 $\overline{X}$ 与 μ_0 的差，且 $N(0,1)$ 不依赖于未知参数。

（3）计算 $Z = \dfrac{\overline{X} - \mu_0}{\sigma/\sqrt{n}}$ 对应显著水平 α 的双侧分位点 $-z_{\alpha/2}$, $z_{\alpha/2}$，使得

$$P\left(-z_{\alpha/2} < \frac{\overline{X} - \mu_0}{\sigma/\sqrt{n}} < z_{\alpha/2}\right) \geqslant 1-\alpha$$

（4）确定假设 $H_0 : \mu = \mu_0$ 的双侧拒绝域 $(-\infty, -z_{\alpha/2}] \cup [z_{\alpha/2}, +\infty)$。

一旦确定了假设 H_0 的拒绝域，对样本观测值 $(x_1, x_2, \cdots, x_n)$，代入检验统计量得到的观测值为 $z = \dfrac{\overline{x} - \mu_0}{\sigma/\sqrt{n}}$。若 z 值落入拒绝域（图 7-1 中的双尾部分），发生了小概率事件 $P\left(\left\{\dfrac{\overline{x} - \mu_0}{\sigma/\sqrt{n}} \leqslant -z_{\alpha/2}\right\} \cup \left\{\dfrac{\overline{x} - \mu_0}{\sigma/\sqrt{n}} \geqslant z_{\alpha/2}\right\}\right) < \alpha$，故应拒绝假设 H_0。否则（z 落入图 7-1 的中部），可接受假设 H_0。

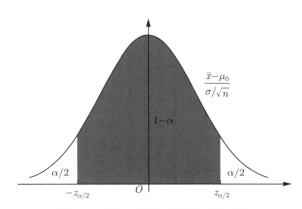

图 7-1　正态总体均值假设双侧检验

由于采用 Z 表示检验统计量 $\dfrac{\overline{X} - \mu_0}{\sigma/\sqrt{n}}$，故上述计算假设 $H_0 : \mu = \mu_0$ 的检验方法称为 Z 检验法。

例 7-1　某市高三学生毕业会考，数学成绩的平均分为 70 分。现随机抽取 10 名女生的会考成绩如下。

$$65, 72, 89, 56, 79, 63, 92, 48, 75, 81$$

若已知女生的会考成绩服从正态分布 $N(\mu, \sigma^2)$，其中，$\sigma = 10$，问女生的会考平均成绩 μ 是否为 70 分（显著水平 $\alpha = 0.05$）？

解：本题中，假设 $H_0 : \mu = 70, H_1 : \mu \neq 70$。已知正态总体均方差 $\sigma = 10$，采用 Z 检验法。由题设，样本容量 $n = 10$，样本均值 $\overline{x} = (65 + 72 + \cdots + 81)/10 = 72.0$，显著水平 $\alpha = 0.05$。由此算得 $z_{\alpha/2} = z_{0.025} = 1.96$，拒绝域为 $(-\infty, -1.96) \cup (1.96, +\infty)$。检测统计量的观测值 $\dfrac{\overline{x} - \mu_0}{\sigma/\sqrt{n}} = \dfrac{72 - 70}{10/\sqrt{10}} = 0.63 \notin (-\infty, -1.96) \cup (1.96, +\infty)$。故接受假设 H_0，即在显著水平 $\alpha = 0.05$ 下认为女生的会考平均成绩为 70 分。

练习 7-1　如果一个矩形的宽度 w 和长度 l 的比 $w/l = \dfrac{1}{2}(\sqrt{5} - 1) \approx 0.618$，这样的矩形称为黄金矩形。这种尺寸的矩形使人们看上去有良好的感觉。现代的建筑构件（如窗架）、工艺品（如图片镜框）甚至司机的执照、商业的信用卡等常常都是采用黄金矩形。下面列出某工艺品工厂随机取的 20 个矩形的宽度和长度的比值。

0.693 0.749 0.654 0.670 0.662 0.672 0.615 0.606 0.690 0.628

0.668 0.611 0.606 0.609 0.601 0.553 0.570 0.844 0.576 0.993

设这一工厂生产的矩形的宽度与长度的比值总体服从正态分布 $N(\mu,\sigma^2)$，其中，μ 未知，$\sigma^2 = 0.01$。试检验假设（$\alpha = 0.05$）

$$H_0 : \mu = 0.618; H_1 : \mu \neq 0.618$$

参考答案：接受假设 H_0。

2. **总体均值假设的单侧检验**

与计算假设 $H_0 : \mu = \mu_0$ 的拒绝域一样，计算 $H_0 : \mu \leqslant \mu_0,(H_1 : \mu > \mu_0)$ 的拒绝域，检验统计量亦为 $\frac{\overline{X}-\mu_0}{\sigma/\sqrt{n}} \sim N(0,1)$。对显著水平 α，计算 $\frac{\overline{X}-\mu_0}{\sigma/\sqrt{n}}$ 的单侧右分位点 z_α。假设 $H_0 : \mu \leqslant \mu_0$ 的拒绝域为 $[z_\alpha,+\infty)$（图 7-2(a) 的右尾部分）。此称为假设 H_0 的**右侧检验**。

相仿地，为计算 $H_0 : \mu \geqslant \mu_0,(H_1 : \mu > \mu_0)$ 显著水平为 α 的拒绝域，由于检验统计量 $\frac{\overline{X}-\mu_0}{\sigma/\sqrt{n}} \sim N(0,1)$，需计算 $N(0,1)$ 的单侧左分位点 $-z_\alpha$，假设 $H_0 : \mu \geqslant \mu_0$ 拒绝域为 $(-\infty,-z_\alpha]$（图 7-2(b) 的左尾部分）。此称为假设 H_0 的**左侧检验**。

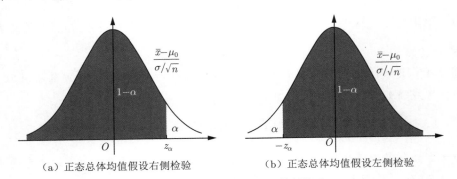

（a）正态总体均值假设右侧检验 （b）正态总体均值假设左侧检验

图 7-2　正态总体均值假设单侧检验

例7-2　公司从生产商购买牛奶。公司怀疑生产商在牛奶中掺水以牟利。通过测定牛奶的冰点，可以检验出牛奶是否掺水。天然牛奶的冰点温度近似服从 $N(-0.545,0.008^2)$，牛奶掺水可使冰点温度升高而接近于水的冰点温度（$0°C$）。测得生产商提交的 5 批牛奶的冰点温度，其均值为 $\overline{x} = -0.535°C$，问是否可以认为生产商在牛奶中掺了水（$\alpha = 0.05$）？

解：按题意，需对假设 $H_0 : \mu \leqslant \mu_0 = -0.545(H_1 : \mu > \mu_0)$，即牛奶未掺水进行右侧检验。对显著水平 $\alpha = 0.05$，计算 $N(0,1)$ 的单侧右分位点 $z_\alpha = z_{0.05} = 1.645$。故 $H_0 : \mu \leqslant \mu_0$ 的拒绝域为 $(1.645,+\infty)$。检验统计量的观测值 $\frac{\overline{x}-\mu_0}{\sigma/\sqrt{n}} = \frac{-0.535-(-0.545)}{0.008/\sqrt{5}} = 2.7951 \in (1.645,+\infty)$。故应拒绝假设 $H_0 : \mu \leqslant \mu_0$，即认为生产商在牛奶中掺了水。

练习 7-2　要求一种元件平均使用寿命不得低于 1000h。生产者从一批这种元件中随机抽取 25 件，测得其寿命的平均值为 950h。已知该种元件寿命服从标准差 $\sigma = 100$h 的正态分布。试在显著水平 $\alpha = 0.05$ 下判断这批元件是否合格。

参考答案：不合格。

7.1.2　总体方差 σ^2 未知，对总体均值 μ 的假设检验

1. 总体均值假设的双侧检验

按以下步骤计算假设 $H_0 : \mu = \mu_0, (H_1 : \mu \neq \mu_0)$ 的双侧拒绝域。

（1）用样本均值 $\overline{X}$ 作为参数 μ 的估计量。

（2）构造检验统计量 $t = \dfrac{\overline{X} - \mu_0}{S/\sqrt{n}} \sim t(n-1)$ 刻画 $\overline{X}$ 和 μ_0 的差，$t(n-1)$ 不依赖于未知参数。

（3）计算 $t(n-1)$ 的概率为 $1 - \alpha$ 的双侧分位点 $-t_{\alpha/2}(n-1)$，$t_{\alpha/2}(n-1)$，使得

$$P\left(-t_{\alpha/2}(n-1) < \frac{\overline{X} - \mu_0}{S/\sqrt{n}} < t_{\alpha/2}(n-1) \right) \geqslant 1 - \alpha$$

（4）确定假设 $H_0 : \mu = \mu_0$ 的双侧拒绝域 $(-\infty, -t_{\alpha/2}(n-1)) \cup (t_{\alpha/2}(n-1), +\infty)$。由于采用 t 表示检验统计量 $\dfrac{\overline{X} - \mu_0}{S/\sqrt{n}}$，故上述计算假设 $H_0 : \mu = \mu_0$ 的拒绝域的方法称为 T 检验法。

例 7-3　某批矿砂的 5 个样品中的镍含量，经测定为（%）

$$3.25, 3.27, 3.24, 3.26, 3.24$$

设测定值总体服从正态分布，参数均未知。问在 $\alpha = 0.01$ 下能否接受假设：这批矿砂的镍含量的均值为 3.25。

解： 按题意，需检验假设

$$H_0 : \mu = 3.25; H_1 : \mu \neq 3.25$$

根据题设，样本容量 $n = 5$，样本均值 $\overline{x} = 3.252$，样本均方差 $s = 0.013$。由于总体方差 σ^2 未知，故采用 T 检验法。显著水平 $\alpha = 0.01$，$t_{\alpha/2}(n-1) = t_{0.005}(4) = 4.604$，故假设 H_0 的拒绝域为 $(-\infty, -4.604) \cup (4.604, +\infty)$。检验统计量观测值 $\dfrac{\overline{x} - \mu_0}{s/\sqrt{n}} = \dfrac{3.252 - 3.25}{0.013/\sqrt{5}} = 0.343 \notin (-\infty, -4.604) \cup (4.604, +\infty)$，故接受假设 H_0。即认为这批矿砂的含镍量的均值为 3.25。

练习 7-3　《美国公共健康》杂志（1994 年 3 月）描述涉及 20 143 个个体的一项大规模研究，文章说从脂肪中摄取热量的平均百分比是 38.4%（范围是 6% ~ 71.6%）。在某大学医院进行一项研究判定在该医院中病人的平均摄取量是否不同于 38.4%，抽取了 15 个病人测得平均摄取为 40.5%，样本标准差为 7.5%。设样本来自正态总体 $N(\mu, \sigma^2)$，μ 和 σ^2 均未知。试取显著水平 $\alpha = 0.05$，检验假设

$$H_0 : \mu = 38.4\%; \quad H_1 : \mu \neq 38.4\%$$

参考答案： 接受 H_0。

2. 总体均值假设的单侧检验

计算 $H_0 : \mu \leqslant \mu_0, (H_1 : \mu > \mu_0)$ 的右侧拒绝域,检验统计量亦为 $\dfrac{\overline{X} - \mu_0}{S/\sqrt{n}} \sim t(n-1)$。对显著水平 α,计算分布 $t(n-1)$ 的单侧右分位点 $t_\alpha(n-1)$。假设 $H_0 : \mu \leqslant \mu_0$ 的拒绝域为 $(t_\alpha(n-1), +\infty)$。

类似地,为计算 $H_0 : \mu \geqslant \mu_0, (H_1 : \mu > \mu_0)$ 显著水平为 α 的左侧拒绝域,由于检验统计量 $\dfrac{\overline{X} - \mu_0}{S/\sqrt{n}} \sim t(n-1)$,需计算分布 $t(n-1)$ 的单侧左分位点 $-t_\alpha(n-1)$,假设 $H_0 : \mu \geqslant \mu_0$ 拒绝域为 $(-\infty, -t_\alpha(n-1))$。

例 7-4　某种元件的寿命 X（以 h 计）服从正态分布 $N(\mu, \sigma^2)$。μ 和 σ^2 均未知。现测得 16 只元件的寿命如下。

$$159, 280, 101, 212, 224, 379, 179, 264, 222, 362, 168, 250, 149, 260, 485, 170$$

问是否有理由认为元件的寿命大于 225h（$\alpha = 0.05$）?

解： 按题意需对假设

$$H_0 : \mu \geqslant 225; \quad H_1 : \mu < 225$$

做左侧检验,根据题面,样本容量 $n = 16$,$\overline{x} = 241.5$,样本均方差 $s = 98.7259$,取 $\alpha = 0.05$。由于总体方差未知,故运用 T 检验法进行检验。$t_\alpha(n-1) = t_{0.05}(15) = 1.7531$,故 H_0 的拒绝域为 $(-\infty, -1.7531)$。检验统计量观测值 $\dfrac{\overline{x} - \mu_0}{s/\sqrt{n}} = 0.6685 \notin (-\infty, -1.7531)$,故接受 H_0。即可认为元件的寿命大于 225h。

练习 7-4　下面列出的是某工厂随机选取的 20 只部件的装配时间（min）:

$$9.8, 10.4, 10.6, 9.6, 9.7, 9.9, 10.9, 11.1, 9.6, 10.2,$$

$$10.3, 9.6, 9.9, 11.2, 10.6, 9.8, 10.5, 10.1, 10.5, 9.7$$

设装配时间的总体服从正态分布 $N(\mu, \sigma^2)$,μ 和 σ^2 均未知。是否可以认为装配时间的均值 μ 大于 10（取 $\alpha = 0.05$）?

参考答案： 显著大于 10。

7.1.3 总体方差 σ^2 的假设检验

1. 总体方差假设的双侧检验

在显著水平 α 下,计算假设

$$H_0 : \sigma^2 = \sigma_0^2; \quad H_1 : \sigma^2 \neq \sigma_0^2$$

的拒绝域, 可以通过下列步骤达成。

（1）用样本方差 S^2 作为参数 σ^2 的估计量。

（2）构造检验统计量 $\chi^2 = \dfrac{n-1}{\sigma^2} S^2 \sim \chi^2(n-1)$ 刻画 S^2 与 σ^2 的比, 且 $\chi^2(n-1)$ 分布不依赖于未知参数。

（3）计算 $\chi^2 = \dfrac{n-1}{\sigma^2} S^2$ 的概率为 $1-\alpha$ 的双侧分位点 $\chi^2_{1-\alpha/2}(n-1)$, $\chi^2_{\alpha/2}(n-1)$, 使得

$$P\left(\chi^2_{1-\alpha/2}(n-1) < \frac{n-1}{\sigma^2} S^2 < \chi^2_{\alpha/2}(n-1)\right) \geqslant 1-\alpha$$

（4）确定假设 $H_0 : \sigma^2 = \sigma_0^2$ 的双侧拒绝为 $[0, \chi^2_{1-\alpha/2}(n-1)] \cup [\chi^2_{\alpha/2}(n-1), +\infty)$。由于检验统计量服从 χ^2 分布, 所以上述计算总体方差检验的双侧拒绝域的方法称为 χ^2 检验法。

例 7-5　某产品的强度服从正态分布 $N(52.8, 1.6^2)$。为降低生产成本, 决定更换部分原材料。现从新产品中随机抽取容量为 9 的样本, 测得强度（单位：$\mathrm{kgf/mm^2}$）分别为：

$$51.9, 53.0, 52.7, 54.1, 53.2, 52.3, 52.5, 51.1, 54.7$$

问新产品的强度是否发生了变化？

解：要回答"新产品的强度是否发生了变化", 需要考察新产品的强度均值 μ 是否依然为 52.8, 及强度方差 σ^2 是否依然为 1.6^2。先检验假设

$$H_0 : \sigma^2 = 1.6^2; \quad H_1 : \sigma^2 \neq 1.6^2$$

根据题设, 样本容量 $n=9$, 样本均值 $\overline{x} = 52.8333$, 样本方差 $s^2 = 1.1925$, 显著水平 $\alpha = 0.1$。对假设 H_0 用 χ^2 检验法, $\chi^2_{1-\alpha/2}(n-1) = \chi^2_{0.95}(8) = 2.733$, $\chi^2_{\alpha/2}(n-1) = \chi^2_{0.05}(8) = 15.507$。故 H_0 的拒绝域为 $[0, 2.733) \cup (15.507, +\infty)$。检验统计量 $\dfrac{n-1}{\sigma_0^2} s^2 = \dfrac{8}{1.6^2} \cdot 1.1925 = 3.727 \notin [0, 2.733) \cup (15.507, +\infty)$, 故接受假设 H_0。即 $\sigma^2 = 1.6^2$。

接下来检验假设

$$H_0 : \mu = 52.8; \quad H_1 : \mu \neq 52.8$$

此时, 已知 $\sigma^2 = 1.6^2$, 故采用 Z 检验法计算假设 H_0 显著水平 $\alpha = 0.1$ 的拒绝域。$z_{\alpha/2} = z_{0.05} = 1.6445$, H_0 的拒绝域为 $(-\infty, -1.6445) \cup (1.6445, +\infty)$。检验统计量观测值 $\dfrac{\overline{x} - \mu_0}{\sigma/\sqrt{n}} = \dfrac{52.8333 - 52.8}{1.6/\sqrt{9}} = 0.0625 \notin (-\infty, -1.6445) \cup (1.6445, +\infty)$, 故接受假设 H_0。即认为 $\mu = 52.8$。

综上所述, 在显著水平 $\alpha = 0.1$ 下新产品的强度没有发生显著变化。

练习 7-5　某厂生产的某种型号的电池, 其寿命（以 h 计）长期以来服从方差 $\sigma^2 = 5000$ 的正态分布。现有一批这种电池, 从它的生产情况来看, 寿命的波动性有所

改变。现随机抽取 26 只电池, 测出其寿命的样本方差 $s^2 = 9200$。问根据这一数据, 能否判断这批电池寿命的波动较以往是否有显著变化 (显著水平 $\alpha = 0.02$)?

参考答案: 有显著变化。

2. 总体方差假设的单侧检验

与计算假设 $H_0 : \sigma^2 = \sigma_0^2$ 的拒绝域一样, 计算 $H_0 : \sigma^2 \leqslant \sigma_0^2, (H_1 : \sigma^2 > \sigma_0^2)$ 的右侧拒绝域, 检验统计量亦为 $\dfrac{n-1}{\sigma^2} S^2 \sim \chi^2(n-1)$。对显著水平 α, 计算分布 $\chi^2(n-1)$ 的单侧右分位点 $\chi_\alpha^2(n-1)$。假设 $H_0 : \mu \leqslant \mu_0$ 的右侧拒绝域为 $(\chi_\alpha^2(n-1), +\infty)$。

类似地, 为计算 $H_0 : \sigma^2 \geqslant \sigma_0^2, (H_1 : \sigma^2 > \sigma_0^2)$ 显著水平为 α 的左侧拒绝域, 由于检验统计量 $\dfrac{n-1}{\sigma^2} S^2 \sim \chi^2(n-1)$, 需计算分布 $\chi^2(n-1)$ 的单侧左分位点 $\chi_{1-\alpha}^2(n-1)$, 假设 $H_0 : \sigma^2 \geqslant \sigma_0^2$ 左侧拒绝域为 $[0, -\chi_{1-\alpha}^2(n-1))$。

例 7-6 已知维尼纶的纤度 (表示粗细程度的量) 服从正态分布, 正常生产时, 其标准差为 0.048。某日随机抽取 5 根纤维, 测得纤度为

$$1.32, 1.55, 1.36, 1.40, 1.44$$

问这天生产的维尼纶的纤度的标准差是否显著偏大 (显著水平 $\alpha = 0.05$)?

解: 设维尼纶纤度服从 $N(\mu, \sigma^2)$。按题意, 需对假设

$$H_0 : \sigma^2 > 0.048^2; \quad H_1 : \sigma^2 \leqslant 0.048^2$$

做左侧检验。用 χ^2 检验法计算 H_0 的左侧拒绝域。按题设, 样本容量 $n = 5$, 显著水平 $\alpha = 0.05$, $\chi^2(n-1) = \chi^2(4)$ 的概率为 $\alpha = 0.05$ 的单侧左分位点为 $\chi_{1-\alpha}^2(n-1) = \chi_{0.95}^2(4) = 0.0711$, 故假设 H_0 的拒绝域为 $[0, 0.0711)$。样本方差 $s^2 = 0.0078$, 检验统计量观测值为 $\dfrac{n-1}{\sigma_0^2} s^2 = \dfrac{4}{0.048^2} \cdot 0.0078 = 13.507 \notin [0, 0.0711)$, 故接受 $H_0 : \sigma^2 > 0.048^2$。即这天生产的维尼纶的纤度在显著水平 $\alpha = 0.05$ 下, 显著偏大。

练习 7-6 假定一台自动装配磁带的机器装配每盒磁带的长度服从正态分布。如果磁带长度的标准差不超过 0.15cm, 认为其工作正常, 否则需要调整机器。现随机抽取 10 盒磁带测量其长度, 经计算样本方差为 $0.028 \mathrm{cm}^2$, 这时机器是否工作正常 ($\alpha = 0.05$)?

参考答案: 机器正常工作。

7.1.4 假设检验的 p 值方法

前面讨论的正态总体参数 μ 和 σ^2 的假设 H_0 的各种检验方法 (Z 检验法, T 检验法和 χ^2 方法) 是通过计算检验统计量 $g(\hat{\theta}(X_1, X_2, \cdots, X_n), \theta) | H_0$ 所服从的分布对于显著水平的分位点来确定假设的拒绝域的。取得一个样本观测值 $(x_1, x_2, \cdots, x_n)$ 和给定的置信水平 α, 对假设 H_0 进行检验需要做两件事情: 其一, 根据检验统计量 $g(\hat{\theta}(X_1, X_2, \cdots, X_n), \theta) | H_0$ 所服从的分布和显著水平计算出检验统计量的分位点, 进而确定假设的拒绝域; 其二, 计算检验统计量的观测值, 判断该值是否落入拒绝域内。

运用上述方法的原因是历史性的：在计算机技术普及之前，人们在计算与 χ^2 分布、t 分布及 F 分布相关的问题时所使用的是这些分布的分布函数或残存函数的反函数表（详见表 3-14～ 表 3-16），便于计算分位点。今天，人们利用事先实现好的这些分布的累积分布函数和残存函数，可以用所谓的 **p 值法**来简化计算。

首先，考虑假设 H_0 的右侧检验。注意到检验统计量的分布对应显著水平 α 的右分位点 b，实际上就是其残存函数 $S(x)$（等于 $1 - F(x)$）在该点处的函数值 $S(b)$ 恰为 α，即 $S(b) = \alpha$。我们知道在假设 H_0 的右侧检验中，H_0 的拒绝域为 $[b, +\infty)$。若检验统计量观测值 ζ 落在拒绝域内，则必有 $p = S(\zeta) < S(b) = \alpha$。而若检验统计量观测值 γ 落在非拒绝域内，则应有 $p = S(\gamma) \geqslant S(b) = \alpha$（见图 7-3(a)）。类似地，对假设 H_0 的左侧检验而言，设检验统计量的分布对应显著水平 α 的右侧分位点为 a，则分布函数 $F(a) = \alpha$。若检验统计量观测值 γ 满足 $p = F(\gamma) \geqslant F(a) = \alpha$，则 γ 落在 H_0 的非拒绝域内，而若检验统计量观测值 ζ 满足 $p = F(\zeta) < F(a) = \alpha$，则 ζ 落在 H_0 的拒绝域内（见图 7-3(b)）。

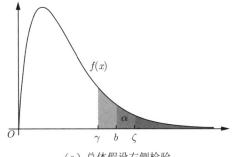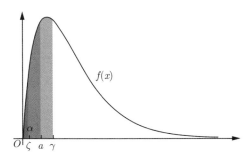

（a）总体假设右侧检验　　　　　　　（b）总体假设左侧检验

图 7-3　总体参数单侧假设检验的 p 值法

对假设 H_0 的双侧检验，设 a, b 分别是检验统计量分布对应显著水平 α 的左、右分位点。若检验统计量观测值 γ 落在其分布的均值右边（见图 7-4），且 $S(\gamma) \geqslant S(b) = \alpha/2$（若令 $p = 2S(\gamma)$，则此时 $p \geqslant \alpha$），γ 必落在 H_0 的非拒绝域中，否则落入拒绝域中（如图 7-4 中 ζ）。类似地，当检验统计量观测值落在其分布的均值左边（如图 7-4 中的 γ' 或 ζ'），则 $p = 2F(\gamma') \geqslant \alpha$ 时接受假设，否则拒绝假设。

综上所述，对假设 H_0 进行检验，只需计算检测统计量观测值 γ 处的分布函数值 $p = F(\gamma)$（左侧检验）或残存函数值 $p = S(\gamma)$（右侧检验），然后将 p 与显著水平 α 进行比较，即可得出单侧检验结果。根据 γ 位于检测统计量分布均值的左、右情况分别令 $p = 2F(\gamma)$ 或 $p = 2S(\gamma)$，比较 p 与 α 的大小，即可得出双侧检验的结果。

例 7-7　用 p 值法计算例 7-1 中对正态总体均值假设 $H_0: \mu = \mu_0 = 70$ 的检验（显著水平 $\alpha = 0.05$）。

解：由于例 7-1 中的正态总体均方差 $\sigma = 10$ 是已知的，所以检验统计量为 $\dfrac{\overline{X} - \mu_0}{\sigma/\sqrt{n}}$ $\sim N(0, 1)$。根据例 7-1 的解知检验统计量观测值 $\dfrac{\overline{x} - \mu_0}{\sigma/\sqrt{n}} = 0.63 > 0$。由于是对假设 H_0

做双侧检验，

$$p = 2S(0.63) = 2(1 - \Phi(0.63)) = 2(1 - 0.7357) = 0.5294 > 0.05 = \alpha$$

所以，接受假设 $H_0 : \mu = \mu_0 = 70$。

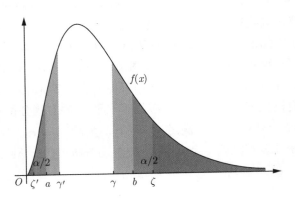

图 7-4   总体双侧假设检验的 p 值法

练习 7-7   用 p 值法计算例 7-4 中正态总体均值假设 $H_0 : \mu \geqslant 225$ 的检验（显著水平 $\alpha = 0.05$）。

参考答案：p 值为 0.743。

7.1.5   Python 解法

1. Z 检验法

已知正态总体方差 σ^2 的情况下，对总体均值 μ 作显著水平为 α 的假设检验，无论是双侧检验还是单侧检验，都采用 Z 检验法。即检验统计量 $\dfrac{\overline{X} - \mu_0}{\sigma/\sqrt{n}} \sim N(0,1)$。设标准正态的累积分布函数和残存函数分别为 $F(x)$ 和 $S(x)$，计算步骤如下。

（1）构造检验统计量观测值 $Z = \dfrac{\overline{x} - \mu_0}{\sigma/\sqrt{n}}$。

（2）若进行右侧检验则设置 $p = S(Z)$，若为左侧检验则 $p = F(Z)$。对双侧检验，若 $Z > 0$（标准正态分布的均值为 0），设置 $p = 2S(Z)$，否则 $p = 2F(Z)$。

（3）比较 $p \geqslant \alpha$，结果为真则接受假设，否则拒绝假设。

将此算法编写如下计算总体均值假设检验的 Python 函数。

```
1   from scipy.stats import norm              #导入norm
2   def ztest(Z, alternative='two-sided'):    #Z检测函数
3       if alternative=='greater':            #右侧检验
4           p=norm.sf(Z)
5       else:
6           if alternative=='less':           #左侧检验
7               p=norm.cdf(Z)
```

```
8        else:                          #双侧检验
9            p=2*norm.sf(abs(Z))
10       return p                       #返回p值
```

程序 **7.1** 计算正态总体均值假设单侧 Z 检验的 Python 函数

程序的第 2~10 行定义 Z 检验法检验函数 ztest，参数 Z 表示检验统计量值，alternative 表示假设种类：'greater' 计算右侧检验，'less' 计算左侧检验，默认值 'two-sided' 计算双侧检验。第 3~9 行的嵌套 **if-else** 语句根据命名参数 alternative 所传递的不同值 'greater'、'less' 和默认值 'two-sided' 对应地将 p 值分别置为残存函数值 $S(Z)$（norm.sf(Z)）、$F(Z)$（norm.cdf(Z)）和 $2S(Z)$ 或 $2F(Z)$。此处需要说明的是，对应双侧检验的 p 值本来应根据 Z 的正负置为 2*norm.sf(Z) 或 2*norm.cdf(Z)，但根据标准正态分布密度函数关于纵轴的对称性，可简化置为 2*norm.sf(abs(Z))（即 $p = 2S(|Z|)$）。将程序 7.1 的代码写入 utility.py 文件，便于调用。

例 7-8 下列代码计算例 7-1 中对总体均值的假设 $H_0 : \mu = \mu_0$ 的双侧检验。

```
1    import numpy as np                 #导入numpy
2    from utility import ztest          #导入ztest函数
3    x=np.array([65, 72, 89, 56, 79, 63, 92, 48, 75, 81]) #样本数据
4    xmean=x.mean()                     #样本均值
5    n=x.size                           #样本容量
6    s0=10                              #总体均方差
7    mu0=70                             #总体均值假设值
8    alpha=0.05                         #显著水平
9    z=(xmean−mu0)/(s0/np.sqrt(n))      #检验统计量
10   pvalue=ztest(z)                    #双侧检验
11   print('mu=%d is %s.'%(mu0, pvalue>=alpha))
```

程序 **7.2** 计算例 7-1 中正态总体均值假设检验的 Python 程序

第 3~8 行按例 7-1 题面设置各项数据（参见例 7-1）。第 9 行计算检验统计量观测值 $\dfrac{\overline{x} - \mu_0}{\sigma/\sqrt{n}}$，第 10 行调用函数 ztest，对假设 $H_0 : \mu = \mu_0$ 做双侧检验。注意，此处参数 alternative 使用默认值。运行程序，输出如下。

```
mu=70 is True.
```

表示接受假设 $H_0 : \mu = \mu_0 = 70$。

练习 7-8 用 Python 在显著水平 $\alpha = 0.05$ 下检验练习 7-1 中原假设 $H_0 : \mu = 0.618$。

参考答案：见文件 chapter07.ipynb 中对应代码。

例 7-9 下列代码计算例 7-2 中对总体均值的假设 $H_0 : \mu \leqslant \mu_0$ 的右侧检验。

```
1    import numpy as np                 #导入numpy
2    from utility import ztest          #导入ztest函数
```

```
3   xmean=−0.535                          #样本均值
4   s0=0.008                              #总体均方差
5   mu0=−0.545                            #总体均值假设值
6   n=5                                   #样本容量
7   alpha=0.05                            #显著水平
8   z=(xmean−mu0)/(s0/np.sqrt(n))         #检验统计量
9   pvalue=ztest(z, 'greater')            #右侧检验
10  print('mu<=%.3f is %s.'%(mu0, pvalue>=alpha))
```

程序 7.3　计算例 7-2 中正态总体均值假设检验的 Python 程序

第 3~7 行设置各项数据（参见例 7-2）。第 8 行计算检验统计量 z，第 9 行调用函数 ztest 参数 alternative 传递 'greater'，对假设 $H_0 : \mu \leqslant \mu_0 = -0.545$ 做右侧检验。运行程序，输出如下。

```
mu<=−0.545 is False.
```

表示拒绝假设 $H_0 : \mu \leqslant \mu_0 = -0.545$。

练习 7-9　用 Python 在显著水平 $\alpha = 0.05$ 下检验练习 7-2 中原假设 $H_0 : \mu \geqslant 1000$。

参考答案：见文件 chapter07.ipynb 中对应代码。

2. T 检验法

当正态总体方差 σ^2 未知时，检测总体均值 μ 的假设，需要用到 T 检验法。与 Z 检验法相比，所需的数据元素仅将总体均方差换成样本均方差，其余不变。运用样本均值 $\overline{x}$，样本均方差 s，样本容量 n，总体均值假设值 μ_0 和显著水平 α，做 T 检验的 Python 函数定义如下。

```
1   from scipy.stats import t                    #导入t
2   def ttest(T, df, alternative='two−sided'):   #函数定义
3       if alternative=='greater':               #右侧检验
4           p=t.sf(T, df)
5       else:
6           if alternative=='less':              #左侧检验
7               p=t.cdf(T, df)
8           else:                                #双侧检验
9               p=2*t.sf(abs(T), df)
10      return p
```

程序 7.4　计算正态总体均值假设 T 检验的 Python 函数

与程序 7.1 中定义的 ztest 相比，除了多了一个表示 $t(n-1)$ 的自由度参数 df 以外，检验统计量的分布从正态分布变成了 t 分布。代码的结构几乎完全一样，只是利用 t 分布的密度函数对称性将双侧检验的 p 值计算简化成了 $2S(|T|)$（p=2*t.sf(abs(T), df)）。将程序 7.4 的代码写入 utility.py 文件，便于调用。

例 7-10 下列代码计算例 7-3 中总体均值假设 $H_0:\mu=\mu_0$ 的双侧检验。

```
1  from utility import ttest              #导入ttest
2  import numpy as np                      #导入numpy
3  x=np.array([3.25, 3.27, 3.24, 3.26, 3.24])   #样本数据
4  xmean=x.mean()                         #样本均值
5  s=x.std(ddof=1)                        #样本均方差
6  n=x.size                               #样本容量
7  mu0=3.25                               #总体均值假设值
8  alpha=0.01                             #显著水平
9  T=(xmean−mu0)/(s/np.sqrt(n))           #检验统计量值
10 pvalue=ttest(T, n−1)                   #双侧检验
11 print('mu=%.3f is %s.'%(mu0, pvalue>=alpha))
```

程序 **7.5** 计算例 7-3 中正态总体均值假设检验的 Python 程序

第 3~8 行设置各项数据（参见例 7-3）。第 9 行计算统计量值 $\dfrac{\overline{x}-\mu_0}{s/\sqrt{n}}$ 为 T。第 10 行调用 ttest 函数计算假设检验的 p 值，注意例 7-3 是计算总体均值假设 $H_0:\mu=\mu_0$ 的双侧检验，故采用参数 alternative 的默认值 'two-sided'。运行程序，输出如下。

```
mu=3.250 is True.
```

表示接受假设 $H_0:\mu=\mu_0=3.25$。

练习 7-10 用 Python 在显著水平 $\alpha=0.05$ 下检验练习 7-3 中原假设 $H_0:\mu=38.4$。

参考答案： 见文件 chapter07.ipynb 中对应代码。

例 7-11 下列代码计算例 7-4 中对总体均值的假设 $H_0:\mu\geqslant\mu_0$ 的左侧检验。

```
1  from utility import ttest              #导入ttest
2  import numpy as np                      #导入numpy
3  x=np.array([159, 280, 101, 212, 224, 379, 179, 264,   #样本数据
4         222, 362, 168, 250, 149, 260, 485, 170])
5  xmean=x.mean()                         #样本均值
6  s=x.std(ddof=1)                        #样本均方差
7  n=x.size                               #样本容量
8  mu0=225                                #总体均值假设值
9  alpha=0.05                             #显著水平
10 T=(xmean−mu0)/(s/np.sqrt(n))           #检验统计量值
11 pvalue=ttest(T, n−1, alternative='less')  #左侧检验
12 print('mu>=%d is %s.'%(mu0, pvalue>=alpha))
```

程序 **7.6** 计算例 7-4 中正态总体均值假设检验的 Python 程序

第 3~9 行设置各项数据（参见例 7-4）。第 11 行调用 ttest 函数计算假设 $H_0:\mu\geqslant\mu_0$ 的左侧检验，注意传递给参数 alternative 的值为 'less'。运行程序，输出如下。

```
mu>=225 is True.
```

表示接受假设 $H_0 : \mu \geqslant \mu_0 = 225$。

练习 7-11　用 Python 在显著水平 $\alpha = 0.05$ 下检验练习 7-4 中的原假设 $H_0 : \mu > 10$。

参考答案：见文件 chapter07.ipynb 中对应代码。

3. χ^2 检测法

对正态总体的方差 σ^2 做假设检验，检验统计量为 $\dfrac{(n-1)}{\sigma_0^2} \sim \chi^2(n-1)$。$\chi^2$ 检验法计算检验 p 值的函数可定义如下。

```python
from scipy.stats import chi2                          #导入chi2
def chi2test(X, df, alternative='two-sided'):         #函数定义
    if alternative=='greater':                        #右侧检验
        p=chi2.sf(X, df)
    else:
        if alternative=='less':                       #左侧检验
            p=chi2.cdf(X, df)
        else:                                         #双侧检验
            if X>df:                                  #检验统计量值偏右
                p=2*chi2.sf(X, df)
            else:                                     #检验统计量值偏左
                p=2*chi2.cdf(X, df)
    return p
```

程序 **7.7**　计算正态总体方差假设 χ^2 检验的 Python 函数

程序的第 2~13 行定义了函数 chi2test，其参数 chi,df 分别表示检验统计量 $\dfrac{n-1}{\sigma_0}s^2$，$\chi^2(n-1)$ 的自由度 $n-1$，参数 alternative 的不同取值 'greater'、'less' 和 'two-sided' 分别代表右侧检验、左侧检验和双侧检验。

第 3~12 行的 **if-else-if** 语句根据参数 alternative 的值计算检验统计量值 X（即 $\dfrac{n-1}{\sigma_0^2}s^2$）对应的 p 值：alternative 为 'greater' 表示对假设的右侧检验，p 设置为 chi2.sf(X, df)（第 4 行）；alternative 为 'less' 表示对假设的左侧检验，p 设置为 chi2.cdf(X, df)（第 7 行）；alternative 为默认值 'two-sided' 表示对假设的双侧检验，第 9~12 行内嵌的 **if-else** 语句根据检验统计量值 X 位于 $\chi^2(n-1)$ 的均值 $n-1$（详见定理 4-2）左、右方来计算 p 值：若 X>df（即 $n-1$），p 置为 2*chi2.sf(X, df)（第 10 行），否则 p 置为 2*chi2.cdf(X,df)（第 12 行）。将程序 7.7 的代码写入文件 utility.py，便于调用。

例 7-12　下列程序计算例 7-5 中正态总体方差的假设 $H_0 : \sigma^2 = \sigma_0^2$ 的双侧检验和总体均值的假设 $H_0 : \mu = \mu_0$ 的双侧检验。

```python
from utility import chi2test, ztest                   #导入chi2test, ztest
```

```
2  import numpy as np                        #导入numpy
3  x=np.array([51.9, 53.0, 52.7, 54.1, 53.2, #样本数据
4             52.3, 52.5, 51.1, 54.7])
5  xmean=x.mean()                            #样本均值
6  n=x.size                                  #样本容量
7  s2=x.var(ddof=1)                          #样本方差
8  sigma0=1.6                                #总体均方差假设值
9  mu0=52.8                                  #总体均值假设值
10 alpha=0.1                                 #显著水平
11 X=(n−1)*s2/sigma0**2                      #总体方差检验统计量值
12 pvalue=chi2test(X, n−1)                   #总体方差双侧检验p值
13 print('sigma^2=%.1f^2 is %s.'%(sigma0, pvalue>=alpha))
14 Z=(xmean−mu0)/(sigma0/np.sqrt(n))         #总体均值检验统计量值
15 pvalue=ztest(Z)                           #总体均值双侧检验p值
16 print('mu=%.1f is %s'%(mu0, pvalue>=alpha))
```

程序 **7.8** 计算例 7-5 中正态总体均值、方差假设检验的 Python 程序

第 3~10 行设置各项数据（参见例 7-5）。第 11 行计算总体方差检验统计量值 $\frac{n-1}{\sigma_0^2}s^2$ 为 X，第 12 行调用函数 chi2test 计算总体的方差假设双侧检验 p 值，注意参数 alternative 采用默认值 'two-sided'。第 14 行计算总体均值检验统计量值 $\frac{\overline{x}-\mu_0}{\sigma_0/\sqrt{n}}$ 为 Z，第 15 行调用函数 ztest 计算总体均值的双侧检验 p 值。运行程序，输出如下。

sigma^2=1.60^2 **is** True.
mu=52.8 **is** True.

表示接受假设 $H_0: \sigma^2 = \sigma_0^2 = 1.6^2$ 和假设 $H_0: \mu = \mu_0 = 52.8$。

练习 7-12 用 Python 在显著水平 $\alpha = 0.02$ 下检验练习 7-5 中的原假设 $H_0: \sigma^2 = 5000$。

参考答案：见文件 chapter07.ipynb 中对应代码。

例 7-13 下列代码计算例 7-6 中正态总体方差假设 $H_0: \sigma^2 > 0.048^2$ 右侧检验。

```
1  from utility import chi2test              #导入chi2test
2  import numpy as np                        #导入numpy
3  x=np.array([1.32, 1.55, 1.36, 1.40, 1.44]) #样本数据
4  n=x.size                                  #样本容量
5  s2=x.var(ddof=1)                          #样本方差
6  sigma0=0.048                              #总体均方差假设值
7  alpha=0.05                                #显著水平
8  X=(n−1)*s2/sigma0**2                      #总体方差检验统计量值
9  pvalue=chi2test(X, n−1, alternative='less') #总体方差左侧检验p值
10 print('sigma^2>%.3f^2 is %s.'%(sigma0, pvalue>=alpha))
```

程序 **7.9** 计算例 7-6 中正态总体方差假设检验的 Python 程序

第 3~7 行设置各项数据（参见例 7-6）。第 8 行计算总体方差检验统计量值 $\dfrac{n-1}{\sigma_0^2}s^2$ 为 X，第 9 行调用 chi2test 函数计算总体方差假设的左侧检验，注意传递给参数 alternative 的值为 'less'。运行程序，输出如下。

sigma^2>0.048^2 **is** True.

表示接受假设 $H_0 : \sigma^2 > \sigma_0^2 = 0.048^2$。

练习 7-13 用 Python 在显著水平 $\alpha = 0.05$ 下检验练习 7-6 中的原假设 $H_0 : \sigma \leqslant 0.15$。

参考答案： 见文件 chapter07.ipynb 中对应代码。

7.2 两个正态总体均值差 $\mu_1 - \mu_2$、方差比 σ_1^2/σ_2^2 的假设检验

设样本 $(X_1, X_2, \cdots, X_{n_1})$ 来自总体 $X \sim N(\mu_1, \sigma_1^2)$，$(Y_1, Y_2, \cdots, Y_{n_2})$ 来自总体 $Y \sim N(\mu_2, \sigma_2^2)$，且相互独立。$(X_1, X_2, \cdots, X_{n_1})$ 的样本均值为 $\overline{X}$，样本方差为 S_1^2。$(Y_1, Y_2, \cdots, Y_{n_2})$ 的样本均值为 $\overline{Y}$，样本方差为 S_2^2。样本混合方差 $S_w^2 = \dfrac{(n_1-1)S_1^2 + (n_2-1)S_2^2}{n_1 + n_2 - 2}$，样本混合均方差 $S_w = \sqrt{S_w^2}$。

7.2.1 已知总体方差 σ_1^2 和 σ_2^2，对总体均值差 $\mu_1 - \mu_2$ 的假设检验

1. 总体均值差假设的双侧检验

在已知总体方差 σ_1^2 和 σ_2^2 的前提下，对假设

$$H_0 : \mu_1 - \mu_2 = \delta; \quad H_1 : \mu_1 - \mu_2 \neq \delta$$

计算显著水平为 α 的拒绝域的步骤如下。

（1）用样本均值 $\overline{X}$ 和 $\overline{Y}$ 作为总体参数 μ_1 和 μ_2 的估计量。

（2）构造检验统计量 $Z = \dfrac{(\overline{X} - \overline{Y}) - \delta}{\sqrt{\sigma_1^2/n_1 + \sigma_2^2/n_2}} \sim N(0,1)$，$N(0,1)$ 不依赖于未知参数。

（3）计算 $N(0,1)$ 的概率为 $1-\alpha$ 的双侧分位点 $-z_{\alpha/2}$，$z_{\alpha/2}$，使得

$$P\left(-z_{\alpha/2} < \frac{(\overline{X} - \overline{Y}) - \delta}{\sqrt{\sigma_1^2/n_1 + \sigma_2^2/n_2}} < z_{\alpha/2}\right) \geqslant 1 - \alpha$$

（4）确定假设 $H_0 : \mu_1 - \mu_2 = \delta$ 显著水平为 α 的拒绝域 $(-\infty, -z_{\alpha/2}] \cup [z_{\alpha/2}, +\infty)$。由于用 z 表示检验统计量，故上述计算总体均值差的双侧检验的方法也称为 Z 检验法。

例 7-14 设甲、乙两厂生产同型号的灯泡，其寿命 X，Y 分别服从正态分布 $N(\mu_1, \sigma_1^2)$，$N(\mu_2, \sigma_2^2)$，已知它们寿命的标准差分别为 84h 和 96h，现从两厂生产的灯泡中各取 60 只，测得灯泡的平均寿命甲厂为 1295h，乙厂为 1230h。在显著水平 $\alpha = 0.05$ 下，问能否确认两厂生产的灯泡寿命有无显著差别？

解： 按题意，需对假设

$$H_0: \mu_1 - \mu_2 = 0; H_1: \mu_1 - \mu_2 \neq 0$$

做显著水平为 $\alpha = 0.05$ 的双侧检验。由题设知样本均值 $\overline{x} = 1295$，$\overline{y} = 1230$，样本容量 $n_1 = n_2 = 60$。由于两个总体方差 $\sigma_1^2 = 84^2$，$\sigma_2^2 = 96^2$，故运用 Z 检验法计算 H_0 的拒绝域。$N(0,1)$ 的双侧右分位点 $z_{\alpha/2} = z_{0.025} = 1.96$，故假设 H_0 的拒绝域为 $(-\infty, -1.96] \cup [1.96, +\infty)$。检验统计量 $\dfrac{\overline{x} - \overline{y}}{\sqrt{\sigma_1^2/n_1 + \sigma_2^2/n_2}} = \dfrac{1295 - 1230}{\sqrt{(84^2 + 96^2)/60}} = -3.95 \in (-\infty, -1.96] \cup [1.96, +\infty)$，故拒绝假设 H_0。即认为两个厂生产的灯泡寿命有显著差异。

练习 7-14　全市高三学生进行数学毕业会考，随机抽取 10 名男生和 8 名女生的会考成绩如下。

男生：　65 72 89 56 79 63 92 48 75 81
女生：　78 69 65 61 54 87 51 67

若男生的会考成绩 $X \sim N(\mu_1, 10^2)$，女生的会考成绩 $Y \sim N(\mu_2, 9.5^2)$，试问男生和女生的平均成绩是否相同（$\alpha = 0.05$）？

参考答案： 可以认为男生和女生的平均成绩相同。

2. 总体均值差假设的单侧检验

为计算显著水平 α 下假设

$$H_0: \mu_1 - \mu_2 \leqslant \delta; \quad H_1: \mu_1 - \mu_2 > \delta$$

的拒绝域，只需将双侧分位点计算改为单侧右分位点 z_α，则 H_0 的拒绝域为 $[z_\alpha, +\infty)$。类似地，假设

$$H_0: \mu_1 - \mu_2 \geqslant \delta; \quad H_1: \mu_1 - \mu_2 < \delta$$

的拒绝域为 $(-\infty, -z_\alpha]$。

例 7-15　某制造厂声称，其制造的线 A 的平均张力比线 B 至少强 120N，为证实其说法，在同样情况下测试两种线各 50 条，线 A 的平均张力 $\overline{x} = 867$N，线 B 的平均张力 $\overline{y} = 778$N。假设 A 线和 B 线的张力分别服从 $N(\mu_1, 62.8^2)$ 和 $N(\mu_2, 56.1^2)$。取显著水平 $\alpha = 0.05$，试检验制造厂家的说法。

解： 按题意，需检验假设

$$H_0: \mu_1 - \mu_2 \geqslant 120; \quad H_1: \mu_1 - \mu_2 < 120$$

根据题设，样本容量 $n_1 = n_2 = 50$，样本均值分别为 $\overline{x} = 867$N，$\overline{y} = 778$N，总体方差分别为 $\sigma_1^2 = 62.8^2$，$\sigma_2^2 = 56.1^2$。所以，用 Z 检验法检测假设 H_0。显著水平 $\alpha = 0.05$ 对应的单侧右分位点 $z_\alpha = z_{0.05} = 1.65$，故 H_0 的拒绝域为 $(-\infty, -1.65]$。检验统计量 $\dfrac{(\overline{x} - \overline{y}) - \delta}{\sqrt{\sigma_1^2/n_1 + \sigma_2^2/n_2}} = -2.603 \in (-\infty, -1.65]$，故拒绝 H_0。即认为厂家说法不实。

练习 7-15　用两种方法（A 和 B）测定冰自 -0.72°C 转变为 0°C 的水的融化热（以 cal/g 计）测得以下数据。

方法 A：　79.98　80.04　80.02　80.04　80.03　80.03　80.04

　　　　　79.97　80.05　80.03　80.02　80.00　80.02

方法 B：　80.02　79.94　79.98　79.97　79.97　80.03　79.95

设 A、B 方法测定的数据分别服从 $N(\mu_1, 0.024^2)$ 和 $N(\mu_2, 0.031^2)$。对 $\alpha = 0.05$ 的显著水平，检验假设

$$H_0 : \mu_1 - \mu_2 \leqslant 0; \quad H_1 : \mu_1 - \mu_2 > 0$$

参考答案：拒绝原假设 H_0。

7.2.2　总体方差 σ_1^2 和 σ_2^2 未知但 $\sigma_1^2 = \sigma_2^2$，对总体均值差的假设检验

1. 总体均值差假设的双侧检验

在此情况下，为检验假设

$$H_0 : \mu_1 - \mu_2 = \delta; \quad H_1 : \mu_1 - \mu_2 \neq \delta$$

可用如下步骤完成。

（1）用样本均值 $\overline{X}$ 和 $\overline{Y}$ 作为总体参数 μ_1 和 μ_2 的估计量。

（2）构造检验统计量 $\dfrac{(\overline{X} - \overline{Y}) - \delta}{S_w \sqrt{\dfrac{1}{n_1} + \dfrac{1}{n_2}}} \sim t(n_1 + n_2 - 2)$，其中，$S_w^2 = \dfrac{(n_1 - 1)S_1^2 + (n_2 - 1)S_2^2}{n_1 + n_2 - 2}$，

$S_w = \sqrt{S_w^2}$。$t(n_1 + n_2 - 2)$ 分布不依赖于未知参数。

（3）按显著水平 α，计算 $t(n_1 + n_2 - 2)$ 的双侧分位点 $-t_{\alpha/2}(n_1 + n_2 - 2)$ 和 $t_{\alpha/2}(n_1 + n_2 - 2)$。

（4）确定假设 H_0 的拒绝域 $(-\infty, -t_{\alpha/2}(n_1 + n_2 - 2)] \cup [t_{\alpha/2}(n_1 + n_2 - 2), +\infty)$。

由于检验统计量服从 t 分布，所以上述计算总体均值差假设检验的方法称为 T 检验法。

例 7-16　设有种植玉米的甲、乙两个农业试验区，各分为 10 个小试验区，各小区的面积相同。除甲区内的各小区增施磷肥外，其他试验条件均相同。两个试验区的玉米产量（单位：kg）如下（假设玉米产量服从正态分布，且有相同方差）。

甲区：　65　60　62　57　58　63　60　57　60　58

乙区：　59　56　56　58　57　57　55　60　57　55

试统计推断，增施磷肥对玉米产量是否有显著影响（取显著水平 $\alpha = 0.05$）？

解：按题意，设甲区产量 $X \sim N(\mu_1, \sigma^2)$，乙区产量 $Y \sim N(\mu_2, \sigma^2)$。需检验假设

$$H_0 : \mu_1 - \mu_2 = 0; \quad H_1 : \mu_1 - \mu_2 \neq 0$$

由于未知相同的总体方差 σ^2，故运用 T 检验法。按题设知置信水平 $\alpha = 0.05$，样本容量 $n_1 = n_2 = 10$，故 $t(n_1 + n_2 - 2) = t(18)$ 分布对应 α 的双侧右分位点为 $t_{\alpha/2}(n_1 + n_2 - 2) = t_{0.025}(18) = 2.1009$。故 H_0 的拒绝域为 $(-\infty, -2.1009] \cup [2.1009, +\infty)$。

根据样本观测值可算得样本均值 $\overline{x}=60$，$\overline{y}=57$。样本方差 $s_1^2=7.111$，$s_2^2=2.667$。检验统计量 $\dfrac{\overline{x}-\overline{y}}{s_w\sqrt{\dfrac{1}{n_1}+\dfrac{1}{n_2}}}=3.0339\in(-\infty,-2.1009]\cup[2.1009,+\infty)$，故拒绝假设 H_0。即在显著水平 $\alpha=0.05$ 下，认为增施磷肥对玉米产量有显著影响。

练习 7-16　在文学家马克·吐温（Mark Twain）的 8 篇小品文和斯诺特格拉斯（Snodgrass）的 10 篇小品文中由 3 个字母组成的单词比例如下。

马克·吐温：0.225 0.262 0.217 0.240 0.230 0.229 0.235 0.217

斯诺特格拉斯：0.209 0.205 0.198 0.210 0.202 0.207 0.224 0.223
0.220 0.201

设两组数据分别来自正态总体，且两总体方差相等，但参数均未知。两个样本相互独立。问两位作家所写的小品文中包含 3 个字母组成的单词的比例是否有显著的差异（取 $\alpha=0.05$）？

参考答案：有显著差别。

2. 总体均值差假设的单侧检验

为计算显著水平 α 下假设

$$H_0:\mu_1-\mu_2\leqslant\delta;\quad H_1:\mu_1-\mu_2>\delta$$

的拒绝域，只需将双侧分位点计算改为单侧右分位点 $t_\alpha(n_1+n_2-2)$，则 H_0 的拒绝域为 $[t_\alpha(n_1+n_2-2),+\infty)$。类似地，假设

$$H_0:\mu_1-\mu_2\geqslant\delta;\quad H_1:\mu_1-\mu_2<\delta$$

的拒绝域为 $(-\infty,-t_\alpha(n_1+n_2-2)]$。

例 7-17　两个班级 A 和 B，参加数学课的同一期终考试。分别在两个班级中随机抽取 9 个、4 个学生，他们的得分如下。

A 班：65 68 72 75 82 85 87 91 95

B 班：50 59 71 80

设 A 班、B 班考试成绩的总体服从的分布分别为 $N(\mu_1,\sigma^2)$ 和 $N(\mu_2,\sigma^2)$，μ_1,μ_2,σ^2 均未知，两个样本相互独立。试在显著水平 $\alpha=0.05$ 下，检验假设

$$H_0:\mu_1\leqslant\mu_2;\quad H_1:\mu_1>\mu_2$$

解：由于位置总体方差 σ^2，要检验总体均值差的假设，使用 T 检验法。根据题设，两个样本的容量分别为 $n_1=9$ 和 $n_2=4$。显著水平 $\alpha=0.05$，为计算假设 H_0 的右侧检验，计算 $t(n_1+n_2-2)$ 的单侧右分位点。$t_\alpha(n_1+n_2-2)=t_{0.05}(11)=1.7959$，$H_0$ 的

拒绝域为 $[1.7959, +\infty)$。样本均值分别为 $\overline{x} = 80$ 和 $\overline{y} = 65$，样本方差为 $s_1^2 = 110.25$ 和 $s_2^2 = 174.0$，假设均值差 $\delta = 0$，代入检验统计量 $\dfrac{(\overline{x} - \overline{y}) - \delta}{s_w \sqrt{\dfrac{1}{n_1} + \dfrac{1}{n_2}}} = 2.2094 \in [1.7959, +\infty)$，

故拒绝假设 H_0。即在显著水平 $\alpha = 0.05$ 下，认为 A 班的平均成绩显著大于 B 班。

练习 7-17 据推测，身材矮的人比身材高的人寿命要长一些。下面给出美国 31 位自然死亡的总统的寿命，将他们分为身材矮的和身材高的两类。

> 身材矮的： 80 90 79 67 85
> 身材高的： 83 65 63 64 67 56 57 58 60 78 67 71 90
> 73 71 77 72 68 63 53 70 88 74 66 60 64

假设两总体服从方差相同的正态分布，试问这些数据是否符合上述推测（取 $\alpha = 0.05$）？

参考答案：可以认为身材矮的人比身材高的人平均寿命长。

7.2.3 总体方差比 σ_1^2/σ_2^2 的假设检验

1. 总体方差比假设的双侧检验

对两个总体方差的假设

$$H_0 : \sigma_1^2/\sigma_2^2 = 1; \quad H_1 : \sigma_1^2/\sigma_2^2 \neq 1$$

给定显著水平 α 的拒绝域可按下列步骤计算。

（1）用样本方差 S_1^2 和 S_2^2 作为总体方差 σ_1^2 和 σ_2^2 的估计量。

（2）构造检验统计量 $f = \dfrac{S_1^2/\sigma_1^2}{S_2^2/\sigma_2^2} \sim F(n_1 - 1, n_2 - 1)$，分布 $F(n_1 - 1, n_2 - 1)$ 不依赖于未知参数。

（3）计算分布 $F(n_1 - 1, n_2 - 1)$ 对应于 α 的双侧分位点 $F_{1-\alpha/2}(n_1 - 1, n_2 - 1)$ 和 $F_{\alpha/2}(n_1 - 1, n_2 - 1)$。

（4）确定假设 H_0 的拒绝域 $[0, F_{1-\alpha/2}(n_1 - 1, n_2 - 1)] \cup [F_{\alpha/2}(n_1 - 1, n_2 - 1), +\infty)$。

由于检验统计量服从 F 分布，故上述对总体方差比的假设检验方法称为 F 检验法。

例 7-18 比较甲、乙两种安眠药的疗效，将 20 名患者分成两组，每组 10 人，服药后延长的睡眠时间服从正态分布，其数据为：

> 甲： 5.5 4.6 4.4 3.4 1.9 1.6 1.1 0.8 0.1 −0.1
> 乙： 3.7 3.4 2.0 2.0 0.8 0.7 0.0 −0.1 −0.2 −1.6

问在显著水平 $\alpha = 0.05$ 下两种药的疗效有无显著差别？

解：设服用两种药后延长的睡眠时间为 X 和 Y。按题意，$X \sim N(\mu_1, \sigma_1^2)$，$Y \sim N(\mu_1, \sigma_2^2)$。其中，$\mu_1, \mu_2, \sigma_1^2, \sigma_2^2$ 均未知。为检验推断"两种药无显著差别"需要分别检

验 μ_1, μ_2 有无差别, σ_1^2, σ_2^2 有无差别。由于检测总体方差比的假设不依赖于总体均值的信息, 故先用 F 检验法检测假设

$$H_0 : \sigma_1^2/\sigma_2^2 = 1; \quad H_1 : \sigma_1^2/\sigma_2^2 \neq 1$$

为此, 根据题设, 显著水平 $\alpha = 0.05$, 样本容量 $n_1 = n_2 = 10$。$F(n_1-1, n_2-1) = F(9,9)$ 对应 α 的双侧分位点 $F_{1-\alpha/2}(n_1-1, n_2-1) = F_{0.975}(9,9) = 0.248$, $F_{\alpha/2}(n_1-1, n_2-1) = F_{0.025}(9,9) = 4.026$。故 H_0 的拒绝域为 $[0, 0.248] \cup [4.026, +\infty)$。由题设可算得样本方差为 $s_1^2 = 4.009$ 和 $s_2^2 = 2.838$。检验统计量 $\dfrac{S_1^2/\sigma_1^2}{S_2^2/\sigma_2^2} = S_1^2/S_2^2 \big/ \sigma_1^2/\sigma_2^2$, 在假设 H_0 下, 检验统计量为 $f = S_1^2/S_2^2$, 代入样本观测值 $s_1^2/s_2^2 = 1.413 \notin [0, 0.248] \cup [4.026, +\infty)$, 故接受假设 H_0。即认为 $\sigma_1^2/\sigma_2^2 = 1$, 亦即 $\sigma_1^2 = \sigma_2^2$。在此前提下, 考虑检测假设

$$H_0 : \mu_1 - \mu_2 = 0; \quad H_1 : \mu_1 \neq \mu_2$$

由于 $\sigma_1^2 = \sigma_2^2$, 故运用 T 检验法检测显著水平 $\alpha = 0.05$ 下假设 H_0。$t(n_1+n_2-2) = t(18)$ 对应 α 的双侧分位点 $-t_{\alpha/2}(n_1+n_2-2) = -t_{0.025}(18) = -2.1009$, $t_{\alpha/2}(n_1+n_2-2) = t_{0.025}(18) = 2.1009$。故 H_0 的拒绝域为 $(-\infty, -2.1009) \cup (2.1009, +\infty)$。根据题设算得样本均值 $\overline{x} = 2.33$, $\overline{y} = 1.07$, 总体均值差的假设值 $\delta = 0$。检验统计量观测值 $t = \dfrac{\overline{x} - \overline{y}}{s_w \sqrt{\dfrac{1}{n_1} + \dfrac{1}{n_2}}} = 1.5227 \notin (-\infty, -2.1009) \cup (2.1009, +\infty)$, 故接受假设 H_0。即在显著水平 $\alpha = 0.05$ 下认为总体均值差 $\mu_1 - \mu_2 = 0$, 亦即 $\mu_1 = \mu_2$。

综上所述可以推断, 在显著水平 $\alpha = 0.05$ 下, 甲、乙两种安眠药无显著差别。

练习 7-18　某地某年高考后, 随机抽得 15 名男生, 12 名女生的物理考试成绩（考试成绩服从正态分布）如下。

男生：　49 48 47 53 51 43 39 57 56 46 42 44 55 44 40
女生：　46 40 47 51 43 36 43 38 48 54 48 34

这 27 个学生的成绩能说明这个地区男、女学生的物理考试成绩不相上下吗（取显著水平 $\alpha = 0.05$）？

参考答案：可以认为男女生物理成绩不相上下。

2. 总体方差比假设的单侧检验

为计算显著水平 α 下, 假设

$$H_0 : \sigma_1^2/\sigma_2^2 \leqslant 1; \quad H_1 : \sigma_1^2/\sigma_2^2 > 1$$

的单侧拒绝域, 只需将总体方差比假设的双侧拒绝域计算步骤中的第 3 步改为计算 $F(n_1-1, n_2-1)$ 分布的单侧右分位点 $F_\alpha(n_1-1, n_2-1)$, 第 4 步的拒绝域改为 $(F_\alpha(n_1-1, n_2-1), +\infty)$ 即可。类似地, 可算得假设

$$H_0 : \sigma_1^2/\sigma_2^2 \geqslant 1, H_1 : \sigma_1^2/\sigma_2^2 < 1$$

的单侧拒绝域为 $[0, F_{1-\alpha}(n_1 + n_2 - 2))$。

例 7-19　甲、乙两个铸造厂生产同一种铸件，假设两厂生产的铸件重量都服从正态分布，先从中随机抽取若干个，测得重量如下（单位：kg）。

甲厂：　93.3　92.1　94.7　90.1　95.6　90.0　94.7

乙厂：　95.6　94.9　96.2　95.8　95.1　96.3

试问乙厂铸件重量的方差是否比甲厂的小（取显著水平 $\alpha = 0.05$）？

解：设甲、乙两厂的铸件重量分别为 $X \sim N(\mu_1, \sigma_1^2)$ 和 $Y \sim N(\mu_2, \sigma_2^2)$。需检验假设

$$H_0 : \sigma_1^2/\sigma_2^2 > 1, H_1 : \sigma_1^2/\sigma_2^2 \leqslant 1$$

运用 F 检验法检验假设 H_0，先计算 H_0 的拒绝域。由题设知，两个样本的容量分别为 $n_1 = 7$ 和 $n_2 = 6$。对应显著水平 $\alpha = 0.05$，分布 $F(6,5)$ 的单侧左分位点 $F_{0.95}(6,5) = 0.228$，故 H_0 的拒绝域为 $[0, 0.228]$。为计算检验统计量的观测值，根据题设有样本方差 $s_1^2 = 5.136$ 和 $s_2^2 = 0.323$。检验统计量观测值 $s_1^2/s_2^2 = 15.9 \notin [0, 0.228]$，故接受假设 H_0。即在显著水平 $\alpha = 0.05$ 下推断乙厂铸件重量的方差比甲厂的小。

练习 7-19　有两台机器生产金属部件，分别在两台及其所生产的部件中各抽取一容量 $n_1 = 60, n_2 = 40$ 的样本，测得部件重量（单位：kg）的样本方差分别为 $s_1^2 = 15.46$ 和 $s_2^2 = 9.66$。设两样本相互独立，两总体分别服从 $N(\mu_1, \sigma_1^2)$ 和 $N(\mu_2, \sigma_2^2)$，其中，$\mu_1, \mu_2, \sigma_1^2, \sigma_2^2$ 均未知。试在显著水平 $\alpha = 0.05$ 下检测假设

$$H_0 : \sigma_1^2 \leqslant \sigma_2^2, H_1 : \sigma_1^2 > \sigma_2^2$$

参考答案：接受原假设 H_0。

7.2.4　Python 解法

1. 已知总体方差计算总体均值差假设的 Z 检验法

设总体 $X \sim N(\mu_1, \sigma_1^2), Y \sim N(\mu_2, \sigma_2^2)$，在已知总体方差 σ_1^2 即 σ_2^2 的情况下，对总体均值的差 $\mu_1 - \mu_2$ 的假设做显著水平 α 的检验，所用的检验统计量为 $\dfrac{\overline{X} - \overline{Y} - \delta}{\sqrt{\sigma_1^2/n_1 + \sigma_2^2/n_2}} N(0,1)$，其中，$\overline{X}$ 和 $\overline{Y}$ 分别为来自 X 和 Y 的样本均值，n_1、n_2 为样本容量，δ 为总体均值差 $\mu_1 - \mu_2$ 的假设值。可以调用程序 7.1 定义的 ztest 函数来计算关于 $\mu_1 - \mu_2$ 的假设检验。

例 7-20　下列程序计算例 7-14 中两个正态总体的均值差假设的双侧检验。

```
1  import numpy as np                    #导入numpy
2  from utility import ztest             #导入ztest
3  xmean=1295                            #样本均值
4  ymean=1230                            #样本均值
```

```
5   xsigma2=84**2                                              #总体方差
6   ysigma2=96**2                                              #总体方差
7   n1=60                                                      #样本容量
8   n2=60                                                      #样本容量
9   alpha=0.05                                                 #显著水平
10  Z=(xmean-ymean)/np.sqrt(xsigma2/n1+ysigma2/n2)             #检验统计量值
11  pvalue=ztest(Z)                                            #计算双侧假设检验
12  print('mu1-mu2=0 is %s.'%(pvalue>=alpha))
```

程序 **7.10** 计算例 7-14 中总体均值差假设 Z 检验的 Python 程序

第 3~9 行按题面设置各项数据（参见例 7-14）。第 10 行计算检验统计量值 $\dfrac{\overline{x}-\overline{y}-\delta}{\sqrt{\sigma_1^2/n_1+\sigma_2^2/n_2}}$（注意，此时 $\delta=0$），第 11 行调用 ztest 计算总体均值差双侧假设的检验（注意，此时参数 alternative 采用它的默认值 'two-sided'）。运行程序，输出如下。

mu1-mu2=0 **is** False.

表示拒绝假设 $H_0:\mu_1-\mu_2=0$。

练习 7-20 用 Python 在显著水平 $\alpha=0.05$ 下检验练习 7-14 中的男女生的平均成绩是否相同。

参考答案：见文件 chapter07.ipynb 中对应代码。

例 7-21 下列代码计算例 7-15 中两个正态总体均值差假设的单侧检验。

```
1   import numpy as np                                         #导入numpy
2   from utility import ztest                                  #导入ztest
3   xmean=867                                                  #样本均值
4   ymean=778                                                  #样本均值
5   xsigma2=62.8**2                                            #总体方差
6   ysigma2=56.1**2                                            #总体方差
7   delta=120                                                  #总体均值假设值
8   n1=50                                                      #样本容量
9   n2=50                                                      #样本容量
10  alpha=0.05                                                 #显著水平
11  Z=(xmean-ymean-delta)/np.sqrt(xsigma2/n1+ysigma2/n2)       #检验统计量值
12  pvalue=ztest(Z,alternative='less')                        #计算假设的左侧检验
13  print('mu1-mu2>=%d is %s.'%(delta, pvalue>=alpha))
```

程序 **7.11** 计算例 7-15 中总体均值差假设 Z 检验的 Python 程序

第 3~10 行按题面设置各项数据（参见例 7-15）。第 11 行计算检验统计量值 $\dfrac{\overline{x}-\overline{y}-\delta}{\sqrt{\sigma_1^2/n_1+\sigma_2^2/n_2}}$，第 12 行传递给参数 alternative 的值为 'less'，表示对左侧假设 $H_0:\mu_1-\mu_2\geqslant\delta$ 进行检测。运行程序，输出如下。

mu1−mu2>=120 **is** False.

表示拒绝假设 $H_0 : \mu_1 \geqslant \mu_2 + 120$。

练习 7-21　用 Python 在显著水平 $\alpha = 0.05$ 下检验练习 7-15 中的假设 H_0。

参考答案：见文件 chapter07.ipynb 中对应代码。

2. 未知总体方差计算总体均值差假设的 T 检验法

对两个独立正态总体 $X \sim N(\mu_1, \sigma^2)$ 及 $Y \sim N(\mu_2, \sigma^2)$，其中，$\sigma^2$ 未知而要对 $\mu_1 - \mu_2$ 假设进行检验，由于检验统计量为 $\dfrac{\overline{X} - \overline{Y} - \delta}{S_w \sqrt{1/n_1 + 1/n_2}} \sim t(n_1 + n_2 - 2)$（其中，$S_w = \sqrt{\dfrac{(n_1-1)S_1^2 + (n_2-1)S_2^2}{n_1 + n_2 - 2}}$，$S_1^2$ 和 S_2^2 分别为来自 X、Y 的样本方差，n_1，n_2 为样本容量），故可用 T 检验法检验假设，这只需要调用程序 7.4 中定义的 ttest 函数即可完成计算。

例 7-22　下列代码计算例 7-16 中总体均值差假设的双侧检测。

```
1   from utility import ttest                              #导入ttest
2   import numpy as np                                     #导入numpy
3   x=np.array([65, 60, 62, 57, 58, 63, 60, 57, 60, 58])   #样本数据
4   y=np.array([59, 56, 56, 58, 57, 57, 55, 60, 57, 55])   #样本数据
5   xmean=x.mean()                                         #样本均值
6   ymean=y.mean()                                         #样本均值
7   s12=x.var(ddof=1)                                      #样本方差
8   s22=y.var(ddof=1)                                      #样本方差
9   n1=x.size                                              #样本容量
10  n2=y.size                                              #样本容量
11  alpha=0.05                                             #显著水平
12  sw=np.sqrt(((n1−1)*s12+(n2−1)*s22)/(n1+n2−2))          #计算sw
13  T=(xmean−ymean)/(sw*np.sqrt(1/n1+1/n2))                #检验统计量值
14  pvalue=ttest(T, n1+n2−2)                               #计算双侧假设的检测
15  print('mu1−mu2=0 is %s.'%(pvalue>=alpha))
```

程序 **7.12**　计算例 7-16 中总体均值差假设 T 检验的 Python 程序

第 3~11 行按题面设置各项数据（参见例 7-16）。第 12 行计算 $s_w = \sqrt{\dfrac{(n_1-1)s_1^2 + (n_2-1)s_2^2}{n_1 + n_2 - 2}}$，第 13 行计算检验统计量值 $\dfrac{\overline{x} - \overline{y} - \delta}{s_w \sqrt{1/n_1 + 1/n_2}}$ 为 T（注意本例中 $\delta = 0$），第 14 行调用 ttest 函数计算例 7-10 中两个正态总体均值差双侧假设检测。注意，此处参数 alternative 采用默认值 'two-sided'。运行程序，输出如下。

mu1−mu2=0 **is** False.

表示拒绝假设 $H_0 : \mu_1 - \mu_2 = 0$。

练习 7-22　用 Python 在显著水平 $\alpha = 0.05$ 下检验练习 7-16 中的马克・吐温和斯诺特格拉斯写的小品文中包含 3 个字母组成的单词的比例是否有显著差异。

参考答案：见文件 chapter07.ipynb 中对应代码。

例 7-23　下列代码计算例 7-17 中两个正态总体均值差假设的右侧检验。

```
1  from utility import ttest                              #导入 ttest
2  import numpy as np                                     #导入 numpy
3  x=np.array([65, 68, 72, 75, 82, 85, 87, 91, 95])       #样本数据
4  y=np.array([50, 59, 71, 80])                           #样本数据
5  xmean=x.mean()                                         #样本均值
6  ymean=y.mean()                                         #样本均值
7  s12=x.var(ddof=1)                                      #样本方差
8  s22=y.var(ddof=1)                                      #样本方差
9  n1=x.size                                              #样本容量
10 n2=y.size                                              #样本容量
11 alpha=0.05                                             #显著水平
12 sw=np.sqrt(((n1−1)*s12+(n2−1)*s22)/(n1+n2−2))          #计算 sw
13 T=(xmean−ymean)/(sw*np.sqrt(1/n1+1/n2))                #检验统计量值
14 pvalue=ttest(T, n1+n2−2, alternative='greater')        #计算假设的右侧检测
15 print('mu1<=mu2 is %s.'%(pvalue>=alpha))
```

程序 **7.13**　计算例 7-17 中总体均值差假设 T 检验的 Python 程序

第 3~11 行按题面设置各项数据（参见例 7-17）。第 12 行计算 $s_w = \sqrt{\dfrac{(n_1-1)s_1^2+(n_2-1)s_2^2}{n_1+n_2-2}}$，第 13 行计算检验统计量 $\dfrac{\overline{x}-\overline{y}-\delta}{s_w\sqrt{1/n_1+1/n_2}}$ 为 T（注意此时 $\delta = 0$），第 14 行调用 ttest 函数计算例 7-17 中右侧假设 $H_0: \mu_1 \leqslant \mu_2$ 的检测，注意传递给参数 alternative 的值为 'greater'。运行程序，输出如下。

```
mu1<=mu2 is False.
```

表示拒绝假设 $H_0: \mu_1 \leqslant \mu_2$。

练习 7-23　用 Python 在显著水平 $\alpha = 0.05$ 下检验练习 7-17 中的身材矮的人比身材高的人的寿命长的假设。

参考答案：见文件 chapter07.ipynb 中对应代码。

3. 计算总体方差比假设的 F 检验法

计算总体方差比的假设检验，检验统计量 $S_1^2/S_2^2 \sim F(n_1-1, n_2-1)$，其中，$S_1^2$ 和 S_2^2 分别为来自两个独立正态总体的样本方差，n_1 和 n_2 为样本容量。故需采用 F 检验法。使用 F 检验法计算关于总体方差比 σ_1^2/σ_2^2 的假设检验的 p 值，定义为如下 Python 函数 ftest。

```
1  from scipy.stats import f                              #导入 f
```

```
2    def ftest(F, dfn, dfd, alternative='two-sided'):        #函数定义
3        if alternative=='greater':                          #右侧假设
4            p=f.sf(F, dfn, dfd)
5        else:
6            if alternative=='less':                         #左侧假设
7                p=f.cdf(F, dfn, dfd)
8            else:                                           #双侧假设
9                if F>dfd/(dfd-2):                           #检验统计量值偏右
10                   p=2*f.sf(F, dfn, dfd)
11               else:                                       #检验统计量值偏左
12                   p=2*f.cdf(F, dfn, dfd)
13       return p
```

程序 7.14   计算总体方差比假设 F 检验的 Python 函数

程序的第 2~13 行定义了函数 ftest，参数 F 表示检验统计量值，dfn 和 dfd 表示 $F(n_1 - 1, n_2 - 1)$ 分布的自由度 $n_1 - 1$ 和 $n_2 - 1$，参数 alternative 的不同取值 'greater'、'less' 和 'two-sided' 分别代表右侧检验、左侧检验和双侧检验。

第 3~12 行的 **if-else-if** 语句根据参数 alternative 的值计算检验统计量值 F（即 $\frac{s_1^2}{s_2^2}$）对应的 p 值：alternative 为 'greater' 表示对右侧假设的检验，p 设置为 f.sf(F, dfn, dfd)（第 4 行）；alternative 为 'less' 表示对左侧假设的检验，p 设置为 f.cdf(F, dfn, dfd)（第 7 行）；alternative 为默认值 'two-sided' 表示对双侧假设的检验，第 9~12 行内嵌的 **if-else** 语句根据检验统计量值 F 位于 $F(n_1 - 1, n_2 - 1)$ 的均值 $\frac{n_2 - 1}{n_2 - 3}$ 的左、右方来计算 p 值：若 F>dfd/(dfd-2)（即 $\frac{n_2 - 1}{n_2 - 3}$），p 置为 2*f.sf(F, dfn, dfd)（第 10 行），否则 p 置为 2*f.cdf(F, dfn, dfd)（第 12 行）。

将程序 7.14 写入 utility.py 文件，便于调用。

例 7-24   下列代码计算例 7-18 中总体均值差和方差比假设的双侧检测。

```
1    from utility import ttest, ftest          #导入ttest和ftest
2    import numpy as np                         #导入numpy
3    x=np.array([5.5, 4.6, 4.4, 3.4, 1.9,       #样本数据
4            1.6, 1.1, 0.8, 0.1, −0.1])
5    y=np.array([3.7, 3.4, 2.0, 2.0, 0.8,       #样本数据
6            0.7, 0, −0.1, −.2, −1.6])
7    xmean=x.mean()                             #样本均值
8    ymean=y.mean()                             #样本均值
9    s12=x.var(ddof=1)                          #样本方差
10   s22=y.var(ddof=1)                          #样本方差
11   delta=0                                    #总体均值差假设值
12   n1=x.size                                  #样本容量
```

```
13   n2=y.size                                          #样本容量
14   alpha=0.05                                         #显著水平
15   F=s12/s22                                          #检验统计量值
16   pvalue=ftest(F, n1−1, n2−1)                        #双侧假设检验
17   print('sigma1^2=sigma2^2 is %s.'%(pvalue>=alpha))
18   sw=np.sqrt(((n1−1)*s12+(n2−1)*s22)/(n1+n2−2))      #计算sw
19   T=(xmean−ymean)/(sw*np.sqrt(1/n1+1/n2))            #检验统计量值
20   pvalue=ttest(T, n1+n2−2)                           #双侧假设检验
21   print('mu1=mu2 is %s.'%(pvalue>=alpha))
```

程序 **7.15**　计算例 7-18 中总体方差比假设 F 检验和总体均值差假设 T 检验的 Python 程序

第 3~14 行按题面设置各项数据（参见例 7-18）。第 15 行计算检验统计量知 s_1^2/s_2^2 为 F，第 16 行调用 ftest 计算方差比双侧假设 $H_0 : \sigma_1^2/\sigma_2^2 = 1$ 的检验，注意传递给参数 alternative 的是默认值 'two-sided'。第 18~20 行调用 ttest 函数计算总体均值差假设 $H_0 : \mu_1 - \mu_2 = 0$ 的双侧检验，传递给参数 alternative 的也是默认值 'two-sided'。运行程序，输出如下。

```
sigma1^2=sigma2^2 is True.
mu1=mu2 is True.
```

表示既接受假设 $H_0 : \sigma_1^2/\sigma_2^2 = 1$，也接受假设 $H_0 : \mu_1 - \mu_2 = 0$。

练习 7-24　用 Python 在显著水平 $\alpha = 0.05$ 下检验练习 7-18 中的男女生物理成绩不相上下的假设。

参考答案：见文件 chapter07.ipynb 中对应代码。

例 7-25　下列代码计算例 7-19 中两个正态总体方差比假设的左侧检验。

```
1    from utility import ftest                          #导入ftest
2    import numpy as np                                 #导入numpy
3    x=np.array([93.3, 92.1, 94.7, 90.1, 95.6, 90.0, 94.7])  #样本数据
4    y=np.array([95.6, 94.9, 96.2, 95.8, 95.1, 96.3])   #样本数据
5    s12=x.var(ddof=1)                                  #样本方差
6    s22=y.var(ddof=1)                                  #样本方差
7    n1=x.size                                          #样本容量
8    n2=y.size                                          #样本容量
9    alpha=0.05                                         #显著水平
10   F=s12/s22                                          #检验统计量值
11   pvalue=ftest(F, n1−1, n2−1, alternative='less')    #左侧F检验
12   print('sigma1^2>sigma2^2 is %s.'%(pvalue>=alpha))
```

程序 **7.16**　计算例 7-19 中总体方差比假设 F 检验的 Python 程序

第 3~9 行根据题面设置各项数据（参见例 7-19）。第 10 行计算检验统计量值 s_1^2/s_2^2 为 F，第 11 行调用 ftest 计算例 7-12 中总体方差比假设的左侧检验。注意，传递给参

数 alternative 的值为 'less'。运行程序，输出如下。

sigma1^2>sigma2^2 **is** True.

表示接受假设 $H_0: \sigma_1^2/\sigma_2^2 > 1$。

练习 7-25 用 Python 在显著水平 $\alpha = 0.05$ 下检验练习 7-19 中的假设 H_0。

参考答案： 见文件 chapter07.ipynb 中对应代码。

7.3 非参数假设检验

7.3.1 基于成对数据的检验

实践中，常常需要比较两个系统，判断它们对同一因素的影响反应是否相当。

例 7-26 将双胞胎分开来抚养，一个由父母亲自带大，另一个不是由父母亲自带大。现取 14 对双胞胎测试他们的智商，智商测试得分如表 7-1 所示。

表 7-1 双胞胎智商测试得分

序　号	1	2	3	4	5	6	7	8	9	10	11	12	13	14
父母带大 X_i	23	31	25	18	19	25	28	18	25	28	22	14	34	36
非父母带大 Y_i	22	31	29	24	28	31	27	15	23	27	26	19	30	28

希望比较两种不同的成长环境是否对孩子的智商有不同的影响。

分析： 首先，注意到表中数据是成对出现的，14 对双胞胎的智商 $(X_i, Y_i), i = 1, 2, \cdots, 14$，任何两对双胞胎的成长过程互不影响，故可以认为是相互独立的。同一家庭的双胞胎孩子的智商 X_i 和 Y_i 应当有某种联系。为考察一对双胞胎的不同成长环境对智商的影响，考虑两者的差

$$D_i = X_i - Y_i, i = 1, 2, \cdots, 14$$

由于诸 D_i 均受同样因素（孩子的成长环境）影响，故可认为具有相同的分布。假定 $D_i \sim N(\mu, \sigma^2), i = 1, 2, \cdots, 14$（由诸 (X_i, Y_i) 的相互独立性，知诸 D_i 也是相互独立的），本例即可转换为在一定的显著水平 α 下检验假设 $H_0: \mu = 0(H_1: \mu \neq 0)$。

一般地，设有 n 个相互独立的观测结果 (X_1, Y_1)，(X_2, Y_2)，$\cdots$，(X_n, Y_n)，诸对 X_i 和 Y_i 受同一因素影响，$D_i \sim N(\mu, \sigma^2), i = 1, 2, \cdots, n$。其中，$\mu$ 和 σ^2 均未知。在指定显著水平 α 下，检验假设

$$H_0: \mu = \mu_0(H_1: \mu \neq \mu_0)或$$

$$H_0: \mu \leqslant \mu_0(H_1: \mu > \mu_0)或$$

$$H_0: \mu \geqslant \mu_0(H_1: \mu < \mu_0)$$

的问题，称为**基于成对数据的检验**问题。由于 $D_i \sim N(\mu, \sigma^2), i = 1, 2, \cdots, n$，且 σ^2 未知，故可用 T 检验法解决基于成对数据的检验问题。

例如，为解例 7-26 中双胞胎智商是否受成长环境影响的问题，用 T 检验法检验双侧假设 $H_0: \mu = 0$（设显著水平 $\alpha = 0.05$）。由题面知 $n = 14$，$\alpha = 0.05$，$t_{\alpha/2}(n-1) = t_{0.025}(13) = 2.1604$，故假设 H_0 的拒绝域为 $(-\infty, -2.160) \cup (2.160, +\infty)$。根据数据计算得，$\bar{d} = \dfrac{1}{14}\sum\limits_{i=1}^{14} d_i = -1$，$s = \sqrt{\dfrac{1}{13}\sum\limits_{i=1}^{14}(d_i - \bar{d})^2} = 4.74$，检验统计量值 $\dfrac{\bar{d}}{s/\sqrt{n}} = -0.789$，不在假设 H_0 的拒绝域内。于是，在显著水平 0.05 下，接受假设 $H_0: \mu = 0$，即认为不同的成长环境，对双胞胎的智商没有显著影响。

练习 7-26　做以下的试验以比较人对红光或绿光的反应时间（单位：s）。试验在点亮红灯或绿灯的同时，启动计时器，要求受试者见到红光或绿光点亮时，就按下按钮，切断计时器，测得反应时间。测量的结果如表 7-2 所示。

表 7-2　反应时间

红光 X_i	0.30	0.23	0.41	0.53	0.24	0.36	0.38	0.51
绿光 Y_i	0.43	0.32	0.58	0.46	0.27	0.41	0.38	0.61

设 $D_i = X_i - Y_i \, N(\mu, \sigma^2)$，$i = 1, 2, \cdots, 8$ 相互独立。在显著水平 $\alpha = 0.05$ 下，检验左侧假设 $H_0: \mu \geqslant 0 (H_1: \mu < 0)$。

参考答案：拒绝假设 H_0。

7.3.2　分布拟合检验

样本 $X_1, X_2, \cdots, X_n$ 来自总体 X，对 X 做如下假设：

$$H_0: X\text{的分布函数为}F(x)(H_1: X\text{的分布函数不是}F(x))$$

其中，$F(x)$ 是已知分布类型的分布函数（或分布律）。希望对指定的显著水平 α，检验假设 H_0。

为检验 H_0，考虑将实数区间 $(-\infty, +\infty)$ 划分成 k 个区 $A_1 = (a_0, a_1]$，$A_2 = (a_1, a_2]$，$\cdots$，$A_{k-1} = (a_{k-2}, a_{k-1}]$，$A_k = (a_{k-1}, a_k)$，其中，$a_0 = -\infty$，$a_k = +\infty$。统计样本中落入每个区间 A_i 的数据个数 f_i，称为样本对应该区间的**频数**，$i = 1, 2, \cdots, k$。显然，$\sum\limits_{i=1}^{k} f_i = n$。对每个区间用假设的总体分布函数计算概率 $p_i = P(X \in A_i) = F(a_i) - F(a_{i-1})$，$i = 1, 2, \cdots, k$，且 $\sum\limits_{i=1}^{k} p_i = 1$。计算 f_i 与 np_i 变差平方和 $\sum\limits_{i=1}^{k}(f_i - np_i)^2$，表示实际数据与假设分布数据的差异。若假设 H_0 为真，则该差异平方和应比较小。将此变差平方和的每一项乘以加权值 $\dfrac{1}{np_i}$，构造统计量

$$\chi^2 = \sum_{i=1}^{k} \frac{(f_i - np_i)^2}{np_i}$$

皮尔逊证明，当假设 H_0 为真，且样本容量 n 足够大（$\geqslant 50$）时，上述统计量 χ^2 将近似服从 $\chi^2(k-1-r)$。其中，r 表示总体 X 所含未知参数个数。若 $r>0$，则计算诸 $p_i, i=1,2,\cdots,k$ 前，需先计算所有未知参数的最大似然估计。对给定的显著水平，若 $\chi^2 < \chi_\alpha^2(k-1-r)$，则接受 H_0，否则拒绝 H_0。等价地，使用 p 值法，设 $\chi^2(k-1-r)$ 的分布函数和残存函数分别为 $F(x)$ 和 $S(x)$，当 $p=1-F(\chi^2)=S(\chi^2)\geqslant \alpha$ 时，接受 H_0，否则拒绝 H_0。

例 7-27 在一试验中，每隔一定时间观察一次由某种铀所放射的到达计数器上的 α 粒子数 X，共观察了 100 次，得结果如表 7-3 所示。

表 7-3　α 粒子数

i	0	1	2	3	4	5	6	7	8	9	10	11	$\geqslant 12$
f_i	1	5	16	17	26	11	9	9	2	1	2	1	0
A_i	A_0	A_1	A_2	A_3	A_4	A_5	A_6	A_7	A_8	A_9	A_{10}	A_{11}	A_{12}

其中，f_i 是观察到有 i 个 α 粒子的次数，从理论上考虑知 X 应服从泊松分布 $\pi(\lambda)$，问此判断是否符合实际（取 $\alpha=0.05$）？

解： 由题设知，样本容量 $n=100$。且已将实数区间分成了 $k=13$ 个区间，每个区间内样本数据个数 f_i 是已知的。按假设 $H_0: X\sim\pi(\lambda)$，$p_i=P(X\in A_i)=P(X=i)=\dfrac{\lambda^i}{i!}\mathrm{e}^{-\lambda}, i=0,1,\cdots,11$，$p_{12}=P(X\in A_{12})=P(X\geqslant 12)=1-P(X\leqslant 12)=1-\sum\limits_{i=0}^{11}p_i$。由于假设 H_0 中的总体 X 含有未知参数 λ，用 λ 的最大似然估计 $\hat\lambda=\overline{X}$（参见练习 6-5）替代 λ 计算上述 $p_i, i=0,1,\cdots,12$。将这些数据代入检验统计量 $\chi^2=\sum\limits_{i=1}^{k}\dfrac{(f_i-np_i)^2}{np_i}=111.76-100=11.76$。此外，显著水平 $\alpha=0.05$，假设 H_0 中 X 的分布 $\pi(\lambda)$ 含有一个未知参数，故 $\chi_\alpha^2(k-1-r)=\chi_{0.05}^2(11)=19.675$。由于 $\chi^2=11.76<19.675=\chi_\alpha^2(k-1-r)$，接受假设 $H_0: X\sim\pi(\lambda)$。即在显著水平 $\alpha=0.05$ 下，认为总体 X 服从泊松分布 $\pi(\lambda)$。

练习 7-27 表 7-4 列出了某一地区在夏季的一个月中由 100 个气象站报告的雷暴雨的次数。

表 7-4　雷暴雨次数

i	0	1	2	3	4	5	$\geqslant 6$
f_i	22	37	20	13	6	2	0
A_i	A_0	A_1	A_2	A_3	A_4	A_5	A_6

其中，f_i 是报告雷暴雨次数为 i 的气象站数。检验假设 $H_0: X\sim\pi(1)$（$\alpha=0.05$）。

参考答案：拒绝假设 H_0。提示：本题的假设分布不含未知参数。

7.3.3 联列表中相互独立性的检验

设总体的所有个体可按两种不同的标志进行分类,常常希望通过随机抽样检验这两种标志是否相互独立。例如某地居民,既可按年龄分类,也可按对某种疾病的抵抗力分类。希望检验假设"年龄与抵抗力相互独立"。

为解决此类问题,通常将取得的样本 $(X_1, X_2, \cdots, X_n)$ 按第一种标志分成 u 个类,按第二种标志分成 v 个类($u \cdot v \leqslant n$),按指标统计分属不同标志分类的频数 f_{ij}: 为样本中第一种标志属于第 i 类且第二种标志属于第 j 类的数据个数。这样构成如表 7-5 所示的**联列表**。

表 7-5 联列表

I \ II	1	$\cdots$	j	$\cdots$	v
1	f_{11}	$\cdots$	f_{1j}	$\cdots$	f_{1v}
$\vdots$	$\vdots$		$\vdots$		$\vdots$
i	f_{i1}	$\cdots$	f_{ij}	$\cdots$	f_{iv}
$\vdots$	$\vdots$		$\vdots$		$\vdots$
u	f_{u1}	$\cdots$	f_{uj}	$\cdots$	f_{uv}

根据联列表,记 $f_{i\cdot} = \sum_{j=1}^{v} f_{ij}$, $i = 1, 2, \cdots, u$ 和 $f_{\cdot j} = \sum_{i=1}^{u} f_{ij}$, $j = 1, 2, \cdots, v$。两个标志相互独立的假设可表示为

$$H_0 : \frac{f_{ij}}{n} = \frac{f_{i\cdot}}{n} \cdot \frac{f_{\cdot j}}{n}, 1 \leqslant i \leqslant u, 1 \leqslant j \leqslant v$$

与分布拟合检验相仿,当假设 H_0 为真时,$\frac{f_{ij}}{n}$ 与 $\frac{f_{i\cdot}}{n} \cdot \frac{f_{\cdot j}}{n}$ 应当比较接近,亦即差异平方和 $\sum_{i=1}^{u} \sum_{j=1}^{v} \left(f_{ij} - \frac{f_{i\cdot} f_{\cdot j}}{n} \right)^2$ 很小。构造统计量

$$\chi^2 = \sum_{i=1}^{u} \sum_{j=1}^{v} \frac{(f_{ij} - f_{i\cdot} f_{\cdot j}/n)^2}{f_{i\cdot} f_{\cdot j}/n}$$

则可证明当 n 很大且 H_0 为真时,χ^2 近似服从 $\chi^2((u-1)(v-1))$ 分布。于是当 n 很大时,为在显著水平 α 下检验假设 H_0:"两个标志相互独立",只需检验上述统计量是否满足 $\chi^2 < \chi^2_\alpha((u-1)(v-1))$,满足则接受假设,否则拒绝假设。

例 7-28 为了了解某种药品对于某种疾病的疗效是否与患者的年龄有关,共抽查了 300 名患者。将疗效分成"显著""一般""较差"三个等级;将年龄分成"儿童""中青年""老年"三个等级,得到如表 7-6 所示联列表。

表 7-6　疗效与年龄联列表

年龄＼疗效	儿童	中青年	老年	$f_{i\cdot}$
显著	58	38	32	128
一般	28	44	45	117
较差	23	18	14	55
$f_{\cdot j}$	109	100	91	300

要在显著水平 $\alpha = 0.05$ 下检验假设"疗效与年龄相互独立"。

解：按题设 $n = 300$，$u = v = 3$，$\alpha = 0.05$，$\chi_\alpha^2((u-1)(v-1)) = \chi_{0.05}^2(4) = 9.48$。

另一方面，由联列表知 $\boldsymbol{f} = \begin{pmatrix} 58 & 38 & 32 \\ 28 & 44 & 45 \\ 23 & 18 & 14 \end{pmatrix}$，$\boldsymbol{f}_i = \begin{pmatrix} 128 \\ 117 \\ 55 \end{pmatrix}$，$\boldsymbol{f}_j = (109, 100, 91)$，故可

算得统计量值

$$\chi^2 = \sum_{i=1}^3 \sum_{j=1}^3 \frac{(f_{ij} - f_{i\cdot} f_{\cdot j}/300)^2}{f_{i\cdot} f_{\cdot j}/300} = 13.59$$

由于 $\chi^2 = 13.59 > 9.48 = \chi_{0.05}^2(4)$，故拒绝假设 H_0。即在显著水平 $\alpha = 0.05$ 下认为疗效与患者年龄有关。

练习 7-28　为了了解色盲与性别的联系，调查了 1000 个人。按性别及是否色盲分类如表 7-7 所示。

表 7-7　是否色盲与性别联列表

性别＼是否色盲	男	女
正常	442	514
色盲	38	6

按联列表的相互独立性检验法，在显著水平 0.05 下检验假设"色盲与性别相互独立"。

参考答案：拒绝假设。

7.3.4　有限个总体同分布检验

设有 v 个总体 $X_1, X_2, \cdots, X_v$，从每个总体 X_j 中取得样本 $X_{1j}, X_{2j}, \cdots, X_{n_j j}$，$j = 1, 2, \cdots, v$。将实数区间 $(-\infty, +\infty)$ 划分成 u 个区间 $D_1, D_2, \cdots, D_u$。对每个总体 X_j 的样本 $X_{1j}, X_{2j}, \cdots, X_{n_j j}$，统计落入 D_i 中的数据个数 f_{ij}，$i = 1, 2, \cdots, u, j = 1, 2, \cdots, v$。得到表 7-8。

希望在显著水平 α 下检验假设

$$H_0 : X_1, X_2, \cdots, X_v \text{具有相同分布}(H_1 : \text{诸}X_i\text{的分布不尽相同})。$$

表 7-8　落入 D_i 中的数据个数

区间号＼分布号	1	$\cdots$	j	$\cdots$	v
1	f_{11}	$\cdots$	f_{1j}	$\cdots$	f_{1v}
$\vdots$	$\vdots$	$\vdots$	$\vdots$	$\vdots$	$\vdots$
i	f_{i1}	$\cdots$	f_{ij}	$\cdots$	f_{iv}
$\vdots$	$\vdots$	$\vdots$	$\vdots$	$\vdots$	$\vdots$
u	f_{u1}	$\cdots$	f_{uj}	$\cdots$	f_{uv}

为讨论方便，记来自各总体的样本容量之和 $n = \sum_{j=1}^{v} n_j$，所有落入区间 D_i 中的数据频数 $f_{i\cdot} = \sum_{j=1}^{v} f_{ij}$，$i = 1, 2, \cdots, u$。若 H_0 为真，设诸 X_j 所服从的共同分布落在区间 D_i 的概率 p_i 应与数据频率 $\dfrac{f_{i\cdot}}{n}$ 接近，$i = 1, 2, \cdots, u$。考虑来自第 j 个总体的样本落入 D_i 个区间内的频数 f_{ij}，应与 $n_j p_i$ 相近，即在 H_0 为真的前提下与 $n_j \cdot \dfrac{f_{i\cdot}}{n}$ 接近。然而，$n_j = \sum_{i=1}^{u} f_{ij} = f_{\cdot j}$。故在 H_0 为真的前提下，f_{ij} 与 $\dfrac{f_{i\cdot} f_{\cdot j}}{n}$ 相近。即差异平方和 $\sum_{i=1}^{u} \sum_{j=1}^{v} \left(f_{ij} - \dfrac{f_{i\cdot} f_{\cdot j}}{n} \right)^2$ 很小。构造统计量

$$\chi^2 = \sum_{i=1}^{u} \sum_{j=1}^{v} \frac{(f_{ij} - f_{i\cdot} f_{\cdot j}/n)^2}{f_{i\cdot} f_{\cdot j}/n}$$

即可通过检验 $\chi^2 < \chi_\alpha^2((u-1)(v-1))$ 是否满足来判断接受还是拒绝假设 H_0。

例 7-29　类型相同的三艘船，在同一航线上行驶。测得各应力值范围内的波浪诱导纵向应力值的发生次数如表 7-9 所示。

表 7-9　应力值发生次数

应力值范围	船 A	船 B	船 C
$(150, 200)$	1021	1073	1015
$(200, 250)$	229	256	265
$(250, 350)$	124	166	139
$(350, 500)$	34	44	25
500 以上	9	11	4

要在显著水平 $\alpha = 0.05$ 下检验假设 "这三艘船的应力服从同一分布"。

解：根据题设，$u = 5$，$v = 3$，$\alpha = 0.05$，算得 $\chi_\alpha^2((u-1)(v-1)) = \chi_{0.05}^2(8) =$

15.507。另一方面，根据样本数据表得 $\boldsymbol{f} = \begin{pmatrix} 1021 & 1073 & 1015 \\ 229 & 256 & 265 \\ 124 & 166 & 139 \\ 34 & 44 & 25 \\ 9 & 11 & 4 \end{pmatrix}$, $\boldsymbol{f}_i = \begin{pmatrix} 3109 \\ 750 \\ 429 \\ 103 \\ 24 \end{pmatrix}$,

$\boldsymbol{f}_j = (1417, 1550, 1448)$，算得统计量值

$$\chi^2 = \sum_{i=1}^{u} \sum_{j=1}^{v} \frac{(f_{ij} - f_{i\cdot} f_{\cdot j}/n)^2}{f_{i\cdot} f_{\cdot j}/n} = 12.98$$

由于 $\chi^2 = 12.98 < 15.507 = \chi_\alpha^2((u-1)(v-1))$，故接受假设：这三艘船的应力服从同一分布。

练习 7-29　在各为 500 人的两批被试人员身上分别使用及不使用某种预防感冒的措施。在一年内记录了这两批人员中患感冒的次数，得到如表 7-10 所示数据。

表 7-10　感冒次数

	未感冒人数	感冒一次人数	感冒一次以上人数
使用过措施	252	145	103
未使用过措施	224	136	140

在显著水平 $\alpha = 0.05$ 下，检验假设"这种措施是无效的"。

参考答案：拒绝假设。

7.3.5　Python 解法

1. 基于成对数据的检验

对于成对数据

X_i	x_1	x_2	$\cdots$	x_n
Y_i	y_1	y_2	$\cdots$	x_n

由于 $D_i = X_i - Y_i \sim N(\mu, \sigma^2)$, $i = 1, 2, \cdots, n$，其中 σ^2 未知。在显著水平 $\alpha = 0.05$ 下，为检验假设 $H_0 : \mu = \mu_0$（或 $H_0 : \mu \leqslant \mu_0$ 或 $H_0 : \mu \geqslant \mu_0$），scipy.stats 包提供了函数

ttest_1samp(a, popmean, alternative='two-sided')

其参数 a 表示序列 $\{d_1 = x_1 - y_1, d_2 = x_2 - y_2, \cdots, d_n = x_n - y_n\}$，popmean 表示 μ 的假设值 μ_0，alternative 为三个选项之一'two-sided', 'greater' 或'less'，分别表示双侧假设、右侧假设及左侧假设，默认值为表示双侧假设的'two-sided'。该函数的返回值包括两个数据：表示检验统计量值 $\dfrac{\overline{d} - \mu_0}{s/\sqrt{n}}$ 的 statistic 和表示检验 p 值的 pvalue。

例 7-30　下列代码完成例 7-26 中对双侧假设 $H_0 : \mu = 0$ 的检验计算。

```
1   import numpy as np                          #导入numpy
2   from scipy.stats import ttest_1samp         #导入ttest_1samp
3   x=np.array([23, 31, 25, 18, 19, 25, 28,     #设置样本数据
4             18, 25, 28, 22, 14, 34, 36])
5   y=np.array([22, 31, 29, 24, 28, 31, 27,
6             15, 23, 27, 26, 19, 30, 28])
7   alpha=0.05                                   #显著水平
8   d=x-y                                        #计算di = xi − yi
9   _,pvalue=ttest_1samp(d, 0)                   #计算检验p值
10  print('H0 is %s.'%(pvalue>=alpha))
```

程序 7.17　计算例 7-26 中假设检验的 Python 程序

程序的第 3~7 行按题面（参见例 7-26）设置各项数据。第 8 行计算序列 $d = \{d_1 = x_1 - y_1, d_2 = x_2 - y_2, \cdots, d_n = x_n - y_n\}$，记为 d。第 9 行调用函数 ttest_1samp（第 2 行导入）计算检验假设 H_0 的 p 值（由于此处不需要检验统计量值，故用下画线 "＿" 将返回值中的 statistic 屏蔽掉），第 10 行计算检验并输出。

H0 **is** True.

练习 7-30　用 Python 在显著水平 $\alpha = 0.05$ 下检验练习 7-26 中的左侧假设 H_0。
参考答案：见文件 chapter07.ipynb 中对应代码。

2. 分布拟合检验

对来自总体 X 的样本 $X_1, X_2, \cdots, X_n$，及给定的显著水平 α 检验假设

$$H_0 : X\text{的分布函数为}F(x)(H_1 : X\text{的分布函数不是}F(x))$$

其中，$F(x)$ 是已知分布类型的分布函数（或分布律），含有 r 个未知参数。为此，需要将 $\mathbb{R}$ 划分成 $k \leqslant n$ 个区间 $A_1, A_2, \cdots, A_k$，统计样本中落入每个区间 A_i 中的频数 f_i 并按假设中的分布函数 $F(x)$（用未知参数的最大似然统计量值替代对应参数）计算概率 $p_i = P(X \in A_i)$。利用这些数据，调用 scipy.stats 包中的函数

$$\text{chisquare(f\_obs, f\_exp, ddof=0)}$$

即可算得检验假设 H_0 的 p 值。该函数的参数 f_obs 表示上述样本频数序列 $\{f_1, f_2, \cdots, f_k\}$，f_exp 表示假设总体概率序列 $\{np_1, np_2, \cdots, np_k\}$，ddof 表示假设总体所含的未知参数个数 r，默认值为 0。该函数的返回值包括两个数据：表示检验统计量值 $\chi^2 = \sum_{i=1}^{k} \frac{(f_i - np_i)^2}{np_i}$ 的 chisq 和表示检验 p 值 $S(\chi^2) = 1 - F(\chi^2)$ 的 p，其中，$F(x)$ 和 $S(x)$ 分别为 $\chi^2(k-1-r)$ 分布的分布函数和残存函数。

例 7-31　下列代码完成例 7-27 中假设 $H_0 : X \sim \pi(\lambda)$ 的检验。

```
1   from scipy.stats import poisson, chisquare   #导入poisson, chisquare
2   import numpy as np                            #导入numpy
```

```
3   n=100                                    #样本容量
4   alpha=0.05                               #显著水平
5   f=np.array([1,5,16,17,26,11,9,9,2,1,2,1,0])  #样本数据频数
6   k=f.size                                 #区间个数
7   r=1                                      #总体未知参数个数
8   x_bar=(np.arange(k)*f).sum()/n           #总体均值的最大似然估计值
9   p=[poisson.pmf(i,x_bar) for i in range(k−1)]  #各区间内概率
10  p.append(1−sum(p))
11  p=np.array(p)
12  _, pv=chisquare(f, p*n, r)               #检验p值
13  print('H0 is %s'%(pv>=alpha))
```

程序 **7.18**   计算例 7-27 中假设检验的 Python 程序

程序的第 3~5 行按题面设置各项数据（参见例 7-27）。第 6 行计算区间个数 k，第 7 行设置未知参数个数 r，第 8 行计算假设中总体所含未知参数 λ 的最大似然估计值 x_bar。第 9 行计算概率 $p_i = \dfrac{\lambda^i}{i!}\mathrm{e}^{-\lambda}, i = 0, 1, \cdots, k-2$，第 10 行计算 $p_{k-1} = 1 - \sum\limits_{i=0}^{k-2} p_i$，第 11 行将算得的 $p_0, p_1, \cdots, p_{k-1}$ 构造成数组 p。第 12 行调用函数 chisquare，传递参数 f（各区间内样本数据频数），n*p（序列 $np_0, np_1, \cdots, np_{k-1}$）和 r（未知参数个数），计算假设 $H_0 : X \sim \pi(\lambda)$ 的检验 p 值（由于此处并不需要检验统计量值，故用下画线将 chisq 屏蔽）。运行程序，输出如下。

H0 is True.

练习 7-31   用 Python 在显著水平 $\alpha = 0.05$ 下检验练习 7-27 中的假设 H_0。
参考答案：见文件 chapter07.ipynb 中对应代码。

3. 联列表中相互独立性的检验

事实上，联列表中相互独立性检验问题是分布拟合检验问题的特例：频数序列为 f_{ij}，假设分布概率序列换成 $\dfrac{f_i \cdot f_{\cdot j}}{n}$，$i = 1, 2, \cdots, u, j = 1, 2, \cdots, v$。故仍然可以利用 scipy.stats 的 chisquare 函数进行计算，不过需要注意的是，要把表示 f_{ij} 和 $f_{i\cdot} \cdot f_{\cdot j}$ 的 $u \times v$ 矩阵转换成具有 uv 个元素的数组。此外，由于参数 f_obs 及 f_exp 的元素个数均为 uv，而我们要计算的是自由度为 $(u-1)(v-1) = uv + 1 - u - v = uv - 1 - (u + v - 2)$ 的 χ^2 分布的检验 p 值，所以参数 ddof 需传递 $r = u + v - 2$。

例 7-32   下列代码完成例 7-28 中对药品疗效与患者年龄相互独立假设的检验计算。

```
1   from scipy.stats import chisquare        #导入chisquare
2   import numpy as np                        #导入numpy
3   from utility import margDist              #导入margDist
4   alpha=0.05                                #显著水平
```

```
5   f=np.array([[58, 38, 32],                    #联列表
6              [28, 44, 45],
7              [23, 18, 14]])
8   (u, v)=f.shape                               #联列表结构
9   n=f.sum()                                    #样本容量
10  fi, fj=margDist(f)                           #边缘分布
11  fij =fi*fj/n                                 #假设概率序列
12  _, pvalue=chisquare(f.reshape(u*v,),         #计算假设检验p值
13                  fij .reshape(u*v,),
14                  ddof=u+v−2)
15  print('H0 is %s'%(pvalue>=alpha))
```

程序 **7.19**   计算例 7-28 中假设检验的 Python 程序

程序的第 4~7 行按题面设置各项数据（参见例 7-28）。第 8 行获取联列表结构行数 u 和列数 v。第 9 行获取样本容量 n。第 10 行调用函数 margDist（详见程序 3.2），计算边缘分布序列 fi 和 fj。第 11 行计算假设分布概率序列 fij。第 12~14 行调用 chisqaure 函数计算检验 p 值。注意传递给参数 f_obs 和 f_exp 的是矩阵 f 和 fij 的扁平化结果：调用各自的 reshape(u*v,)，将矩阵转换成数组。运行程序，输出如下。

H0 **is** False.

表示拒绝假设。

练习 7-32   用 Python 在显著水平 $\alpha = 0.05$ 下检验练习 7-28 中的假设 H_0。
参考答案：见文件 chapter07.ipynb 中对应代码。

4. 有限个总体同分布检验

由于有限个总体同分布检验与联列表中相互独立性检验的应用背景不同，但数据模型是一样的，所以解题过程也是一样的。

例 7-33   下列代码完成例 7-29 中假设"三艘船的应力服从同一分布"的计算。

```
1   from scipy.stats import chisquare            #导入chisquare
2   import numpy as np                           #导入numpy
3   from utility import margDist                 #导入margDist
4   alpha=0.05                                    #显著水平
5   f=np.array([[1021, 1073, 1015],              #样本分类数据
6              [229, 256, 265],
7              [124, 166, 139],
8              [34, 44, 25],
9              [9, 11, 4]])
10  (u, v)=f.shape                               #分类数据表结构
11  n=f.sum()                                     #样本容量和
12  fi, fj=margDist(f)                           #边缘分布
13  fij =fi*fj/n                                 #假设频率
```

```
14  chiq, pvalue=chisquare(f.reshape(u∗v,),  #计算假设检验p值
15                         fij .reshape(u∗v,),
16                         ddof=u+v−2)
17  print('H0 is %s.'%(pvalue>=alpha))
```

程序 **7.20**　计算例 7-29 中假设检验的 Python 程序

本程序的结构与程序 7.18 的几乎完全一致，比对程序 7.18 的说明及各行解释信息不难理解。运行程序，输出如下。

H0 **is** True.

表示接受"三艘船的应力服从同一分布"的假设。

　　练习 7-33　用 Python 在显著水平 $\alpha = 0.05$ 下检验练习 7-29 中的假设"这种预防感冒的措施是无效的"。

　　参考答案：见文件 chapter07.ipynb 中对应代码。

第 8 章

方差分析和线性回归

在科学试验和生产实践中，事物的发展结果总要受到某些因素的影响。有些因素对结果的影响显著，有些因素则影响微弱。我们的目标是通过对试验数据进行分析，找出那些影响显著的因素。在分析数据时通常需要对数据的方差进行计算和解析，这样的分析过程称为**方差分析**。

将试验结果表示为随机变量 Y，影响试验结果 Y 的因素为随机变量 X，则 4.3 节"回归系数和相关系数"讨论了 Y 与 X 之间可能存在的线性关系。若因素为可控的普通变量 x，将探讨 Y 的数学期望 $E(Y)$ 与因素变量 x 之间可能存在的线性关系的方法称为**线性回归**。

8.1 单因素试验的方差分析

8.1.1 单因素试验模型

通常将试验结果称为**试验指标**。对于影响试验指标的因素，只考虑可变的且人为可控的因素，如温度、剂量、浓度等。而不考虑诸如测量误差、气象条件等不可控的因素。可变因素的不同状态，称为该因素的**水平**。若影响试验指标的因素只有一个，且仅具有有限多个不同水平，称试验为**单因素试验**。

例 8-1 设有三台机器，用来生产规格相同的铝合金薄板。取样，测量薄板的厚度（精确至千分之一厘米），得到如下结果。

机器 I：0.236 0.238 0.248 0.245 0.243
机器 II：0.257 0.253 0.255 0.254 0.261
机器 III：0.258 0.264 0.259 0.267 0.262

本例中，试验指标为薄板厚度。试验中诸如材料、操作人员等条件均视为不变的因素。唯一可变因素是所用的机器。不同的三台机器就是该因素的三个不同水平。因此，这是一个单因素试验。对于第 i 台机器，所生产的薄板厚度为随机变量 X_i。根据中心极限定理，不失一般性可设 $X_i \sim N(\mu_i, \sigma^2)$，$i = 1, 2, 3$。我们的目标是，利用试验数据检验假设

$$H_0: \mu_1 = \mu_2 = \mu_3 (H_1: \mu_1, \mu_2, \mu_3 \text{不全相等})$$

即判断不同的机器是否显著影响所生产的铝合金薄板的厚度。

例 8-2 制造某型号计算器要用到某种类型的电路板。电路板由四家工厂提供，分别随机选取使用来自各厂家电路板的计算器，其响应时间（以 ms 计）如下。

厂家 I: 19 22 20 18 15

厂家 II: 20 21 33 27 40

厂家 III: 16 15 18 26 17

厂家 IV: 18 22 19

本例中，试验指标为计算响应时间。可变因素为使用的不同厂家的电路板，该因素有 4 个水平。这也是一个单因素试验，设用第 i 个厂家生产的电路计算响应时间为随机变量 $X_i \sim N(\mu_i, \sigma^2)$，$i = 1, 2, 3, 4$。为判断不同厂家的电路是否显著影响计算器的计算响应时间，利用试验数据检验假设：

$$H_0: \mu_1 = \mu_2 = \mu_3 = \mu_4 (H_1: \mu_1, \mu_2, \mu_3, \mu_4 \text{不全相等})$$

一般地，设单因素试验中的可变因素有 s 个水平 $A_1, A_2, \cdots, A_s$，对应第 i 个水平 A_i 的试验指标 $X_i \sim N(\mu_i, \sigma^2)$，独立地进行 n_i 次试验，得到来自 X_i 的样本为 $X_{i1}, X_{i2}, \cdots, X_{in_i}$，$i = 1, 2, \cdots, s$，如表 8-1 所示。

表 8-1　单因素试验模型

因素水平	样本数据			
A_1	X_{11}	X_{12}	$\cdots$	X_{1n_1}
A_2	X_{21}	X_{22}	$\cdots$	X_{2n_2}
$\vdots$	$\vdots$	$\vdots$	$\vdots$	$\vdots$
A_s	X_{s1}	X_{s2}	$\cdots$	X_{sn_s}
目标要求	对显著水平 α，检验假设 $H_0: \mu_1 = \mu_2 = \cdots = \mu_s$ 若 H_0 不真，则对 $1 \leqslant i < j \leqslant s$ 计算 $\mu_i - \mu_j$ 的置信区间			

8.1.2　平方和分解

对单因素试验模型，为检验假设 H_0，需构造合适的检验统计量。设 $n = \sum\limits_{i=1}^{s} n_i$，$\overline{X} = \frac{1}{n} \sum\limits_{i=1}^{s} \sum\limits_{j=1}^{n_i} X_{ij}$，称为**总均值**。$\overline{X}_i = \frac{1}{n_i} \sum\limits_{j=1}^{n_i} X_{ij}$ 为每个来自 X_i 的样本均值，$i = 1, 2, \cdots, s$。

$$S_T = \sum_{i=1}^{s} \sum_{j=1}^{n_i} (X_{ij} - \overline{X})^2 = \sum_{i=1}^{s} \sum_{j=1}^{n_i} [(X_{ij} - \overline{X}_i) + (\overline{X}_i - \overline{X})]^2$$

$$= \sum_{i=1}^{s} \sum_{j=1}^{n_i} (X_{ij} - \overline{X}_i)^2 + \sum_{i=1}^{s} \sum_{j=1}^{n_i} (\overline{X}_i - \overline{X})^2 + 2 \sum_{i=1}^{s} \sum_{j=1}^{n_i} (X_{ij} - \overline{X}_i)(\overline{X}_i - \overline{X})$$

表示试验数据与其均值之间的差别，称为**总偏差平方和**。令 $S_E = \sum\limits_{i=1}^{s} \sum\limits_{j=1}^{n_i} (X_{ij} - \overline{X}_i)^2$，即上式中的第一项。它是由因素的每一级水平 A_i 对应的试验数据与其均值差的平方 $(X_{ij} - \overline{X}_i)^2$ 构成的和，反映了数据的随机误差，称为**误差平方和**。令上式中的第二项为 S_A，即 $S_A = \sum\limits_{i=1}^{s} \sum\limits_{j=1}^{n_i} (\overline{X}_i - \overline{X})^2$，它是由因素的各级水平 A_i 对应的试验数据平均值 $\overline{X}_i$ 与试验数据的总平均值 $\overline{X}$ 差的平方构成的和，反映了因素的各个水平的效应，称为**效应平方和**。

注意上式中的第三项：

$$2 \sum_{i=1}^{s} \sum_{j=1}^{n_i} (X_{ij} - \overline{X}_i)(\overline{X}_i - \overline{X}) = 2 \sum_{i=1}^{s} (\overline{X}_i - \overline{X}) \left[\sum_{j=1}^{n_i} (X_{ij} - \overline{X}_i) \right]$$
$$= 2 \sum_{i=1}^{s} (\overline{X}_i - \overline{X}) \left(\sum_{j=1}^{n_i} X_{ij} - n_i \overline{X}_i \right) = 0$$

于是有引理 8-1。

引理 8-1 对单因素试验模型，总偏差平方和 S_T 可分解为误差平方和 S_E 与效应平方和 S_A 之和，即

$$S_T = S_E + S_A$$

8.1.3 S_E 和 S_A 的统计性质

接下来，分别考察 S_E 和 S_A 的统计性质。

引理 8-2 无论假设 $H_0 : \mu_1 = \mu_2 = \cdots = \mu_s$ 是否为真，均有 $\dfrac{S_E}{\sigma^2} \sim \chi^2(n-s)$（证明见本章附录 A1）。

引理 8-3 若假设 $H_0 : \mu_1 = \mu_2 = \cdots = \mu_s$ 为真，则 $\dfrac{S_A}{\sigma^2} \sim \chi^2(s-1)$（证明见本章附录 A2）。

利用引理 8-2 和引理 8-3 可得

定理 8-1 若假设 $H_0 : \mu_1 = \mu_2 = \cdots = \mu_s = \mu$ 为真，则

(1) $\dfrac{S_A/(s-1)}{S_E/(n-s)} \sim F(s-1, n-s)$。

(2) $S_T/\sigma^2 \sim \chi^2(n-1)$。

证明见本章附录 A3。

8.1.4 假设检验

首先，无论假设 $H_0 : \mu_1 = \mu_2 = \cdots = \mu_s = \mu$ 是否成立，由于 $S_E/\sigma^2 \sim \chi^2(n-s)$，根据定理 4-4，可知 $E(S_E) = (n-s)\sigma^2$。其次，若假设 H_0 为真，$S_A/\sigma^2 \sim \chi^2(s-1)$，故此时

$E(S_A) = (s-1)\sigma^2$。另一方面，若 H_0 不真，即 $\mu_1, \mu_2, \cdots, \mu_s$ 不全等，令 $\mu = \frac{1}{n}\sum_{i=1}^{s} n_i\mu_i$，

则 $E(\overline{X}_i^2) = \frac{\sigma^2}{n_i} + \mu_i^2$，$i = 1, 2, \cdots, s$，$E(\overline{X}^2) = \frac{\sigma^2}{n} + \mu^2$。于是

$$E(S_A) = E\left(\sum_{i=1}^{s} n_i\overline{X}_i^2 - n\overline{X}^2\right)$$

$$= (s-1)\sigma^2 + \sum_{i=1}^{s} n_i\mu_i^2 - n\mu^2$$

$$= (s-1)\sigma^2 + \sum_{i=1}^{s} n_i(\mu_i - \mu)^2$$

即若假设 H_0 不真，$\sum_{i=1}^{s} n_i(\mu_i - \mu)^2 > 0$，这将导致 $E(S_A) > (s-1)\sigma^2$。也就是说，$E(S_A)$ 会因为假设 H_0 不真而增大。等价地，统计量 S_A/S_E 会因为假设 H_0 不真而增大。

这样，我们选择 $\dfrac{S_A/(s-1)}{S_E/(n-s)}$ 作为检验统计量。由定理 8-1 知在 H_0 为真的前提下，$\dfrac{S_A/(s-1)}{S_E/(n-s)} \sim F(s-1, n-s)$。对指定的显著水平 α，当假设 $H_0: \mu_1 = \mu_2 = \cdots = \mu_s = \mu$ 为真时，

$$P\left(\frac{S_A/(s-1)}{S_E/(n-s)} < F_\alpha(s-1, n-s)\right) \geqslant 1 - \alpha$$

即假设 H_0 的拒绝域为 $[F_\alpha(s-1, n-s), +\infty)$。

例 8-3 例 8-1 中影响铝合金薄板的因素是使用不同的机器。设三台不同机器所生产薄板厚度 $X_i \sim N(\mu_i, \sigma^2)$，$i = 1, 2, 3$。其中的参数 μ_1, μ_2, μ_3 和 σ^2 均未知。样本数据为

机器 I: 0.236 0.238 0.248 0.245 0.243
机器 II: 0.257 0.253 0.255 0.254 0.261
机器 III: 0.258 0.264 0.259 0.267 0.262

给定显著水平 $\alpha = 0.05$，检验假设 $H_0: \mu_1 = \mu_2 = \mu_3$，即判断不同的机器是否显著影响薄板的厚度。

解：由题设知 $s = 3$，$n_1 = n_2 = n_3 = 5$，$n = 15$。根据样本数据算得厚度样本总均值 $\overline{X}_1 = 0.253$，对应 3 台不同机器的样本均值 $(\overline{X}_1, \overline{X}_2, \overline{X}_3) = (0.242, 0.256, 0.262)$。由此算得 $S_A = \sum_{i=1}^{s}\sum_{j=1}^{n_i}(\overline{X}_i - \overline{X})^2 = 0.001\ 05$，$S_T = \sum_{i=1}^{s}\sum_{j=1}^{n_i}(X_{ij} - \overline{X})^2 = 0.001\ 245$，$S_E = S_T - S_A = 0.000\ 192$。于是，检验统计量

$$\frac{S_A/(s-1)}{S_E/(n-s)} = 32.917$$

另一方面，对给定的显著水平 $\alpha = 0.05$，查表得 $F_\alpha(s-1, n-s) = F_{0.05}(2, 12) = 3.89$。由于 $\dfrac{S_A/(s-1)}{S_E/(n-s)} = 32.917 > 3.89 = F_\alpha(s-1, n-s)$，故拒绝 $H_0: \mu_1 = \mu_2 = \mu_3$，即判

断不同的机器显著影响薄板的厚度。

练习 8-1　今有某种型号的电池三批，分别由 A、B、C 三家工厂生产。为评比质量，各随机抽取 5 只电池作为样品，经试验得其寿命（h）如下。

$$工厂 A:\ 40\ 42\ 48\ 45\ 38$$
$$工厂 B:\ 26\ 28\ 34\ 32\ 30$$
$$工厂 C:\ 39\ 50\ 40\ 50\ 43$$

试在显著水平 $\alpha = 0.05$ 下检验电池的平均寿命有无显著差异。

参考答案：不同方案对电池寿命有显著影响。

例 8-4　考虑例 8-2 中来自 4 家工厂的电路板的计算响应时间（ms）样本数据：

$$厂家 I:\ 19\ 22\ 20\ 18\ 15$$
$$厂家 II:\ 20\ 21\ 33\ 27\ 40$$
$$厂家 III:\ 16\ 15\ 18\ 26\ 17$$
$$厂家 IV:\ 18\ 22\ 19$$

对显著水平 $\alpha = 0.05$，判断各厂所生产电路板的响应时间均值有无显著差别。

解：按题设，$s = 4$，$n = 18$，$n_1 = n_2 = n_3 = 5$，$n_4 = 3$。设各厂产品响应时间 $X_i \sim N(\mu_i, \sigma^2), i = 1, 2, 3, 4$。要求在显著水平 $\alpha = 0.05$ 下检验假设 $H_0 : \mu_1 = \mu_2 = \mu_3 = \mu_4$。根据样本数据算得样本总均值 $\overline{X} = 21.4$，各厂样本均值 $(\overline{X}_1, \overline{X}_2, \overline{X}_3, \overline{X}_4) = (18.8, 28.2, 18.4, 19.7)$。由此算得 $S_A = 318.97$，$S_T = 714.44$，$S_E = S_T - S_A = 395.47$。于是，$\dfrac{S_A/(s-1)}{S_E/(n-s)} = 3.76$。

另一方面，$F_\alpha(s-1, n-s) = F_{0.05}(3, 14) = 3.34$。由于 $\dfrac{S_A/(s-1)}{S_E/(n-s)} = 3.76 > 3.34 = F_\alpha(s-1, n-s)$，故拒绝假设 H_0，即各厂所生产电路板的响应时间均值有显著差别。

练习 8-2　为寻求飞机控制板上仪表的最佳布置，试验了三个方案。观察领航员在紧急情况下的反应时间（0.1s），随机地选择 28 名领航员，得到他们对于不同的布置方案的反应时间如下。

$$方案 I:\ 14\ 13\ 9\ 15\ 11\ 13\ 14\ 11$$
$$方案 II:\ 10\ 12\ 7\ 11\ 8\ 12\ 9\ 10\ 13\ 9\ 10\ 9$$
$$方案 III:\ 11\ 5\ 9\ 10\ 6\ 8\ 8\ 7$$

试在显著水平 $\alpha = 0.05$ 下检验各个方案的反应时间有无显著差别。

参考答案：差异显著。

8.1.5　参数估计

对于单因素试验，根据引理 8-2 知，无论假设 $H_0 : \mu_1 = \mu_2 = \cdots = \mu_s = \mu$ 是否为真，$S_E/\sigma^2 \sim \chi^2(n-s)$。根据定理 4-4，$E(S_E/\sigma^2) = n-s$，故 $\dfrac{S_E}{n-s}$ 是 σ^2 的无偏估

计。运用 6.2.3 节讨论的方法即可对给定的置信水平 $1-\alpha$ 计算 σ^2 的置信区间

$$\left(\frac{S_E}{\chi^2_{\alpha/2}(n-s)}, \frac{S_E}{\chi^2_{1-\alpha/2}(n-s)}\right)$$

当假设 H_0 为真时，$\overline{X} \sim N(\mu, \sigma^2/n)$，$\overline{X}$ 是 μ 的无偏估计。根据定理 8-1（2）知 $S_T/\sigma^2 \sim \chi^2(n-1)$，且 $\overline{X}$ 与 S_T 相互独立。根据定理 3-10 知 $\dfrac{\overline{X}-\mu}{\sqrt{\dfrac{S_T}{n(n-1)}}} \sim t(n-1)$。

于是，对给定的置信水平 $1-\alpha$，可算得 μ 的置信区间（详见 6.2.2 节的方法）

$$\left(\overline{X} - \sqrt{\frac{S_T}{n(n-1)}}t_{\alpha/2}(n-1), \overline{X} + \sqrt{\frac{S_T}{n(n-1)}}t_{\alpha/2}(n-1)\right)$$

今设 H_0 不真，即 $\mu_1, \mu_2, \cdots, \mu_s$ 不全相等，$\overline{X}_i$ 是 μ_i 的无偏估计 $(i=1,2,\cdots,s)$。需要计算因素的不同水平 A_i 和 A_j 决定的试验指标 X_i 和 X_j 的均值 μ_i 和 μ_j 的差 $\mu_i - \mu_j$ $(1 \leqslant i \neq j \leqslant s)$ 在指定置信度 $1-\alpha$ 下的置信区间。我们知道 $\overline{X}_i - \overline{X}_j \sim N\left(\mu_i - \mu_j, \left(\dfrac{1}{n_i} + \dfrac{1}{n_j}\right)\sigma^2\right)$ 与 $S_E/\sigma^2 (\sim \chi^2(n-s))$ 相互独立，故 $\dfrac{\overline{X}_i - \overline{X}_j - (\mu_i - \mu_j)}{\sqrt{\dfrac{S_E}{n-s}\left(\dfrac{1}{n_i} + \dfrac{1}{n_j}\right)}} \sim$

$t(n-s)$。运用 6.2.4 节的方法算得 $\mu_i - \mu_j$ 置信区间

$$\left(\overline{X}_i - \overline{X}_j - t_{\alpha/2}(n-s)\sqrt{\frac{S_E}{n-s}\left(\frac{1}{n_i}+\frac{1}{n_j}\right)}, \overline{X}_i - \overline{X}_j + t_{\alpha/2}(n-s)\sqrt{\frac{S_E}{n-s}\left(\frac{1}{n_i}+\frac{1}{n_j}\right)}\right)$$

例 8-5 给定置信水平 $1-\alpha=0.95$，计算例 8-3 中的不同机器生产的薄板厚度均值 μ_1, μ_2, μ_3 和方差 σ^2 的置信区间。由于在显著水平 $\alpha=0.05$ 下 μ_1, μ_2, μ_3 显著不同，计算 $\mu_1 - \mu_2$、$\mu_1 - \mu_3$ 及 $\mu_2 - \mu_3$ 的置信区间。

解：由例 8-3 的题设知 $n=15$，$s=3$，由计算结果 $S_E=0.000\ 192$，算得 $\dfrac{S_E}{n-s}=0.000\ 016$。对给定的显著水平 $\alpha=0.05$，查表可得 $\chi^2(n-s)$ 分布的双侧分位点 $\chi^2_{1-\alpha/2}(n-s)=\chi^2_{0.975}(12)=4.404$ 和 $\chi^2_{\alpha/2}(n-s)=\chi^2_{0.025}(12)=23.337$，$\sigma^2$ 的置信区间 $(S_E/\chi^2_{\alpha/2}(n-s), S_E/\chi^2_{1-\alpha/2}(n-s))=(0.000\ 008, 0.000\ 044)$。

例 8-3 中算得 3 台机器生产薄板的厚度样本均值 $\overline{X}_1$，$\overline{X}_2$ 和 $\overline{X}_3$ 分别为 0.242，0.256 和 0.262。由于假设 $H_0: \mu_1 = \mu_2 = \mu_3$ 在显著水平 $\alpha=0.05$ 下被拒绝，对 $1-\alpha=0.95$ 的置信水平，查表得 $t(n-s)$ 分布的双侧分位点 $\pm t_{\alpha/2}(n-s)=\pm t_{0.025}(12)=\pm 2.1788$。由于 $n_1=n_2=n_3=5$，故可算得 $\pm t_{\alpha/2}(n-s)\sqrt{\dfrac{S_E}{n-s}\left(\dfrac{1}{n_i}+\dfrac{1}{n_j}\right)}=$

$\pm 2.1788\sqrt{0.000\ 016\left(\dfrac{1}{5}+\dfrac{1}{5}\right)}=\pm 0.006$。根据对置信水平为 $1-\alpha=0.95$，$\mu_i - \mu_j$ 的

置信区间为

$$\left(\overline{X}_i - \overline{X}_j \pm t_{\alpha/2}(n-s) \sqrt{ \frac{S_E}{n-s} \left(\frac{1}{n_i} + \frac{1}{n_j} \right) } \right)$$

算得 $\mu_1 - \mu_2$，$\mu_1 - \mu_3$ 和 $\mu_2 - \mu_3$ 在置信水平 0.95 下的置信区间分别为 $(-0.02, -0.008)$，$(-0.0026, -0.014)$ 和 $(-0.012, 0)$。

练习 8-3 根据练习 8-1 的计算结果知 A,B 及 C 厂生产的电池平均寿命 μ_A, μ_B, μ_C 在 $\alpha = 0.05$ 的显著水平下有所不同。计算 $\mu_A - \mu_B$，$\mu_A - \mu_C$ 及 $\mu_B - \mu_C$ 在 $1 - \alpha = 0.95$ 的置信水平下的置信区间。

参考答案：$(6.75, 18.45)$，$(-7.65, 4.05)$，$(-20.25, -8.55)$。

8.1.6 Python 解法

由前几节的讨论可知，对单因素试验做方差分析，需要以下 3 个步骤。

（1）做平方和分解 $S_T = S_E + S_A$。

（2）对给定的显著水平 α，检验假设

$$H_0: \mu_1 = \mu_2 = \cdots = \mu_s = \mu$$

（3）在置信水平 $1 - \alpha$ 下，计算参数 σ^2 对应的置信区间；若 H_0 为真，则计算参数 μ 的置信区间。否则计算 $\mu_i - \mu_j$，$1 \leqslant i < j \leqslant s$ 的置信区间。

下面为每一步骤设计一个函数。

1. 平方和分解

下列代码定义了完成对单因素试验数据的平方和分解函数。

```
1  import numpy as np                                          #导入numpy
2  def sfeDecompose(X):                                        #X为试验样本数据
3      s=X.shape[0]                                            #水平数s
4      n=np.array([X[i].size for i in range(s)])               #各水平样本容量
5      nt=n.sum()                                              #样本数据总容量
6      X_bar=np.array([X[i].mean() for i in range(s)])         #各水平样本均值
7      Xt_bar=(X_bar*n).sum()/nt                               #样本数据总均值
8      ST=np.sum([((X[i]-Xt_bar)**2).sum() for i in range(s)]) #总偏差平方和ST
9      SA=(n*(X_bar**2)).sum()-nt*(Xt_bar**2)                  #效应平方和SA
10     SE=ST-SA                                                #误差平方和
11     return (n, s, X_bar, Xt_bar, ST, SA, SE)
```

程序 8.1 单因素试验数据平方和分解函数定义

函数 sfeDecompose（sfe 是 single-factor experiment（单因素试验）的缩写）的参数 X 表示单因素试验的样本数据。这是一个数组的数组：每一个元素 X[i] 表示来自对应水平 A_i 的试验指标 X_i 的样本数据 $(X_{i1}, X_{i2}, \cdots, X_{in_i})$，也表示成数组。第 3 行计

算因素个数 s——X 的行数。第 4 行计算对应每个水平的样本容量 n_i，存于数组 n。第 5 行计算数据总容量 $n = \sum\limits_{i=1}^{s} n_i$ 为 nt。第 6 行计算对应每个水平的样本均值 $\overline{X}_i$，存于数组 X_bar。第 7 行计算数据总均值 $\overline{X} = \dfrac{1}{n}\sum\limits_{i=1}^{2} n_i\overline{X}_i$ 为 Xt_bar。第 8 行计算总变差平方和 $S_T = \sum\limits_{i=1}^{s}\sum\limits_{j=1}^{n_i}(X_{ij} - \overline{X})^2$ 为 ST。第 9 行计算效应平方和 $S_A = \sum\limits_{i=1}^{s} n_i\overline{X}_i^2 - n\overline{X}^2$ 为 SA。第 10 行计算误差平方和 $S_E = S_T - S_A$ 为 SE。第 11 行将所有计算结果作为一个元组返回。

将程序 8.1 的代码写入文件 utility.py，以便调用。

2. 假设检验

准备好了数据后，下列代码定义了在 α 显著水平下对假设 $H_0: \mu_1 = \mu_2 = \cdots = \mu_s = \mu$ 的检验。

```
1  from utility import ftest              #导入ftest
2  def sfeTest(n, s, SA, SE, alpha):
3      nt=n.sum()                         #数据总容量
4      F=(nt−s)/(s−1)*SA/SE               #检验统计量值
5      pvalue=ftest(F, s−1, nt−s, 'greater')  #F分布的分位点
6      return pvalue>=alpha
```

程序 8.2 单因素试验假设检验函数定义

函数 sfeTest 的参数 n，s，SA，SE 和 alpha 中除了 alpha 表示的是显著水平 α 外，其余的均与函数 sfeDecompose 函数中所得的同名变量意义相同，此不赘述。第 3 行计算数据总容量 $n = \sum\limits_{i=1}^{s} n_i$，第 4 行计算检验统计量值 $\dfrac{S_A/(s-1)}{S_E/(n-s)}$ 为 F。第 5 行调用程序 7.14 定义的 ftest 函数计算假设 $H_0: \mu_1 = \mu_2 = \cdots = \mu_s = \mu$ 的检验 p 值为 pvalue。第 6 行的返回值 pvalue>=alpha 若为真，则接受假设 H_0，否则拒绝。

将程序 8.2 的代码写入文件 utility.py，以便调用。

3. 参数估计

下列代码定义了对单因素试验的各个参数进行区间估计的函数。

```
1  import numpy as np
2  from utility import muBounds, sigma2Bounds
3  def sfeEstimat(accept, n, s, X_bar, Xt_bar, ST, SE, alpha):
4      ans=[]                                    #初始化返回值
5      nt=n.sum()                                #数据总容量
6      (a, b)=sigma2Bounds(SE, nt−s, 1−alpha)    #sigma^2的置信区间
7      ans.append((a, b))
8      if accept:                                #若H0为真
```

```
9        d=np.sqrt(ST/(nt−1)/nt)
10       (a, b)=muBounds(Xt_bar, d, 1−alpha, nt−1)      #计算mu的置信区间
11       ans.append((a, b))
12   else:                                              #若H0为假
13       for i in range(s):                             #对每个i
14           for j in range(i+1, s):                    #对每个j > i
15               mean=X_bar[i]−X_bar[j]                  #差mui − muj
16               S_E=SE/(nt−s)                           #sigma^2估计值
17               d=np.sqrt(S_E*(1/n[i]+1/n[j]))          #置信区间增量因子
18               (a, b)=muBounds(mean, d, 1−alpha, nt−s) #置信区间
19               ans.append((a, b))                      #置信区间
20   return np.array(ans)
```

程序 8.3 单因素试验参数估计的 Python 函数定义

函数 sfeEstimat 的参数 accept 表示是否接受假设 H_0，除此之外的其他参数均与由调用函数 sfeDecompose 算得的同名变量的意义相同，此不赘述。第 4 行将返回值 ans 初始化为空的 list。第 5 行计算数据总容量 nt。第 6 行调用 6.2.6 节中程序 6.11 定义的计算正态总体 $N(\mu,\sigma^2)$ 的参数 σ^2 的函数 sigma2Bounds（第 3 行导入），计算参数 σ^2 的置信水平为 $1-\alpha$ 的置信区间。第 7 行将区间数据 (a,b) 加入 ans。第 8~18 行的 **if-else** 语句分别就假设 H_0 为真或假计算 μ 的置信区间或诸 $\mu_i-\mu_j$，$1\leqslant i<j\leqslant s$ 的置信区间。其中，第 9~10 行调用第六章程序 6.5 定义的计算正态总体参数 μ 的置信区间的函数 muBounds（第 3 行导入），计算参数 μ 的置信水平为 $1-\alpha$ 的置信区间 (a,b)，第 11 行将 (a,b) 加入 ans。第 13~19 行的双重 **for** 语句，计算诸 $\mu_i-\mu_j$ 的置信水平为 $1-\alpha$ 的置信区间。第 15 行计算差 $\overline{X}_i-\overline{X}_j$ 为 mean，第 16 行计算 σ^2 的无偏估计值 $\dfrac{S_E}{n-s}$ 为 S_E，第 17 行计算置信区间增量因子 $\sqrt{\dfrac{S_E}{n-s}\left(\dfrac{1}{n_i}+\dfrac{1}{n_j}\right)}$ 为 d。第 18 行调用函数 muBounds 计算 $\mu_i-\mu_j$ 的置信区间。

将程序 8.3 的代码写入文件 utility.py，以便调用。利用函数 sfeDecompose、sfeTest 和 sfeEstimate 可以快速计算单因素试验方差分析。下列代码定义了单因素试验的方差分析计算函数。

```
1   from utility import sfeDecompose,sfeTest,sfeEstimat        #导入功能函数
2   def sfeVarianceAnalysis(X,alpha):
3       (n, s, X_bar, Xt_bar, ST, SA, SE)=sfeDecompose(X)      #平方和分解
4       accept=sfeTest(n, s, SA, SE, alpha)#假设检验
5       ans=sfeEstimat(accept, n, s, X_bar, Xt_bar, ST, SE, alpha)  #参数估计
6       print('显著水平%.3f下H0为%s'%(alpha,accept))           #输出检验结果
7       print('置信水平%.3f下：'%(1−alpha))                     #输出置信区间
8       print('sigma^2的置信区间为(%.6f, %.6f)'%(ans[0][0], ans[0][1]))
9       if accept:
```

```
10        print('mu的置信区间为(%.4f, %.4f)'%(ans[1][0], ans[1][1]))
11    else:
12        k=0
13        for i in range(s):
14            for j in range(i+1, s):
15                print('mu%d−mu%d的置信区间为(%.4f, %.4f)'
16                    %(i+1, j+1, ans[1+k][0], ans[1+k][1]))
17                k=k+1
```

程序 8.4　计算单因素试验方差分析的 Python 函数定义

sfeVarianceAnalysis 函数的两个参数 X 和 alpha 分别表示单因素试验的数据（见表 8-1）和检验水平 α（$1-\alpha$ 为置信水平）。第 3、4、5 行分别调用 sfeDecompose，sfeTest 和 sfeEstimat 函数（第 1 行导入）对由 X 和 alpha 确定的单因素试验实施方差分析三大步骤：平方和分解、假设检验和参数估计，计算结果分别存储于 accept 和 ans 中。第 6 行输出假设 H_0 的检验结果，第 8 行输出参数 σ^2 的置信区间（存储在 ans[0] 中），第 9~17 行的 if-else 语句分别就 H_0 为真或假输出存储在 ans[1:] 中的参数 μ 或诸 $\mu_i-\mu_j$（$1\leqslant i<j\leqslant s$）的置信区间。

将程序 8.4 的代码写入文件 utility.py，以备调用。对实际的单因素试验，只需将数据模型化为数组 X，确定显著水平 α 为 alpha，传递给函数 sfeVarianceAnalysis 即可得到对应的输出。

例 8-6　运用函数 sfeVarianceAnalysis，完成例 8-3 和例 8-5 中对三种不同机器生产的铝合金薄板问题的方差分析。

解： 下列代码完成计算。

```
1  import numpy as np                                      #导入numpy
2  from utility import sfeVarianceAnalysis                 #导入功能函数
3  alpha=0.05                                              #显著水平
4  X=np.array([np.array([0.236, 0.238, 0.248, 0.245, 0.243]),  #试验数据
5         np.array([0.257, 0.253, 0.255, 0.254, 0.261]),
6         np.array([0.258, 0.264, 0.259, 0.267, 0.262])])
7  sfeVarianceAnalysis(X,alpha)                            #计算方差分析
```

程序 8.5　计算例 8-3 和例 8-5 中单因素试验方差分析的 Python 程序

程序的第 3 行设置显著水平 alpha 为 0.05，第 4~6 行设置本例的单因素试验数据模型 X（参见例 8-3）。第 7 行调用函数 sfeVarianceAnalysis（第 2 行导入）。运行程序，输出如下。

```
显著水平0.050下H0为False
置信水平0.950下：
sigma^2的置信区间为(0.000008, 0.000044)
mu1−mu2的置信区间为(−0.0195, −0.0085)
```

mu1−mu3的置信区间为(−0.0255, −0.0145)

mu2−mu3的置信区间为(−0.0115, −0.0005)

练习 8-4 用 Python 计算练习 8-1 和练习 8-3 中描述的单因素试验的方差分析。

参考答案： 见文件 chapter08.ipynb 中对应代码。

8.2 双因素试验的方差分析

8.2.1 双因素等重复试验模型

影响试验指标的因素可能有两个，请看下面两个例子。

例 8-7 一火箭使用四种燃料，三种推进器做射程试验。每种燃料与每种推进器的组合各发射火箭两次，得射程（单位：海里）如表 8-2 所示。

表 8-2 火箭射程

燃料（A）	推进器（B）		
	B_1	B_2	B_3
A_1	58.2, 52.6	56.2, 41.2	65.3, 60.8
A_2	49.1, 42.8	54.1, 50.5	51.6, 48, 4
A_3	60.1, 58.3	70.9, 73.2	39.2, 40.7
A_4	75.8, 71.5	58.2, 51.0	48.7, 41.4

假定火箭对应第 i 种燃料，第 j 种推进器的射程 $X_{ij} \sim N(\mu_{ij}, \sigma^2)$，$1 \leqslant i \leqslant 4$，$1 \leqslant j \leqslant 3$。希望通过对试验数据的分析，判断选择最佳的燃料与推进器的搭配。

例 8-8 在某种金属材料的生产过程中，对热处理时间（因素 A）和热处理温度（因素 B）各取两个水平，对不同时间与温度的组合均独立重复试验两次，产品强度的测定结果如表 8-3 所示。

表 8-3 产品强度测定

时间（A）	温度（B）	
	B_1	B_2
A_1	38.0, 38.6	47.0, 44.8
A_2	45.0, 43.8	42.4, 40.8

假定对应第 i 段处理时间，第 j 种处理温度材料的强度 $X_{ij} \sim N(\mu_{ij}, \sigma^2)$，$1 \leqslant i \leqslant 2$，$1 \leqslant j \leqslant 2$。希望判断选择使得强度最大的处理时间和处理温度的搭配。

上述两个例子中的试验有如下共同特性。

（1）影响试验指标有两个因素 A 和 B，各自有有限个不同水平：$A_1, A_2, \cdots, A_r$ 和 $B_1, B_2, \cdots, B_s$。

（2）对每一对因素水平组合 (A_i, B_j)（$1 \leqslant i \leqslant r$，$1 \leqslant j \leqslant s$），试验指标 $X_{ij} \sim N(\mu_{ij}, \sigma^2)$，其中的参数 μ_{ij} 和 σ^2 均未知。独立地重复进行 t 次试验，得到容量为 t 的样本 $(X_{ij1}, X_{ij2}, \cdots, X_{ijt})$。

（3）希望判断因素 A 是否显著影响试验指标，因素 B 是否影响试验指标，因素 A 和 B 是否交互地影响试验指标。

将具有上述三个特性的随机试验称为**双因素等重复试验**。为形式化地描述双因素等重复试验的特性（3），令 $\mu = \dfrac{1}{rs} \sum\limits_{i=1}^{r} \sum\limits_{j=1}^{s} \mu_{ij}$，反映了试验指标的总均值，称为**总平均**。

令 $\mu_{i\cdot} = \dfrac{1}{s} \sum\limits_{j=1}^{s} \mu_{ij}$，$\mu_{i\cdot} - \mu$ 反映了因素 A 的第 i 个水平 A_i 对试验指标均值的影响，称为 A_i 的**效应**，$i = 1, 2, \cdots, r$。令 $\mu_{\cdot j} = \dfrac{1}{r} \sum\limits_{i=1}^{r} \mu_{ij}$，$\mu_{\cdot j}$ 反映了因素 B 的第 j 个水平 B_j 对试验指标的影响，称为 B_j 的**效应**，$j = 1, 2 \cdots, s$。将 $\mu_{ij} - \mu_{i\cdot} - \mu_{\cdot j} + \mu$ 称为水平 A_i 和 B_j 的**交互效应**。

当因素 A 并不单独显著影响试验指标时，有理由相信 $\mu_{1\cdot} = \mu_{2\cdot} = \cdots = \mu_{r\cdot}$。此时 $\mu_{i\cdot} = \mu$，即水平 A_i 的效应

$$\mu_{i\cdot} - \mu = 0, i = 1, 2, \cdots, r$$

类似地，若因素 B 不单独显著影响试验指标，则应有 B_j 的效应

$$\mu_{\cdot j} - \mu = 0, j = 1, 2, \cdots, s$$

当因素 A 和 B 均不显著影响试验指标时，应有 $\mu_{ij} = \mu_{i\cdot} = \mu_{\cdot j} = \mu$，$i = 1, 2, \cdots, r$；$j = 1, 2, \cdots, s$。即水平 A_i 和 B_j 的交互效应

$$\mu_{ij} - \mu_{i\cdot} - \mu_{\cdot j} + \mu = 0, i = 1, 2, \cdots, r; j = 1, 2, \cdots, s$$

这样，可以将双因素等重复试验模型表示为如表 8-4 所示。

表 8-4 双因素等重复试验模型

因素 A ＼ 因素 B	B_1	B_2	$\cdots$	B_s
A_1	$X_{111}, \cdots, X_{11t}$	$X_{121}, \cdots, X_{12t}$	$\cdots$	$X_{1s1}, \cdots, X_{1st}$
A_2	$X_{211}, \cdots, X_{21t}$	$X_{221}, \cdots, X_{22t}$	$\cdots$	$X_{2s1}, \cdots, X_{2st}$
$\vdots$	$\vdots$	$\vdots$	$\cdots$	$\vdots$
A_r	$X_{r11}, \cdots, X_{r1t}$	$X_{r21}, \cdots, X_{r2t}$	$\cdots$	$X_{rs1}, \cdots, X_{rst}$
目标要求	对给定显著水平 α 检验假设 $H_{01}: \mu_{i\cdot} - \mu = 0; i = 1, 2, \cdots, r$ $H_{02}: \mu_{\cdot j} - \mu = 0; j = 1, 2, \cdots, s$ $H_{03}: \mu_{ij} - \mu_{i\cdot} - \mu_{\cdot j} + \mu = 0$ $i = 1, 2, \cdots, r; j = 1, 2, \cdots, s$			

8.2.2　平方和分解

对如表 8-4 所示双因素等重复试验模型，令

$$\overline{X} = \frac{1}{rst}\sum_{i=1}^{r}\sum_{j=1}^{s}\sum_{k=1}^{t}X_{ijk}$$

$$\overline{X}_{ij} = \frac{1}{t}\sum_{k=1}^{t}X_{ijk}, i=1,2,\cdots,r; j=1,2,\cdots,s$$

$$\overline{X}_{i.} = \frac{1}{st}\sum_{j=1}^{s}\sum_{k=1}^{t}X_{ijk} = \frac{1}{s}\sum_{j=1}^{s}\overline{X}_{ij}, i=1,2,\cdots,r$$

$$\overline{X}_{.j} = \frac{1}{rt}\sum_{i=1}^{r}\sum_{k=1}^{t}X_{ijk} = \frac{1}{r}\sum_{i=1}^{r}\overline{X}_{ij}, j=1,2\cdots,s$$

$$S_T = \sum_{i=1}^{r}\sum_{j=1}^{s}\sum_{k=1}^{t}(X_{ijk}-\overline{X})^2$$

其中，$\overline{X}$ 为样本总均值，$\overline{X}_{i.}$ 为因素水平 A_i 对应的样本均值，$\overline{X}_{.j}$ 为因素水平 B_j 对应的样本均值，S_T 为样本总偏差平方和。

$$\begin{aligned}
S_T &= \sum_{i=1}^{r}\sum_{j=1}^{s}\sum_{k=1}^{t}(X_{ijk}-\overline{X})^2 \\
&= \sum_{i=1}^{r}\sum_{j=1}^{s}\sum_{k=1}^{t}[(X_{ijk}-\overline{X}_{ij})+(\overline{X}_{i.}-\overline{X})+(\overline{X}_{.j}-\overline{X})+ \\
&\quad (\overline{X}_{ij}-\overline{X}_{i.}-\overline{X}_{.j}+\overline{X})]^2 \\
&= \sum_{i=1}^{r}\sum_{j=1}^{s}\sum_{k=1}^{t}(X_{ijk}-\overline{X}_{ij})^2 + st\sum_{i=1}^{r}(\overline{X}_{i.}-\overline{X})^2 + \\
&\quad rt\sum_{j=1}^{s}(\overline{X}_{.j}-\overline{X})^2 + t\sum_{i=1}^{r}\sum_{j=1}^{s}(\overline{X}_{ij}-\overline{X}_{i.}-\overline{X}_{.j}+\overline{X})^2
\end{aligned}$$

令 $S_E = \sum_{i=1}^{r}\sum_{j=1}^{s}\sum_{k=1}^{t}(X_{ijk}-\overline{X}_{ij})^2$，称为**误差平方和**；$S_A = st\sum_{i=1}^{r}(\overline{X}_{i.}-\overline{X})^2$，称为**因素 A 的效应平方和**；$S_B = rt\sum_{j=1}^{s}(\overline{X}_{.j}-\overline{X})^2$，称为**效应 B 的平方和**；$S_{AB} = t\sum_{i=1}^{r}\sum_{j=1}^{s}(\overline{X}_{ij}-\overline{X}_{i.}-\overline{X}_{.j}+\overline{X})^2$，称为**因素 A 与 B 的交互效应平方和**。与 8.1 节讨论的单因素试验模型中的总变差分解引理 8-1 相似，我们有

引理 8-4　双因素等重复试验的样本总偏差平方和 S_T，可以分解为误差平方和与各效应平方和之和，即

$$S_T = S_E + S_A + S_B + S_{AB}$$

8.2.3　假设检验

用 8.1 节相同的方法可以证实 S_E, S_A, S_B, S_{AB} 具有如下的统计性质。

引理 8-5 对双因素等重复试验，

(1) S_E、S_A、S_B 和 S_{AB} 相互独立。

(2) $S_E \sim \chi^2(rs(t-1))$。

(3) 若假设 $H_{01}: \mu_i. - \mu = 0, i = 1, 2, \cdots, r$ 为真，则 $S_A \sim \chi^2(r-1)$。此时 $E\left(\dfrac{S_A}{r-1}\right) = \sigma^2$，而当 H_{01} 不真时，$E\left(\dfrac{S_A}{r-1}\right) > \sigma^2$。

(4) 若假设 $H_{02}: \mu_{\cdot j} - \mu = 0, j = 1, 2, \cdots, s$ 为真，则 $S_B \chi^2(s-1)$。此时 $E\left(\dfrac{S_B}{s-1}\right) = \sigma^2$，而当 H_{02} 不真时，$E\left(\dfrac{S_B}{s-1}\right) > \sigma^2$。

(5) 若假设 $H_{03}: \mu_{ij} - \mu_i. - \mu_{\cdot j} + \mu = 0,\ i = 1, 2, \cdots, r, j = 1, 2, \cdots, s$，则 $S_{AB} \sim \chi^2((r-1)(s-1))$。此时 $E\left(\dfrac{S_{AB}}{(r-1)(s-1)}\right) = \sigma^2$，而当 H_{03} 不真时，$E\left(\dfrac{S_{AB}}{(r-1)(s-1)}\right) > \sigma^2$。

利用引理 8-5，可得

定理 8-2 对给定的显著水平 α，

(1) 若 H_{01} 为真，则 $\dfrac{S_A/(r-1)}{S_E/(rs(t-1))} \sim F(r-1, rs(t-1))$，且 H_{01} 的拒绝域为 $[F_\alpha(r-1, rs(t-1)), +\infty)$。

(2) 若 H_{02} 为真，则 $\dfrac{S_B/(s-1)}{S_E/(rs(t-1))} \sim F(s-1, rs(t-1))$，且 H_{02} 的拒绝域为 $[F_\alpha(s-1, rs(t-1)), +\infty)$。

(3) 若 H_{03} 为真，则 $\dfrac{S_{AB}/((r-1)(s-1))}{S_E/(rs(t-1))} \sim F((r-1)(s-1), rs(t-1))$，且 H_{03} 的拒绝域为 $[F_\alpha((r-1)(s-1), rs(t-1)), +\infty)$。

利用定理 8-2，可以对双因素等重复试验做方差分析。

例 8-9 对例 8-7 中影响火箭射程的两个因素——燃料和推进器的试验，在显著水平 $\alpha = 0.05$ 下做方差分析。

解：按题设，$r = 4, s = 3, t = 2$。根据试验数据，算得 $\overline{X} = 54.99$，$\begin{pmatrix} \overline{X}_{11} & \overline{X}_{12} & \overline{X}_{13} \\ \overline{X}_{21} & \overline{X}_{22} & \overline{X}_{23} \\ \overline{X}_{31} & \overline{X}_{32} & \overline{X}_{33} \\ \overline{X}_{41} & \overline{X}_{42} & \overline{X}_{43} \end{pmatrix}$

$= \begin{pmatrix} 55.4 & 48.7 & 63.05 \\ 45.95 & 52.3 & 50.00 \\ 59.20 & 72.05 & 39.95 \\ 73.65 & 54.60 & 45.05 \end{pmatrix}, \begin{pmatrix} \overline{X}_{1.} \\ \overline{X}_{2.} \\ \overline{X}_{3.} \\ \overline{X}_{4.} \end{pmatrix} = \begin{pmatrix} 55.72 \\ 49.42 \\ 57.07 \\ 57.77 \end{pmatrix}, (\overline{X}_{.1}, \overline{X}_{.2}, \overline{X}_{.3}) = (58.55, 56.91, 49.51)$。

由此算得 $S_T = \sum\limits_{i=1}^{4} \sum\limits_{j=1}^{3} \sum\limits_{k=1}^{2} (X_{ijk} - \overline{X})^2 = 2638.30$，$S_A = 3 \times 2 \sum\limits_{i=1}^{4} (\overline{X}_{i.} - \overline{X})^2 = 261.68$，

$$S_B = 4 \times 2 \sum_{j=1}^{3} (\overline{X}_{.j} - \overline{X})^2 = 370.98, \quad S_{AB} = 2 \sum_{i=1}^{4} \sum_{j=1}^{3} (\overline{X}_{ij} - \overline{X}_{i.} - \overline{X}_{.j} + \overline{X})^2 = 1768.69,$$
$$S_E = S_T - S_A - S_B - S_{AB} = 236.95.$$

有了这些数据，对给定的显著水平 $\alpha = 0.05$，根据定理 8-2，

（1）$F_\alpha(r-1, rs(t-1)) = F_{0.05}(3, 12) = 3.49$，$\dfrac{S_A/(r-1)}{S_E/(rs(t-1))} = \dfrac{12S_A}{3S_E} = 4.42$。因

$\dfrac{S_A/(r-1)}{S_E/(rs(t-1))} > F_\alpha(r-1, rs(t-1))$，故拒绝假设 H_{01}，即燃料因素显著影响火箭射

程。由试验数据观察到第四种燃料比其他燃料使火箭射程（$\overline{X}_{4.} = 57.77$）更长。

（2）$F_\alpha(s-1, rs(t-1)) = F_{0.05}(2, 12) = 3.89$，$\dfrac{S_B/(s-1)}{S_E/(rs(t-1))} = \dfrac{12S_B}{2S_E} = 9.89$。因

$\dfrac{S_B/(s-1)}{S_E/(rs(t-1))} > F_\alpha(s-1, rs(t-1))$，故拒绝假设 H_{02}，即推进器因素也显著影响火箭

射程。第一种推进器比其他推进器使火箭射程（$\overline{X}_{.1} = 58.55$）更长。

（3）$F_\alpha((r-1)(s-1), rs(t-1)) = F_{0.05}(6, 12) = 3.00$，$\dfrac{S_B/((r-1)(s-1))}{S_E/(rs(t-1))} =$

$\dfrac{12S_{AB}}{6S_E} = 8.38$。因 $\dfrac{S_{AB}/((r-1)(s-1))}{S_E/(rs(t-1))} > F_\alpha((r-1)(s-1), rs(t-1))$，故拒绝假设

H_{03}，即燃料和推进器交互地显著影响火箭射程。从试验数据中可观察到第三种燃料和
第二种推进器组合（$\overline{X}_{32} = 72.05$）与第四种燃料和第一种推进器的组合，使火箭射程
（$\overline{X}_{41} = 73.65$）比其他组合远得多。

练习 8-5　表 8-5 给出某种化工过程在三种浓度和四种温度水平下得率的数据。

表 8-5　不同浓度和不同温度下的得率

浓度（A） ＼ 温度（B）	B_1	B_2	B_3	B_4
A_1	14, 10	11, 11	13, 9	10, 12
A_2	9, 7	10, 8	7, 11	6, 10
A_3	5, 11	13, 14	12, 13	14, 10

试在显著水平 $\alpha = 0.05$ 下检验：在不同浓度下得率均值是否有显著差异，在不同
温度下得率的均值是否有显著差异，交互作用的效应是否显著。

参考答案：只有浓度的差异是显著的。

例 8-10　对例 8-8 中的影响金属强度的因素热处理时间和温度，在显著水平 $\alpha = 0.05$ 下做方差分析。

解：按题设，$r = s = t = 2$。根据试验数据，算得 $\overline{X} = 42.55$，$\begin{pmatrix} \overline{X}_{11} & \overline{X}_{12} \\ \overline{X}_{21} & \overline{X}_{22} \end{pmatrix} =$

$\begin{pmatrix} 38.3 & 45.9 \\ 44.4 & 41.6 \end{pmatrix}$，$\begin{pmatrix} \overline{X}_{1.} \\ \overline{X}_{2.} \end{pmatrix} = \begin{pmatrix} 42.10 \\ 43.00 \end{pmatrix}$，$(\overline{X}_{.1}, \overline{X}_{.2}) = (41.35, 43.75)$。由此算得 $S_T =$

$$\sum_{i=1}^{2}\sum_{j=1}^{2}\sum_{k=1}^{2}(X_{ijk}-\overline{X})^2=71.82,\ S_A=2\times2\sum_{i=1}^{2}(\overline{X}_{i.}-\overline{X})^2=1.62,\ S_B=2\times2\sum_{j=1}^{2}(\overline{X}_{.j}-$$

$$\overline{X})^2=11.52, S_{AB}=2\sum_{i=1}^{2}\sum_{j=1}^{2}(\overline{X}_{ij}-\overline{X}_{i.}-\overline{X}_{.j}+\overline{X})^2=54.08, S_E=S_T-S_A-S_B-S_{AB}=$$

4.6。

对给定的显著水平 $\alpha=0.05$，根据定理 8-2，

(1) $F_\alpha(r-1,rs(t-1))=F_{0.05}(1,4)=7.71$，$\dfrac{S_A/(r-1)}{S_E/(rs(t-1))}=\dfrac{4S_A}{S_E}=1.4$。因

$\dfrac{S_A/(r-1)}{S_E/(rs(t-1))}<F_\alpha(r-1,rs(t-1))$，故接受假设 H_{01}，即热处理时间并不显著影响金

属强度。

(2) $F_\alpha(s-1,rs(t-1))=F_{0.05}(1,4)=7.71$，$\dfrac{S_B/(s-1)}{S_E/(rs(t-1))}=\dfrac{4S_B}{S_E}=10.0$。因

$\dfrac{S_B/(s-1)}{S_E/(rs(t-1))}>F_\alpha(s-1,rs(t-1))$，故拒绝假设 H_{02}，即热处理温度显著影响金属强

度。第二种热处理温度比第一种温度使金属强度（$\overline{X}_{.2}$）更高。

(3) $F_\alpha((r-1)(s-1),rs(t-1))=F_{0.05}(1,4)=7.71$，$\dfrac{S_B/((r-1)(s-1))}{S_E/(rs(t-1))}=\dfrac{4S_{AB}}{S_E}=$

47.0。因 $\dfrac{S_{AB}/((r-1)(s-1))}{S_E/(rs(t-1))}>F_\alpha((r-1)(s-1),rs(t-1))$，故拒绝假设 H_{03}，即处

理时间和温度交互地显著影响金属强度，第一种处理时间和第二种处理温度的搭配使金

属强度（$\overline{X}_{12}=49.5$）更高。

练习 8-6　表 8-6 记录了三位操作工分别在四台不同机器上操作三天的日产量。

表 8-6　机器日产量

机器（B） 操作工（A）	B_1	B_2	B_3
A_1	15, 15, 17	19, 19, 16	16, 18, 21
A_2	17, 17, 17	15, 15, 15	19, 22, 22
A_3	15, 17, 16	18, 17, 16	18, 18, 18
A_4	18, 20, 22	15, 16, 17	17, 17, 17

在显著水平 $\alpha=0.05$ 下检验操作工之间的差异是否显著，机器之间差异是否显著，
交互影响是否显著。

参考答案：机器间无显著差异，操作工和交互影响有显著差异。

8.2.4　双因素无重复试验的方差分析

在表 8-4 表示的双因素试验模型中，为检验交互效应，每一对因素水平组合 (A_i,B_j)
都进行了 $t>1$ 次试验。如果不考虑交互效应，则每对因素组合只做一次试验，于是
表 8-4 简化为表 8-7。

表 8-7 双因素无重复试验模型

因素 A \ 因素 B	B_1	B_2	$\cdots$	B_s
A_1	X_{11}	X_{12}	$\cdots$	X_{1s}
A_2	X_{21}	X_{22}	$\cdots$	X_{2s}
$\vdots$	$\vdots$	$\vdots$	$\vdots$	$\vdots$
A_r	X_{r1}	X_{r2}	$\cdots$	X_{rs}
目标要求	对给定显著水平 α 检验假设 $H_{01}: \mu_{i\cdot} - \mu = 0, i = 1,2,\cdots,r$ $H_{02}: \mu_{\cdot j} - \mu = 0, j = 1,2,\cdots,s$			

称为**双因素无重复试验模型**。其中，$X_{ij} \sim N(\mu_{ij}, \sigma^2)$ 相互独立，$\mu_{i\cdot} = \dfrac{1}{s}\sum\limits_{j=1}^{s}\mu_{ij}$，$\mu_{\cdot j} = \sum\limits_{i=1}^{r}\mu_{ij}$，$i = 1,2,\cdots,r, j = 1,2,\cdots,s$，$\mu = \dfrac{1}{rs}\sum\limits_{i=1}^{r}\sum\limits_{j=1}^{s}\mu_{ij}$。

在双因素无重复试验模型中，令 $\overline{X} = \dfrac{1}{rs}\sum\limits_{i=1}^{r}\sum\limits_{j=1}^{s}X_{ij}$，$\overline{X}_{i\cdot} = \dfrac{1}{r}\sum\limits_{j=1}^{s}X_{ij}$，$\overline{X}_{\cdot j} = \dfrac{1}{r}\sum\limits_{i=1}^{r}X_{ij}$，$i = 1,2,\cdots,r, j = 1,2,\cdots,s$。于是样本总偏差平方和

$$S_T = \sum_{i=1}^{r}\sum_{j=1}^{s}(X_{ij} - \overline{X})^2$$

$$= \sum_{i=1}^{r}\sum_{j=1}^{s}[(\overline{X}_{i\cdot} - \overline{X}) + (\overline{X}_{\cdot j} - \overline{X}) + (X_{ij} - \overline{X}_{i\cdot} - \overline{X}_{\cdot j} + \overline{X})]^2$$

$$= \sum_{i=1}^{r}\sum_{j=1}^{s}(\overline{X}_{i\cdot} - \overline{X})^2 + \sum_{i=1}^{r}\sum_{j=1}^{s}(\overline{X}_{\cdot j} - \overline{X})^2 + \sum_{i=1}^{r}\sum_{j=1}^{s}(X_{ij} - \overline{X}_{i\cdot} - \overline{X}_{\cdot j} + \overline{X})^2$$

最后的式子中省略了为零的各交叉项。令因素 A 的效应平方和 $S_A = \sum\limits_{i=1}^{r}\sum\limits_{j=1}^{s}(\overline{X}_{i\cdot} - \overline{X})^2 = s\sum\limits_{i=1}^{r}(\overline{X}_{i\cdot} - \overline{X})^2$，因素 B 的效应平方和 $S_B = \sum\limits_{i=1}^{r}\sum\limits_{j=1}^{s}(\overline{X}_{\cdot j} - \overline{X})^2 = r\sum\limits_{j=1}^{s}(\overline{X}_{\cdot j} - \overline{X})^2$，误差平方和 $S_E = \sum\limits_{i=1}^{r}\sum\limits_{j=1}^{s}(X_{ij} - \overline{X}_{i\cdot} - \overline{X}_{\cdot j} + \overline{X})^2$。

引理 8-6 双因素无重复试验模型的样本总偏差平方和 S_T 为因素 A 与 B 的效应偏差和 S_A、S_B 与误差平方和 S_E 之和，即

$$S_T = S_E + S_A + S_B$$

引理 8-7 对双因素无重复试验模型：

(1) S_E、S_A、S_B 相互独立。

（2）$S_E \sim \chi^2((r-1)(s-1))$。

（3）若假设 H_{01} 为真，则 $S_A \sim \chi^2(r-1)$ 且 $E\left(\dfrac{S_A}{r-1}\right) = \sigma^2$。当 H_{01} 不真时，$E\left(\dfrac{S_A}{r-1}\right) > \sigma^2$。

（4）若假设 H_{02} 为真，则 $S_B \sim \chi^2(s-1)$ 且 $E\left(\dfrac{S_B}{s-1}\right) = \sigma^2$。当 H_{02} 不真时，$E\left(\dfrac{S_B}{s-1}\right) > \sigma^2$。

定理 8-3 给定显著水平 α，对双因素无重复试验模型：

（1）假设 $H_{01}: \mu_{i\cdot} = \mu, i = 1, 2, \cdots, r$ 为真，则 $\dfrac{(s-1)S_A}{S_E} \sim F(r-1, (r-1)(s-1))$，$H_{01}$ 的拒绝域为 $[F_\alpha(r-1, (r-1)(s-1)), +\infty)$。

（2）假设 $H_{02}: \mu_{\cdot j} = \mu, j = 1, 2, \cdots, s$ 为真，则 $\dfrac{(r-1)S_B}{S_E} \sim F(s-1, (r-1)(s-1))$，$H_{02}$ 的拒绝域为 $[F_\alpha(s-1, (r-1)(s-1)), +\infty)$。

利用定理 8-3，可以方便地对双因素无重复试验问题做方差分析。

例 8-11 在四个不同时间，五个不同地点测得空气中的颗粒状物含量（mg/m^3）如表 8-8 所示。

表 8-8　颗粒物含量

地点（B） 时间（A）	B_1	B_2	B_3	B_4	B_5
A_1	76	67	81	56	51
A_2	82	69	96	59	70
A_3	68	59	67	54	42
A_4	63	56	64	58	37

假定在第 i 个时间，第 j 个地点空气中颗粒物含量服从 $N(\mu_{ij}, \sigma^2)$。试在显著水平 $\alpha = 0.05$ 下检验：在不同时间下颗粒物含量的均值有无显著差异，在不同地点下颗粒物含量的均值有无显著差异。

解：按题设有 $r = 4$，$s = 5$，$\alpha = 0.05$。根据试验数据，$\begin{pmatrix} \overline{X}_{1\cdot} \\ \overline{X}_{2\cdot} \\ \overline{X}_{3\cdot} \\ \overline{X}_{4\cdot} \end{pmatrix} = \begin{pmatrix} 66.2 \\ 75.2 \\ 58.0 \\ 55.6 \end{pmatrix}$，

$(\overline{X}_{\cdot 1}, \overline{X}_{\cdot 2}, \overline{X}_{\cdot 3}, \overline{X}_{\cdot 4}) = (72.25, 62.75, 77.00, 56.75, 50.00)$，$\overline{X} = 63.75$。

用这些数据可算得 $S_T = \sum\limits_{i=1}^{r} \sum\limits_{j=1}^{s} (X_{ij} - \overline{X})^2 = 3571.75$，$S_A = s\sum\limits_{i=1}^{r} (\overline{X}_{i\cdot} - \overline{X})^2 = 1182.95$，$S_B = r\sum\limits_{j=1}^{s} (\overline{X}_{\cdot j} - \overline{X})^2 = 1947.50$，$S_E = S_T - S_A - S_B = 441.30$。并可通过查表得

$F_\alpha(r-1,(r-1)(s-1)) = F_{0.05}(3,12) = 3.49, F_\alpha(s-1,(r-1)(s-1)) = F_{0.05}(4,12) = 3.26$。
于是，根据定理 8-3

（1）$\dfrac{(s-1)S_A}{S_E} = \dfrac{4S_A}{S_E} = 10.72 > 3.49 = F_{0.05}(3,12) = F_\alpha(r-1,(r-1)(s-1))$，故
拒绝假设 H_{01}。即在不同时间下，颗粒状含量有显著差异。

（2）$\dfrac{(r-1)S_B}{S_E} = \dfrac{3S_B}{S_E} = 13.24 > 3.26 = F_{0.05}(4,12) = F_\alpha(s-1,(r-1)(s-1))$，故
拒绝假设 H_{02}。即在不同地点下，颗粒状含量也有显著差异。

练习 8-7　为了研究某种金属管防腐蚀的功能，考虑了四种不同的涂料涂层，将
金属管埋设在三种不同性质的土壤中，经历了一定时间，测得金属管腐蚀的最大深度
（mm）如表 8-9 所示。

表 8-9　金属管腐蚀深度

涂层（A）　＼　土壤（B）	B_1	B_2	B_3
A_1	1.36	1.35	1.27
A_2	1.34	1.30	1.22
A_3	1.19	1.14	1.27
A_4	1.30	1.09	1.33

取显著水平 $\alpha = 0.05$，检验在不同涂层下的最大深度平均值有无显著差异，在不同
土壤下的最大深度平均值有无显著差异。假定两因素见没有交互作用效应。

参考答案：两个因素对最大深度均无显著差异。

8.2.5　Python 解法

1. 双因素等重复试验

下列代码定义了计算双因素等重复试验方差分析的 Python 函数。

```
1   from utility import ftest                                          #导入 ftest
2   def dfeVarianceAnalysis(X, alpha):
3       (r,s,t)=X.shape                                                #读取数据模型结构
4       X_bar=X.mean(axis=2)                                           #水平组合样本均值
5       Xi_bar=X_bar.mean(axis=1).reshape(r,1)                         #因素 A 水平样本均值
6       Xj_bar=X_bar.mean(axis=0).reshape(1,s)                         #因素 B 水平样本均值
7       Xt_bar=X.mean()                                                #样本总均值
8       ST=((X-Xt_bar)**2).sum()                                       #总偏差平方和
9       SA=s*t*((Xi_bar-Xt_bar)**2).sum()                              #A 效应偏差平方和
10      SB=r*t*((Xj_bar-Xt_bar)**2).sum()                              #B 效应偏差平方和
11      SAB=t*((X_bar-Xi_bar-Xj_bar+Xt_bar)**2).sum()  #交互偏差平方和
12      SE=ST-SA-SB-SAB                                                #误差平方和
13      F=(r*s*(t-1))*SA/SE/(r-1)                                      #H01 的检验统计量值
```

```
14    pvalue=ftest(F, r−1, r*s*(t−1), 'greater')      #H01检验p值
15    accept1=pvalue>=alpha
16    F=(r*s*(t−1))*SB/SE/(s−1)                        #H02的检验统计量值
17    pvalue=ftest(F, s−1,r*s*(t−1), 'greater')        #H02检验p值
18    accept2=pvalue>=alpha
19    F=(r*s*(t−1)*SAB)/((r−1)*(s−1)*SE)               #H03的检验统计量值
20    pvalue=ftest(F, (r−1)*(s−1), r*s*(t−1), 'greater')  #H03检验p值
21    accept3=pvalue>=alpha
22    return accept1, accept2, accept3
```

程序 **8.6** 双因素等重复试验方差分析的 Python 函数定义

程序的第 2~22 行定义了计算双因素等重复试验方差分析的函数 dfeVarianceAnalysis。参数 X 表示试验的样本数据，这是一个 3-维数据列阵——张量（结构如图 8-1 所示）；参数 alpha 表示显著水平 α。

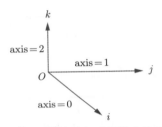

图 8-1 双因素等重复试验样本数据结构

第 3 行从 X 的结构中读取其宽度 r，长度 s 和深度 t。第 4 行计算因素水平 A_i，B_j 组合对应的样本均值 $\overline{X}_{ij}$（$1 \leqslant i \leqslant r, 1 \leqslant j \leqslant s$）为 X_bar。它是由参数 X 表示的张量按下标 k 方向计算样本均值：X.mean(axis=2) 所得，这是一个 $r \times s$ 的矩阵。第 5 行由 X_bar 按下标 j 的方向计算因素水平 A_i 对应的样本均值 $\overline{X}_{i\cdot}$ 为 Xi_bar，设置为一个 $r \times 1$ 的矩阵。类似地，第 6 行由 X_bar 按下标 i 的方向计算因素水平 B_j 对应的样本均值 $\overline{X}_{\cdot j}$ 为 Xj_bar，设置为一个 $1 \times s$ 的矩阵。第 7 行计算总样本均值 $\overline{X}$ 为 Xt_bar，这是一个实数。第 8 行计算总偏差平方和 $S_T = \sum_{i=1}^{r} \sum_{j=1}^{s} \sum_{k=1}^{t} (X_{ijk} - \overline{X})^2$ 为 ST。第 9 行计算因素 A 的效应平方和 $S_A = st \sum_{i=1}^{r} (\overline{X}_{i\cdot} - \overline{X})^2$ 为 SA。第 10 行计算因素 B 的效应平方和 $S_B = rt \sum_{j=1}^{s} (\overline{X}_{\cdot j} - \overline{X})^2$ 为 SB。第 11 行计算因素的交互效应平方和 $S_{AB} = t \sum_{i=1}^{r} \sum_{j=1}^{s} (\overline{X}_{ij} - \overline{X}_{i\cdot} - \overline{X}_{\cdot j} + \overline{X})^2$ 为 SAB，正因为我们将 Xi_bar 和 Xj_bar 设置成了 $r \times 1$ 和 $1 \times s$ 的矩阵，所以此处的表达式才几乎和数学表达式一样简洁。第 13~15 行、第 16~18 行和第 19~21 行分别计算用于对 H_{01}、H_{02} 和 H_{03} 进行检验的统计量值 Fi，i=1,2,3。调用 ftest 函数计算对 H_{01}、H_{02} 和 H_{03} 的检验 p 值，并与 alpha 比较得出检验结果。将程序 8.6 的代码写入文件 utility.py，便于调用。

例 8-12 下列代码计算例 8-9 中对影响火箭射程的因素燃料和推进器的方差分析。

```
1  import numpy as np                                    #导入numpy
2  from utility import dfeVarianceAnalysis               #导入功能函数
3  alpha=0.05#显著水平
4  X=np.array([[[58.2, 52.6],[56.2, 41.2],[65.3, 60.8]], #设置试验数据
5              [[49.1, 42.8],[54.1, 50.5],[51.6, 48.4]],
6              [[60.1, 58.3],[70.9, 73.2],[39.2, 40.7]],
7              [[75.8, 71.5],[58.2, 51.0],[48.7, 41.4]]])
8  H0=dfeVarianceAnalysis(X, alpha)                       #计算方差分析
9  print(H0)
```

程序 8.7　计算例 8-9 中双因素等重复试验方差分析的 Python 程序

结合代码中的注释信息，程序不难理解。运行程序，输出如下。

```
(False False False)
```

即拒绝假设 H_{01}、H_{02} 和 H_{03}。换句话说，燃料因素、推进器因素及两者的交互效应对火箭射程都有显著影响。

练习 8-8 用程序 8.6 定义的函数 dfeVarianceAnalysis 计算练习 8-6 中双因素等重复试验问题的方差分析。

参考答案： 参见文件 chapter08.ipynb 中对应代码。

2. 双因素无重复试验

下列代码定义了计算双因素无重复试验方差分析的 Python 函数。

```
1  import numpy as np                                     #导入numpy
2  from utility import ftest                              #导入ftest
3  def dfeVarianceAnalysis1(X, alpha):
4      r,s=X.shape                                        #读取模型的数据结构
5      Xi_bar=X.mean(axis=1).reshape(r, 1)                #因素A水平样本均值
6      Xj_bar=X.mean(axis=0).reshape(1, s)                #因素B水平样本均值
7      X_bar=X.mean()                                     #样本总均值
8      ST=((X-X_bar)**2).sum()                            #总偏差平方和
9      SA=s*((Xi_bar-X_bar)**2).sum()                     #因素A的效应平方和
10     SB=r*((Xj_bar-X_bar)**2).sum()                     #因素B的效应平方和
11     SE=ST-SA-SB                                        #误差平方
12     F1=(s-1)*SA/SE                                     #检验统计量
13     F2=(r-1)*SB/SE                                     #检验统计量
14     pvalue1=ftest(F1, r-1, (r-1)*(s-1), 'greater')     #H01检验p值
15     pvalue2=ftest(F2, s-1, (r-1)*(s-1), 'greater')     #H02检验p值
16     return (pvalue1>=alpha, pvalue2>=alpha)
```

程序 8.8　双因素无重复试验方差分析的 Python 函数定义

程序 8.8 中第 4~11 行是根据参数 X 传递进来的试验样本数据设置诸因素的样本均值（$\overline{X}_{i\cdot}$、$\overline{X}_{\cdot j}$、$\overline{X}$ 等）、偏差平方和等统计量（S_T、S_A、S_B、S_E 等）。第 12~13 行分别计算 H_{01} 和 H_{02} 的检验统计量值，$\dfrac{(s-1)S_A}{S_E} \sim F(r-1,(r-1)(s-1))$ 及 $\dfrac{(r-1)S_B}{S_E} \sim F_\alpha(s-1,(r-1)(s-1))$。第 14~15 行调用函数 ftest 计算 H_{01} 和 H_{02} 的右侧检验 p 值。第 16 行分别将对 H_{01} 和 H_{02} 的检验结果 pvalue1>=alpha 和 pvalue2>=alpha 作为返回值返回。将程序 8.8 的代码写入文件 utility.py，便于调用。

例 8-13 下列代码利用函数 dfeVarianceAnalysis1 计算例 8-11 中不同时间、不同地点对空气中颗粒状物影响的方差分析。

```
1  import numpy as np                              #导入numpy
2  from utility import dfeVarianceAnalysis1         #导入功能函数
3  alpha=0.05                                       #显著水平
4  X=np.array([[76, 67, 81, 56, 51],               #设置试验数据
5              [82, 69, 96, 59, 70],
6              [68, 59, 67, 54, 42],
7              [63, 56, 64, 58, 37]])
8  H0=dfeVarianceAnalysis1(X, alpha)               #计算方差分析
9  print(H0)
```

程序 8.9　计算例 8-11 中双因素等重复试验方差分析的 Python 程序

运行程序，输出如下。

```
(False False)
```

即拒绝假设 H_{01} 和 H_{02}。这意味着不同的时间和地点都显著影响空气中的颗粒状物体含量。

练习 8-9 用程序 8.8 定义的函数 dfeVarianceAnalysis1 计算练习 8-7 中问题的方差分析。

（参考答案：参见文件 chapter08.ipynb 中对应代码。）

8.3　一元线性回归

8.3.1　数学模型

例 8-14 为研究某一化学反应过程中，温度 x（℃）对产品得率 Y（%）的影响，测得数据如表 8-10 所示。

表 8-10　温度对产品得率的影响

温度 x	100	110	120	130	140	150	160	170	180	200
得率 Y	45	51	54	61	66	70	74	78	85	89

不难理解, 温度 x 为自变量, 这是一个可控的普通变量。得率 Y 是因变量, 这是一个随机变量。将试验数据 (x, Y) 在坐标平面上画成如图 8-2 所示的**散点图**。从散点图中可见, 虽然得率随着温度的增高而增长, 但增幅却不整齐, 即数据点不在一条直线上。这是因为 Y 是一个随机变量。不失一般性 (见中心极限定理), 假定 $Y \sim N(\mu, \sigma^2)$, 则有望存在实数 a 和 b, 使得其均值 $E(Y) = \mu = ax + b$。目标是根据试验的样本数据分析计算并检验 a, b 和 σ^2 的估计值。

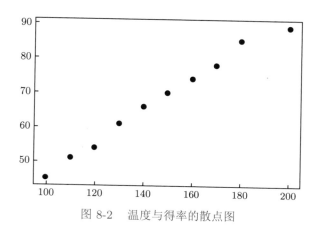

图 8-2　温度与得率的散点图

例 8-15　设炼铝厂所产铸模的抗张强度与所用铝的硬度有关。设当铝的硬度为 x 时, 抗张强度 $Y \sim N(ax + b, \sigma^2)$, 其中, a, b 和 σ^2 均未知。对于一系列的 x 值, 测得相应的抗张强度如表 8-11 所示。

表 8-11　抗张强度

硬度 x	51	53	60	64	68	70	70	72	83	84
抗张强度 Y	283	293	290	256	288	349	340	354	324	343

试验数据 (x, Y) 在坐标平面上的散点图如图 8-3 所示。希望根据样本数据计算 a, b 和 σ^2 的估计值。

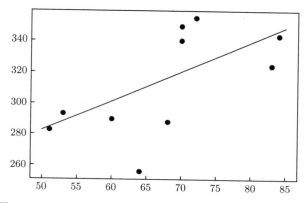

图 8-3　铝材硬度与铸模抗张强度的散点图及回归方程图像

一般地，设试验结果可表示为随机变量 Y，影响试验结果 Y 的因素是可控的且表示为普通变量 x，若 $Y \sim N(ax+b, \sigma^2)$，其中，a, b 即 σ^2 均为未知参数，如表 8-12 所示。对 x 的一系列取值 $(x_1, x_2, \cdots, x_n)$（诸 x_i 不全相等），对应独立地进行试验，得到样本 $(Y_1, Y_2, \cdots, Y_n)$。利用这样的样本数据计算 Y 的分布中的未知参数的估计及假设检验的过程称为**一元线性回归**，其中，$E(Y) = ax+b$ 称为**回归方程**。

表 8-12　一元线性回归模型

自变量 x	x_1	x_2	$\cdots$	$\cdots$	x_n
应变量 Y	Y_1	Y_2	$\cdots$	$\cdots$	Y_n
目标要求	对 $Y \sim N(ax+b, \sigma^2)$ 中的未知参数 a, b 及 σ^2 做估计及检验				

8.3.2　a, b 及 σ^2 的最大似然估计

在一元线性回归模型中，由于 $Y_i \sim N(ax_i+b, \sigma^2)$，故样本 $(Y_1, Y_2, \cdots, Y_n)$ 关于参数 a, b 及 σ^2 的似然函数（见 6.1.4 节）为

$$L(a, b, \sigma^2) = \left(\frac{1}{\sqrt{2\pi}\sigma}\right)^n e^{-\frac{1}{2\sigma^2}\sum\limits_{i=1}^{n}(Y_i - ax_i - b)^2}$$

于是，对数似然函数为：

$$\ln L = n \ln\left(\frac{1}{\sqrt{2\pi}\sigma}\right) - \frac{1}{2\sigma^2}\sum_{i=1}^{n}(Y_i - ax_i - b)^2$$

其偏导数为：

$$\begin{cases} \dfrac{\partial \ln L}{\partial a} = \dfrac{1}{\sigma^2}\sum\limits_{i=1}^{n}(Y_i - ax_i - b)x_i \\[3mm] \dfrac{\partial \ln L}{\partial b} = \dfrac{1}{\sigma^2}\sum\limits_{i=1}^{n}(Y_i - ax_i - b) \\[3mm] \dfrac{\partial \ln L}{\partial \sigma^2} = -\dfrac{n}{2}\dfrac{1}{\sigma^2} + \dfrac{1}{2(\sigma^2)^2}\sum\limits_{i=1}^{n}(Y_i - ax_i - b)^2 \end{cases}$$

令 $\dfrac{\partial \ln L}{\partial a} = \dfrac{\partial \ln L}{\partial b} = \dfrac{\partial \ln L}{\partial \sigma^2} = 0$，即

$$\begin{cases} \sum\limits_{i=1}^{n}(Y_i - ax_i - b)x_i = 0 \\[3mm] \sum\limits_{i=1}^{n}(Y_i - ax_i - b) = 0 \\[3mm] -n\sigma^2 + \sum\limits_{i=1}^{n}(Y_i - ax_i - b)^2 = 0 \end{cases}$$

解之得

$$
\begin{cases}
\hat{a} = \dfrac{\sum\limits_{i=1}^{n}(x_i - \overline{x})(Y_i - \overline{Y})}{\sum\limits_{i=1}^{n}(x_i - \overline{x})^2} \\[4mm]
\hat{b} = \overline{Y} - \hat{a}\,\overline{x} \\[2mm]
\hat{\sigma^2} = \dfrac{1}{n}\sum\limits_{i=1}^{n}(Y_i - \hat{a}\,x_i - \hat{b})^2
\end{cases}
$$

为参数 a, b 及 σ^2 的最大似然估计量。其中，$\overline{x} = \dfrac{1}{n}\sum\limits_{i=1}^{n}x_i$，$\overline{Y} = \dfrac{1}{n}\sum\limits_{i=1}^{n}Y_i$。当取得 $Y_1, Y_2, \cdots, Y_n$ 的观测值 $y_1, y_2, \cdots, y_n$ 后，代入上式即得出 a, b 及 σ^2 的最大似然估计值。为便于表达，约定 $l_{xx} = \sum\limits_{i=1}^{n}(x_i - \overline{x})^2$，$l_{yy} = \sum\limits_{i=1}^{n}(Y_i - \overline{Y})^2$，$l_{xy} = \sum\limits_{i=1}^{n}(x_i - \overline{x})(Y_i - \overline{Y})$。不难算得

$$
\begin{cases}
\hat{a} = \dfrac{l_{xy}}{l_{xx}} \\[3mm]
\hat{b} = \overline{Y} - \dfrac{l_{xy}}{l_{xx}}\overline{x} \\[3mm]
\hat{\sigma^2} = \dfrac{1}{n}l_{yy}\left(1 - \dfrac{l_{xy}^2}{l_{xx}l_{yy}}\right)
\end{cases}
$$

例 8-16　计算例 8-15 中铝材的硬度 x 与抗张强度 $Y \sim N(ax + b, \sigma^2)$ 的均值之间回归方程 $E(Y) = ax + b$ 中 a 与 b 以及 σ^2 的最大似然估计量 $\hat{a}$、$\hat{b}$ 和 $\hat{\sigma^2}$ 的值。

解：根据题设，有 $n = 10$。按题目中的样本数据算得 $\overline{x} = 67.5$，$\overline{y} = 315$，据此算得 $l_{xx} = 1096$，$l_{yy} = 7870$，2047。于是

$$
\begin{cases}
\hat{a} = \dfrac{l_{xy}}{l_{xx}} = 1.868 \\[3mm]
\hat{b} = \overline{Y} - \dfrac{l_{xy}}{l_{xx}}\overline{x} = 188.9 \\[3mm]
\hat{\sigma^2} = \dfrac{1}{n}l_{yy}\left(1 - \dfrac{l_{xy}^2}{l_{xx}l_{yy}}\right) = 404.7
\end{cases}
$$

直线 $y = ax + b$ 的图像如图 8-3 所示。

练习 8-10　对例 8-14 中的化学反应过程，温度 x 的不同值与产品得率 Y，测得数据如表 8-13 所示。

表 8-13　温度与产品得率

温度 x	100	110	120	130	140	150	160	170	180	200
得率 Y	45	51	54	61	66	70	74	78	85	89

其中，$Y \sim N(ax+b, \sigma^2)$，其中，a，b 和 σ^2 均未知。计算 a，b 和 σ^2 的最大似然估计值。

参考答案：0.483，-2.739，0.722。

8.3.3 $\hat{a}$，$\hat{b}$ 和 $\hat{\sigma^2}$ 的统计性质

设 $\hat{a}$，$\hat{b}$ 和 $\hat{\sigma^2}$ 是一元线性回归模型中未知参数 a，b 和 σ^2 的最大似然估计量，则有

引理 8-8 统计量 $\hat{a}$，$\hat{b}$ 和 $\hat{\sigma^2}$ 有如下性质。

(1) $\hat{a}$，$\hat{b}$ 均与 $\hat{\sigma^2}$ 独立。

(2) $\hat{a} \sim N\left(a, \dfrac{\sigma^2}{\sum\limits_{i=1}^{n}(x_i - \overline{x})^2}\right)$，$\hat{b} \sim N\left(b, \dfrac{\sigma^2 \sum\limits_{i=1}^{n} x_i^2}{n \sum\limits_{i=1}^{n}(x_i - \overline{x})^2}\right)$。

(3) $\dfrac{n \hat{\sigma^2}}{\sigma^2} \sim \chi^2(n-2)$。

(4) $\mathrm{Cov}(\hat{a}, \hat{b}) = -\dfrac{\overline{x}\sigma^2}{\sum\limits_{i=1}^{n}(x_i - \overline{x})^2}$。

（证明见本章附录 A4。）

根据引理 8-8，可得定理 8-4。

定理 8-4 $\hat{a}$ 是 a 的无偏估计量，$\hat{b}$ 是 b 的无偏估计量，$\dfrac{n}{n-2}\hat{\sigma^2}$ 是 σ^2 的无偏估计量（证明见本章附录 A5）。

8.3.4 a, b 及 σ^2 的区间估计

设 $\hat{a}$，$\hat{b}$ 和 $\hat{\sigma^2}$ 是表 8-12 表示的一元线性回归模型中未知参数 a，b 和 σ^2 的最大似然估计量，即

$$
\begin{cases}
\hat{a} = \dfrac{\sum\limits_{i=1}^{n}(x_i-\overline{x})(Y_i-\overline{Y})}{\sum\limits_{i=1}^{n}(x_i-\overline{x})^2} = \dfrac{l_{xy}}{l_{xx}} \\
\hat{b} = \overline{Y} - \hat{a}\,\overline{x} = \overline{Y} - \overline{x}\dfrac{l_{xy}}{l_{xx}} \\
\hat{\sigma^2} = \dfrac{1}{n}\sum\limits_{i=1}^{n}(Y_i - \hat{a}x_i - \hat{b})^2 = \dfrac{1}{n}l_{yy}\left(1 - \dfrac{l_{xy}^2}{l_{xx}l_{yy}}\right)
\end{cases}
$$

定理 8-5 (1) $(\hat{a}-a)\sqrt{\dfrac{(n-2)\sum\limits_{i=1}^{n}(x_i-\overline{x})^2}{\sum\limits_{i=1}^{n}(Y_i-\hat{a}x_i-\hat{b})^2}} = (\hat{a}-a)\sqrt{\dfrac{(n-2)l_{xx}}{n\hat{\sigma^2}}} \sim t(n-2)$。

(2) $(\hat{b}-b)\sqrt{\dfrac{n(n-2)\sum\limits_{i=1}^{n}(x_i-\overline{x})^2}{\left(\sum\limits_{i=1}^{n}x_i^2\right)\left(\sum\limits_{i=1}^{n}(Y_i-\hat{a}\,x_i-\hat{b})^2\right)}} \sim t(n-2)$。

证明见本章附录 A6。

由于对给定的置信水平 $1-\alpha$，根据定理 8-5（1）有

$$P\left(\left|(\hat{a}-a)\sqrt{\dfrac{(n-2)l_{xx}}{n\hat{\sigma}^2}}\right| < t_{\alpha/2}(n-2)\right) \geqslant 1-\alpha$$

等价地，有

$$P\left(\hat{a}-t_{\alpha/2}(n-2)\sqrt{\dfrac{n\hat{\sigma}^2}{(n-2)l_{xx}}} < a < \hat{a}+t_{\alpha/2}(n-2)\sqrt{\dfrac{n\hat{\sigma}^2}{(n-2)l_{xx}}}\right) \geqslant 1-\alpha$$

即参数 a 的置信区间为：

$$\left(\hat{a}-t_{\alpha/2}(n-2)\sqrt{\dfrac{n\hat{\sigma}^2}{(n-2)l_{xx}}},\hat{a}+t_{\alpha/2}(n-2)\sqrt{\dfrac{n\hat{\sigma}^2}{(n-2)l_{xx}}}\right)$$

类似地，根据定理 8-5（2）可得参数 b 的置信区间为：

$$\left(\hat{b}-t_{\alpha/2}(n-2)\sqrt{\dfrac{\hat{\sigma}^2\sum\limits_{i=1}^{n}x_i^2}{(n-2)l_{xx}}},\hat{b}+t_{\alpha/2}(n-2)\sqrt{\dfrac{\hat{\sigma}^2\sum\limits_{i=1}^{n}x_i^2}{(n-2)l_{xx}}}\right)$$

由引理 8-8（3），$\dfrac{n\hat{\sigma}^2}{\sigma^2} \sim \chi^2(n-2)$，故对置信水平 $1-\alpha$

$$P\left(\chi_{1-\alpha/2}^2(n-2) < \dfrac{n\hat{\sigma}^2}{\sigma^2} < \chi_{\alpha/2}^2(n-2)\right) \geqslant 1-\alpha$$

等价地，有

$$P\left(\dfrac{n\hat{\sigma}^2}{\chi_{\alpha/2}^2(n-2)} < \sigma^2 < \dfrac{n\hat{\sigma}^2}{\chi_{1-\alpha/2}^2(n-2)}\right) \geqslant 1-\alpha$$

即参数 σ^2 的置信区间为：

$$\left(\dfrac{n\hat{\sigma}^2}{\chi_{\alpha/2}^2(n-2)},\dfrac{n\hat{\sigma}^2}{\chi_{1-\alpha/2}^2(n-2)}\right)$$

例 8-17　对置信水平 $1-\alpha=0.95$，计算例 8-15 中参数 a、b 和 σ^2 的置信区间。

解： 已知 $n=10$，置信水平 $1-\alpha=0.95$。根据样本数据算得 $\sum\limits_{i=1}^{n}x_i^2=46659$。由

例 8-16 算得 $l_{xx}=1096$，$\hat{a}=1.868$，$\hat{b}=188.9$ 及 $\hat{\sigma^2}=404.7$。$t_{\alpha/2}(n-2)=t_{0.025}(8)=$

2.306，$\sqrt{\dfrac{n\hat{\sigma^2}}{(n-2)l_{xx}}}=0.679$，$\sqrt{\dfrac{\hat{\sigma^2}\sum\limits_{i=1}^{n}x_i^2}{(n-2)l_{xx}}}=46.405$ 代入 a、b 的置信区间计算公

式得置信区间分别为 $(0.300,3.433)$ 和 $(81.977,295.999)$。$\chi^2_{\alpha/2}(n-2)=\chi^2_{0.025}(8)$ 和

$\chi^2_{1-\alpha/2}(n-2)=\chi^2_{0.975}(8)$ 分别为 17.535 和 2.180 代入 σ^2 的置信区间计算公式得置信

区间为 $(230.89,1857.367)$。

练习 8-11　对置信水平 $1-\alpha=0.95$ 计算练习 8-10 中参数 a、b 和 σ^2 的置信区

间。

参考答案： $(0.459,0.507)$，$(-6.306,0.827)$，$(0.412,3.314)$。

8.3.5　$a=0$ 的假设检验

假设 $H_0:a=a_0(H_1:a\neq a_0)$，对给定的显著水平 α，有

$$P\left(a_0-t_{\alpha/2}(n-2)\sqrt{\frac{n\hat{\sigma^2}}{(n-2)l_{xx}}}<\hat{a}<a_0+t_{\alpha/2}(n-2)\sqrt{\frac{n\hat{\sigma^2}}{(n-2)l_{xx}}}\right)\geqslant 1-\alpha$$

即

$$P\left(-t_{\alpha/2}(n-2)<(\hat{a}-a_0)\sqrt{\frac{(n-2)l_{xx}}{n\hat{\sigma^2}}}<t_{\alpha/2}(n-2)\right)\geqslant 1-\alpha$$

将 $(\hat{a}-a_0)\sqrt{\dfrac{(n-2)l_{xx}}{n\hat{\sigma^2}}}$ 设置为检验统计量 t，则假设 $H_0:a=a_0$ 的拒绝域为 $|t|\geqslant$

$t_{\alpha/2}(n-2)$。特殊地，$a_0=0$，检验统计量为 $t=\hat{a}\sqrt{\dfrac{(n-2)l_{xx}}{n\hat{\sigma^2}}}$。

当假设 $H_0:a=0$ 被拒绝时，认为回归效果是显著的，否则认为回归效果不显著。回归效果不显著的原因可能有如下几种。

（1）影响 Y 取值的，除了 x 及随机误差以外还有其他不可忽略的因素。

（2）$E(Y)$ 与 x 的关系不是线性的，而是存在着其他关系。

（3）Y 与 x 不存在关系。

因此需要进一步地分析原因，分别处理。

例 8-18　对显著水平 $\alpha=0.05$，检验例 8-15 中关于参数 a 的假设 $H_0:a=0(H_1:a\neq 0)$。

解：由题设知 $n = 10$，$\alpha = 0.05$。利用例 8-16 的计算结果知 $lxx = 1096$，$\hat{a} = 1.869$，$\hat{\sigma}^2 = 404.7$。因此，检验统计量 $t = \hat{a}\sqrt{\dfrac{(n-2)l_{xx}}{n\hat{\sigma}^2}} = 2.748 > 2.306 = t_{0.025}(8) = t_{\alpha/2}(n-2)$。故拒绝假设 $H_0 : a = 0$，即认为回归效果是显著的。

练习 8-12　检验练习 8-10 中温度与产品得率的回归效果对于显著水平 $\alpha = 0.05$ 是否是显著的。

参考答案：回归效果是显著的。

8.3.6　Python 解法

1. linregress 函数

scipy.stats 提供了一个计算一元线性回归模型的回归方程的函数 linregress。该函数的两个参数分别为 $x = (x_1, x_2, \cdots, x_n)$ 和 $y = (y_1, y_2, \cdots, y_n)$。返回值是一个 6 命名元组：

$$(\text{slope, intercept, rvalue, pvalue, stderr, intercept\_stderr})$$

其中，slope 和 intercept 表示回归系数 a 和 b 的最大似然估计（也是无偏估计）$\hat{a}$ 和 $\hat{b}$。rvalue 表示样本相关系数 $\dfrac{\sum\limits_{i=1}^{n}(x_i - \overline{x})(y_i - \overline{y})}{\sqrt{\sum\limits_{i=1}^{n}(x_i - \overline{x})^2}\sqrt{\sum\limits_{i=1}^{n}(y_i - \overline{y})^2}} = \dfrac{l_{xy}}{\sqrt{l_{xx}}\sqrt{l_{yy}}}$。其绝对值越接近 1，意味着回归效应越高。pvalue 用来检验关于回归系数 a 的假设 $H_0 : a = 0$。stderr 表示 $\hat{a}$ 的标准差 $\sqrt{\dfrac{\sigma^2}{\sum\limits_{i=1}^{n}(x_i - \overline{x})^2}}$ 的估计量 $\sqrt{\dfrac{n\hat{\sigma}^2}{(n-2)\sum\limits_{i=1}^{n}(x_i - \overline{x})^2}}$。intercept_stderr 表示 $\hat{b}$ 的标准差 $\sqrt{\dfrac{\sigma^2\sum\limits_{i=1}^{n}x_i^2}{n\sum\limits_{i=1}^{n}(x_i - \overline{x})^2}}$ 的估计量 $\sqrt{\dfrac{\hat{\sigma}^2\sum\limits_{i=1}^{n}x_i^2}{(n-2)\sum\limits_{i=1}^{n}(x_i - \overline{x})^2}}$（此处 $\hat{\sigma}^2$ 为 8.3.2 节中算得的 σ^2 的最大似然估计 $\dfrac{1}{n}\sum\limits_{i=1}^{n}(y_i + \hat{a}x + \hat{b})^2$，注意根据定理 8-4 知 $\dfrac{n\hat{\sigma}^2}{n-2}$ 为 σ^2 的无偏估计）。

利用 linregress 函数可以快速计算一元回归分析。

2. a，b，σ^2 的点估计

根据前面的讨论知，对样本数据 $x = (x_1, x_2, \cdots, x_n)$ 和 $y = (y_1, y_2, \cdots, y_n)$，调用函数 linregress(x,y)，返回值的 slope 和 intercept，就是回归系数 a，b 的最大似然估计 $\hat{a}$ 和 $\hat{b}$ 的值。为求参数 σ^2 的最大似然估计值，需要通过返回值的 stderr（或 intercept_stderr）加以换算而得。

例 8-19　下列程序完成例 8-16 中的计算。

```
1   import numpy as np                                            #导入numpy
2   from scipy.stats import linregress                           #导入linregress
3   x=np.array([51, 53, 60, 64, 68, 70, 70, 72, 83, 84])         #设置样本数据
4   y=np.array([283, 293, 290, 286, 288, 349, 340, 354, 324, 343])
5   n=x.size                                                      #样本容量
6   x_bar=x.mean()                                                #x的均值
7   lxx=((x−x_bar)**2).sum()                                      #x偏差平方和
8   res=linregress(x, y)                                          #调用linregress
9   a=res.slope                                                   #a的最大似然估计
10  b=res.intercept                                               #b的最大似然估计
11  s2=(res.stderr**2)*lxx*(n−2)/n                                #sigma^2的最大似然估计
12  print('a=%.4f, b=%.4f, s^2=%.4f'%(a, b, s2))
```

程序 8.10　计算例 8-16 中一元回归问题 a, b, σ^2 点估计的 Python 程序

程序中第 5 行算得样本容量 n，第 6 行算得 x 的均值 $\overline{x}$，第 7 行算得 x 的偏差平方和

$l_{xx} = \sum_{i=1}^{n}(x_i - \overline{x})^2$，第 11 行利用 linregress 函数的返回值中 stderr $\left(= \sqrt{\dfrac{n\hat{\sigma^2}}{(n-2)l_{xx}}}\right)$ 对

其平方后 $\left(= \dfrac{n\hat{\sigma^2}}{(n-2)l_{xx}}\right)$ 乘以 l_{xx} $\left(= \dfrac{n\hat{\sigma^2}}{(n-2)}$，此为 σ^2 的无偏估计值 $\right)$，乘以 $n-2$ 并

除以 n 得 $\hat{\sigma^2}$ 为 σ^2 的最大似然估计值。运行程序输出如下。

a=1.8668, b=188.9877, s^2=404.8560

练习 8-13　用 Python 完成练习 8-10 的 a, b, σ^2 点估计计算。

参考答案：见文件 chapter08.ipynb 中对应代码。

3. a, b, σ^2 的区间估计

根据 8.3.4 节的讨论，我们知道给定置信水平 $1-\alpha$，a, b, σ^2 的置信区间分别

为 $\left(\hat{a} \pm t_{\alpha/2}(n-2)\sqrt{\dfrac{n\hat{\sigma^2}}{(n-2)l_{xx}}}\right)$，$\left(\hat{b} \pm t_{\alpha/2}(n-2)\sqrt{\dfrac{\hat{\sigma^2}\sum\limits_{i=1}^{n}x_i^2}{(n-2)l_{xx}}}\right)$ 和 $\left(\dfrac{n\hat{\sigma^2}}{\chi^2_{\alpha/2}(n-2)}\right.$,

$\left.\dfrac{n\hat{\sigma^2}}{\chi^2_{1-\alpha/2}(n-2)}\right)$。其中，$\hat{a}$，$\hat{b}$ 和 $\hat{\sigma^2}$ 分别是 a，b 和 σ^2 的最大似然估计。

根据前面的讨论知，$\sqrt{\dfrac{n\hat{\sigma^2}}{(n-2)l_{xx}}}$ 恰为 linregress 函数返回值中的字段 stderr，

$\sqrt{\dfrac{\hat{\sigma^2}\sum\limits_{i=1}^{n}x_i^2}{(n-2)l_{xx}}}$ 恰为字段 intercept_stderr。用上一段求得的 s2（即 $\hat{\sigma^2}$）乘以 n，即得

$n\hat{\sigma}^2$。对给定的置信水平 $1-\alpha$，只要分别求得 $t(n-2)$ 分布对应 α 的双侧右分位点 $t_{\alpha/2}(n-1)$，$\chi^2(n-2)$ 分布对应 α 的双侧分位点 $\chi^2_{\alpha/2}(n-2)$ 和 $\chi^2_{1-\alpha/2}(n-2)$，按上述各置信区间的计算公式即可算得 a，b 和 σ^2 的置信区间。

例 8-20 下列代码完成例 8-17 中参数 a，b 和 σ^2 对置信水平 $1-\alpha=0.95$ 的置信区间的计算。

```
1   import numpy as np                                    #导入numpy
2   from scipy.stats import linregress                    #导入linregress
3   from utility import muBounds, sigma2Bounds            #导入muBounds, sigma2Bounds
4   alpha=0.05
5   x=np.array([51, 53, 60, 64, 68, 70, 70, 72, 83, 84])  #设置样本数据
6   y=np.array([283, 293, 290, 286, 288, 349, 340, 354, 324, 343])
7   n=x.size                                              #样本容量
8   x_bar=x.mean()                                        #x的均值
9   lxx=((x−x_bar)**2).sum()                              #x偏差平方和
10  res=linregress(x, y)                                  #调用linregress
11  a=res.slope                                           #a的最大似然估计
12  b=res.intercept                                       #b的最大似然估计
13  s2=(res.stderr**2)*lxx*(n−2)/n                        #sigma^2的最大似然估计
14  d=res.stderr                                          #a的置信区间增量因子
15  (la, ra)=muBounds(a, d, 1−alpha, n−2)                 #a置信区间
16  d=res.intercept_stderr                                #b的置信区间增量因子
17  (lb, rb)=muBounds(b, d, 1−alpha, n−2)                 #b的置信区间
18  d=n*s2                                                #s^2的置信区间上下限分子
19  (ls, rs)=sigma2Bounds(d, n−2, 1−alpha)                #s2的置信区间
20  print('(%.3f,%.3f)'%(la, ra))
21  print('(%.3f,%.3f)'%(lb, rb))
22  print('(%.3f,%.3f)'%(ls, rs))
```

程序 8.11 计算例 8-15 中一元回归问题 a，b，σ^2 区间估计的 Python 程序

程序的第 5~13 行与程序 8.10 的第 3~11 行完全相同，计算 a，b 和 σ^2 的估计量值 $\hat{a}$，$\hat{b}$ 和 $\hat{\sigma}^2$。第 14 行计算 a 的置信区间增量因子 $\sqrt{\dfrac{n\hat{\sigma}^2}{(n-2)\sum\limits_{i=1}^{n}(x_i-\overline{x})^2}}$（即 res 的 stderr 字段）为 d，第 15 行调用 muBounds 函数（第 3 行导入，详见程序 6.5）计算 a 的双侧置信区间。类似地，第 16 行计算 b 的置信区间增量因子 $\sqrt{\dfrac{\hat{\sigma}^2\sum\limits_{i=1}^{n}x_i^2}{(n-2)\sum\limits_{i=1}^{n}(x_i-\overline{x})^2}}$（即 res 的 intercept_stderr 字段）为 d，第 17 行计算 b 的置信区间。第 18 行计算 σ^2

的置信区间上下限分子 $n\overset{\wedge}{\sigma^2}$ 为 d，第 19 行调用函数 sigma2Bounds（第 3 行导入，详见程序 6.11）计算 σ^2 的双侧置信区间。运行程序，输出如下。

```
(0.300,3.433)
(81.977,295.999)
(230.890,1857.367)
```

分别为置信水平为 0.95，a，b，σ^2 的置信区间。

练习 8-14　用 Python 完成练习 8-11 的 a，b，σ^2 区间估计计算。

参考答案：见文件 chapter08.ipynb 中对应代码。

4. $H_0 : a = 0$ 的检验

在 8.3.5 节的讨论中，我们知道 $H_0 : a = 0$ 的检验统计量为 $T = \hat{a}\sqrt{\dfrac{(n-2)l_{xx}}{n\overset{\wedge}{\sigma^2}}}$。

其中，因子 $\sqrt{\dfrac{(n-2)l_{xx}}{n\overset{\wedge}{\sigma^2}}}$，其值恰为 linregress 函数返回值的字段 stderr 的倒数。设 T 在样本观测值处的值为 t（=slope/stderr），linregress 返回值的 pvalue 字段就是概率值 $P(\{T \leqslant -t\} \cup \{T \geqslant t\})$。若 $|t|$ 落在 $H_0 : a = 0$ 的拒绝域之外，即 $t \in (-t_{\alpha/2}(n-2), t_{\alpha/2}(n-2))$，则必有 pvalue $> \alpha$（如图 8-4(a) 所示）。此时接受假设 H_0，否则拒绝 H_0（见图 8-4(b)）。

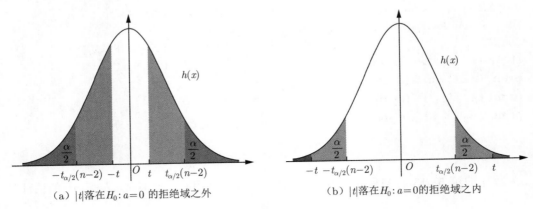

（a）$|t|$落在$H_0:a=0$ 的拒绝域之外　　　　（b）$|t|$落在$H_0:a=0$的拒绝域之内

图 8-4　pvalue 字段的意义

根据这一原理，为对给定的显著水平 α 检验回归系数 a 的回归显著性 $H_0 : a = 0$，只需要在调用 linregress 函数后，比较返回值的 pvalue 字段与 α，若 pvalue $> \alpha$ 则拒绝假设，否则接受假设。

例 8-21　对显著水平 $\alpha = 0.05$，检验例 8-18 中回归效应的显著性。

解：下列代码完成检验计算。

```
1   import numpy as np                    #导入numpy
2   from scipy.stats import linregress    #导入linregress
```

```
3    alpha=0.05
4    x=np.array([51, 53, 60, 64, 68, 70, 70, 72, 83, 84])#设置样本数据
5    y=np.array([283, 293, 290, 286, 288, 349, 340, 354, 324, 343])
6    n=x.size                              #样本容量
7    res=linregress(x, y)                  #调用linregress
8    print('H0:a=0 is %s'%(res.pvalue>alpha))   #检验H0 : a = 0
```

程序 8.12 计算例 8-16 中一元回归问题检验假设 $H_0 : a = 0$ 的 Python 程序

根据上述讨论，程序代码不难理解。运行程序，输出如下。

H0:a=0 **is** False

拒绝假设，认为回归效应是显著的。

练习 8-15 用 Python 完成练习 8-12 中回归效应显著性检验计算。

参考答案： 见文件 chapter08.ipynb 中对应代码。

8.4 一元线性回归的应用

8.4.1 预测

给定如表 8-12 所示的一元线性回归模型，算得参数 a，b 和 σ^2 的估计量 $\hat{a}$，$\hat{b}$ 和 $\hat{\sigma^2}$。设 $x = x_0$ 为一指定值，依 $E(Y_0) = ax_0 + b$ 所得随机变量记为 Y_0。对置信水平 $1 - \alpha$，希望寻求统计量 $\underline{Y_0}$ 和 $\overline{Y_0}$，使得

$$P(\underline{Y_0} < Y_0 < \overline{Y_0}) \geqslant 1 - \alpha$$

这一问题称为**预测问题**。$(\underline{Y_0}, \overline{Y_0})$ 称为置信水平 $1 - \alpha$ 下 Y_0 的**预测区间**。

预测问题的解决之道是借助于 6.2 节讨论的总体分布中的未知参数（本质上是一个随机变量）的区间估计方法。这个方法的核心是构造一个包含待估计参数的枢轴量，该枢轴量所服从的分布不依赖任何未知参数。在预测问题中，设 $Y_1, \cdots, Y_n, Y_0$ 相互独立，各自服从 $N(ax_1 + b, \sigma^2), \cdots, N(ax_n + b, \sigma^2), N(ax_0 + b, \sigma^2)$，且 $x_1, \cdots, x_n$ 不全相等。令随机变量 $Z = Y_0 - \hat{a} x_0 - \hat{b}$，其中包含待估计随机变量 Y_0。

引理 8-9 随机变量 Z 服从正态分布。

$$Z \sim N\left(0, \left(1 + \frac{1}{n} + \frac{(x_0 - \overline{x})^2}{\sum\limits_{i=1}^{n}(x_i - \overline{x})^2}\right)\sigma^2\right)$$

证明见本章附录 A7。

314

定理 8-6 设 $Z = Y_0 - \hat{a}\, x_0 - \hat{b}$，则

$$\frac{Y_0 - \hat{a}\, x_0 - \hat{b}}{\hat{\sigma}\sqrt{\dfrac{n}{n-2}\left[1 + \dfrac{1}{n} + \dfrac{(x_0 - \overline{x})^2}{\sum\limits_{i=1}^{n}(x_i - \overline{x})^2}\right]}} \sim t(n-2)$$

其中，$\hat{\sigma} = \sqrt{\hat{\sigma^2}}$（证明见本章附录 A8）。

根据定理 8-6，选取统计量 $\dfrac{Y_0 - \hat{a}\, x_0 - \hat{b}}{\hat{\sigma}\sqrt{\dfrac{n}{n-2}\left[1 + \dfrac{1}{n} + \dfrac{(x_0 - \overline{x})^2}{\sum\limits_{i=1}^{n}(x_i - \overline{x})^2}\right]}}$ 作为枢轴量是合适

的。对给定的置信水平 $1 - \alpha$，计算 $t(n-2)$ 分布的双侧右分位点 $t_{\alpha/2}(n-2)$，必有

$$P\left(\left|\frac{Y_0 - \hat{a}\, x_0 - \hat{b}}{\hat{\sigma}\sqrt{\dfrac{n}{n-2}\left[1 + \dfrac{1}{n} + \dfrac{(x_0 - \overline{x})^2}{\sum\limits_{i=1}^{n}(x_i - \overline{x})^2}\right]}}\right| < t_{\alpha/2}(n-2)\right) \geqslant 1 - \alpha$$

由此可得 Y_0 的预测区间

$$\left(\hat{a}\, x_0 + \hat{b} \pm t_{\alpha/2}(n-2)\,\hat{\sigma}\sqrt{\dfrac{n}{n-2}\left[1 + \dfrac{1}{n} + \dfrac{(x_0 - \overline{x})^2}{\sum\limits_{i=1}^{n}(x_i - \overline{x})^2}\right]}\right)$$

当试验样本数据确定时，对给定的置信水平 $1 - \alpha$，预测区间的长度为 $2t_{\alpha/2}(n-2)\,\hat{\sigma}$

$\sqrt{\dfrac{n}{n-2}\left[1 + \dfrac{1}{n} + \dfrac{(x_0 - \overline{x})^2}{\sum\limits_{i=1}^{n}(x_i - \overline{x})^2}\right]}$。可见此时 x_0 越靠近 $\overline{x}$，预测精度就越高。

例 8-22 对例 8-15 中的试验，设硬度 $x_0 = 69$，对应的抗张强度 $Y_0 \sim N(ax_0 + b, \sigma^2)$。计算 Y_0 的置信水平 $1 - \alpha = 0.95$ 的预测区间。

解：由题设知 $n = 10$，$x_0 = 69$，$\alpha = 0.05$。由例 8-15 知 $\overline{x} = 67.5$，$l_{xx} = \sum\limits_{i=1}^{n}(x_i - \overline{x})^2 =$

$1096, \hat{a} = 1.868, \hat{b} = 188.9, \hat{\sigma}^2 = 404.7 (\hat{\sigma} = 20.12)$。查表得 $t_{\alpha/2}(n-2) = t_{0.025}(8) = 2.306$。

于是 $\hat{a}\, x_0 + \hat{b} = 317.79$，$t_{\alpha/2}(n-2)\, \hat{\sigma} \sqrt{\dfrac{n}{n-2}\left[1 + \dfrac{1}{n} + \dfrac{(x_0 - \overline{x})^2}{\sum\limits_{i=1}^{n}(x_i - \overline{x})^2} \right]} = 54.46$。于是

硬度 $x_0 = 69$ 时，抗张强度 Y_0 的以 0.95 的置信水平预测落入区间 $(317.79 \pm 54.46) = (263.34, 372.26)$。

练习 8-16　对练习 8-10 中的试验，设温度 $x_0 = 147$，计算对应得率 Y_0 在置信水平 $1 - \alpha = 0.95$ 下的预测区间。

参考答案：$(65.967, 70.565)$。

8.4.2　控制

已知不全相等的实数 $x_1, x_2, \cdots, x_n$，随机变量 $Y_1, Y_2, \cdots, Y_n$ 相互独立，且 $Y_i \sim N(ax_i + b, \sigma^2), i = 1, 2, \cdots, n$。其中，$a, b$ 和 σ^2 均未知，$\hat{a}, \hat{b}$ 和 $\hat{\sigma}^2$ 分别为 8.3.2 节中求得的 a, b 和 σ^2 的最大似然估计量。对给定的置信水平 $1 - \alpha$ 以及与诸 $Y_i, i = 1, 2, \cdots, n$ 独立的随机变量 $Y \sim N(ax + b, \sigma^2)$ 的某个取值范围 Ω，寻求使得

$$P(Y \in \Omega) \geqslant 1 - \alpha$$

成立的 x 构成的集合其上（下）界的估计量问题，称为**控制问题**。今就 Ω 为区间的情形讨论控制问题。

首先，设 $\Omega = (y^*, +\infty)$，其中，y^* 为给定的实数。

$$\{Y > y^*\} = \left\{ \frac{Y - ax - b}{\sigma} > \frac{y^* - ax - b}{\sigma} \right\}$$

由于 $\dfrac{Y - ax - b}{\sigma} \sim N(0, 1)$，只要 $\dfrac{y^* - ax - b}{\sigma} \leqslant -z_\alpha$，就有

$$1 - \alpha \leqslant P(Y > y*) = P\left(\frac{Y - ax - b}{\sigma} > -z_\alpha \geqslant \frac{y^* - ax - b}{\sigma} \right)$$

用 a、b 和 σ 的最大似然估计量 $\hat{a}$、$\hat{b}$ 和 $\hat{\sigma}$ 代入 $\dfrac{y^* - ax - b}{\sigma} \leqslant -z_\alpha$ 得 $\dfrac{y^* - \hat{a}\, x - \hat{b}}{\sigma} \leqslant -z_\alpha$。解得

$$\hat{a}\, x \geqslant y^* - \hat{b} + z_\alpha\, \hat{\sigma}$$

当 $a > 0$ 时，我们得到使 $P(Y > y^*) \geqslant 1 - \alpha$ 成立 x 的下界 x^* 的最大似然估计量为：

$$\hat{x^*} = \frac{1}{\hat{a}}(y^* - \hat{b} + z_\alpha\, \hat{\sigma})$$

即只要将 x 控制在区间 $(\hat{x^*}, +\infty)$ 内，则 $P(Y > y^*) \geqslant 1 - \alpha$。而当 $a < 0$ 时，统计量 $\hat{x^*}$ 为满足 $P(Y > y^*) \geqslant 1 - \alpha$ 的 x 的上界的估计量。即若 $x \in (-\infty, \hat{x^*})$，则有 $P(Y > y^*) \geqslant 1 - \alpha$。

其次，对 $\Omega = (-\infty, y^*)$ 的情形，即使得 $P(Y < y^*) \geqslant 1 - \alpha$ 成立 x 的控制区间为 $(-\infty, \hat{x^*})$ （$a > 0$）或 $(\hat{x^*}, +\infty)$ （$a < 0$）。其中

$$\hat{x^*} = \frac{1}{\hat{a}} (y^* - \hat{b} - z_\alpha \hat{\sigma})$$

最后，考虑 $\Omega = (y^*, y^{**})$。其中，y^* 和 y^{**} 都是常实数且 $y^{**} - y^* \geqslant 2z_{\alpha/2} \hat{\sigma}$。令

$$\begin{cases} \hat{x^*} = \dfrac{1}{\hat{a}} (y^* - \hat{b} + z_{\alpha/2} \hat{\sigma}) \\ \hat{x^{**}} = \dfrac{1}{\hat{a}} (y^{**} - \hat{b} - z_{\alpha/2} \hat{\sigma}) \end{cases}$$

则置信水平为 $1 - \alpha$，$y^* < Y < y^{**}$ 的控制区间为 $(\hat{x^*}, \hat{x^{**}})$ （$a > 0$）或 $(\hat{x^{**}}, \hat{x^*})$ （$a < 0$）。

例 8-23   对例 8-15 中的试验，若要求铸模的抗张强度 Y 的值为 $260 \sim 340$，则铝材的硬度应如何控制（置信水平 $1 - \alpha = 0.95$）？

解：按题设，$y^* = 260$，$y^{**} = 340$，$\alpha = 0.05$，查表得 $z_{\alpha/2} = z_{0.025} = 1.96$。由例 8-15 知 $\hat{a} = 1.868$，$\hat{b} = 188.9$，$\hat{\sigma^2} = 404.7$（$\hat{\sigma} = 20.12$）。$y^{**} - y^* = 80 > 78.87 = 2z_{\alpha/2} \hat{\sigma}$，于是

$$\begin{cases} \hat{x^*} = \dfrac{1}{\hat{a}} (y^* - \hat{b} + z_{\alpha/2} \hat{\sigma}) = 59.16 \\ \hat{x^{**}} = \dfrac{1}{\hat{a}} (y^{**} - \hat{b} - z_{\alpha/2} \hat{\sigma}) = 59.77 \end{cases}$$

即以 0.95 的置信水平，应将铝材硬度控制在 $59 \sim 60$。

练习 8-17   对例 8-14 中的试验，若希望得率 $Y \geqslant 65$，在置信水平 0.95 下计算温度 x 值的控制区间。

参考答案：$(143, +\infty)$。

8.4.3 Python 解法

1. 预测

我们知道，对给定的一元回归模型 $Y \sim N(ax + b, \sigma^2)$，在置信水平 $1 - \alpha$ 下，自变量的指定值 $x = x_0$，依 $E(Y_0) = ax_0 + b$ 所得随机变量 Y_0 的预测区间为：

$$\left(\hat{a} x_0 + \hat{b} \pm t_{\alpha/2}(n-2) \hat{\sigma} \sqrt{\frac{n}{n-2} \left[1 + \frac{1}{n} + \frac{(x_0 - \overline{x})^2}{\sum\limits_{i=1}^{n} (x_i - \overline{x})^2} \right]} \right)$$

注意预测区间的增量因子

$$\hat{\sigma}\sqrt{\frac{n}{n-2}\left[1+\frac{1}{n}+\frac{(x_0-\overline{x})^2}{\sum\limits_{i=1}^{n}(x_i-\overline{x})^2}\right]}=\hat{\sigma}\sqrt{\frac{n+1}{n-2}+\frac{n(x_0-\overline{x})^2}{(n-2)\sum\limits_{i=1}^{n}(x_i-\overline{x})^2}}$$

$$=\sqrt{\frac{n+1}{n-2}\hat{\sigma}^2+\frac{n\hat{\sigma}^2}{(n-2)\sum\limits_{i=1}^{n}(x_i-\overline{x})^2}(x_0-\overline{x})^2}$$

最后的根式内部第 2 项因子 $\dfrac{n\hat{\sigma}^2}{(n-2)\sum\limits_{i=1}^{n}(x_i-\overline{x})^2}$ 恰为调用 linregress 函数所得返回值

的 stderr 字段的平方。用 linregress 函数算得一元回归模型参数 a，b 及 σ 的无偏估计 $\hat{a}$，$\hat{b}$ 和 $\hat{\sigma}$，对给定的 x_0 及置信水平 $1-\alpha$，可调用程序 6.5 定义的 muBounds 函数，

传递参数 mean 为 $\hat{a}\,x_0+\hat{b}$，参数 d 为 $\sqrt{\dfrac{n+1}{n-2}\hat{\sigma}^2+\dfrac{n\hat{\sigma}^2}{(n-2)\sum\limits_{i=1}^{n}(x_i-\overline{x})^2}(x_0-\overline{x})^2}$，参

数 confidence 为 $1-\alpha$ 及 df 为 $n-2$ 即可求得 $Y_0 N(ax_0+b,\sigma^2)$ 预测区间。

　　例 8-24　用 Python 计算例 8-22 中对应 $x_0=69$，随机变量 $Y\sim N(ax_0+b,\sigma^2)$ 的置信水平为 0.95 的预测区间。

　　解： 下列代码完成计算。

```
1   import numpy as np                          #导入numpy
2   from scipy.stats import linregress          #导入linregress
3   from utility import muBounds                #导入muBounds
4   x=np.array([51, 53, 60, 64, 68, 70, 70, 72, 83, 84])#设置数据
5   y=np.array([283, 293, 290, 286, 288, 349, 340, 354, 324, 343])
6   alpha=0.05
7   x0=69
8   n=x.size                                     #样本容量
9   x_bar=x.mean()                               #x均值
10  lxx=((x-x_bar)**2).sum()
11  res=linregress(x, y)                         #调用linregress
12  a=res.slope                                  #a的最大似然估计
13  b=res.intercept                              #b的最大似然估计
14  s=res.stderr*np.sqrt((n-2)*lxx/n)            #sigma的最大似然估计
15  d=np.sqrt((n+1)/(n-2)*s**2+                  #预测区间增量因子
16          ((x0-x_bar)*res.stderr)**2)
17  mean=a*x0+b                                  #预测区间中心
```

```
18   confidence=1−alpha                              #置信水平
19   (l, r)=muBounds(mean, d, confidence, df=n−2)    #Y0的预测区间
20   print('(%.3f, %.3f)'%(l,r))
```

程序 8.13　计算例 8-22 中 Y 的预测区间的 Python 程序

第 4~7 行按题面设置各项数据(参见例 8-15 和例 8-22)。第 8 行计算样本容量为 n,第 9 行计算 x 的均值 $\overline{x}$ 为 x_bar,第 10 行计算 $\sum_{i=1}^{n}(x_i-\overline{x})^2$ 为 lxx。第 11 行调用 linregress,计算一元回归分析。第 12、13 和 14 行分别读取 a,b 及 σ 的点估计值 $\hat{a}$, $\hat{b}$ 和 $\hat{\sigma}$ 为 a, b 和 s。第 15~16 行计算预测区间的增量因子

$$\sqrt{\frac{n+1}{n-2}\hat{\sigma}^2+\frac{n\hat{\sigma}^2}{(n-2)\sum_{i=1}^{n}(x_i-\overline{x})^2}(x_0-\overline{x})^2}$$

为 d。第 17 行计算 $\hat{a}x_0+\hat{b}$ 为 mean。第 18 行计算 $1-\alpha$ 为 confidence。第 19 行调用函数 muBounds,计算 Y_0 的预测区间。运行程序,输出如下。

```
(263.342, 372.259)
```

练习 8-18　用 Python 完成练习 8-16 中 Y 对应于 $x=147$ 的置信水平为 0.95 的预测区间。

参考答案:见文件 chapter08.ipynb 中对应代码。

2. 控制

若对一元回归模型的样本数据 x 和 y,调用 linregress 函数算得 $\hat{a}$, $\hat{b}$ 和 $\hat{\sigma}$,给定置信水平 $1-\alpha$ 及 Y 的取值下界 y^*,即可按 8.4.2 节讨论的方法,计算 x 的控制区间 $(\hat{x^*},+\infty)$ $(a>0)$ 或 $(-\infty,\hat{x^*})$ $(a<0)$。其中,$\hat{x^*}=\dfrac{1}{\hat{a}}(y^*-\hat{b}+z_\alpha\hat{\sigma})$。下列代码定义了实现这一计算的函数。

```
1   import numpy as np                        #导入numpy
2   from scipy.stats import norm              #导入norm
3   def controlgeq(a, b, s, y1, alpha):       #函数定义
4       Z=norm.ppf(alpha)                     #N(0,1)的左侧分位点
5       c=y1−b                                #计算y*−b
6       dy=Z*s                                #z*s
7       return (c−dy)/a
```

程序 8.14　计算一元线性回归 $Y>y^*$ 的控制区间的 Python 函数

程序的第 3~7 行定义的函数 controlgeq 具有 5 个参数:a,b 和 s 表示 $\hat{a}$, $\hat{b}$ 和 $\hat{\sigma}$,y1 表示 Y 的下界 y^*,alpha 表示置信水平 $1-\alpha$ 中的 α。

第 4 行计算标准正态分布对 $1-\alpha$ 的左侧分位点 $-z_\alpha$,记为 Z。第 5 行计算 $y^*-\hat{b}$

记为 c，第 6 行计算 $-z_\alpha \hat{\sigma}$ 记为 dy，第 7 行将 $\hat{x}^* = \frac{1}{\hat{a}}(y^* - \hat{b} + z_\alpha \hat{\sigma})$ 作为返回值返回。
为便于调用，将程序 8.14 的代码写入文件 utility.py。

练习 8-19　根据 8.4.2 节讨论的关于 $Y < y^*$ 的控制区间计算方法，仿照程序 8.14 写一个函数计算 $Y < y^*$ 置信水平为 $1 - \alpha$ 的控制区间的 Python 函数 controlleq。

参考答案：见文件 utility.py 中对应代码。

下列代码定义计算 $y^* < Y < y^{**}$ 在置信水平 $1 - \alpha$ 下的控制区间端点

$$\begin{cases} \hat{x}^* = \dfrac{1}{\hat{a}}(y^* - \hat{b} + z_{\alpha/2}\, \hat{\sigma}) \\ \hat{x}^{**} = \dfrac{1}{\hat{a}}(y^{**} - \hat{b} - z_{\alpha/2}\, \hat{\sigma}) \end{cases}$$

的函数。

```
1   from scipy.stats import norm          #导入norm
2   def controlbi(a, b, s, y1, y2, alpha):  #函数定义
3       z1,z2=norm.interval(1−alpha)        #N(0,1)的双侧分位点
4       c1=y1−b                             #y* − b
5       c2=y2−b                             #y** − b
6       dy1=z1*s                            #z1 * s
7       dy2=z2*s                            #z2 * s
8       p1=(c1−dy1)/a                       #关于y*的端点
9       p2=(c2−dy2)/a                       #关于y**的端点
10      if p2<p1:                           #确定左右端点
11          (p1,p2)=(p2,p1)
12      return (p1, p2)
```

程序 **8.15**　计算一元线性回归 $y^* < Y < y^{**}$ 的控制区间的 Python 函数

与程序 8.14 定义的函数 controlgeq 相比，函数 controlbi 多了一个表示 y^{**} 的参数 y2。程序的第 3 行计算标准正态分布对应 $1 - \alpha$ 的双侧分位点 $-z_{\alpha/2}$、$z_{\alpha/2}$，记为 z1 和 z2。第 4、5 行分别计算 $y^* - \hat{b}$ 和 $y^{**} - \hat{b}$，记为 c1 和 c2。第 6、7 行分别计算 $-z_{\alpha/2}\, \hat{\sigma}$ 和 $z_{\alpha/2}\, \hat{\sigma}$，记为 dy1 和 dy2。第 8、9 行分别计算 $\frac{1}{\hat{a}}(y^* - \hat{b} + z_{\alpha/2}\, \hat{\sigma})$ 和 $\frac{1}{\hat{a}}(y^{**} - \hat{b} - z_{\alpha/2}\, \hat{\sigma})$，记为 p1 和 p2。第 10、11 行的 **if** 语句确定控制区间的左、右端点。将程序 8.15 的代码写入文件 utility.py，便于调用。需要注意的是，调用前需自行检验 $y^{**} - y^* > 2z_{\alpha/2}\, \hat{\sigma}$。

例 8-25　用 Python 计算例 8-23 中为使 $260 < Y < 340$，x 在置信水平 0.95 下的控制区间。

解：下列代码完成计算。

```
1   import numpy as np                    #导入numpy
2   from scipy.stats import linregress    #导入linregress
```

```
3    from utility import controlbi          #导入contolbi
4    alpha=0.05                             #设置数据
5    y1=260
6    y2=340
7    x=np.array([51, 53, 60, 64, 68, 70, 70, 72, 83, 84])
8    y=np.array([283, 293, 290, 286, 288, 349, 340, 354, 324, 343])
9    n=x.size                               #样本容量
10   x_bar=x.mean()                         #x数据均值
11   lxx=((x−x_bar)**2).sum()               #lxx
12   res=linregress(x, y)                   #调用linregress
13   a=res.slope                            #读取a
14   b=res.intercept                        #读取b
15   s=res.stderr*np.sqrt((n−2)*lxx/n)      #计算s
16   print('Y in (%.0f, %.0f)'%controlbi(a, b, s, y1, y2, alpha))
```

程序 **8.16**　计算例 8-23 中 $260 < Y < 340$ 的控制区间的 Python 程序

　　程序的第 4~8 行按题面设置原始数据（参见例 8-15，例 8-23）。第 9 行计算样本容量 n，第 10 行计算 x 的数据均值 $\overline{x}$ 记为 x_bar。第 11 行计算 $l_{xx} = \sum_{i=1}^{n}(x_i - \overline{x})$ 记为 lxx。第 12 行调用函数 linregress，返回值记为 res。第 13、14 行分别读取 $\hat{a}$ 和 $\hat{b}$，记为 a 和 b。第 15 行利用 res 的字段 stderr $\left(= \sqrt{\dfrac{n\hat{\sigma^2}}{(n-2)l_{xx}}}\right)$ 乘以 $\sqrt{\dfrac{(n-2)l_{xx}}{n}}$，计算 $\hat{\sigma}$ 记为 s。第 16 行调用函数 contolbi 计算 $260 < Y < 340$ 的控制区间并输出。运行程序，输出如下。

Y in (59, 60)

　　练习 8-20　用 Python 完成练习 8-17 中得率 $Y > 65$，温度 x 在置信水平 0.95 下的控制区间。

　　参考答案：见文件 chapter08.ipynb 中对应代码。

8.5　本章附录

A1. 引理 8-2 的证明

证明：根据定理 5-1(2) 知，对应因素水平 A_i，

$$\sum_{j=1}^{n_i}\left(\frac{X_{ij} - \overline{X_i}}{\sigma}\right)^2 \sim \chi^2(n_i - 1), i = 1, 2, \cdots, s$$

且相互独立。由 χ^2 分布的可加性（详见引理 3-2），知

$$\frac{S_E}{\sigma^2} = \frac{1}{\sigma^2}\sum_{i=1}^{s}\sum_{j=1}^{n_i}(X_{ij}-\overline{X}_i)^2 = \sum_{i=1}^{s}\sum_{j=1}^{n_i}\left(\frac{X_{ij}-\overline{X}_i}{\sigma}\right)^2 \sim \chi^2(n-s)$$

A2. 引理 8-3 的证明

证明： 设 $\mu_1 = \mu_2 = \cdots = \mu_s = \mu$，令

$$\begin{cases} Y_1 = \dfrac{1}{\sqrt{n_1}}\sum_{j=1}^{n_1}\dfrac{X_{1j}-\mu}{\sigma} \\[2mm] Y_2 = \dfrac{1}{\sqrt{n_2}}\sum_{j=1}^{n_2}\dfrac{X_{2j}-\mu}{\sigma} \\[2mm] \quad\vdots \\[2mm] Y_s = \dfrac{1}{\sqrt{n_s}}\sum_{j=1}^{n_s}\dfrac{X_{sj}-\mu}{\sigma} \end{cases}$$

对每个 $i(1 \leqslant i \leqslant s)$，$\dfrac{X_{ij}-\mu}{\sigma} \sim N(0,1)$，$1 \leqslant j \leqslant n_i$，故 $Y_i = \dfrac{1}{\sqrt{n_i}}\sum_{j=1}^{n_i}\dfrac{X_{ij}-\mu}{\sigma} \sim N(0,1)$，且相互独立。

注意，对每个 $1 \leqslant i \leqslant s$，有

$$\sqrt{n_i}\left(\frac{\overline{X}_i-\mu}{\sigma}\right) = \frac{\sqrt{n_i}}{\sigma}\left(\frac{\sum\limits_{j=1}^{n_i}X_{ij}}{n_i}-\mu\right)$$

$$= \frac{1}{\sqrt{n_i}}\sum_{j=1}^{n_i}\frac{X_{ij}-\mu}{\sigma} = Y_i$$

即 $n_i\left(\dfrac{\overline{X}_i-\mu}{\sigma}\right)^2 = Y_i^2$，$i = 1,2,\cdots,s$。

今构造 s 阶正交矩阵 $\boldsymbol{A} = (a_{ij})_{s\times s}$，其中，$a_{sj} = \dfrac{\sqrt{n_j}}{\sqrt{n}}$，$j = 1,2,\cdots,s$。记 $\boldsymbol{Y} = \begin{pmatrix} Y_1 \\ Y_2 \\ \vdots \\ Y_s \end{pmatrix}$，

令 $\boldsymbol{Z} = \begin{pmatrix} Z_1 \\ Z_2 \\ \vdots \\ Z_s \end{pmatrix} = \boldsymbol{AY}$。即

$$\begin{cases} Z_1 = a_{11}Y_1 + a_{12}Y_2 + \cdots + a_{1s}Y_s \\ Z_2 = a_{21}Y_1 + a_{22}Y_2 + \cdots + a_{2s}Y_s \\ \quad\vdots \\ Z_s = a_{s1}Y_1 + a_{s2}Y_2 + \cdots + a_{ss}Y_s \end{cases}$$

则亦有 $Z_i \sim N(0,1)$，$i = 1, 2, \cdots, s$，且相互独立。注意：

$$\sum_{i=1}^{s} Z_i^2 = \boldsymbol{Z}^{\mathrm{T}} \boldsymbol{Z} = \boldsymbol{Y}^{\mathrm{T}} \boldsymbol{A}^{\mathrm{T}} \boldsymbol{A} \boldsymbol{Y} = \boldsymbol{Y}^{\mathrm{T}} \boldsymbol{Y} = \sum_{i=1}^{s} Y_i^2$$

及

$$\sqrt{n} \cdot \frac{\overline{X} - \mu}{\sigma} = \sqrt{n} \cdot \frac{\dfrac{\sum\limits_{i=1}^{s} \sum\limits_{j=1}^{n_i} X_{ij}}{n} - \mu}{\sigma} = \frac{1}{\sqrt{n}} \cdot \frac{\sum\limits_{i=1}^{s} \sum\limits_{j=1}^{n_i} X_{ij} - n\mu}{\sigma}$$

$$= \frac{1}{\sqrt{n}} \cdot \frac{\sum\limits_{i=1}^{s} (n_i \overline{X}_i - n_i \mu)}{\sigma} = \sum_{i=1}^{s} \frac{n_i}{\sqrt{n}} \cdot \frac{\overline{X}_i - \mu}{\sigma}$$

$$= \sum_{i=1}^{s} \frac{\sqrt{n_i}}{\sqrt{n}} \cdot \sqrt{n_i} \cdot \frac{\overline{X}_i - \mu}{\sigma} = \sum_{i=1}^{s} \frac{\sqrt{n_i}}{\sqrt{n}} \cdot Y_i$$

$$= Z_s$$

即 $n \left(\dfrac{\overline{X} - \mu}{\sigma} \right)^2 = Z_s^2$。于是，在 $H_0 : \mu_1 = \mu_2 = \cdots = \mu_s = \mu$ 为真的前提下

$$\frac{S_A}{\sigma^2} = \frac{1}{\sigma^2} \sum_{i=1}^{s} \sum_{j=1}^{n_i} (\overline{X}_i - \overline{X})^2 = \frac{1}{\sigma^2} \sum_{i=1}^{s} n_i (\overline{X}_i - \overline{X})^2$$

$$= \frac{1}{\sigma^2} \sum_{i=1}^{s} [\sqrt{n_i}(\overline{X}_i - \mu) - \sqrt{n_i}(\overline{X} - \mu)]^2$$

$$= \frac{1}{\sigma^2} \left[\sum_{i=1}^{s} n_i (\overline{X}_i - \mu)^2 + n(\overline{X} - \mu)^2 - 2(\overline{X} - \mu) \sum_{i=1}^{s} n_i (\overline{X}_i - \mu) \right]$$

$$= \frac{1}{\sigma^2} \left[\sum_{i=1}^{s} n_i (\overline{X}_i - \mu)^2 - n(\overline{X} - \mu)^2 \right] = \sum_{i=1}^{s} n_i \left(\frac{\overline{X}_i - \mu}{\sigma} \right)^2 - n \left(\frac{\overline{X} - \mu}{\sigma} \right)^2$$

$$= \sum_{i=1}^{s} Y_i^2 - Z_s^2 = \sum_{i=1}^{s} Z_i^2 - Z_s^2 = \sum_{i=1}^{s-1} Z_i^2$$

即当假设 $H_0 : \mu_1 = \mu_2 = \cdots = \mu_s = \mu$ 为真时，$\dfrac{S_A}{\sigma^2} \sim \chi^2(s-1)$。

A3. 定理 8-1 的证明

证明： 由引理 8-2、引理 8-3 知 $S_E / \sigma^2 \sim \chi^2(n-s)$，$S_A / \sigma^2 \sim \chi^2(s-1)$，下证 S_E 与 S_A 相互独立。

为说明 S_A 与 S_E 的独立性，首先考虑 $\overline{X}$ 是 $\overline{X}_1, \overline{X}_2, \cdots, \overline{X}_s$ 的函数，而 S_A 也是这些变量的函数 $S_A = \sum\limits_{i=1}^{s} n_i (\overline{X}_i - \overline{X})^2$。另一方面，$S_E$ 是诸变量 X_i 的样本方差

$$S_i^2 = \frac{1}{n_i - 1} \sum_{j=1}^{n_i} (X_{ij} - \overline{X_i})^2 \ (i = 1, 2, \cdots, s)$$ 的加权和 $S_E = \sum_{i=1}^{s} (n_i - 1) S_i^2$。每一个 S_i^2 与 $\overline{X_j}$, $1 \leqslant i \neq j \leqslant s$, 由于各自的数据来自相互独立的试验指标 X_i 和 X_j 故相互独立。而 S_i^2 与 $\overline{X_i}$, $i = 1, 2, \cdots, s$ 的相互独立性由定理 5-1(2) 的证明可得。因此可见 S_A 与 S_E 是相互独立的。

由引理 8-2、引理 8-3 及以上所述, 得到关于 S_A 和 S_E 在假设 $H_0 : \mu_1 = \mu_2 = \cdots = \mu_s = \mu$ 为真时

$$\frac{S_A/(s-1)}{S_E/(n-s)} \sim F(s-1, n-s)$$

此即 (1)。根据引理 8-1~ 引理 8-3 及 χ^2 分布的可加性

$$S_T/\sigma^2 = S_A/\sigma^2 + S_E/\sigma^2 \sim \chi^2(n-1)$$

此即 (2)。

A4. 引理 8-8 的证明

证明：令 $Z_i = \dfrac{Y_i - (ax_i + b)}{\sigma}$, $i = 1, 2, \cdots, n$, 则 $Z_1, Z_2, \cdots, Z_n$ 相互独立, 且均服从 $N(0, 1)$。于是

$$\begin{cases} \hat{a} - a = \dfrac{\sum\limits_{i=1}^{n} (x_i - \overline{x}) Y_i}{\sum\limits_{i=1}^{n} (x_i - \overline{x})^2} - a = \dfrac{\sum\limits_{i=1}^{n} (x_i - \overline{x})(Y_i - ax_i - b)}{\sum\limits_{i=1}^{n} (x_i - \overline{x})^2} = \sigma \dfrac{\sum\limits_{i=1}^{n} (x_i - \overline{x}) Z_i}{\sum\limits_{i=1}^{n} (x_i - \overline{x})^2} \\[4ex] \hat{b} - b = (\overline{Y} - a\overline{x} - b) - (\hat{a} - a)\overline{x} = \sigma \left(\overline{Z} - \overline{x} \dfrac{\sum\limits_{i=1}^{n} (x_i - \overline{x}) Z_i}{\sum\limits_{i=1}^{n} (x_i - \overline{x})^2} \right) \end{cases}$$

及

$$\hat{\sigma}^2 = \frac{1}{n} \sum_{i=1}^{n} (Y_i - \hat{a} x_i - \hat{b})^2 = \frac{1}{n} \sum_{i=1}^{n} [(Y_i - \overline{Y}) - \hat{a} (x_i - \overline{x})]^2$$

$$= \frac{1}{n} \sum_{i=1}^{n} [(Y_i - ax_i - b) - (\overline{Y} - a\overline{x} - b) - (\hat{a} - a)(x_i - \overline{x})]^2$$

$$= \frac{\sigma^2}{n} \sum_{i=1}^{n} \left[(Z_i - \overline{Z}) - (x_i - \overline{x}) \frac{\sum\limits_{i=1}^{n} (x_i - \overline{x}) Z_i}{\sum\limits_{i=1}^{n} (x_i - \overline{x})^2} \right]^2$$

$$= \frac{\sigma^2}{n} \left(\sum_{i=1}^{n} Z_i^2 - n\overline{Z}^2 + \frac{\left[\sum\limits_{i=1}^{n} (x_i - \overline{x}) Z_i \right]^2}{\sum\limits_{i=1}^{n} (x_i - \overline{x})^2} - 2 \frac{\left[\sum\limits_{i=1}^{n} (x_i - \overline{x}) Z_i \right]^2}{\sum\limits_{i=1}^{n} (x_i - \overline{x})^2} \right)$$

$$= \frac{\sigma^2}{n}\left(\sum_{i=1}^{n} Z_i^2 - n\overline{Z}^2 - \frac{\left[\sum_{i=1}^{n}(x_i-\overline{x})Z_i\right]^2}{\sum_{i=1}^{n}(x_i-\overline{x})^2}\right)$$

做正交变换

$$\begin{cases} U_1 = \dfrac{1}{\sqrt{n}}Z_1 + \cdots + \dfrac{1}{\sqrt{n}}Z_n \\[3mm] U_2 = \dfrac{x_1-\overline{x}}{\sqrt{\sum_{i=1}^{n}(x_i-\overline{x})^2}}Z_1 + \cdots + \dfrac{x_n-\overline{x}}{\sqrt{\sum_{i=1}^{n}(x_i-\overline{x})^2}}Z_n \\[3mm] U_3 = c_{31}Z_1 + \cdots + c_{3n}Z_n \\ \quad\vdots \\ U_n = c_{n1}Z_1 + \cdots + c_{nn}Z_n \end{cases}$$

则 $U_1, U_2, \cdots, U_n$ 相互独立且均服从 $N(0,1)$。于是,

$$\begin{cases} \dfrac{\hat{a}-a}{\sigma} = \dfrac{\sum_{i=1}^{n}(x_i-\overline{x})Z_i}{\sum_{i=1}^{n}(x_i-\overline{x})^2} = \dfrac{U_2}{\sqrt{\sum_{i=1}^{n}(x_i-\overline{x})^2}} \\[5mm] \dfrac{\hat{b}-b}{\sigma} = \overline{Z} - \overline{x}\dfrac{\sum_{i=1}^{n}(x_i-\overline{x})Z_i}{\sum_{i=1}^{n}(x_i-\overline{x})^2} = \dfrac{U_1}{\sqrt{n}} - \dfrac{\overline{x}U_2}{\sqrt{\sum_{i=1}^{n}(x_i-\overline{x})^2}} \\[5mm] \dfrac{n\hat{\sigma}^2}{\sigma^2} = \sum_{i=1}^{n}Z_i^2 - n\overline{Z}^2 - \dfrac{\left[\sum_{i=1}^{n}(x_i-\overline{x})Z_i\right]^2}{\sum_{i=1}^{n}(x_i-\overline{x})^2} = \sum_{i=1}^{n}U_i^2 - U_1^2 + U_2^2 = \sum_{i=3}^{n}U_i^2 \end{cases}$$

（1）由于 $\hat{a}$ 是 U_1 的函数, $\hat{b}$ 为 U_1, U_2 的函数, 而 $\hat{\sigma}^2$ 是 $U_3, \cdots, U_n$ 的函数, 故 $\hat{a}$, $\hat{b}$ 均与 $\hat{\sigma}^2$ 独立。

（2）由于 $\hat{a}$, $\hat{b}$ 均为服从标准正态分布的 U_1, U_2 的线性函数, 故服从正态分布。且因 $E\left(\dfrac{\hat{a}-a}{\sigma}\right) = \dfrac{1}{\sqrt{\sum_{i=1}^{n}(x_i-\overline{x})^2}}E(U_2) = 0$, 得 $E(\hat{a}) = a$; $D\left(\dfrac{\hat{a}-a}{\sigma}\right) = \dfrac{1}{\sum_{i=1}^{n}(x_i-\overline{x})^2}D(U_2)$

$= \dfrac{1}{\sum_{i=1}^{n}(x_i-\overline{x})^2}$, 得 $D(\hat{a}) = \dfrac{\sigma^2}{\sum_{i=1}^{n}(x_i-\overline{x})^2}$; 故 $\hat{a} \sim N\left(a, \dfrac{\sigma^2}{\sum_{i=1}^{n}(x_i-\overline{x})^2}\right)$, 类似地, 可得

$$E(\hat{b}) = b, \quad D(\hat{b}) = \frac{\sum\limits_{i=1}^{n} x_i^2}{n \sum\limits_{i=1}^{n} (x_i - \overline{x})^2} \sigma^2, \quad 即 \hat{b} \sim N \left(b, \frac{\sigma^2 \sum\limits_{i=1}^{n} x_i^2}{n \sum\limits_{i=1}^{n} (x_i - \overline{x})^2} \right).$$

（3）由于 $\dfrac{n \overset{\wedge}{\sigma^2}}{\sigma^2} = \sum\limits_{i=3}^{n} U_i^2$，故 $\dfrac{n \overset{\wedge}{\sigma^2}}{\sigma^2} \sim \chi^2(n-2)$。

（4）因为

$$\mathrm{Cov}(\hat{a}, \hat{b}) = E[(\hat{a} - a)(\hat{b} - b)]$$

$$= \sigma^2 E \left[\frac{U_2}{\sqrt{\sum\limits_{i=1}^{n} (x_i - \overline{x})^2}} \left(\frac{U_1}{\sqrt{n}} - \frac{\overline{x} U_2}{\sqrt{\sum\limits_{i=1}^{n} (x_i - \overline{x})^2}} \right) \right]$$

$$= \sigma^2 \left[E \left(\frac{U_1 U_2}{\sqrt{n \sum\limits_{i=1}^{n} (x_i - \overline{x})^2}} \right) - E \left(\frac{\overline{x} U_2^2}{\sum\limits_{i=1}^{n} (x_i - \overline{x})^2} \right) \right]$$

$$= -\frac{\overline{x} \sigma^2}{\sum\limits_{i=1}^{n} (x_i - \overline{x})^2}$$

A5. 定理 8-4 的证明

证明： 由引理 8-8 中的性质 (2) 知 $\hat{a} \sim N \left(a, \dfrac{\sigma^2}{\sum\limits_{i=1}^{n} (x_i - \overline{x})^2} \right), \hat{b} \sim N \left(b, \dfrac{\sigma^2 \sum\limits_{i=1}^{n} x_i^2}{n \sum\limits_{i=1}^{n} (x_i - \overline{x})^2} \right).$

故 $\hat{a}$ 和 $\hat{b}$ 分别是 a 和 b 的无偏估计量。

由引理 8-8 中的性质 (3) 知 $\dfrac{n \overset{\wedge}{\sigma^2}}{\sigma^2} \sim \chi^2(n-2)$，故 $E\left(\dfrac{n \overset{\wedge}{\sigma^2}}{\sigma^2} \right) = n-2$，即

$E\left(\dfrac{n \overset{\wedge}{\sigma^2}}{n-2} \right) = \sigma^2$。亦即 $\dfrac{n \overset{\wedge}{\sigma^2}}{n-2}$ 是 σ^2 的无偏估计量。

A6. 定理 8-5 的证明

证明： 根据引理 8-8(2) 知，$\hat{a} \sim N \left(a, \dfrac{\sigma^2}{\sum\limits_{i=1}^{n} (x_i - \overline{x})^2} \right)$，故 $\dfrac{(\hat{a} - a) \sqrt{\sum\limits_{i=1}^{n} (x_i - \overline{x})^2}}{\sigma} \sim$

$N(0,1)$。由引理 8-8(3) 知，$\dfrac{n \overset{\wedge}{\sigma^2}}{\sigma^2} \sim \chi^2(n-2)$，即 $\dfrac{\sum\limits_{i=1}^{n} (Y_i - \hat{a} x_i - \hat{b})^2}{\sigma^2} \sim \chi^2(n-2)$。且根据引

理 8-8(1) 知两者相互独立，因此 $\dfrac{(\hat{a}-a)\sqrt{\sum\limits_{i=1}^{n}(x_i-\overline{x})^2}}{\sigma}\bigg/\sqrt{\dfrac{\sum\limits_{i=1}^{n}(Y_i-\hat{a}\,x_i-\hat{b})^2}{\sigma^2(n-2)}}\sim t(n-2)$,

即 $(\hat{a}-a)\sqrt{\dfrac{(n-2)\sum\limits_{i=1}^{n}(x_i-\overline{x})^2}{\sum\limits_{i=1}^{n}(Y_i-\hat{a}\,x_i-\hat{b})^2}}=(\hat{a}-a)\sqrt{\dfrac{(n-2)l_{xx}}{n\,\hat{\sigma}^2}}\sim t(n-2)$。这就是本定理的 (1)，

类似地，可证得本定理 (2)。

A7. 引理 8-9 的证明

证明：由于 Y_0, $\hat{a}$ 和 $\hat{b}$ 都服从正态分布，故不难理解 Z 也服从正态分布。下证

$E(Z)=0$ 及 $D(Z)=\left(1+\dfrac{1}{n}+\dfrac{(x_0-\overline{x})^2}{\sum\limits_{i=1}^{n}(x_i-\overline{x})^2}\right)\sigma^2$。首先

$$E(Z)=E(Y_0)-x_0 E(\hat{a})-E(\hat{b})=ax_0+b-ax_0-b=0$$

其次

$$
\begin{aligned}
D(Z)=E(Z^2)&=E[(Y_0-\hat{a}\,x_0-\hat{b})^2]\\
&=E([(Y_0-ax_0-b)-(\hat{a}-a)x_0-(\hat{b}-b)]^2)\\
&=E[(Y_0-ax_0-b)^2]+x_0^2 E[(\hat{a}-a)^2]+E[(\hat{b}-b)^2]-\\
&\quad 2x_0 E[(Y_0-ax_0-b)(\hat{a}-a)]-2E[(Y_0-ax_0-b)(\hat{b}-b)]+\\
&\quad 2x_0 E[(\hat{a}-a)(\hat{b}-b)]
\end{aligned}
$$

其中，$E[(Y_0-ax_0-b)^2]=\sigma^2$，由引理 8-8(2) 有 $E[(\hat{a}-a)^2]=\dfrac{\sigma^2}{\sum\limits_{i=1}^{n}(x_i-\overline{x})^2}$，$E[(\hat{b}-b)^2]=$

$\dfrac{\sigma^2\sum\limits_{i=1}^{n}x_i^2}{n\sum\limits_{i=1}^{n}(x_i-\overline{x})^2}$。由于 $\hat{a}$ 仅依赖于 $Y_1,\cdots,Y_n$，故与 Y_0 独立。故 $E[(Y_0-ax_0-b)(\hat{a}-a)]=$

$E(Y_0-ax_0-b)E(\hat{a}-a)=0$。同理，$E[(Y_0-ax_0-b)(\hat{b}-b)]=0$。最后，由引理 8-8(4)

有 $E[(\hat{a}-a)(\hat{b}-b)]=\mathrm{Cov}(\hat{a},\hat{b})=-\dfrac{\overline{x}\sigma^2}{\sum\limits_{i=1}^{n}(x_i-\overline{x})^2}$。于是

$$D(Z)=E[(Y_0-ax_0-b)^2]+x_0^2 E[(\hat{a}-a)^2]+E[(\hat{b}-b)^2]+2x_0 E[(\hat{a}-a)(\hat{b}-b)]$$

$$= \sigma^2 + \frac{\sigma^2 x_0^2}{\sum\limits_{i=1}^{n}(x_i - \overline{x})^2} + \frac{\sigma^2 \sum\limits_{i=1}^{n} x_i^2}{n \sum\limits_{i=1}^{n}(x_i - \overline{x})^2} - \frac{2 x_0 \overline{x} \sigma^2}{\sum\limits_{i=1}^{n}(x_i - \overline{x})^2}$$

$$= \left(1 + \frac{\frac{1}{n} \sum\limits_{i=1}^{n} x_i^2 + x_0^2 - 2 x_0 \overline{x}}{\sum\limits_{i=1}^{n}(x_i - \overline{x})^2} \right) \sigma^2$$

$$= \left(1 + \frac{\frac{1}{n} \left(\sum\limits_{i=1}^{n} x_i^2 - n \overline{x}^2 \right) + x_0^2 - 2 x_0 \overline{x} + \overline{x}^2}{\sum\limits_{i=1}^{n}(x_i - \overline{x})^2} \right) \sigma^2$$

$$= \left(1 + \frac{\frac{1}{n} \sum\limits_{i=1}^{n}(x_i - \overline{x})^2 + (x_0 - \overline{x})^2}{\sum\limits_{i=1}^{n}(x_i - \overline{x})^2} \right) \sigma^2 = \left(1 + \frac{1}{n} + \frac{(x_0 - \overline{x})^2}{\sum\limits_{i=1}^{n}(x_i - \overline{x})^2} \right) \sigma^2$$

引理由此得证。

A8. 定理 8-6 的证明

证明： 根据引理 8-9，有 $Z \sim N\left(0, \left(1 + \frac{1}{n} + \frac{(x_0 - \overline{x})^2}{\sum\limits_{i=1}^{n}(x_i - \overline{x})^2} \right) \sigma^2 \right)$，故

$$\frac{Y_0 - \hat{a} x_0 - \hat{b}}{\sigma \sqrt{1 + \frac{1}{n} + \frac{(x_0 - \overline{x})^2}{\sum\limits_{i=1}^{n}(x_i - \overline{x})^2}}} = \frac{Z}{\sigma \sqrt{1 + \frac{1}{n} + \frac{(x_0 - \overline{x})^2}{\sum\limits_{i=1}^{n}(x_i - \overline{x})^2}}} = \frac{Z}{D(Z)} \sim N(0,1)$$

我们知道 $\overset{\wedge}{\sigma^2}$ 仅依赖 $Y_1, \cdots, Y_n$，故与 Y_0 相互独立。由引理 8-8(3) 知 $\dfrac{n \overset{\wedge}{\sigma^2}}{\sigma^2} \sim \chi^2(n-2)$，于是

$$\frac{Y_0 - \hat{a} x_0 - \hat{b}}{\overset{\wedge}{\sigma} \sqrt{\frac{n}{n-2} \left[1 + \frac{1}{n} + \frac{(x_0 - \overline{x})^2}{\sum\limits_{i=1}^{n}(x_i - \overline{x})^2} \right]}} = \frac{Z/D(Z)}{\sqrt{\frac{n \overset{\wedge}{\sigma^2}}{\sigma^2} / (n-2)}} \sim t(n-2)$$

其中，$\overset{\wedge}{\sigma} = \sqrt{\overset{\wedge}{\sigma^2}}$。

参 考 文 献

[1] 王梓坤. 概率论基础及应用 [M]. 北京：科学出版社, 1979.

[2] 王福保. 概率论及数理统计 [M]. 上海：同济大学出版社, 1984.

[3] 盛骤, 谢千里, 潘承毅. 概率论与数理统计 [M]. 4 版. 北京：高等教育出版社, 2008.

[4] RICHARD J L, MORRIS L M. An Introduction to Mathematical Statistics and Its Applications[M]. Upper Saddle River, New Jersey: Prentice Hall, 1986.

[5] Pugachev V S. Probability Theory and Mathematical Statistics for Engineers[M]. Oxford: Pergamon Press, 1984.

[6] 华罗庚. 高等数学引论 (第一卷)[M]. 北京: 科学出版社, 1963.

[7] 北京大学数学力学系几何与代数教研室代数小组. 高等代数 [M]. 北京：人民教育出版社, 1978.

图书资源支持

感谢您一直以来对清华版图书的支持和爱护。为了配合本书的使用，本书提供配套的资源，有需求的读者请扫描下方的"书圈"微信公众号二维码，在图书专区下载，也可以拨打电话或发送电子邮件咨询。

如果您在使用本书的过程中遇到了什么问题，或者有相关图书出版计划，也请您发邮件告诉我们，以便我们更好地为您服务。

我们的联系方式：

地　　址：北京市海淀区双清路学研大厦 A 座 714

邮　　编：100084

电　　话：010-83470236　010-83470237

客服邮箱：2301891038@qq.com

QQ：2301891038（请写明您的单位和姓名）

资源下载：关注公众号"书圈"下载配套资源。

资源下载、样书申请
书 圈

图书案例
清华计算机学堂

观看课程直播